Principes de Chimie

BIBLIOTHÈQUE DES ACTUALITÉS INDUSTRIELLES. — N° 62

Principes de Chimie

PAR

M. DIMITRI MENDÉLÉEFF
PROFESSEUR DE CHIMIE A L'UNIVERSITÉ IMPÉRIALE DE SAINT-PÉTERSBOURG

Traduit du russe

PAR

M. E. ACHKINASI
Docteur en Médecine

M. H. CARRION
Chef de Laboratoire
à l'Hôpital Saint-Antoine.

DEUXIÈME VOLUME

PARIS
BERNARD TIGNOL, ÉDITEUR
LIBRAIRIE SCIENTIFIQUE, INDUSTRIELLE ET AGRICOLE
53 *bis*, QUAI DES GRANDS-AUGUSTINS, 53 *bis*

PRINCIPES DE CHIMIE

CHAPITRE VIII

Carbone et hydrocarbures.

Il est nécessaire de bien préciser la valeur des deux termes très voisins : **charbon** et **carbone.** Tout le monde connaît le charbon, bien qu'il soit difficile de l'obtenir à l'état pur au sens chimique du mot.

Le **charbon** pur est un corps simple, infusible et combustible ; on le prépare par la calcination des substances organiques. C'est une masse noire, sans structure cristalline, insoluble dans aucun réactif ; c'est, en un mot, une **substance** qui possède toute une série de propriétés physiques et chimiques caractéristiques.

Le charbon, en brûlant, se combine directement avec l'oxygène. Il se trouve dans les substances organiques, à l'état de combinaison avec l'hydrogène, l'oxygène, l'azote et le soufre. Tous ces composés ne contiennent pas le charbon lui-même, de même que la vapeur d'eau ne contient pas de glace : ce qu'ils renferment c'est **l'élément** appelé **carbone**.

Le **carbone** est un élément commun au charbon, à

toutes les substances d'où l'on peut l'extraire et à celles qu'il peut servir à préparer.

Le carbone peut prendre non seulement l'aspect du charbon, mais il peut encore exister sous la forme du diamant et du graphite.

Pour les autres corps simples, la nomenclature ne fait pas une semblable distinction. Ainsi, par exemple, le mot oxygène désigne tout à la fois l'oxygène libre gazeux, l'oxygène qui constitue l'ozone et celui qui se trouve dans l'eau, dans l'acide azotique, dans l'anhydride carbonique, etc. Ce langage produit d'ailleurs une certaine confusion. Il est évident que l'eau ne contient ni de l'oxygène gazeux, que nous pouvons cependant en extraire, ni de l'oxygène à l'état d'ozone ; elle contient une substance capable de former et l'oxygène, et l'ozone et l'eau. L'oxygène, élément, possède une certaine individualité chimique et exerce une influence sur les propriétés des composés oxygénés. L'hydrogène-gaz est un corps qui réagit difficilement, tandis que l'hydrogène-élément est le composant le plus mobile des composés hydrogénés.

On peut se représenter le carbone comme l'atome de la matière du charbon et ce dernier comme la réunion de ces atomes en un tout entier. Il faut admettre que le poids de l'atome du carbone est égal à 12. C'est en effet la plus petite quantité de carbone qui entre dans la molécule de ses différentes combinaisons. Quant au poids moléculaire du carbone, il est probablement très élevé ; on n'a jamais pu le déterminer car le charbon n'entre que dans un très petit nombre de réactions directes et ne se vaporise pas, même à la température très élevée à laquelle ces dernières s'effectuent. On peut d'ailleurs supposer que, dans ces conditions, le poids moléculaire du carbone varie comme celui de l'oxygène dans sa transformation en ozone.

Le carbone se rencontre dans la nature à l'état libre et à

l'état de combinaison sous des formes et des aspects différents. A l'état libre, il constitue le charbon, le diamant et le graphite ; à l'état combiné, il entre dans la composition des **substances** dites **organiques**, c'est-à-dire des substances variées qui constituent les organismes végétaux et animaux. On le trouve dans l'eau et dans l'air à l'état d'acide carbonique ; dans le sol et dans toute l'écorce terrestre à l'état de carbonates et de résidus organiques.

Tout le monde connaît la diversité des substances qui entrent dans la composition des animaux et des plantes (**1**). La cire et l'huile, la térébenthine et le goudron, le coton et l'albumine, le tissu cellulaire des plantes et le tissu musculaire des animaux, l'acide tartrique et l'amidon, toutes ces substances, qui font partie des organismes végétaux ou animaux, contiennent du carbone. Le nombre des composés du carbone est tellement considérable, que leur étude constitue une branche spéciale de la chimie : la chimie organique ou chimie des composés carbonés ou mieux hydrocarbonés.

(1) On appelle **bois**, la partie mortifiée des plantes ligneuses ; la partie vivante se trouvant entre l'écorce et le bois. Chaque année, une nouvelle couche de bois se dépose ainsi dans l'arbre ; elle est formée aux dépens des sucs absorbés par les racines et modifiés par les feuilles. Le nombre des couches qui se forment indique donc l'âge de l'arbre. Le bois est un tissu constitué par de la cellulose dans les mailles duquel est incrustée une autre substance. La cellulose a la composition suivante :

$$C^6H^{10}O^5$$

tandis que la substance incrustée contient plus de carbone et d'hydrogène mais moins d'oxygène. Pendant la vie de l'arbre, le bois renferme une quantité d'eau considérable. Ainsi, par exemple, le bois de bouleau contient à l'état frais 31 0/0 d'eau environ ; le tilleul 47 0/0, le chêne 35 0/0. Par simple dessiccation à l'air, le bois perd la plus grande partie de cette eau ; il n'en reste plus que 10 0/0 environ ; par l'action de la chaleur on peut lui soustraire une quantité d'eau encore plus considérable.

Le bois, dont les pores sont gorgés d'eau, devient plus lourd que cette dernière : sa densité est alors 1,6. Un centimètre cube de bois frais de bouleau pèse environ 0 gr. 901, le même volume de bois de sapin 0 gr. 894, de tilleul 0 gr. 817, de tremble 0 gr. 765. Si le bois est sec, les poids sont : pour le bouleau 0 gr. 622, le pin 0 gr. 550, le sapin 0 gr. 355, le tilleul 0 gr. 430, le bois de gaïac 1 gr. 342, l'ébène 1 gr., 226.

Sur un hectare de terre planté d'arbres, il se forme chaque année 3000 kil. de bois environ, quelquefois même l'accroissement peut atteindre 5000 kil.

La composition chimique moyenne du bois desséché à l'air est la suivante :

Eau	15 0/0
Carbone	42 0/0
Hydrogène	5 0/0
Oxygène et azote	37 0/0
Cendres	1 0/0

A la température de 150°, le bois perd son eau hygrométrique ; il commence à se décomposer aux environs de 300° en formant un charbon rouge brun, fragile ; au dessus de 350°, on obtient du charbon noir.

La combustion de l'hydrogène contenu dans le bois nécessitant environ 40 parties en poids d'oxygène, dont le bois ne renferme que 36 0/0, c'est presque exclusivement aux dépens de l'air que brûle le carbone contenu dans le bois. Aussi 100 parties de bois ne dégagent guère plus de chaleur que 40 parties de charbon. Il serait donc extrêmement avantageux, au point de vue du chauffage, de remplacer le bois par le charbon, si l'on pouvait obtenir le rendement théorique, c'est-à-dire environ 40 parties de charbon pour 100 parties de bois. Mais en général le bois ne fournit guère que 30 °/₀ de charbon, parce qu'une partie du carbone s'échappe sous forme de gaz, de goudron, etc. Cependant, lorsque le bois doit être transporté au loin, et surtout lorsqu'il est nécessaire d'obtenir des températures élevées, la transformation du bois en charbon est avantageuse même avec un rendement de 25 0/0.

Le charbon de bois dégage en brûlant 8000 unités de chaleur environ, tandis que le bois desséché à l'air n'en produit pas plus de 2800 ; aussi 7 parties de charbon fournissent autant de chaleur que 20 parties de bois. Quant à la température de combustion, elle est plus élevée pour le charbon que pour le bois, parce que la combustion de 20 parties de bois produit, en plus de l'acide carbonique qui se forme également dans la combustion du charbon, 11 parties d'eau dont les vapeurs absorbent une quantité considérable de chaleur.

Les *parties herbacées* des plantes, feuilles, jeunes branches, tiges etc., n'ont pas la même composition que le bois ; elles renferment en grande quantité un suc riche en matières azotées (le bois en contient peu) et en sels minéraux et une grande quantité d'eau. Voici, à titre d'exemple, la composition du trèfle et du foin de prairie, à l'état frais et desséché : 100 parties de trèfle frais contiennent environ 80 0/0 d'eau et 20 0/0 de résidu sec. Ce dernier est composé de 3,5 0/0 de substances azotées (albuminoïdes), de 9,5 0/0 de substances non azotées solubles, d'environ 5 0/0 de substances non azotées insolubles et de 2 0/0 de cendres. Le trèfle sec, ou foin artificiel, contient environ 15 0/0 d'eau, 13 0/0 de matières azotées et 7 0/0 de cendres. Cette composition des plantes herbacées montre qu'elles peuvent former du charbon tout aussi bien que le bois et indique pourquoi elles ont, au point de vue nutritif, des propriétés différentes de celles du bois. Les plantes herbacées servent de nourriture aux animaux parce qu'elles contiennent des substances solubles capables de passer dans le sang et de former les tissus des animaux ; telles sont les matières azotées, l'amidon, etc. Remarquons ici que, dans une bonne récolte, un hectare de terre peut produire sous forme d'herbes la même quantité de substances carbonées que sous forme de bois.

Du bois desséché soumis à la **distillation sèche** fournit, en plus de 25 0/0 de charbon, 10 0/0 environ de goudron, 40 0/0 d'un liquide aqueux renfermant de l'acide acétique et de l'alcool méthylique, et environ 25 0/0 de gaz combustibles utilisables pour l'éclairage ou le chauffage, car ils sont identiques au gaz d'éclairage ordinaire que l'on peut d'ailleurs préparer à l'aide du bois. Le charbon de bois et le goudron ayant une grande valeur commerciale c'est uniquement dans le but d'obtenir ces produits que l'on soumet souvent le bois à la distillation sèche. L'emploi de bois résineux tels que sapin, pin, etc., est particulièrement avantageux ; le bouleau, le chêne, le frêne fournissent beaucoup moins de goudron, mais en revanche beaucoup plus de liquide aqueux ou d'acide pyroligneux. Ce dernier est utilisé pour la préparation de l'alcool méthylique ou esprit de bois CH^4O et de l'acide acétique $C^2H^4O^2$.

L'appareil employé généralement pour la distillation sèche du bois se compose d'une chaudière verticale en tôle, placée sur un foyer et munie d'ouvertures à la partie supérieure et inférieure pour la sortie des produits légers et lourds de la distillation. La distillation sèche du bois peut encore être faites dans des fours et cela de deux manières : ou bien on brûle dans le four même une partie du bois de manière à soumettre l'autre partie à la distillation grâce au calorique ainsi obtenu, ou bien on place le bois dans un four à parois minces chauffé, au moyen de carneaux convenablement disposés, par la flamme venant du foyer placé au dessous (fig. 1). Le premier procédé donne moins de produits liquides de distillation que le second. Le défournement se fait dans le second procédé par une ouverture pratiquée dans la sole du four et fermée hermétiquement pendant l'opération. La distillation de cent parties de bois exige de 20 à 40 parties de combustible.

Le nord de la Russie est tellement riche en bois et le prix de ce dernier y est si peu élevé, que cette contrée pourrait devenir un centre commercial important pour les produits extraits du bois par la distillation sèche.

On soumet encore à la distillation sèche la houille (voyez note 6), les algues, la tourbe, les substances animales (Chap. VI), etc.

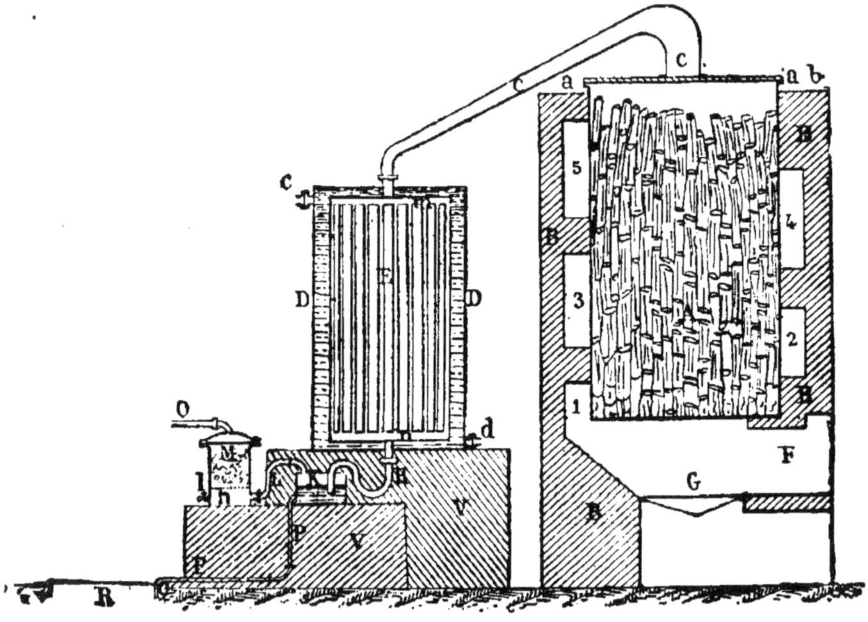

Fig. 1.

Toute substance organique chauffée à l'abri de l'air, subit une décomposition plus ou moins profonde. Si l'accès de l'air est insuffisant, ou si la température est trop basse pour que tout soit brûlé (Chap. III) et si les produits volatils de la décomposition de la substance organique se refroidissent sans avoir le temps de se mélanger avec l'air et de brûler, il y a combustion *incomplète*, et production de **fumée** (2). Ces produits volatils peuvent se reproduire soit au contact des parties froides du foyer soit au contact de l'air froid qui y pénètre lorsqu'on ouvre les portes.

(2) La combustion incomplète présente de nombreux inconvénients. Une partie du combustible est perdue et la fumée qui se dégage est nuisible à la santé sous plusieurs rapports. En outre, la température de la flamme est basse et la quantité de chaleur transmise au corps chauffé est moindre. La combustion incomplète est accompagnée de production de suie ou de particules de charbon non brûlées et d'oxyde de carbone CO (voyez chap. IX) qui brûle en dégageant une grande quantité de chaleur. Les nombreux appareils construits dans le but d'obtenir une combustion complète dans les foyers montrent quelle importance il y a pour l'industrie, qui consomme des quantités énormes de combustibles, à éviter la combustion incomplète. Le moyen le plus radical consiste à utiliser des combustibles gazeux (le gaz des gazogènes et le gaz d'eau) parce que, dans ces conditions, on obtient facilement une combustion complète sans perte de calorique et par conséquent des températures très élevées.

En employant des combustibles solides (charbon de terre, bois, tourbe) on produit une combustion incomplète chaque fois que l'on ouvre les portes du foyer pour y introduire une nouvelle quantité de combustible. Le foyer à étages évite cet inconvénient. Dans les foyers ordinaires, la nouvelle charge de combustible se met sur les résidus déjà en partie brûlés, et les produits de la distillation sèche du nouveau combustible doivent brûler aux dépens de l'oxygène qui ne s'est pas combiné aux charges précédentes à moitié consumées. La combustion est encore rendue incomplète dans ce cas par la distillation sèche et l'evaporation de l'eau contenue dans le nouveau combustible qui abaissent la température de la flamme, une partie du calorique passant à l'état latent c'est pour cette raison que chaque addition de combustible détermine la production de torrents de fumée, preuve que la combustion est incomplète.

Pour éviter cette perte de chaleur, on construit les foyers de telle manière que les produits de la distillation sèche passent sur le charbon incandescent résidu du combustible consommé. Il faut seulement que ce charbon soit, lui aussi, traversé par un courant d'air suffisant pour qu'il puisse brûler complètement. Ces conditions sont réalisées dans les foyers à étages. Le combustible introduit par un entonnoir tombe sur une grille disposée en escalier. Le charbon brûlé se trouve en bas, et la flamme du combustible frais s'échauffera au contact du charbon incandescent. Le réglage du courant d'air attiré par la grille, la répartition uniforme du combustible sur cette dernière, la proportionnalité entre le courant d'air et le tirage de la cheminée, et le mélange aussi complet que possible de la flamme avec l'air — dont l'excès est nuisible — sont autant de moyens permettant de lutter contre la combustion incomplète des combustibles solides.

Le coke, le charbon de bois, l'anthracite brûlent sans fumée parce qu'ils ne contiennent pas de substances hydrogénées capables de donner des produits de distillation sèche : cependant, ils peuvent, eux aussi, brûler incomplètement ; dans ce cas il y a production d'oxyde de carbone.

La décomposition qui s'effectue lorsqu'on calcine un composé renfermant du carbone, de l'hydrogène et de l'oxygène est la suivante : une partie de l'hydrogène se dégage à l'état gazeux, une autre à l'état de combinaison avec l'oxygène, enfin une troisième portion s'élimine, combinée au carbone et quelquefois au carbone et à l'oxygène, sous la forme de gaz ou de vapeurs constituant ce que l'on appelle les produits de distillation sèche. Si l'on fait passer les vapeurs de ces produits à travers un tube fortement chauffé, ces substances finissent par se décomposer en hydrogène et charbon (**3**). La somme de ces différents produits de décomposition contient moins de carbone que la substance organique primitive : une partie du carbone reste à l'état libre sous forme de charbon dans l'appareil où s'effectue la distillation. Si la substance contient des matières minérales non volatiles, elles restent avec le charbon et constituent les cendres. Le charbon peut contenir en outre des substances résineuses non volatiles qui ne se décomposent qu'à une température très élevée.

(3) Les substances organiques peuvent s'oxyder à l'air et la totalité du carbone et de l'hydrogène se transforme en acide carbonique et en eau. Les résidus végétaux et animaux subissent cette modification soit en se putréfiant, soit en brûlant à l'air. Si l'air n'arrive qu'en quantité insuffisante, la transformation en H^2O, CO^2 et autres substances volatiles, n'est pas complète ; il reste du charbon non volatilisé. Toutes les matières organiques sont instables ; elles ne résistent pas à la chaleur et subissent des modifications même à la

température ordinaire, surtout en présence de l'eau, aussi est-il facile de comprendre que la transformation des substances entrant dans la composition des êtres organisés peut donner naissance à du charbon impur. Il ne faut cependant pas croire qu'une matière organique ne dégage que de l'eau et de l'acide carbonique : le carbone, l'hydrogène et l'oxygène peuvent donner une foule de combinaisons différentes. Certaines d'entre elles sont gazeuses et par conséquent volatiles, solubles dans l'eau. Ce sont elles qui s'échappent quand la matière organique se transforme à l'abri de l'air. D'autres au contraire ne se volatilisent pas, sont riches en carbone, ne se modifient pas sous l'influence de la chaleur et des différents autres agents. Elles restent à l'endroit même où la décomposition s'effectue et constituent les matières étrangères du charbon ; telles sont, par exemple, les substances résineuses. La quantité des matières étrangères contenues dans le charbon varie suivant la durée et l'énergie de la décomposition. Le tableau que nous donnons ci-dessous d'après les données de Violette montre les modifications que subit le bois aux différentes températures lorsqu'il est soumis à la distillation sèche à l'aide de la vapeur d'eau surchauffée.

Température de la calcination.	Residu de 100 parties de bois d'aulne.	100 parties de charbon obtenu contiennent			
		C	H	O et Az	Cendres
150°	100 0	47 5	6 1	46 3	0 1
350°	29 7	76 6	4 1	18 4	0 6
1032°	18 7	81 9	2 3	14 1	1 6
1500°	17 3	95 0	0 7	3 8	1 7

Les substances organiques volatiles, par exemple les carbures d'hydrogène gazeux, abandonnent le carbone qu'elles renferment, si l'on fait passer leurs vapeurs à travers un tube porté au rouge. Les matières organiques, en brûlant dans un courant d'air insuffisant, produisent de la suie, c'est-à-dire du charbon provenant d'hydrocarbures dont l'hydrogène s'est séparé sous forme d'eau.

L'essence de térébenthine, la naphtaline et les autres hydrocarbures difficilement décomposables par la chaleur produisent facilement de la suie en brûlant.

Le chlore et certaines autres substances, telles que l'oxygène, capables de s'emparer de l'hydrogène, peuvent, comme les substances très avides d'eau, carboniser la plupart des substances organiques.

L'industrie utilise ces propriétés dans la préparation du charbon de bois par la combustion incomplète du bois (4).

(4) Les raisons qui font utiliser le bois pour la préparation du charbon ont été exposées dans la note 1. On obtient le **charbon de bois** en soumettant le bois mis en tas ou en meules à une combustion incomplète ou à une distillation sèche à l'abri de l'air. La plus grande partie du charbon de bois est utilisée en métallurgie pour la fabrication et le travail du fer. La carbonisation du bois en tas présente cet avantage que l'opération peut être faite dans les forêts, dans n'importe quel endroit : mais les produits de la distillation sèche sont perdus dans ce cas. On construit les meules en disposant les bûches de bois soit horizontalement soit verticalement. Leur diamètre peut varier de 2 à 15 mètres et même davantage. Plusieurs canaux pratiqués à la partie inférieure de la meule et une ouverture supérieure assurent la circulation de l'air dans l'intérieur du tas que l'on recouvre complètement d'une couche épaisse de terre et de gazon pour limiter le courant d'air et concentrer la chaleur dans l'intérieur. Une fois allumée, la meule commence à s'affaisser et il devient nécessaire de veiller à l'intégrité de l'enveloppe de terre recouvrant le bois. A mesure que la combustion se communique à toute la masse, la température augmente et il se produit une véritable distillation sèche. A ce moment on bouche les ouvertures donnant accès à l'air pour éviter toute combustion inutile.

La carbonisation est terminée lorsqu'il se dégage non plus les produits de la distillation sèche brûlant avec une flamme très éclairante mais de l'oxyde de carbone dont la flamme est très pâle. Le bois sec fournit le quart de son poids de charbon.

Une sorte de carbonisation des résidus végétaux s'accomplit dans la nature sous l'influence de l'eau. Nous en voyons un exemple dans la transformation en tourbe des plantes qui croissent dans les marais (5). C'est sans doute le même mécanisme qui a donné naissance aux gisements de houille (6) que l'Angleterre (7) et après elle les autres pays ont commencé à utiliser comme combustible dans les foyers des chaudières à vapeur et pour le chauffage des appartements. La Russie possède de nombreux gisements de houille. Ceux de la province du Don sont les plus remarquables (8).

(5) Quand une substance végétale morte se modifie à l'air en présence de l'humidité et des micro-organismes il reste une matière riche en carbone appelée **humus**.

L'humus sec renferme 70 0/0 de carbone. Les racines, les feuilles et les troncs qui meurent et tombent annuellement participent à sa formation. Les matières végétales mortes (lignine, cellulose) donnent d'abord naissance à des substances brunes (matières ulmiques) puis à des substances noires dites humiques, toutes deux insolubles dans l'eau. Quand la transformation est complète, il y a formation d'acide apocrénique de couleur brune, soluble dans l'eau et puis d'acide crénique incolore et également soluble. Les alcalis dissolvent une partie des matières brunes et noires ; ces solutions ont une couleur brune (acides ulmique et humique) et peuvent quelquefois colorer les ruisseaux et les rivières.

La proportion d'humus contenu dans le sol est en rapport avec la quantité de plantes qui y poussent pour les raisons suivantes :

1° La plante, en se putréfiant, dégage de l'acide carbonique, de l'ammoniaque et laisse un résidu de matières minérales nécessaires aux plantes.

2° L'humus a la propriété d'attirer l'humidité de l'air et de retenir une certaine quantité d'eau fournie par les pluies (jusqu'à 2 fois son poids) ; il contribue ainsi à la conservation dans le sol de l'humidité nécessaire aux végétaux.

3° L'humus rend la terre plus poreuse et plus apte à absorber la chaleur solaire.

Tout ce qui précède explique pourquoi les terrains riches en humus sont aussi les plus fertiles.

Le fumage de la terre n'a d'autre but que d'augmenter dans le sol la proportion d'humus. Tous les résidus végétaux et animaux peuvent être employés à cette fin. Des territoires immenses très chargés en humus constituent la richesse de la Russie. Nous renvoyons le lecteur au travail du Professeur Dokoutchaïeff pour les questions relatives à l'origine et à la distribution de l'humus.

Quand les substances capables de former de l'humus se décomposent sous l'eau, il se forme peu d'acide carbonique CO^2 et beaucoup de gaz des marais CH^4 qui se dégage dans l'air; le résidu solide qui en résulte constitue l'humus acide des endroits marécageux et s'appelle, lorsqu'il forme de grandes masses, **tourbe**. Les parties basses de la Hollande, de l'Allemagne du Nord, de l'Irlande, de la Bavière ; certaines contrées du Nord-Ouest de la Russie possèdent des tourbières.

Par sa composition et ses propriétés, la tourbe ancienne et compacte ressemble à la houille brune. Les formations plus récentes, non condensées par la pression, constituent une masse poreuse dans laquelle on reconnaît encore les plantes qui lui ont donné naissance. La tourbe desséchée, et quelquefois comprimée, sert de combustible.

Quant à sa composition, elle varie suivant son origine. Voici la composition moyenne de la tourbe desséchée à l'air :

Eau	15 0/0	Hydrogène	4 0/0
Cendres	8	Azote	1
Carbone	45	Oxygène	28

La puissance calorifique de la tourbe est à peu de chose près la même que celle du bois.

Les **charbons roux**, qui sont probablement formés aux dépens de la tourbe, présentent parfois une structure ligneuse et sont appelés dans ce cas lignites. La composition des lignites se rapproche de celle de la tourbe :

Carbone	60 0/0	Oxygène et azote	26 0/0
Hydrogène	5	Cendres	9

Les lignites se trouvent dans différentes contrées de la Russie, notamment dans les environs de Moscou, dans les gouvernements de Toula et de Tvér. On les emploie comme combustible, surtout dans les endroits où ils se rencontrent en couches épaisses.

Les lignites brûlent avec flamme comme la tourbe et le bois ; leur pouvoir calorifique est 2 à 3 fois inférieur à celui des meilleures sortes de charbon de terre.

(6) L'herbe et le bois, les masses d'algues des mers antédiluviennes et d'autres substances, ont dû subir à toutes les époques géologiques dans beaucoup de cas des décompositions analogues à celles que nous voyons s'effectuer sous nos yeux, c'est-à-dire former de la tourbe et des lignites. Ces substances enfouies depuis longtemps sous la terre et ayant subi jadis l'action de l'eau, comprimées par des formations géologiques plus récentes, ont formé des gisements de **charbons de terre**, les produits volatils s'étant dégagés. La tourbe et les lignites continuent, même après l'extraction, à dégager des gaz : de l'azote, de l'acide carbonique et du gaz des marais.

La houille a un aspect bien connu : c'est une masse noire à éclat gras ou vitreux plus rarement mat n'ayant conservé aucun aspect végétal, ce qui la distingue de la majorité des lignites.

La densité des houilles varie suivant les espèces de 1,25 (charbons secs, à longue flamme) jusqu'à 1,6 (anthracites brûlant sans flamme) et même jusqu'à 1,9 comme c'est le cas pour le charbon très dense trouvé près de Oloniétz et appelé *schounguite*, lequel constitue sous tous les rapports, d'après les recherches du Professeur Inostrantseff, « le terme extrême » des différentes variétés de charbon.

Pour démontrer la formation du charbon aux dépens des résidus végétaux, Cagnard de Latour introduisait dans un tube épais, soudé à ses deux extrémités, des morceaux de bois desséchés et les chauffait à la température d'ébullition du mercure. Le bois se transformait dans ce cas en une masse noire liquide d'où se séparait une substance ressemblant beaucoup au charbon de terre. Certaines espèces de bois formaient dans ces conditions du charbon qui laissait après combustion un coke aggloméré, tandis que d'autres n'en laissaient pas, exactement comme les différentes sortes de houille.

Violette a répété les expériences de Cagnard de Latour avec du bois chauffé à 150°; il a démontré qu'en décomposant le bois dans ces conditions il se forme un gaz, un liquide aqueux et un résidu qui, à 200°, présentait les propriétés du charbon de bois incomplètement carbonisé ; à 300° et au-dessus, on obtenait une masse homogène semblable au charbon de terre et, à 340° notamment, une masse tout à fait compacte non spongieuse. A 400°, le résidu ressemble aux anthracites.

Il est probable que, dans la nature, la décomposition s'est effectuée sous l'influence de l'eau et très rarement sous l'influence de la chaleur. Mais le résultat est identique, comme le prouve la formation de la tourbe dans les marais.

La composition moyenne des houilles, telle qu'elle résulte de nombreuses analyses, est la suivante, si l'on ne tient pas compte des cendres :

Carbone	84 0/0
Hydrogène	5
Azote	1
Oxygène	8
Soufre	2

La quantité moyenne des cendres atteint 5 1/2 0/0. Les charbons qui contiennent beaucoup de cendres sont des combustibles de mauvaise qualité. La proportion d'eau dépasse rarement 10 0/0.

On distingue parmi les houilles les **anthracites** ou charbons ne dégageant pas ou très peu de produits volatils parce qu'ils contiennent peu d'hydrogène comparativement à l'oxygène.

La composition moyenne des charbons de terre nous montre que, pour 3 parties d'hydrogène, ils renferment environ 8 d'oxygène ; il en résulte que 4 parties d'hydrogène peuvent se dégager sous forme de carbures d'hydrogène, attendu que 8 parties en poids d'oxygène n'exigent qu'une partie d'hydrogène pour se transformer en eau. Ces 4 parties d'hydrogène peuvent enlever sous la forme de produits volatils jusqu'à 48 parties de carbone.

Telle n'est pas la composition des anthracites. Abstraction faite des cendres, les anthracites renferment :

Carbone	94 0/0
Hydrogène	3
Oxygène et azote	3

D'après les analyses de A.A. Voskressénsky l'anthracite de Grouchévka (Province du Don) contient :

$$C = 93{,}8 \qquad H = 1{,}7 \qquad \text{Cendres } 1{,}5$$

Les anthracites contiennent donc peu d'hydrogène capable de se combiner au carbone pour former des carbures d'hydrogène brûlant avec flamme.

Les anthracites sont les charbons les plus anciens. Les charbons jeunes, les moins modifiés, voisins des lignites, sont les charbons *secs*. Ils brûlent avec flamme, laissent un coke qui conserve la forme des morceaux du charbon et dégagent en brûlant la moitié environ de leurs composants ; ils renferment beaucoup de H et de O.

Les autres variétés de houille (charbon à gaz, charbon de forge, charbon à coke, anthracites maigres d'après Grünner) forment, sous tous les rapports, une transition entre les charbons secs et les anthracites. Tous ces charbons brûlent avec une flamme très fuligineuse et laissent, après distillation, un **coke** qui est au charbon de terre ce qu'est le charbon de bois au bois.

La qualité et la quantité du coke varient suivant la houille employée. En pratique, on distingue le plus souvent les houilles d'après la propriété et la quantité du coke qu'elles fournissent. Sous ce rapport, les plus importants sont les *charbons gras* résineux qui, soumis à la distillation sèche, forment par agglomération, même lorsqu'ils sont très divisés, de gros morceaux de coke spongieux. Les meilleurs charbons à coke laissent 65 0/0 de coke dense aggloméré et sont très précieux pour la métallurgie (voir note 8). En plus du coke on obtient, en distillant la houille, le gaz d'éclairage (voir plus loin), le goudron de houille (d'où l'on extrait la benzine, le phénol, la naphtaline, les résidus qui servent à préparer l'asphalte artificiel, etc.) et un liquide aqueux alcalin renfermant du carbonate d'ammonium (Voyez chap. VI). (Le bois et les charbons roux fournissent un liquide acide à cause de la présence de l'acide acétique).

(7) En 1850 l'extraction de la houille en Angleterre atteignait déjà 48 millions de tonnes et actuellement elle est de 190 millions de tonnes. Tous les autres pays du monde en tirent en outre 300 millions de tonnes par an. La consommation annuelle du monde entier peut donc être évaluée à 500 millions de tonnes environ. Après l'Angleterre ce sont les Etats-Unis qui produisent le plus de charbon (160 m. de t.) puis vient l'Allemagne (90 m.), la France (25 m.).

La plus grande partie de la houille est consommée par les foyers des machines à vapeur. Il est facile de calculer que les moteurs utilisent presque la moitié de la production annuelle de la houille, étant donné que, pour chaque cheval-vapeur (= 75 kilogrammètres par 24 heures), les machines dépensent en moyenne plus de 25 kilogr. de charbon par 24 heures ou environ 5 tonnes par an (abstraction faite du chômage) et que les machines à vapeur du monde entier représentent une force de 50 millions de chevaux. La consommation du charbon de terre peut donc servir de mesure au développement industriel d'un pays. Environ 15 0/0 du charbon sont utilisés pour la métallurgie de la fonte, du fer et de l'acier.

(8) Les principaux gisements de houille exploités en Russie sont les suivants :

1° Bassin du Doniéts (affluent du Don), production 3 millions de tonnes ;

2° Bassins de Pologne : Dombrovo, etc., 2 millions de tonnes ;

3° Gisements de Toula et de Riazan du bassin sous-moscovite, 400,000 tonnes ;

4° Bassins de l'Oural, 160,000 tonnes ;

5° Gisement du Caucase. Tkviboul près de Koutaïs ;

6° Steppes des Kirghises ;

7° Bassin Kouznétsky, gouvernement de Tomsk ;

8° Ile de Sakhaline, etc.

Dans les bassins polonais et sousmoscovite il n'existe pas de charbon à coke.

La province houillière du Doniéts contient des richesses incalculables ; nulle part au monde on ne rencontre autant de conditions favorables concentrées dans un seul et même endroit : toutes les variétés de houilles depuis les charbons secs près de Lissitchansk jusqu'aux anthracites dans le sud-est ; une grande abondance d'excellents charbons métallurgiques dans la partie ouest du bassin ; ses dimensions colossales, environ 25.000 kilom. carrés ; le peu de profondeur du gisement, de 40 à 200 mètres (elle est de 1000 mètres en Angleterre et en Belgique) ; la fertilité de la terre en humus ; la proximité de la mer d'Azof (environ 100 kilomètres de distance), et des cours d'eau : Doniéts, Don et Dnieper ; des gisements inépuisables de minerais de fer (Korsak-Moghila, Krivoï-Rogue, Souline, etc., etc.) de cuivre, de mercure (près de Nikitofka gouvernement d'Ekoterinoslaf ; des dépôts de sel gemme les plus riches du monde (stations de Stoupka et de Briantsévka) ; d'excellentes terres (à porcelaine et réfractaires) ; des gypses, des schistes, des sablières, etc. Toutes ces richesses naturelles de la province du Doniéts donnent la certitude que ce pays deviendra, à mesure que l'industrie prendra un développement plus considérable en Russie, le centre d'entreprises industrielles colossales non seulement pour les besoins de la Russie mais pour ceux du monde entier.

L'Angleterre exporte annuellement 25 millions de tonnes de charbons de terre ; l'extraction du charbon y coûte plus cher que dans le bassin du Doniéts où 100 kilogs de charbon reviennent à environ 31 copecks (100 copecks = 1 rouble = 2 fr. 50 à 3 fr. suivant le cours) et dont les anthracites et demi-anthracites (comme les *cardiffs* anglais brûlant sans flamme) et les charbons à coke métallurgiques peuvent satisfaire à toutes les exigences industrielles qui augmentent chaque année. Les mines d'Angleterre et de Belgique sont à moitié épuisées ; dans celles du Doniéts, à la profondeur de 200 mètres, 19,000,000 millions de kilogs de charbon au moins attendent la pioche du mineur.

La combustion incomplète des substances volatiles contenant du carbone et de l'hydrogène s'accompagne toujours de la formation d'une certaine quantité de suie, parce qu'une partie seulement du carbone brûle, tandis que l'autre se dégage. C'est pour cette raison que les goudrons, la poix et les substances analogues brûlent avec une flamme fuligineuse. La suie est donc du charbon très divisé dégagé par la combustion incomplète des vapeurs et des gaz des substances carbonées.

La suie, ou noir de fumée, est employée comme matière colorante noire, dans la fabrication des encres typographiques notamment. On la prépare en brûlant la poix, les huiles, le gaz naturel, le naphte, etc. (fig. 2).

Suivant la température à laquelle la carbonisation a eu lieu, le charbon contient une quantité plus ou moins grande de matières organiques ayant échappé à une décomposition complète. Le charbon obtenu à une température aussi basse que possible contient encore une quantité considérable d'hydrogène et d'oxygène (environ 4 0/0 d'hydrogène et 20 0/0 d'oxygène) ce charbon conserve la structure de la substance qui a été soumise à la carbonisation. Tel est, par exemple, le charbon de bois ordinaire qui présente nettement l'aspect du bois. En calcinant le charbon à une température plus élevée, on peut éliminer une nouvelle quantité d'hydrogène, de carbone et d'oxygène sous la forme de gaz et de substances volatiles et obtenir ainsi un charbon plus pur (9). Si l'on se sert de la suie pour la préparation du charbon pur, il est nécessaire de la laver à l'alcool et à l'éther pour la débarrasser de certaines substances résineuses solubles et de la soumettre à une forte chaleur pour chasser tous les composés hydrogénés et oxygénés. Le charbon complètement purifié ne change pas d'aspect. Tout le monde connaît sa porosité (**10**), son faible pouvoir conducteur de la chaleur (**11**), sa capacité considérable d'absorption des rayons lumineux, sa couleur noire, son opacité et beaucoup d'autres propriétés.

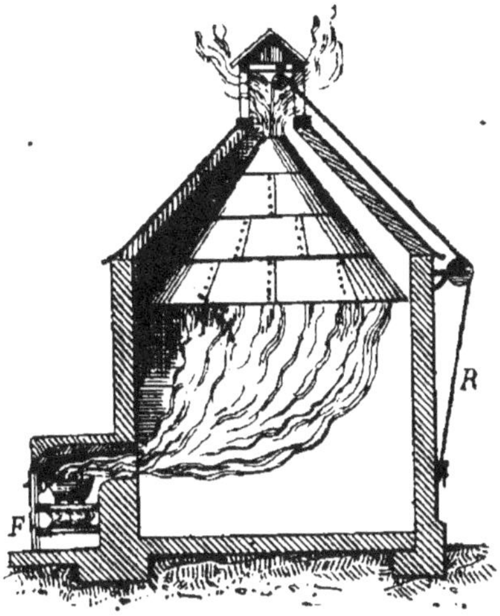

Fig. 2.

Appareil servant à la préparation du noir de fumée.

(9) Il est très difficile de débarrasser le charbon des matières minérales contenues dans le bois qui a servi à sa production, aussi, pour préparer du charbon pur, faut-il calciner des substances organiques, telles que le sucre cristallisé, chimiquement pur, l'acide tartrique cristallisé et purifié, etc.

(10) Les pores du charbon de bois sont les vestiges des cellules et des canaux par lesquels se dégagent les produits volatils qui se forment pendant la carbonisation. Le degré de porosité varie avec les différentes variétés de charbon et présente une certaine importance dans la pratique. Plus le charbon est poreux, plus il est léger : un mètre cube de charbon de bois pèse environ 200 kilogs.

Un grand nombre des propriétés du charbon qui ne dépendent que de sa porosité appartiennent également à beaucoup d'autres corps poreux et varient suivant le degré de densité du charbon. Parmi ces propriétés il faut mentionner le pouvoir d'absorber les gaz, les liquides et certaines substances en dissolution.

Les variétés de charbon les plus denses s'obtiennent par la calcination du sucre et d'autres substances fusibles. Tel est aussi le charbon brillant et dense qui se dépose sur les parois des cornues dans les usines à gaz. Ce charbon se forme aux dépens des vapeurs et des gaz dégagés par la houille soumise à la distillation sèche. Grâce à sa densité, il est bon conducteur du courant électrique et constitue ainsi une transition vers le graphite. On l'emploie dans les piles galvaniques.

Le coke ou résidu de la combustion incomplète des charbons de terre et des substances résineuses, est peu poreux, brillant ; il ne laisse pas de traces sur le papier, il est presque privé du pouvoir de fixer les liquides et d'absorber les gaz. Cette propriété appartient au contraire aux charbons de bois léger et, dans une plus forte mesure, au charbon divisé et friable obtenu par la calcination des os, du cuir et d'autres matières animales.

La puissance d'absorption du charbon de bois pour les différents gaz ressemble à la condensation des gaz par la mousse de platine. C'est là évidemment un phénomène d'adhésion des gaz aux corps solides analogue à l'adhésion des liquides aux solides. Un volume de charbon absorbe les quantités suivantes de différents gaz :

Gaz	de Saussure — Charbon de hêtre	Favre — Charbon de noix de coco	Chaleur dégagée par la condensation de 1 gr. de gaz
AzH^3	90 vol.	172 vol.	494 unités
CO^2	35 »	97 »	158 »
Az^2O	40 »	99 »	169 »
HCl	85 »	165 »	274 »

Le charbon peut condenser une quantité de chlore presque égale à son poids.

La quantité de gaz absorbé par le charbon augmente avec la pression et lui est sensiblement proportionnelle. La quantité de chaleur dégagée est voisine de celle qui se dégage pendant la dissolution ou le passage à l'état liquide.

Le charbon absorbe non seulement les gaz, mais aussi d'autres substances. Ainsi, par exemple, l'eau-de-vie contenant des alcools supérieurs, filtrée à travers le charbon, se débarrasse de l'odeur désagréable qui lui est imprimée par ces derniers. La filtration sur le charbon est une opération très usitée dans les laboratoires et dans l'industrie. On filtre ainsi les solutions d'huiles, les sirops, les extraits, les teintures, etc. pour les clarifier.

Pour démontrer le pouvoir décolorant du charbon, on peut employer différentes solutions colorées par des couleurs d'aniline, de la teinture de tournesol, etc. Le charbon, après avoir absorbé jusqu'à saturation une substance, peut encore en absorber quelques autres.

Le charbon animal, obtenu par la calcination des os et pulvérisé, est le meilleur absorbant. Ce charbon était autrefois employé en grandes quantités dans les sucreries pour clarifier les solutions de sucre et les débarrasser non seulement des matières colorantes et odorantes, mais aussi de la chaux ajoutée aux solutions pour les conserver pendant la concentration. L'absorption de la chaux par le charbon animal est due probablement à la présence de certaines matières minérales renfermées dans ce dernier.

(11) Le charbon est très mauvais conducteur de la chaleur ; il peut par conséquent servir de matière isolante. On utilise cette propriété en employant des creusets en charbon pour calciner certaines substances ; le charbon étant infusible supporte une température plus élevée qu'un grand nombre d'autres corps.

Le poids spécifique du charbon varie entre 1,4 et 1,9; il est donc plus lourd que l'eau ; s'il flotte sur ce liquide, c'est grâce à l'air contenu dans ses pores. Le charbon pulvérisé et humecté d'alcool tombe immédiatement au fond de l'eau. Il est **infusible** même à la température du chalumeau oxhydrique. La chaleur obtenue à l'aide d'un courant galvanique très puissant le ramollit mais ne le fond pas. Cependant, après refroidissement, son aspect et ses propriétés sont modifiés ; il est plus ou moins transformé en graphite. La stabilité physique du charbon se trouve sans doute en relation avec sa stabilité chimique. C'est un corps qui semble ne pas posséder d'énergie ; ainsi le charbon ne se dissout dans aucun des liquides connus et **ne se combine avec aucun corps à la température ordinaire**, c'est donc un corps inerte comme l'azote (**12**).

(12) L'immutabilité du charbon sous l'action des influences atmosphériques qui parviennent à modifier même les pierres et la plupart des métaux est utilisée souvent dans la pratique. Ainsi, par exemple, on remplit de charbon les fossés de bornage. On calcine superficiellement les pièces de bois qui doivent être enfoncées dans le sol pour augmenter leur durée.

On remplit de charbon ou de coke dans les fabriques d'acide sulfurique ou chlorhydrique les tours où doivent se rencontrer les gaz et les liquides. Les acides les plus énergiques n'attaquent pas le coke à la température ordinaire.

Toutes les propriétés du charbon qui viennent d'être énumérées se modifient cependant à une température élevée. Contrairement à ce qui se passe pour l'azote, le charbon est capable de se combiner directement avec l'oxygène à une température élevée ; la combustion du charbon n'est due d'ailleurs qu'à cette combinaison. Le soufre, l'hydrogène, le silicium, le fer et quelques autres métaux (**12** bis) possèdent aussi la propriété de **se combiner directement avec le charbon incandescent.** A la température ordinaire tous ces corps ne réagissent pas sur le charbon.

(12 bis) Maquenne a démontré (1892) que le carbone pouvait se combiner avec les métaux alcalino-terreux. Il calcinait des amalgames métalliques à 20 0/0 avec de la poudre de charbon dans un courant d'hydrogène. Les composés obtenus après distillation du mercure répondaient aux formules suivantes :

$$BaC^2, \quad SrC^2, \quad CaC^2$$

Maquenne propose d'employer la combinaison du baryum pour la préparation de l'acétylène. Cette combinaison s'obtient en calcinant dans un four Perrot un mélange de carbonate de baryum, de magnésium en poudre et de charbon de cornue :

$$BaCO^3 + 3\ Mg + C = 3\ MgO + BaC^2$$

100 gr. de BaC^2 dégagent de 5.200 à 5.400 cc. d'acétylène renfermant 2 à 3 0/0 d'hydrogène.

La relation de l'acétylène C^2H^2 avec les carbures métalliques mentionnés plus haut est évidente, si l'on se rappelle que les métaux Ca, Sr, Ba sont susceptibles de remplacer deux atomes de H. Ainsi C^2Ba répond à C^2H^2 et peut être considéré comme un sel ou dérivé métallique du baryum.

Moissan a obtenu (1893) des carbures de métaux en soumettant à l'action de l'arc voltaïque leurs oxydes métalliques en présence du charbon :

$$BaO + C = CO + C^2Ba$$

A la température obtenue dans les fours ordinaires le charbon n'agit pas sur CaO, BaO, SrO. — Voyez sur Al^4C^3 chap. XVII, note 38.

En brûlant dans l'oxygène, le charbon forme de l'acide carbonique CO^2; avec les vapeurs du soufre il forme le sulfure de carbone CS^2 ; il s'unit au fer en fusion pour former la fonte. A la température extrêmement élevée de l'arc voltaïque, le charbon se combine avec l'hydrogène et donne l'acétylène C^2H^2. Avec l'azote, le charbon ne se combine pas directement, mais, en présence des métaux et des oxydes des métaux alcalins, il absorbe l'azote en formant des cyanures métalliques comme le cyanure de potassium KCAz, par exemple.

Ces combinaisons peu nombreuses du carbone peuvent servir à former la quantité considérable des composés carbonés qui entrent dans la composition des plantes et des animaux et qui peuvent être préparés artificiellement.

Certaines substances oxygénées peuvent cependant céder leur oxygène au charbon à des températures relativement basses. Ainsi, par exemple, l'acide azotique porté à l'ébullition avec du charbon donne CO^2 et AzO^2. L'acide sulfurique est réduit dans ces conditions en acide sulfureux. Un grand nombre d'oxydes métalliques sont réduits lorsqu'on les chauffe avec du charbon. Les oxydes de potassium et de sodium cèdent, sous l'influence de la chaleur, leur oxygène au charbon, bien qu'ils ne le cèdent pas à l'hydrogène. Il n'y a que la silice (oxyde de silicium) et la chaux (oxyde de calcium) qui résistent à l'action réductrice du charbon.

Tout en conservant ses principales propriétés chimiques, le charbon peut subir des modifications **allotropiques** que tout le monde connaît, dans le **graphite** et **le diamant**. Douze parties de charbon, de diamant et de graphite pur donnent, après combustion dans l'oxygène, 44 parties d'acide carbonique ; ce qui prouve bien que ces trois corps ont la même composition.

Au point de vue physique cependant ces trois corps diffèrent nettement : tandis que la densité des charbons les plus denses ne dépasse pas 1,9, celle du graphite est voisine de 2,3 et celle du diamant 3,5. Or, la plupart des autres propriétés, la combustibilité par exemple, dépendent de la densité. Plus le charbon est léger, plus il brûle facilement ; le graphite brûle difficilement même dans l'oxygène. Le diamant ne brûle que dans l'oxygène et encore doit-il être fortement chauffé.

La chaleur de combustion du charbon, du diamant et du graphite n'est pas la même. Une partie en poids de charbon de bois dégage, en se transformant en acide carbonique, 8080 unités de chaleur ; le charbon de cornue en dégage 8050 ; le graphite naturel 7800, le diamant 7770. Plus la densité est élevée, moins est grande la quantité de chaleur dégagée (**13**).

(13) En se condensant, le charbon perd de la chaleur ; il en résulte donc que l'état plus dense est à l'état moins dense ce qu'est l'état solide à l'état liquide ou l'état combiné à l'état libre. On peut donc supposer que la molécule du graphite est plus complexe que celle du charbon et que le diamant a une molécule encore plus complexe. La considération des chaleurs spécifiques conduit au même résultat comme on le verra dans la suite, la chaleur spécifique diminue à mesure que la molécule devient plus complexe. La chaleur spécifique du charbon $= 0,24$; celle du graphite $= 0,20$; celle du diamant $= 0,147$.

Le Chatelier a trouvé (1893) pour le charbon des cornues à gaz que le produit de la chaleur spécifique par le poids atomique varie entre 0° et 250° suivant l'équation :

$$A \times K = 1,92 + 0,0077\, t.$$

et entre 250° et 1000° d'après l'équation

$$A \times K = 3,54 + 0,00246\, t.$$

Voyez chap. XIV, note 4.

On peut transformer le charbon en graphite sous l'influence d'une température très élevée. Si l'on fait passer dans le vide un courant électrique, produit par 600 éléments de Bunsen disposés en 6 séries parallèles, à travers un petit cylindre de charbon de 4 mm. de diamètre et long de 5 mm., une partie du charbon devenu incandescent se volatilise et se condense sous forme de graphite. Le charbon obtenu en calcinant du sucre soumis, dans un creuset également en charbon, à l'action d'un courant galvanique très puissant s'agglomère en une masse et forme une substance ressemblant au graphite.

En calcinant un mélange de charbon et de fer on obtient de la fonte : le fer peut dissoudre jusqu'à 5 0/0 de charbon. La fonte liquéfiée et refroidie rapidement n'abandonne pas le carbone combiné au fer, c'est de la fonte dite blanche ; si le refroidissement s'opère lentement la plus grande partie du carbone se dégage sous forme de graphite que l'on peut isoler en dissolvant la fonte ainsi obtenue, dite fonte grise, dans de l'acide azotique.

Le graphite se rencontre dans la nature en grandes masses compactes ; quelquefois il existe à l'état de veines dans certaines roches telles que les schistes ; il s'est probablement formé dans les endroits qui ont été soumis à l'action du feu tellurique (**14**). Le graphite obtenu par refroidissement de la fonte, ainsi que le graphite naturel, peuvent quelquefois présenter une forme cristalline, notamment celle de tablettes à six pans. Le plus souvent le graphite se rencontre à l'état de masse compacte amorphe possédant la propriété de laisser une trace noire, propriété qui est utilisée pour la fabrication des crayons (**15**).

(**14**) Dans certains gisements, l'anthracite se transforme graduellement en graphite à mesure que l'on s'enfonce plus profondément dans la terre. J'ai eu l'occasion d'observer cette transformation dans la vallée de l'Aoste près du Mont-Blanc, non loin du Cour-Majeur.

(**15**) Le graphite employé pour la fabrication des crayons est préalablement lavé, concassé et débarrassé des matières étrangères ; dans les meilleurs crayons, les bâtons de graphite sont taillés dans des blocs de graphite homogène.

On trouve le graphite dans beaucoup d'endroits ; en Russie, c'est le graphite d'Alibert qui jouit d'une grande renommée ; on l'exploite dans les montagnes d'Altaï près de la frontière chinoise. Sidoroff a trouvé du graphite en Finlande et sur les rives de la Petite Toungouzka. Mélangé avec de l'argile, le graphite sert à fabriquer des creusets réfractaires employés pour la fusion des métaux.

Le graphite, comme la plupart des charbons, renferme une certaine quantité d'hydrogène, d'oxygène et de cendres, de sorte que les variétés les plus pures de graphite naturel ne contiennent guère que 98 0/0 de carbone.

Dans la pratique, on se contente généralement, pour purifier le graphite, de le réduire en poudre et de le laver ; cette opération le débarrasse des matières pierreuses grossières.

Brodie a proposé un autre procédé : il consiste à mélanger le graphite pulvérisé avec 1/14 de son poids de chlorate de potassium ; on verse sur le mélange le double de son poids d'acide sulfurique et on chauffe jusqu'à ce qu'il ne se dégage plus de vapeurs odorantes. Après refroidissement, le mélange est jeté dans l'eau et lavé. Le graphite ainsi obtenu est séché, puis calciné ; il augmente considérablement de volume et se réduit en poudre impalpable que l'on soumet à un dernier lavage.

En traitant plusieurs fois le graphite avec un mélange de chlorate de potassium et d'acide azotique chauffé à 60°, Brodie a transformé le graphite en une substance jaune insoluble qu'il a nommée acide graphitique $C^{11}H^4O^5$. Le diamant ne subit aucune modification dans ces conditions ; le charbon amorphe s'oxyde complètement. En utilisant cette réaction pour distinguer le graphite du diamant et du charbon amorphe, Berthelot a démontré que la décomposition par la chaleur des carbures d'hydrogène donne un dépôt du charbon amorphe tandis que, dans les mêmes conditions, les combinaisons du carbone avec le chlore, le soufre et le bore abandonnent surtout du graphite.

Le **diamant** est une modification cristalline et transparente du carbone qui ne se rencontre que rarement dans la nature et en petites quantités. On le trouve dans les sables diamantifères du Brésil, de l'Inde, de l'Afrique du Sud, etc. Il a été trouvé également dans les pierres météoriques **(15 bis)**.

(15 bis) Le diamant se trouve dans une roche compacte spéciale connue sous le nom d'*itacolumite* ; les sables diamantifères ne sont probablement que des itacolumites désagrégées par l'action de l'eau.

Les principaux gisements sont ceux des provinces de Rio et de Bahia au Brésil et au Cap de Bonne Espérance. On sépare le diamant par lavage des sables : on y trouve un sable noir appelé *cascallio*, des diamants noirs ou amorphes et le diamant transparent ordinaire. Le diamant ayant une structure stratifiée, la première opération à laquelle on le soumet c'est le *clivage* ; ensuite on le polit à l'aide de la poudre de diamant.

En 1887 le professeur P. Latchinoff et Eroféïeff ont trouvé de la poudre de diamant dans une pierre météorique tombée le 10 septembre 1886 dans le village de Novyï Ouréï, gouvernement de Penza. Jusqu'à cette époque on n'avait rencontré dans les météorites que du charbon et du graphite ; on ne faisait que soupçonner la présence du diamant. Le météorite de Novyï Ouréï est constitué principalement par des combinaisons de silice, et du fer métallique (renfermant du nickel). On a encore trouvé le diamant dans la pierre météorique *Canon Diablo* en Amérique.

Le diamant cristallise en octaèdres, grenatoèdres, cubes et peut affecter les différentes combinaisons des formes du système régulier (**16**).

(**16**) Le diamant se rencontre quelquefois sous forme de petites boules et, dans ce cas, il ne peut être taillé à facettes. Dès que l'on essaie de polir le diamant globulaire ou de le tailler il se réduit en poussière. Parfois des petits cristaux de diamant s'agglomèrent en une masse compacte ressemblant à du sucre. On utilise ces variétés pour la préparation de la poudre de diamant employée pour le polissage du diamant et des autres pierres précieuses. Le diamant noir possède la même dureté que le diamant ordinaire ; on l'emploie pour le forage de trous dans des roches dures, par exemple, pour le percement des tunnels.

Les efforts des différents savants qui ont essayé de préparer artificielement le diamant ne sont pas restés complètement infructueux, bien qu'il ait été impossible jusqu'ici de l'obtenir à l'état de cristaux assez gros. C'est qu'en effet, les procédés ordinaires de cristallisation ne peuvent être appliqués au carbone. Toutes les modifications du carbone sont insolubles et infusibles, or l'état liquide est celui qui se prête le mieux à la cristallisation. On a plusieurs fois préparé le diamant sous la forme de cristaux très menus ayant l'aspect d'une poudre noire, mais transparents sous le microscope et possédant une dureté qui n'appartient qu'au diamant. On obtient de la poudre de diamant sur l'électrode négative en faisant passer un faible courant galvanique à travers le chlorure de carbone liquide (**16 bis**).

(16 bis) Hannay, en 1880, a préparé de la poudre de diamant en chauffant dans un tube en fer à parois épaisses un mélange d'hydrocarbures liquides lourds avec du magnésium. Cette expérience semble n'avoir jamais été reproduite.

Moissan à Paris, en 1893 a préparé artificiellement le diamant à l'aide de la température très élevée que permet d'obtenir le four électrique (**17**). Cet auteur dissolvait le charbon dans du fer fondu ou de la fonte et laissait la solution se refroidir sous une forte pression obtenue par un refroidissement rapide du métal (**17** bis). K. Khrouchtchoff a obtenu le même résultat en employant l'argent qui dissout jusqu'à 6 0/0 en poids de charbon.

(17) Le **four électrique** est une découverte toute récente permettant d'obtenir une température de 3500° que les fours ordinaires et même la flamme du chalumeau oxhydrique (2000°) ne peuvent atteindre. Il est formé de deux morceaux de chaux opposés l'un à l'autre par leurs surfaces plates. Dans le morceau inférieur est creusée une cavité pour recevoir la substance entre deux électrodes épais en charbon compact. En faisant passer un courant de 70 volts et 450 ampères on atteint facilement une température de 3000°. A la température de 2000° (100 ampères et 40 volts) non seulement tous les métaux mais même la chaux et la magnésie placés dans l'arc voltaïque se ramollissent et cristallisent en se refroidissant. A 3000° la chaux est très liquide et dégage en partie le calcium métallique, il se forme aussi du carbure de calcium qui reste longtemps à l'état liquide. L'oxyde d'uranium se réduit en protoxyde et en uranium métallique ; le zircone et le cristal de roche fondent ainsi que l'alumine ; le platine, l'or et même le charbon se volatilisent ; la plupart des métaux se combinent à cette température avec le carbone. Sous l'influence d'une chaleur aussi considérable, on obtient à l'aide de la fonte et du charbon le graphite et, d'après Rousseau entre 2000° et 3000°, le diamant se transforme en graphite et *inversement* ce qui constituerait une réaction reversible.

(17 bis) Moissan a étudié d'abord la dissolution du charbon dans les métaux en fusion (et la formation de carbures métalliques) tels que : magnésium, aluminium, fer, manganèse, chrome, uranium, argent, platine, silicium. En même temps Friedel, en se basant sur la présence du diamant dans le fer météorique, a admis que le diamant se formait sous l'influence du fer et du soufre. Pour le démontrer Friedel a fait réagir en vase clos à la température de 500° le soufre sur des échantillons de fonte riches en carbone. Après dissolution du sulfure de fer formé, Friedel obtint une très petite quantité de poudre noire rayant le corindon ; ce n'était autre chose que de la poudre de diamant.

Les expériences de Moissan (1893) ont été plus heureuses ; leur succès est dû à l'emploi du four électrique.

Si l'on sature de carbone du fer à des températures intermédiaires entre 1100° et 3000° on remarque qu'entre 1100 — 1200° il se forme un mélange de carbone amorphe et de graphite ; à 3000° on obtient du graphite seul en très beaux cristaux. Dans ces conditions on n'obtient pas de diamant ; pour le préparer il faut faire intervenir en même temps qu'une température élevée une pression considérable. Moissan a utilisé dans ce but la pression engendrée par le passage brusque de la masse de fonte en fusion de l'état liquide à l'état solide.

On commence par fondre dans le four électrique 150 à 200 grammes de fer doux et l'on introduit rapidement dans la masse liquide un cylindre de charbon. Le creuset contenant la masse en fusion est rapidement plongé dans l'eau froide. Après avoir dissous le fer à l'aide de l'acide chlorhydrique bouillant, il reste trois variétés de carbone : *a*) le graphite en petite quantité (si le refroidissement a été rapide), *b*) un charbon marron en filaments fins et tordus — preuve qu'il a été soumis à une forte pression ; et enfin *c*) une petite quantité d'une masse très compacte qui, après traitement par l'eau régale, les acides sulfurique et fluorhydrique, était jetée dans du bromoforme (poids spécifique 2,900) ; on séparait ainsi les substances plus légères. On peut extraire par ce procédé quelques grains plus denses rayant le rubis et possédant les propriétés du diamant. L'un d'eux était noir et avait exactement la couleur des diamants noirs (*carbonado*) les autres étaient transparents et très réfringents. Leur densité oscillait entre 3 et 3,5. Les échantillons transparents ont un aspect gras et semblent être entourés d'une membrane de charbon. Chauffés à 1050° dans un courant d'air ils ne brûlaient pas complètement ; on pouvait voir sous le microscope des particules incomplètement brûlées ainsi que des grains d'une poussière spéciale de couleur légèrement ocreuse ayant conservé leur forme cristalline. Ces grains de poussière restent après la combustion des échantillons impurs du diamant naturel. Moissan a obtenu de petits cristaux de diamant en refroidissant rapidement dans un courant de gaz d'éclairage un morceau de fonte saturée de charbon de sucre et portée préalablement à 2000°.

K. Khrouchtchoff a montré que l'argent en ébullition dissout jusqu'à 6 0/0 de carbone. Si le refroidissement se fait rapidement, il se forme une croûte empêchant la dilatation du métal, ce qui détermine une forte pression à l'intérieur du culot et la transformation en diamant du carbone dégagé.

Rousseau a, dans le même but, chauffé dans le four électrique le carbure de calcium. Tous ces auteurs ont certainement préparé du diamant possédant la transparence et la dureté du diamant véritable, se transformant totalement en CO^2 par combustion dans l'oxygène, mais ils n'ont pu l'obtenir qu'à l'état de poudre fine.

De ce que le carbone forme un grand nombre de produits gazeux (CO, CO^2, CH^4, C^2H^4 C^2H^2 etc.) et volatils (tels que beaucoup d'hydrocarbures et leurs dérivés les plus simples), et en considérant que le poids atomique du carbone ($C=12$) est voisin de ceux de l'azote ($Az=14$) et de l'oxygène ($O=16$) et que leurs combinaisons CO (oxyde de carbone) et C^2 Az^2 (cyanogène) sont des gaz, on peut snpposer que si le carbone formait une molécule C^2, comme Az^2 et O^2, cette molécule serait à l'état de gaz. Nous savons d'autre part que les températures d'ébullition et de fusion s'élèvent quand les molécules se polymérisent (par exemple O^2 se transforme en O^3, AzO^2 en Az^2O^4) ; les hycrocarbures C^nH^{2n} nous en fournissent la preuve, aussi est-on en droit d'admettre que les **molécules du graphite et du diamant sont très complexes**, ces substances n'étant ni fusibles ni volatiles.

La faculté que possèdent les atomes de charbon de se combiner entre eux et de donner des molécules complexes se manifeste dans tous les composés carbonés. Parmi les composés volatils du carbone, on en connaît qui contiennent 5, 10, 20, 30.... et en général *n* atomes de C et *n* peut-être très grand. Aucun des éléments connus ne possède cette propriété à un aussi haut degré que le carbone (**18**).

(18) La molécule du soufre est S^6 jusqu'à la température de 600° et il faut supposer que c'est cette composition qui détermine la formation de l'hydrogène polysulfuré H^2S^5. La molécule du phosphore est P^4 ; elle forme P^4H^2. Nous aurons l'occasion de revenir encore une fois sur la question de la complexité de la molécule du carbone, quand nous exposerons les données relatives à la chaleur spécifique.

Jusqu'à présent, rien ne permet de fixer le nombre d'atomes qui existent dans les molécules du charbon, du graphite et du diamant, nous savons seulement qu'ils contiennent C^n et que n est grand.

Le charbon et les substances composées organiques non volatiles qui forment des transitions graduelles (19) vers le charbon renferment une réserve ou un emmagasinement de forces internes ; quand ils brûlent, l'énergie du carbone et de l'oxygène se transforme en chaleur que nous utilisons à chaque instant (20).

(19) Les hydrocarbures pauvres en hydrogène (éloignés de la limite de saturation) et renfermant beaucoup d'atomes de carbone comme le chrysène, le petrozène et autres hydrocarbures du groupe $C^nH^{2(n-m)}$ sont des corps solides et d'autant moins fusibles que n et m sont plus grands. On constate nettement que leurs propriétés tendent à se rapprocher de celle du diamant. En enlevant l'eau des hydrates de carbone $C^nH^{2m}O^m$, des composés humiques par exemple, (note 5) on démontre que ces composés sont intermédiaires, entre les substances organiques et le charbon. Le résidu ressemblant au charbon et au graphite que l'on obtient en éliminant le fer (à l'aide de $CuSO^4$ et NaCl) de la fonte blanche est aussi un corps composé $C^{11}H^{10}O^5$, d'après G. A. Zaboudski.

Il est probable que les nombreux efforts que l'on tente pour déterminer la mesure de complexité des molécules du charbon, du graphite et du diamant permettront un jour de résoudre ce problème, et démontrer ont que les différentes formes : charbon, graphite et diamant, renferment dans leurs molécules des nombres différents mais toujours très grands d'atomes de carbone.

La stabilité du groupement C^6H^6 qui se rencontre dans un très grand nombre de composés organiques et la facilité avec laquelle se forment les hydrates de carbone contenant C^6 (cellulose $C^6H^{10}O^5$, glucose $C^6H^{12}O^6$, etc.) permettent de supposer que C^6 est le groupement primitif le plus simple de tous ceux qui sont possibles pour le carbone libre. Il se peut que, dans le diamant, le rapport des atomes du carbone soit le même que dans la benzine et que, pour le charbon, ce rapport soit le même que dans les hydrates de carbone.

(20) Quand le charbon brûle, sa molécule complexe C^n forme des molécules simples de CO^2 ; une partie de la chaleur — et non la moindre — est donc dépensée pour détruire la molécule complexe C^n. L'étude de la combustion des composés très complexes et des substances pauvres en hydrogène fournira peut-être la notion du travail nécessaire pour diviser C^n en atomes isolés.

Les deux éléments carbone et hydrogène sont les seuls qui, par leur union, soient capables de former autant de combinaisons. Les **hydrocarbures**, bien qu'ils diffèrent entre eux par leur composition, présentent néanmoins quelques caractères communs. Tous les carbures d'hydrogène, qu'ils soient gazeux, solides ou liquides, sont peu solubles dans l'eau et combustibles. Tous les hydrocarbures à l'état liquide, soit qu'ils existent à cet état à la température ordinaire ou qu'ils y soient amenés par condensation s'ils sont gazeux, ou par fusion, s'ils sont solides, ont l'aspect et les propriétés de liquides huileux plus ou moins visqueux ou mobiles (**21**).

(21) La **viscosité** ou mobilité des liquides est exprimée dans leur *frottement interne*. Ce dernier est déterminé par la vitesse de l'écoulement des liquides à travers les tubes capillaires. Les liquides mobiles s'écoulent plus rapidement que les liquides visqueux et épais. La viscosité varie avec la température et la nature du liquide ; pour les solutions elle change avec la proportion de substance dissoute mais elle ne lui est pas proportionnelle. Ainsi, par exemple, la viscosité de l'eau à 20° étant 100, celle de l'alcool est 69, et celle d'une solution d'alcool à 50 0/0 est 160. Le volume d'un liquide qui s'écoule est proportionnel, d'après l'expérience (Poiseuille) et la théorie (Stokes), au temps, à la pression et au diamètre du tube capillaire élevé à la quatrième puissance ; il est inversement proportionnel à la longueur du tube. Ces données permettent de calculer les coefficients de frottement interne et de viscosité.

Plus la molécule des carbures d'hydrogène devient complexe par l'addition du carbone (ou du groupe CH^2), plus la viscosité augmente. Les nombreuses recherches se rapportant à ces questions n'ont pas encore été généralisées d'une manière satisfaisante. La relation que l'on entrevoit déjà entre la viscosité et les autres propriétés physiques et chimiques fait croire que la valeur du frottement interne jouera un rôle important dans la mécanique moléculaire. Les données relatives à ce sujet montrent qu'à la température absolue, la viscosité devient aussi faible que dans les gaz.

La plupart des carbures d'hydrogène solides possèdent plus ou moins les propriétés de la cire, bien que cette dernière et les huiles ordinaires renferment, en plus du carbone et de l'hydrogène, une certaine quantité d'oxygène, relativement petite, il est vrai. Il existe aussi un grand nombre d'hydrocarbures solides qui ont un aspect résineux, tels sont, par exemple, le métastyrol et le caoutchouc.

Les carbures d'hydrogène liquides, à point d'ébullition élevé, ressemblent beaucoup aux huiles ; ceux qui bouillent à des températures relativement basses ressemblent à l'éther, enfin les hydrocarbures gazeux rappellent l'hydrogène par beaucoup de leurs propriétés.

Tout ce qui précède montre que, dans les hydrocarbures, les propriétés physiques du carbone infusible et non volatil sont complètement modifiées et masquées; ce sont les propriétés de l'hydrogène qui prédominent. Tous les hydrocarbures sont des corps indifférents, c'est-à-dire n'ayant ni caractère basique ni caractère acide ; ils sont cependant capables d'entrer, dans certaines conditions, dans des réactions spéciales. Dans les composés hydrogénés que nous avons étudiés jusqu'ici (eau, acide azotique, ammoniaque) c'est le plus souvent l'hydrogène qui joue un rôle dans les réactions où il est remplacé par des métaux. L'hydrogène des hydrocarbures ne possède pas de caractère métallique, c'est-à-dire qu'il ne peut être directement (22) remplacé par les métaux même doués de propriétés aussi énergiques que le sodium et le potassium.

(22) Il est cependant possible, par des moyens indirects, de substituer des métaux à l'hydrogène dans un grand nombre d'hydro-

carbures et de leurs dérivés. Sous ce rapport, la propriété que possède l'acétylène C^2H^2 et ses analogues de former des composés métalliques est particulièrement remarquable. Etant donné que le carbone est un élément acide, c'est-à-dire formant avec l'oxygène un anhydride acide, on peut prévoir que l'hydrogène des hydrocarbures pourra être remplacé par des métaux. Le caractère acide du carbone ne se manifeste que très faiblement, en effet CO^2 est un acide peu énergique, les chlorures du carbone et CCl^4 lui-même ne sont pas décomposés par l'eau, contrairement à ce qui se produit pour PCl^3 et même pour $SiCl^4$ et BCl^3 qui correspondent, eux aussi, à des acides peu énergiques.

Les dérivés métalliques des hydrocarbures portent le nom de *combinaisons organométalliques*. Tel est, par exemple, le zinc éthyle $(C^2H^5)^2Zn$ qui correspond à l'hydrure d'éthyle ou éthane C^2H^6 dont deux atomes d'hydrogène sont remplacés par un atome de zinc.

Tous les carbures d'hydrogène se décomposent à une température plus ou moins élevée (**23**) en charbon et en hydrogène.

(23) Les hydrocarbures gazeux et volatils se décomposent quand on les fait passer à travers un tube fortement chauffé. Les premiers produits de décomposition sont ordinairement des hydrocarbures stables, tels que par exemple : l'acétylène C^2H^2, la benzine C^6H^6, la naphtaline $C^{10}H^8$ etc.

La plupart des hydrocarbures ne se combinent pas à l'oxygène, c'est-à-dire ne s'oxydent pas à la température ordinaire ; cependant, sous l'action de l'acide azotique et de beaucoup d'autres oxydants, ils subissent une oxydation qui se traduit soit par la perte d'une partie de l'hydrogène et du carbone, soit par addition des éléments du peroxyde d'hydrogène (**24**).

(24) Le professeur Wagner a démontré (1888) que les hydrocarbures non saturés, agités à la température ordinaire avec une solution faible de permanganate de potassium (1 0/0), forment des glycols, ainsi par exemple C^2H^4 se transforme en $C^2H^6O^2$.

Les hydrocarbures brûlent en dégageant une plus ou moins grande quantité de fumée (charbon très divisé);

leur flamme est dans ce cas très brillante ; aussi un grand nombre sont-ils utilisés pour l'éclairage, tels sont le pétrole, le gaz d'éclairage, l'essence de térébenthine, etc. Puisqu'ils contiennent des éléments capables d'enlever l'oxygène, les hydrocarbures agissent souvent comme des agents réducteurs : chauffés avec de l'oxyde de cuivre, par exemple, ils forment CO^2 et H^2O et laissent le cuivre métallique.

Gerhardt a montré que les molécules des hydrocarbures contiennent toujours **un nombre pair d'atomes d'hydrogène**. Tous les hydrocarbures possibles correspondent donc à la formule générale C^nH^{2m} où m et n sont des nombres entiers.

Les hydrocarbures les plus simples possibles devraient avoir la composition suivante :

$$CH^2, CH^4, CH^6 .... C^2H^2, C^2H^4, C^2H^6, C^2H^8 ...$$

Cependant tous ces hydrocarbures n'existent pas en réalité ; il y a une limite.

Certains hydrocarbures sont capables de se combiner, d'autres ne le sont pas du tout. Les premiers contiennent moins d'hydrogène tandis que les derniers, pour une quantité donnée de carbone, renferment le maximum d'hydrogène possible. La composition de ces derniers peut être exprimée par la formule générale :

$$C^nH^{2n+2}$$

Ce sont les hydrocarbures dits **saturés** ou **limites** incapables d'entrer dans des réactions de combinaison (**25**).

(25) Le lecteur pourra trouver un article que j'ai écrit sur ce sujet dans le Bulletin de l'Académie des Sciences de Saint-Pétersbourg année 1861. On connaissait jusqu'alors beaucoup de réactions de combinaison des hydrocarbures, mais on ne les généralisait pas, ou bien on les considérait parfois comme des cas de substitution. Ainsi, par exemple, la combinaison de C^2H^4 avec Cl^2 était souvent

considérée comme un produit de substitution entre C^2H^5Cl et HCl. Déjà en 1857 (Bulletin de l'Académie des Sciences de Saint-Pétersbourg) j'ai montré que ces réactions étaient de véritables combinaisons. En général, un hydrocarbure non saturé, ou son dérivé, en se combinant avec rX^2, donne une substance saturée ou approchant de la limite. Les recherches de Frankland sur les composés organo-métalliques ont montré la limite vers laquelle tendent les composés organiques et sur laquelle nous aurons encore l'occasion de revenir.

Les carbures d'hydrogènes CH^6, C^2H^8, C^3H^{10}, etc., n'existent pas. Les hydrocarbures saturés sont :
CH^4 ($n = 1$; $2n + 2 = 4$) C^2H^6 ($n = 2$), C^3H^8 ($n = 3$), etc...

Tous les hydrocarbures possibles peuvent être exprimés par des formules générales : C^nH^{2n+2}, C^nH^{2n}, C^nH^{2n-2}, etc. Les carbures d'hydrogène qui contiennent pour n atomes de carbone une fonction de n atomes d'hydrogène constituent une série d'hydrocarbures homologues. Ainsi par exemple les hydrocarbures CH^4, C^2H^6, C^3H^8, etc., sont des homologues ayant pour formule générale C^nH^{2n+2}.

Les membres d'une série se distinguent l'un de l'autre par nCH^2 (26).

(26) La notion de l'homologie a été introduite dans la science par Gerhardt dans son œuvre magistrale restée classique : *Traité de chimie organique* en quatre volumes terminé en 1855. C'est lui qui a divisé les combinaisons organiques en deux classes : la série *grasse* et la série *aromatique*. Cette division est conservée même actuellement, bien qu'il y ait tendance à appeler ces derniers : dérivés de de la benzine, depuis que Kekulé, par ses admirables recherches sur la structure des combinaisons aromatiques, a mis en évidence leur relation avec le « noyau » de la benzine C^6H^6.

Ce n'est pas seulement la composition, mais aussi les propriétés des membres d'une série qui les font ranger en un seul groupe. Ainsi, par exemple, les membres du groupe C^nH^{2n+2} sont incapables d'entrer en combinaison tandis que ceux du groupe C^nH^{2n} peuvent s'unir à Cl^2, SO^3 ; les représentants de la série C^nH^{2n-6} se trouvent dans le goudron de houille, subissent facilement la nitrification et possèdent en outre beaucoup d'autres propriétés communes.

Les propriétés physiques des différents termes d'un groupe homologue donné se modifient de telle sorte que l'augmentation de *n*, c'est-à-dire du nombre d'atomes de carbone et du poids moléculaire, entraîne ordinairement (27) l'élévation de la température d'ébullition, l'augmentation du frottement interne ; le poids spécifique tend au contraire à diminuer à mesure que *n* grandit (28).

(27) Ceci s'observe toujours pour les hydrocarbures ; pour les dérivés des membres inférieurs d'une série homologue on observe quelquefois des relations inverses. Ainsi, par exemple, si nous prenons la série des alcools dérivés des hydrocarbures saturés, $C^nH^{2n+1}(OH)$ si $n = 0$ nous avons H(OH) ou l'eau qui bout à 100° et dont le poids spécifique = 0,9992 ; *n* étant égal à 1 nous obtenons l'esprit de bois ou alcool méthylique $CH^3(OH)$ bouillant à 66°, son poids spécifique à 15° = 0,7964 ; $n = 2$ correspond à l'alcool éthylique C^2H^5OH ; ce dernier bout à 78° et son poids spécifique = 0,7936, le poids spécifique augmente pour les termes suivants de cette série. Pour les glycols $C^nH^{2n}(OH)^2$, ce phénomène est encore plus évident : D'abord la température d'ébullition et la densité s'élèvent pour diminuer ensuite, à mesure que la molécule devient plus complexe. Il faut chercher l'explication de ce phénomène dans l'influence et les propriétés de l'eau et dans l'affinité puissante qui existe entre l'hydrogène et l'oxygène et à laquelle l'eau doit un grand nombre de ses propriétés spéciales (Chap. I).

(28) Le premier membre de la série des hydrocarbures saturés C^nH^{2n+2} est l'hydrogène ($n = 0$), gaz difficilement liquéfiable (*t°* au-dessous de — 190°) ayant à l'état liquide une densité probablement très petite. Les hydrocarbures CH^4, C^2H^6, C^3H^8 ($n = 1,2,3$) se liquéfient de plus en plus facilement. La température d'ébullition absolue de CH^4 = —100° ; celle de C^2H^6 et des membres suivants est plus élevée : le carbure d'hydrogène C^4H^{10} se liquéfie à 0°, C^5H^{12}, qui présente plusieurs isomères, bout de + 9° (Lwoff) à + 37° ; C^6H^{14} de 58° à 78°, etc. Le poids spécifique à l'état liquide à 15° :

C^5H^{12}	C^6H^{14}	C^7H^{16}	$C^{10}H^{22}$	$C^{16}H^{34}$
0,63	0,66	0,70	0,75	0,85

Un grand nombre de carbures d'hydrogène se trouvent dans la nature, soit secrétés par des organismes, soit dans le règne minéral. Un nombre plus considérable encore a été préparé artificiellement à l'aide du procédé dit *combinaison des résidus*. Ainsi, par exemple, si l'on dirige un mélange de vapeurs d'hydrogène sulfuré et de sulfure de carbone dans un tube rempli de cuivre porté au rouge, ce dernier s'empare du soufre renfermé dans ces composés tandis que le carbone et l'hydrogène mis en liberté forment, en se combinant, des carbures d'hydrogène.

En traitant un carbure métallique MC^n par un acide HX, l'halogène X forme avec le métal un sel, et les résidus, c'est-à-dire le carbone et l'hydrogène, donnent naissance à des hydrocarbures. Ainsi, par exemple, la fonte blanche qui renferme du carbure de fer forme, sous l'action des acides, des hydrocarbures liquides analogues au naphte.

Si l'on chauffe un mélange de benzine bromée C^6H^5Br et de bromure d'étyle C^2H^5Br avec du sodium métallique, on obtient NaBr, du bromure de sodium, et un hydrocarbure C^8H^{10} éthyl-benzol ; en effet, le sodium s'empare du brome et les résidus C^6H^5 et C^2H^5 ne pouvant exister, car ils contiennent des nombres impairs d'atomes d'hydrogène, se combinent entre eux pour former C^6H^5-C^2H^5.

Les hydrocarbures se forment encore lors de la décomposition des substances organiques plus complexes, surtout lorsqu'elles sont soumises à la distillation sèche. Ainsi, par exemple, le benjoin contient un acide spécial appelé acide benzoïque $C^7H^6O^2$. Les vapeurs de cet acide, lorsqu'on leur fait traverser un tube porté au rouge, se décomposent en CO^2 acide carbonique et C^6H^6 benzine. Le carbone ne forme directement avec l'hydrogène qu'un seul composé, l'acétylène C^2H^2, hydrocarbure gazeux résistant à l'action des températures élevées (29).

(29) Si à la température ordinaire, c'est-à-dire en supposant que l'eau formée soit à l'état liquide, on brûle une molécule d'acétylène (26 grammes), il se dégage 310 mille calories (Thomsen). D'autre

part, on sait que 12 gr. de charbon dégagent, en brûlant, 97 m. calories et 2 grammes d'hydrogène 69 m. La chaleur produite par la combustion de 24 gr. de charbon (C^2) et de 2 gr. d'hydrogène (H^2) renfermés dans la molécule d'acétylène devrait être :

$$2 \times 97 + 69 = 263 \text{ m. cal.}$$

Il est donc évident que la formation de l'acétylène s'accompagne *d'absorption* de chaleur.

$$310 - 263 = 47 \text{ m. cal.}$$

Nous citons ci-dessous quelques données relatives à la combustion des substances carbonées.

Chaleurs de combustion des quantités moléculaires d'après Thomsen:

1) Hydrocarbures C^nH^{2n+2} (gazeux) $= 52,8 + 158,8\,n$ mil. calories.

2) Hydrocarbures $C^nH^{2n} = 17,7 + 158,1\,n$ mil. calories, d'après Stomann (1888).

3) Alcools liquides de la série grasse $C^nH^{2n+2}O = 11,8 + 156,3\,n$ mil. calories. La chaleur latente de vaporisation étant égale à environ $8,2 + 0,6\,n$, les chaleurs de combustion à l'état gazeux s'expriment par $= 20,0 + 156,9\,n$ mil. calories.

4) Acides gras monobasiques liquides $C^nH^{2n}O^2 = - 95,3 + 154,3\,n$ mil. calories. La chaleur latente de vaporisation étant égale à environ $5,0 + 1,2\,n$, les chaleurs de combustion des acides gazeux s'expriment par $= - 90 + 155\,n$.

5) Acides gras bibasiques solides $C^nH^{2n-2}O^4 = - 253,8 + 152,6n$ mil. calories. Si on les représente par $C^nH^{2n}C^2H^2O^4 = 51,4 + 152,6\,n$ mil. calories.

6) Benzine et ses homologues liquides $C^nH^{2n-6} = - 158,6 + 156,3\,n$ mil. calories. Benzine et ses homologues gazeux $= - 155 + 157\,n$. d'après Thomsen.

7) Homologues gazeux de l'acétylène $C^nH^{2n-2} = - 5 + 157\,n$.

Les chiffres précédents montrent que le groupe CH^2, résultat de la substitution de CH^3 à H, dégage en brûlant de 152 à 159 milliers de calories. Ces chiffres sont inférieurs à ceux correspondant à $C + H^2$; en effet $C + H^2 = 97 + 69$, c'est-à-dire 166 mil. calor.

Il faut chercher la cause de cette différence (qui serait encore plus considérable si le carbone était gazeux) dans la chaleur qui se dégage pendant la formation du CH^2.

Chaleurs de combustion d'après Stomann.

$C^6H^{12}O^6$	Glucose dextrogyre	673,7
$C^{12}H^{22}O^{11}$	Sucre ordinaire	1352,7
$C^6H^{10}O^5$	Cellulose	678,0
$C^6H^{10}O^5$	Amidon	677,5
$C^6H^{10}O^5$	Dextrine	662,2
$C^2H^6O^2$	Glycol	281,7
$C^3H^8O^3$	Glycérine	397,2

Les chaleurs de combustion suivantes (d'après Stomann) se rapportent à l'unité de poids.

Naphtaline $C^{10}H^8$.	9621
Urée CAz^2H^4O.	2465
Blanc d'œuf	5579
Pain de seigle sec	4421
Pain de froment.	4302
Suif	9365
Beurre	9192
Huile de lin	9392

Dans le livre de V. F. Louguinine intitulé : *Description des différentes méthodes de détermination des chaleurs de combustion des composés organiques (en russe). Moscou, 1894*, le lecteur trouvera réunies un grand nombre de données relatives aux chaleurs de combustion.

Une partie en poids de combustibles ordinaires, étant donné leur degré habituel de pureté et de siccité, dégage, si la combustion est complète et la fumée complètement refroidie, les quantités de chaleur suivantes.

1° Charbon de bois, anthracites, demi-anthracites, charbons de terre résineux et coke.	de 7200 à 8200
2° Charbon de terre maigre à flamme longue et meilleures sortes de charbons roux.	6200 à 6800
3° Bois complètement desséché.	3500
» à peine »	2500
4° Tourbe de bonne qualité sèche.	4500
» exprimée et desséchée.	3000
5° Résidus de naphte et liquides analogues contenant des hydrocarbures.	11000
6° Gaz d'éclairage de composition habituelle (environ 45 vol. H, 40 v. CH^4, 5 v. CO et 5 v. Az). environ.	12000
7° Gaz des générateurs contenant 2 vol. CO^2, 30 vol. CO et 68 v. d'azote pour une partie en poids de carbone brûlé.	5300
Id. pour une partie en poids de gaz brûlé.	910
8° Gaz d'eau (water-gaz) composé de 4 vol. CO^2, 8 vol. Az^2, 24 vol. CO, 46 vol. H^2 : pour une partie en poids de carbone brûlé dans le régénérateur.	10900
Id. pour une partie en poids de gaz.	3600

Dans toutes ces quantités, comme en général dans toutes les déterminations calorimétriques, l'eau qui résulte de la combustion du combustible est considérée comme étant condensée en liquide.

Il est important de savoir, pour calculer la température fournie par les différents combustibles, que les combustibles solides exigent, pour que la combustion soit complète, l'introduction d'une quantité d'air double de celle qui est réellement utilisée. Cet excès d'air est inutile pour les combustibles liquides pulvérisés et, à plus forte raison, pour ceux qui sont gazeux. Ainsi, un kilogramme de charbon qui dégage 8000 unités de chaleur exige environ 24 kil. d'air (3 kil. par 1000 calories), tandis qu'un kilogr. de gaz des générateurs ne demande que 0,77 kil. d'air (0 kil 85 pour 1000 cal.) et un kilog. de gaz d'eau environ 4,5 kil. d'air (1 kil. 25 d'air par 1000 calories).

Parmi les carbures d'hydrogène, on ne connaît qu'un seul carbure saturé qui renferme dans sa molécule un atome de carbone. On l'appelle **gaz des marais** ou **méthane** CH^4. Ce gaz se forme par la décomposition à l'abri de l'air des résidus végétaux ou animaux, soit à la température ordinaire ou au contraire à une température très élevée. C'est pour cette raison que les **plantes** qui se décomposent sous l'eau, dans les **marais**, dégagent ce gaz. Chacun sait en effet que l'agitation de la vase d'un étang fait monter à la surface des bulles gazeuses formées principalement par le gaz des marais (**30**).

(30) Il est facile de recueillir le gaz qui se dégage ainsi des marais si l'on renverse dans l'eau une fiole remplie d'eau et munie d'un entonnoir. En agitant la vase au-dessous de cet entonnoir, le flacon ne tarde pas à se remplir de gaz.

Le bois, la houille et beaucoup d'autres substances végétales et animales, lorsqu'elles sont soumises à la distillation sèche, c'est-à-dire décomposées à l'abri de l'air, dégagent, en même temps que d'autres produits gazeux (acide carbonique, hydrogène, et différentes autres substances), une grande quantité de méthane ou hydrure de méthyle (CH^3H). Le gaz d'éclairage notamment, qui est préparé par ce procédé, contient toujours une certaine quantité de gaz des ma-

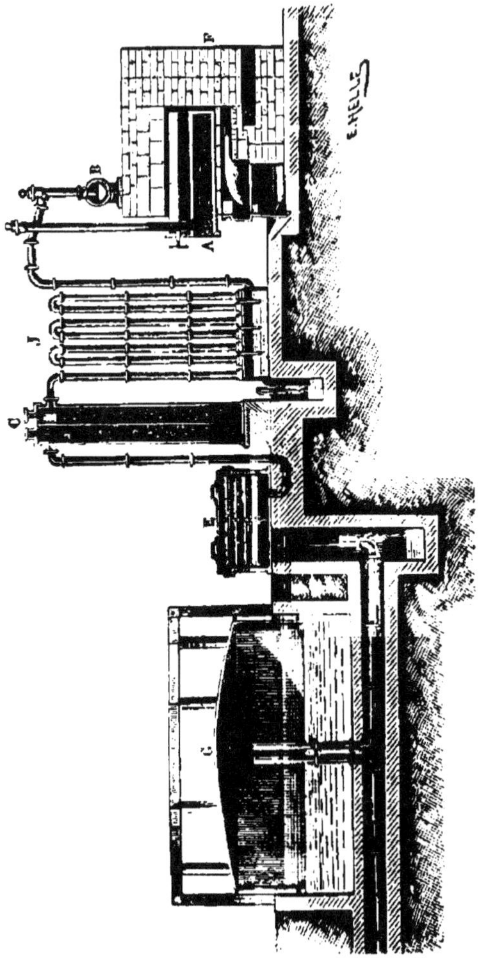

Fig. 3. — Vue d'ensemble des appareils employés pour la fabrication du gaz d'éclairage.

rais, mélangé à de l'hydrogène et à d'autres produits gazeux dont on le débarrasse en partie (31).

(31) On prépare le plus ordinairement le gaz **d'éclairage** en chauffant la houille à gaz dans des cornues cylindriques ou ova-

laires en fonte ou en grès. Un certain nombre de ces cornues (A, fig. 3) sont disposées autour d'un même foyer. Quand les cornues sont portées au rouge, on y jette de la houille et on les ferme hermétiquement.

Il se produit une véritable distillation sèche, à la suite de laquelle il reste du coke à l'intérieur des cornues, tandis que les produits volatils et le gaz s'échappent par les tuyaux B qui partent de l'extrémité de chaque cornue. Ces tuyaux se recourbent au-dessus du foyer et viennent tous déboucher dans un réservoir B où s'accumulent les produits, tels que le goudron, qui se condensent facilement. De là, les vapeurs et les gaz passent dans le refrigérant J où ils se refroidissent au contact des parois des tubes entourés d'eau. Une nouvelle quantité de vapeurs se condense dans cet appareil et les liquides ainsi produits s'écoulent dans des gouttières. Ces gouttières, de même que le réservoir, sont construites de telle façon qu'il reste toujours une certaine quantité de liquide dans lequel plongent les extrémités des tuyaux et qui empêche la sortie du gaz d'éclairage, c'est ce qui constitue une fermeture hydraulique.

Le gaz d'éclairage qui sort des réfrigérants J contient principalement :

1° De la vapeur d'eau ; 2° du carbonate d'ammonium ; 3° des hydrocarbures liquides ; 4° du sulfure d'hydrogène ; 5° de l'acide carbonique ; 6° de l'oxyde de carbone : 7° de l'acide sulfureux ; 8° de l'hydrogène ; 9° du gaz des marais ; 10° du gaz oléfiant, et d'autres hydrocarbures gazeux. Les hydrocarbures (3°, 9° et 10°), l'hydrogène et l'oxyde de carbone constituent les parties utiles du gaz d'éclairage tandis que les acides carbonique et sulfureux, l'hydrogène sulfuré et les vapeurs de carbonate d'ammoniaque sont des impuretés nuisibles. Les uns en effet (CO^2, SO^2) ne brûlent pas et diminuent la température et l'éclat de la flamme ; les autres (H^2S et CS^2) sont combustibles mais ils donnent naissance à de l'acide sulfureux qui possède une odeur désagréable et des propriétés toxiques.

Pour purifier le gaz d'éclairage on lui fait traverser la tour *C* et la caisse *E* où il rencontre de l'eau, de la chaux et d'autres matières épurantes. La chaux qui est un alcali, absorbe les acides carbonique CO^2, sulfureux SO^2 et sulfhydrique H^2S. Il est évident qu'elle doit être renouvelée dès que son pouvoir absorbant est épuisé. Un mélange de chaux $Ca(OH)^2$ et de sulfate de fer $FeSO^4$ agit encore plus énergiquement, car ce dernier forme avec la chaux du protoxyde de fer hydraté $Fe(OH)^2$ et du sulfate de calcium $CaSO^4$. Le protoxyde de fer absorbe H^2S en formant FeS et H^2O tandis que le gypse $CaSO^4$ fixe l'ammoniaque et l'excès de chaux absorbe CO^2 et SO^2. Cette épuration du gaz se fait dans l'appareil *E* dans lequel sont superposées des toiles métalliques portant de la sciure de bois mélangée avec du sulfate de fer et de la chaux. Des pompes, non représentées sur la figure, aspirent le gaz à mesure qu'il se forme dans les cornues, de façon à éviter la décomposition des hydrocarbures en carbone et hydrogène qui pourrait se produire par un séjour prolongé à la température des cornues.

Ces pompes empêchent aussi la pression de s'élever trop dans l'intérieur des cornues et diminuent les fuites inévitables dans des appareils aussi compliqués. Ces pompes sont disposées de manière à n'extraire que la quantité de gaz qui se forme. Le gaz épuré est dirigé ensuite dans le *gazomètre* G. C'est une grande cloche cylindrique en tôle qui plonge dans un réservoir rempli d'eau. A l'aide de tuyaux pénétrant dans l'intérieur du gazomètre, le gaz est envoyé dans les conduites et livré à la consommation. La pression exercée sur le gaz par le gazomètre lui permet, même après un très long parcours, de sortir à travers les fentes très étroites des becs à gaz.

Cent kilogrammes de charbon fournissent de 20 à 30 mètres cubes de gaz dont la densité est de 4 à 9 fois plus grande que celle de l'hydrogène. Un mètre cube (1000 litres) d'hydrogène pèse environ 87 grammes; par conséquent 100 kil. de charbon fournissent environ 18 kil. de gaz ou 1/6 de son poids. Le gaz d'éclairage est plus léger que le gaz des marais lorsqu'il contient une quantité considérable d'hydrogène; il est au contraire plus dense s'il renferme une grande quantité d'hydrocarbures lourds. Ainsi, le gaz oléfiant C^2H^4 est 14 fois et les vapeurs de benzine 39 fois plus lourdes que l'hydrogène; or le gaz d'éclairage en contient parfois jusqu'à 15 0/0 en volume. Plus le gaz est riche en gaz oléfiant et en autres hydrocarbures lourds, plus sa flamme est éclairante.

La composition volumétrique moyenne du gaz d'éclairage est ordinairement la suivante: de 35 à 60 0/0 de gaz des marais, de 30 à 50 volumes d'hydrogène, de 3 à 5 volumes d'oxyde de carbone, de 2 à 10 0/0 d'hydrocarbures lourdes et de 3 à 10 0/0 d'azote.

Le bois fournit un gaz qui possède à peu près la même composition que celui de la houille; il contient beaucoup d'acide carbonique mais en revanche peu de composés sulfurés. Les résines, les huiles, le naphte, etc., donnent également beaucoup de gaz de bonne qualité, très éclairant.

Un bec de gaz ordinaire, dont le pouvoir éclairant est de 8 à 10 bougies, brûle en une heure de 140 à 170 litres de gaz de houille et seulement 28 litres de gaz de naphte. Un kilogramme de naphte fournit environ 1 mètre cube de gaz d'éclairage.

La fabrication du gaz d'éclairage à l'aide de la houille a été découverte au commencement du XVIIIe siècle, mais ce n'est qu'à la fin de ce siècle que Lebon en France et Murdoch en Angleterre l'ont préparé industriellement. Murdoch et le célèbre Watt ont construit la première usine à gaz en Angleterre en 1805.

Le gaz sert non seulement pour l'éclairage et le chauffage, mais aussi pour actionner des moteurs qui consomment environ 1/2 mètre cube de gaz par cheval et par heure.

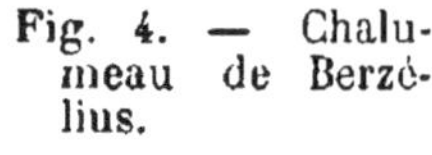

Fig. 4. — Chalumeau de Berzélius.

Dans les laboratoires on emploie en général le bec de Bunsen. Quand il est nécessaire de concentrer la chaleur on emploie le chalumeau ordinaire dit chalumeau de Berzélius (fig. 4) dont on introduit le bout dans une flamme quelconque. Pour le soufflage du verre, le chauffage des creusets, opérations qui nécessitent une température fort élevée, on emploie la table d'émailleur munie d'un soufflet et d'un chalumeau.

Les températures élevées que nécessitent certaines opérations dans les laboratoires et dans certaines industries sont atteintes facilement à l'aide des combustibles gazeux (gaz d'éclairage, gaz des générateurs, water-gaz dont il sera question plus loin) car il est facile d'obtenir dans ces conditions une combustion complète sans qu'il y ait nécessité de fournir un excès d'air. Il est indispensable, pour l'obtention de températures élevées, de réduire au minimum la perte du calorique par rayonnement et de veiller à ce que la combustion s'effectue complètement.

La décomposition des résidus organiques aux dépens desquels se forme la houille se continuant jusqu'à nos jours, il arrive souvent que des quantités de gaz des marais se dégagent dans les mines de houille. Mélangé avec l'air, ce gaz forme le mélange explosible, connu sous le nom de grisou, le danger le plus terrible des mines de ce genre où l'on est obligé de s'éclairer à l'aide de lampes (**32**).

(32) Le grisou contient en plus du gaz des marais beaucoup d'azote et un peu d'acide carbonique. Le moyen le plus sûr pour éviter l'explosion du grisou c'est d'assurer une bonne ventilation dans les galeries. Il serait préférable d'éclairer les mines à l'aide de l'électricité ainsi que cela se pratique déjà d'ailleurs dans un certain nombre d'exploitations.

Le danger du grisou est en partie conjuré depuis que Davy a inventé sa lampe de sûreté représentée fig. 5. Cette lampe est basée sur le principe suivant : si l'on couvre une flamme à l'aide d'une toile métallique, cette dernière absorbe une telle quantité de chaleur que la combustion cesse au-dessus de la toile ; ce qu'il est facile de dé-

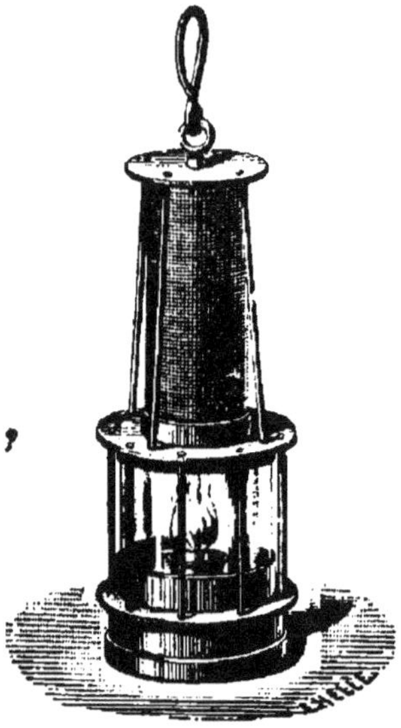

Fig. 5. — Lampe de sureté de Davy.

montrer en allumant les gaz non brûlés qui traversent le grillage. Dans la lampe de Davy la flamme est entourée d'un cylindre de verre très épais, surmonté d'une toile métallique cylindrique qui empêche le grisou de s'enflammer au contact de la flamme.

Dans certains endroits, surtout là où existent des gisements de naphte, près de Bakou, par exemple, à l'endroit où est construit le temple des adorateurs du feu, en Pensylvanie, etc., le gaz des marais se dégage de la terre avec une telle abondance qu'il peut être directement utilisé pour l'éclairage et le chauffage (**33**).

(33) En Pensylvanie, au-delà des montagnes d'Alleghany, les forages pratiqués pour l'extraction du naphte n'ont donné lieu qu'à un dégagement de gaz qui a trouvé de nombreuses applications. A l'aide de conduites métalliques, ce gaz est distribué à plusieurs centaines de kilomètres du lieu de son origine et consommé principalement dans des usines métallurgiques.

On obtient du gaz des marais assez pur en calcinant un acétate mélangé avec un alcali. Sous l'influence de la chaleur, l'acide acétique se décompose en gaz des marais et en acide carbonique.

$$C^2H^4O^2 = CH^4 + CO^2$$

L'alcali NaHO, par exemple, forme avec l'acide acétique un sel $C^2H^3NaO^2$ et fixe l'acide carbonique en donnant un carbonate alcalin Na^2CO^3, par exemple, le gaz des marais seul se dégage (**34**) :

$$C^2H^3NaO^2 + NaHO = Na^2CO^3 + CH^4.$$

(34) On obtient du gaz des marais très pur en mélangeant avec de l'eau une substance liquide appelée zinc-méthyle $Zn(CH^3)^2$. La réaction a lieu d'après l'équation suivante :

$$Zn\ (CH^3)^2 + 2HOH = Zn\ (HO)^2 + 2CH^3H.$$

Le gaz des marais, très difficilement liquéfiable, est presque insoluble dans l'eau, il est insipide et inodore. Ce gaz ne se combine directement avec aucun élément, tandis que les hydrocarbures, moins riches en hydrogène que ceux de la série C^nH^{2n+2}, sont capables de se combiner avec l'hydrogène, le chlore, certains acides, etc.

De même que, d'après la loi des substitutions, la formation du peroxyde d'hydrogène se conçoit aisément si l'on admet qu'il est constitué par deux groupes (OH) (OH), on peut, d'après la même loi, déduire tous les hydrocarbures du méthane CH^4 (35).

(35) Le méthylène ou CH^2 n'existe pas ; chaque fois que l'on essaye de l'obtenir, par exemple en enlevant X^2 à CH^2X^2 on obtient C^2H^4, C^3H^6, etc., c'est-à-dire des polymères de CH^2.

Il est facile de rendre complexes les molécules de méthane, étant donné la propriété que possèdent les atomes de carbone de se combiner les uns aux autres. En effet, beaucoup de composés prévus par la loi des substitutions ont été obtenus. Bien que ce sujet soit du ressort de la chimie organique, nous allons l'effleurer, car c'est l'exemple le plus démonstratif de l'application de la loi des substitutions.

La molécule de méthane peut être divisée en deux membres équivalents et par conséquent pouvant se substituer l'un à l'autre de quatre manières suivantes :

1° $H—CH^3$; 2° $H^2—CH^2$; 3° $H^3—CH$; 4° $H^4—C$.

De là quatre genres de substitutions :

1° *Méthylisation* ou remplacement de H par CH^3 — méthyle.

2° *Méthylénisation* ou remplacement de H^2 par CH^2—méthylène.

3° *Acétylénisation* ou substitution de CH à H^3.

4° *Carburation* ou remplacement de H^4 par C.

Ces quatre genres de substitution permettent de comprendre les principales relations des hydrocarbures. Ainsi, par exemple, dans ces quatre cas c'est toujours un nombre pair d'atomes d'hydrogène qui est ajouté ou soustrait ; comme dans CH^4 ce nombre est également pair, il en résulte que les produits de substitution auront aussi un nombre pair d'atomes d'hydrogène. En effet, en remplaçant H par CH^3 ou méthyle on ajoute CH^2; lorsque CH^2 se substitue à H^2 il n'y a pas d'augmentation des atomes d'hydrogène, quand CH prend la place de H^3, il y a soustraction de H^2 et dans la *carburation* soustraction de H^4.

La loi de la saturation peut être déduite comme conséquence de la loi des substitutions. En effet, c'est par la méthylisation que l'on introduit le maximum d'hydrogène et c'est par le groupe CH^2 que se distinguent dans ce cas les produits de substitution. En partant de CH^4 on obtient par conséquent la série des hydrocarbures saturés C^2H^6, C^3H^8... C^nH^{2n+2} contenant le maximum possible d'hydrogène.

Les hydrocarbures non saturés, qui renferment moins d'hydrogène, sont évidemment les produits des trois derniers genres de substitutions de la molécule du gaz des marais.

En opérant la méthylisation du méthane CH^4 on obtient un carbure d'hydrogène saturé appelé **éthane** $CH^3CH^3 = C^2H^6$ (**36**).

(**36**) Nous allons décrire un exemple schématique de réactions de ce genre afin de montrer le mécanisme qui permet d'agglomérer plusieurs atomes de carbone dans une molécule d'un hydrocarbure.

On peut, en partant du méthane, obtenir des produits de substitution par le chlore ou l'iode : CH^3Cl, CH^3I ; d'autre part on peut remplacer son hydrogène par des métaux tels que le sodium : CH^3Na. Ces deux produits de substitution, mis en présence l'un de l'autre, donnent lieu à la réaction suivante :

$$CH^3Cl + CH^3Na = NaCl + C^2H^6$$

c'est-à-dire que le métal se combine avec l'halogène et les résidus du méthane qui s'en séparent s'unissent. C'est un des exemples les plus simples de la formation d'un composé par les résidus. La réaction s'effectue grâce à la propriété que possèdent les halogènes de se combiner avec le sodium.

La substitution de CH^2 à H^2 dans CH^4 donne $CH^2 — CH^2$ ou **l'éthylène** et celle de CH à H^3 — **l'acétylène** CH-CH. Ces deux corps sont des hydrocarbures non saturés.

Nous avons donc ainsi une série d'hydrocarbures C^2H^6, C^2H^4 et C^2H^2 ayant deux atomes de carbone dans leur molécule et susceptible de subir les quatre genres de substitutions dont il a été question plus haut, c'est-à-dire : la méthylisation, la méthylénisation, l'acétylénisation et même la carburation. Aussi, les substitutions successives sont une source de production d'une série de carbures d'hydrogènes saturés et non saturés renfermant dans leur molécule un nombre de plus en plus grand d'atomes de carbone, tandis que les atomes d'hydrogène diminuent (comme c'est le cas pour l'acétylénisation).

La loi des substitutions permet donc de prévoir non seulement la limite C^nH^{2n+2} mais encore une quantité illimitée d'hydrocarbures non saturés : C^nH^{2n}, C^nH^{2n-2}...., C^nH^{2n-m} où m varie de 0 à n-1 (**37**,) quand à la valeur n, il est impossible actuellement de fixer une limite à son accroissement.

(37) La valeur m étant égale à $n - 1$ nous avons la série C^nH^2. Ce sont les hydrocarbures renfermant le moins d'hydrogène. Le terme inférieur de cette série est l'acétylène C^2H^2.

Les notions qui viennent d'être exposées mettent en évidence non seulement l'existence d'un grand nombre d'hydrocarbures polymères, mais encore celle de nombreux cas d'isomérie.

Ainsi, les hydrocarbures non saturés C^2H^4, C^3H^6, C^4H^8... $C^{30}H^{60}$...C^nH^{2n} ont tous la même composition CH^2 et ne se distinguent que par le poids de leur molécule comme cela a été exposé chap. VII. Ce sont donc des **polymères**.

La différence des densités de vapeur, des températures d'ébullition et de solidification, des quantités entrant en réaction (**38**) et des méthodes de préparation (**39**), tout cela répond si bien à la notion de polymérie que cet exemple en sera toujours la démonstration la plus nette et la plus claire.

(38) Ainsi par exemple, la molécule d'éthylène C^2H^4 se combine tout entière avec Br^2, HI, H^2SO^4, de même que l'amylène C^5H^{10} ou en général C^nH^{2n}.

(39) L'éthylène, par exemple, provient de l'alcool éthylique C^2H^5OH, tout comme l'amylène C^5H^{10} dérive de l'alcool amylique $C^5H^{11}OH$ ou en général C^nH^{2n} se prépare à l'aide de $C^nH^{2n+1}(OH)$ par élimination d'eau.

On rencontre encore des cas de polymérie dans les hydrocarbures appartenant à d'autres séries. Ainsi, par exemple, à l'acétylène, dont la composition est CH, répondent la benzine C^6H^6 et le styrol C^8H^8 (**40**). Le premier bout à 81°, le second à 144°, leurs poids spécifiques sont respectivement : 0,899 et 0,925 à 0°. On voit par cet exemple qu'à mesure que la molécule devient plus lourde, le point d'ébullition et la densité augmentent.

(40) La composition empirique de l'acétylène et de ses polymères est CH, celle de l'éthylène et de ses homologues : CH^2 ; celle de l'éthane et du méthane : CH^3 et CH^4. Cette série est un exemple de la loi des proportions multiples ; cependant, il existe tant de relations diverses entre le nombre des atomes de carbone et d'hydrogène qu'on pourrait douter de l'exactitude de la loi de Dalton. Ainsi, par exemple, les composés $C^{30}H^{62}$ et $C^{30}H^{60}$ se distinguent si peu par la proportion pondérale de C et H que la différence peut être imputée aux erreurs inévitables de l'analyse. Cependant, les propriétés et les réactions de ces deux corps permettent de les distinguer très nettement.

Les cas d'**isomérie** proprement dite — c'est-à-dire ceux où la composition et le poids moléculaire étant identiques les propriétés diffèrent — sont très nombreux parmi les hydrocarbures. De même que la polymérie, on peut les prévoir d'après les notions ci-dessus exposées qui expriment les principes suivant lesquels se forment les carbures d'hydrogène (41) conformément à la loi des substitutions.

(41) La notion de la structure des composés carbonés, c'est-à-dire l'expression des liens et des relations qu'ont les atomes dans les molécules, se réduisit longtemps à reconnaitre dans les substances organiques l'existence de radicaux composés tels que C^2H^5 éthyle, CH^3 méthyle, C^6H^5 phényl, etc,, et à étudier les phénomènes de substitution et les relations des produits substitués avec les noyaux et les types. C'est seulement depuis l'établissement de la doctrine moléculaire de Gerhardt et l'accumulation des matériaux relatifs aux transformations des hydrocarbures simples, qu'apparut la conception de la liaison existant entre les atomes de carbone dans les molécules des composés carbonés complexes. Kekulé et Boutleroff, les premiers, exprimèrent les liens qui existent entre les différents atomes de carbone en considérant ce dernier comme élément tétratomique. Bien que ces auteurs aient exposé des idées et employé des moyens d'expression qui diffèrent à la fois entre eux et avec la manière d'exposer admise dans cet ouvrage, l'essence de la question, c'est-à-dire la compréhension des causes de l'isomérie et de la liaison des différents atomes de carbone, reste la même.

Lebel (1874), Vant'Hoff (1874) et Wislitzenus (1887), en essayant d'expliquer les cas d'isoméries par la déviation du plan de polarisation en sens différents, ont contribué à créer un courant qui a pour but de représenter la distribution réelle, dans l'espace des atomes des molécules et dont les résultats promettent d'enrichir la mécanique chimique.

Cette loi montre, par exemple, qu'il ne peut y avoir de cas d'isomérie pour les carbures saturés C^2H^6 et C^3H^8. En effet, C^2H^6 n'est autre chose que CH^4 dont un H est remplacé par le méthyle CH^3 ; comme les quatre atomes d'H du méthane sont dans le même rapport avec le carbone, quel que soit celui qui a subi la méthylisation, on obtient toujours un seul et même produit $CH^3 - CH^3$ (42). Dans ce dernier, les atomes d'hydrogène sont tous dans une même position par rapport au carbone, aussi le produit de méthylisation de l'éthane ou le propane $CH^3 - CH^2 - CH^3$ ne peut avoir qu'une seule constitution moléculaire. La molécule du butane C^4H^{10}, au contraire, peut avoir deux formes : l'une est le produit de la méthylisation du groupe CH^3, l'autre du groupe CH^2 du propane.

$$\text{Propane} : CH^3 - CH^2 - CH^3 = C^3H^8$$

$$\text{Butanes} \begin{cases} CH^2 - CH^3 - CH^2 - CH^3 = C^4H^{10} \\ CH^3 - CH - CH^3 - CH^3 = C^4H^{10} \end{cases}$$

(42) L'expérience directe montre que, quel que soit le mode de préparation de CH^3X ($X = Cl, OH$, etc...), le produit obtenu est toujours le même. Ainsi, par exemple, que l'on remplace X dans CX^4 par l'hydrogène ou qu'à l'hydrogène de CH^4 on substitue X, ou encore que l'on décompose différents composés plus complexes, le produit CH^3X obtenu par ces procédés est toujours le même. Ceci a été prouvé vers 1860 de plusieurs manières différentes et constitue la notion principale de la structure des hydrocarbures.

Si les atomes d'hydrogène dans CH^4 n'étaient pas complètement identiques (comme cela existe dans $CH^3 - CH^2 - CH^3$ ou dans CH CH^2X) il pourrait exister autant de produits différents CH^3X qu'il y a d'atomes d'hydrogènes différents dans CH^4.

Le cadre de notre ouvrage ne permettant pas de nous arrêter plus longuement sur cette question, nous renvoyons le lecteur aux traités de chimie organique.

Ce dernier produit serait encore, si l'on veut, un méthane dont les trois hydrogènes sont remplacés par trois groupes méthyle. Il est évident que les cas d'isomères possibles seront encore plus nombreux si l'on poursuit plus loin ces substitutions ; nous nous bornerons à signaler les exemples les plus simples.

C^2H^4 ou $C^2H^2—C^2H^2$ est seul, tandis qu'il y a deux hydrocarbures répondant à la formule C^3H^6, ce sont le propylène et le triméthylène. Le premier est le résultat de la substitution de CH^3 à un atome d'hydrogène de $CH^2 - CH^2$

$$CH^2 - CH - CH^3$$

Le second ou le triméthylène c'est l'éthane dont deux hydrogènes sont remplacés par le groupe équivalent CH^2, méthylène

$$
\begin{array}{ccc} CH^2 & — & CH^2 \\ & \diagdown \quad \diagup & \\ & CH^2 & \end{array}
$$

Dans ce cas, le carbone du méthylène est lié à celui des deux méthyles CH^3 — CH^3.

La cause de l'isomérie est déterminée ici, d'une part par la différence dans la quantité d'hydrogène unie au carbone, d'autre part par la façon différente dont sont liés les atomes de carbone. Dans le premier cas ils sont liés *en chaîne,* dans le second ils forment un cercle fermé.

On conçoit aisément que plus il y a d'atomes de carbone dans la molécule, plus est grand le nombre des isomères prévus et existants. Ce nombre devient encore plus considérable si l'on ne se borne pas à remplacer l'hydrogène par des résidus du méthane, mais encore par d'autres groupes ou éléments X.Y... Ainsi, par exemple, il peut y avoir deux composés isomères, même pour les dérivés de l'éthane C^2H^6, si l'on substitue à H^2 le groupe ou l'élément X^2 : l'un aura la structure

$$CH^2X — CH^2X$$

et l'autre

$$CH^3 — CHX^2$$

Tels sont, par exemple, le chlorure d'éthylène et le chlorure d'éthylidène :

Chlorure d'éthylène $C^2H^4Cl^2 = CH^2Cl — CH^2Cl$
Chlorure d'éthylidène $C^2H^4Cl^2 = CH^3 — CHCl^2$

Le nombre des isomères peut être parfois considérable, puisque, à un atome d'hydrogène, peuvent se substituer non seulement le groupe méthyle mais aussi Cl, Br, I, (OH) ou résidu de l'eau, (AzH^2) — résidu de l'ammoniaque, AzO^2 — résidu de l'acide azotique, etc..., et si deux atomes d'hydrogène peuvent être remplacés par O, AzH, S... etc.

Le mode de préparation des isomères, leurs propriétés distinctives, leurs transformations réciproques, etc., tout cela, ainsi que la description des hydrocarbures et de leurs dérivés, ne peut trouver place dans notre ouvrage et fait partie de la chimie organique ; nous avons tenu seulement à démontrer que, malgré la diversité des carbures d'hydrogène et de leurs dérivés (**43**), ils sont tous régis par la loi des substitutions. Nous renvoyons le lecteur aux traités de chimie organique pour les détails et nous nous bornons à décrire les propriétés de deux hydrocarbures non saturés : l'éthylène $CH^2—CH^2$ et l'acétylène CH—CH et à donner quelques notions sur le naphte, source naturelle d'un très grand nombre d'hydrocarbures.

(43) Parmi les dérivés oxygénes non azotés des hydrocarbures, les mieux étudiés sont :

1° Les *alcools*. Ce sont des carbures d'hydrogène dont l'hydrogène est remplacé par le groupe OH. L'alcool le plus simple est l'alcool méthylique ou esprit de bois $CH^3(OH)$ obtenu par la distillation sèche du bois. L'alcool correspondant à l'éthane C^2H^6 est l'alcool éthylique ou esprit de vin $C^2H^5(OH)$ et le glycol $C^2H^4(OH)^2$. Au propane C^3H^8 correspondent les alcools suivants :

a) Alcool propylique normal

$$CH^3 — CH^2 — CH^2(OH)$$

b) Alcool propylique secondaire ou isopropylique

$$CH^3 — CH(OH) — CH^3$$

c) Le glycol propylénique

$$C^3H^6(OH)^2$$

d) La glycérine

$$C^3H^5(OH)^3$$

Cette dernière, en se combinant avec des acides organiques, forme les corps gras.

Tous les alcools forment avec les acides des *éthers composés* avec mise en liberté d'eau, tout comme les alcalis donnent des sels.

2° Les *aldéhydes* sont des alcools moins l'hydrogène ; l'aldhéyde correspondant à l'alcool éthylique est C^2H^4O.

3° Les *acides organiques*. Il est plus simple de les considérer comme des hydrocarbures dont l'hydrogène est remplacé par le groupe (CHO^2) dit carboxyle comme on le verra dans le chapitre suivant.

Il existe une foule de composés intermédiaires tels que, des *aldéhydes-alcools*, des *alcool-acides* ou oxyacides, etc. Les oxyacides, par exemple, sont des hydrocarbures dont un atome d'hydrogène est remplacé par l'hydroxyle OH et l'autre par le carboxyle CHO^2. Ainsi, l'acide lactique qui dérive de C^2H^6 n'est autre chose que

$$C^2H^4(OH)(CHO^2)$$

Si l'on ajoute à ces dérivés les dérivés halogénés (où Cl, Br, I se substituent à H), nitrés, amidés, cyanés, les quinones, les cétones etc, on comprendra facilement que le nombre des composés organiques est énorme et que leurs propriétés sont très diverses, ce qu'il est d'ailleurs facile de constater en étudiant la composition des animaux et des plantes.

Le terme inférieur de la série des hydrocarbures non saturés C^nH^{2n} est l'**éthylène** ou le **gaz oléfiant** C^2H^4. Sa composition étant égale à deux molécules de gaz des marais moins une molécule d'hydrogène, on peut le préparer en effet, bien qu'en petite quantité, en chauffant le gaz des marais. Cependant, sous l'influence de la chaleur, le gaz oléfiant subit lui-même une décomposition et forme de l'acétylène et du méthane.

$$3C^2H^4 = 2C^2H^2 + 2CH^4 \text{ (Lewes 1894)}.$$

Cette décomposition peut se continuer plus loin, jusqu'à la formation du carbone et de l'hydrogène. Il en résulte que, dans tous les cas où il y a production du gaz des marais par la calcination, il se forme en même temps que ce dernier de petites quantités de gaz oléfiant, d'hydrogène et de carbone. Plus est basse la température à laquelle les composés organiques sont calcinés, plus les gaz qui s'en dégagent sont riches en gaz oléfiant ; à la température du rouge blanc, ce dernier se décompose complètement en charbon et en gaz des marais.

La houille, le bois et surtout le naphte, les résines et les corps gras produisent, quand ils sont soumis à la distillation sèche, un gaz d'éclairage, renfermant une plus ou moins grande quantité de gaz oléfiant. On prépare du gaz oléfiant presque pur (44) à l'aide de l'alcool ordinaire aussi anhydre que possible en mélangeant ce dernier avec cinq parties d'acide sulfurique concentré et en chauffant ce mélange un peu au-dessus de 100°. L'acide sulfurique s'empare des éléments de l'eau que contient l'alcool et met le gaz oléfiant en liberté :

$$C^2H^5\ (OH) = H^2O + C^2H^4$$

(44) Une solution alcoolique de bromure d'éthylène $C^2H^4Br^2$ chauffée modérément en présence de zinc granulé dégage de l'éthylène pur, le zinc s'empare du brome et le sépare de l'acétylène (Sabaniéieff).

La molécule du gaz oléfiant étant plus lourde que celle du gaz des marais, le premier se liquéfie avec une assez grande facilité par la compression et le refroidissement produit, par exemple, par l'évaporation du protoxyde d'azote liquide.

La température d'ébullition absolue de l'éthylène est + 10° ; il bout à — 103° (1 atm.), il se liquéfie à — 0° sous une pression de 43 atmosphères et se solidifie à — 160°.

L'éthylène (45) est incolore, son odeur rappelle un peu celle de l'éther ; il est peu soluble dans l'eau, plus soluble dans l'alcool et l'éther (5 vol. d'alcool et 6 vol. d'éther).

(45) L'éthylène se décompose facilement sous l'influence des étincelles électriques et d'une température élevée soit en $CH^4 + C$ soit en $2C + 2H^2$. Dans le premier cas le volume ne change pas ; dans le second il est doublé.

Le mélange d'éthylène avec l'oxygène produit des explosions violentes ; deux volumes d'éthylène nécessitent pour brûler entièrement six volumes d'oxygène ; les huit volumes du mélange forment huit volumes de produits de combustion (eau et acide carbonique) :

$$C^2H^4 + 3O^2 = 2CO^2 + 2H^2O.$$

Par suite de la condensation de la vapeur d'eau après l'explosion il se produit une contraction de volume. Cette dernière sera égale à 4 volumes pour 2 volumes de gaz oléfiant ; il en est de même pour le gaz des marais. Quant à la quantité d'acide carbonique produite par l'explosion de ces deux gaz elle n'est pas la même. Deux volumes de CH^4 ne donnent que 2 volumes CO^2, tandis que 2 volumes de C^2H^4 donnent 4 volumes d'acide carbonique.

L'éthylène étant un hydrocarbure non saturé, est susceptible d'entrer en combinaison avec certains corps tels que le chlore, le brome, l'iode, l'acide sulfurique fumant ou l'anhydride sulfureux et autres. Si, dans un tube scellé, on met le gaz oléfiant en présence d'une petite quantité d'acide sulfurique et qu'on l'agite en le suspendant par exemple au balancier d'une machine en mouvement, il se produit, grâce au contact prolongé et à l'agitation continue, une combinaison des deux corps mis en présence $C^2H^4H^2SO^4$.

Le composé ainsi obtenu, traité par l'eau et soumis à la distillation, fournit de l'alcool

$$C^2H^4 + H^2O = C^2H^6O$$

Cette réaction (Berthelot) peut servir d'exemple pour montrer qu'une substance donnée (l'éthylène par exemple) obtenue par décomposition d'une autre (alcool) peut par voie de combinaison reconstituer le corps primitif (alcool dans notre exemple).

En se combinant avec différentes molécules X^2 l'éthylène (46) forme des composés saturés $C^2H^4X^2$, c'est-à dire

$$CH^2X - CH^2X \text{ ou } CH^3 - CHX^2$$

correspondant à l'éthane ou $CH^3 - CH^3$

(46) Les homologues du gaz oléfiant C^nH^{2n} sont capables, comme ce dernier, de se combiner directement avec certains corps mais plus ou moins facilement. Leur composition doit être exprimée ainsi :

$$(CH^3)^x(CH^2)^y(CH)^zC^r$$

où la somme $x + z$ est toujours un nombre pair et celle de $x + z + r$

égale la moitié de la somme $3x + z$; d'où $z + 2r = x$. C'est là les conditions pour tous les isomères possibles. Voici par exemple les quatre isomères possibles répondant à la formule C^4H^8 butylène.

1° $(CH^3)^2(CH)^2$; 2° $(CH^3)^2(CH^2)C$; 3° $(CH^3)(CH^2)^2CH$; 4° $(CH^2)^4$

L'acétylène $C^2H^2 = CH - CH$ a été obtenu par Berthelot en 1857. C'est un gaz à odeur pénétrante, très résistant à l'action de la chaleur ; il se forme par combinaison directe du carbone et de l'hydrogène, lorsque l'arc voltaïque éclate dans une atmosphère d'hydrogène. On peut encore obtenir l'acétylène à l'aide du gaz oléfiant en lui enlevant deux atomes d'hydrogène de la manière suivante : on commence par combiner le gaz oléfiant au brome pour former $C^2H^4Br^2$; on traite le bromure d'éthylène par une solution alcoolique de potasse caustique pour lui enlever le bromure d'hydrogène (BrH) ; le produit volatil ainsi obtenu C^2H^3Br est privé d'une nouvelle molécule de BrH à l'aide d'alcool absolu tenant en dissolution du sodium métallique ou bien par ébullition avec une solution alcoolique concentrée de potasse. Dans ces conditions, l'alcali enlève le bromure d'hydrogène de $C^nH^{2n-1}Br$ et laisse C^nH^{2n-2} (Berthelot, Savitch, Miasnikaoff).

On constate la présence de l'acétylène toutes les fois que des substances organiques sont décomposées sous l'influence d'une température élevée, par exemple par la distillation sèche, c'est pour cette raison que le gaz d'éclairage en contient une certaine quantité bien que très petite et doit en partie son odeur caractéristique à l'acétylène. On obtient encore de l'acétylène en dirigeant les vapeurs d'alcool dans un tube porté au rouge.

La combustion incomplète des gaz des marais et oléfiant donne lieu à la formation d'acétylène ; il suffit, pour s'en convaincre, de diminuer par exemple, l'accès de l'air dans un bec de Bunsen alimenté par le gaz d'éclairage (**47**).

(47) Il est très facile de réaliser cette condition dans le bec à gaz ordinairement employé dans les laboratoires et figuré dans l'introduction. Le gaz se mélange à l'air dans le long tube extérieur et est allumé au-dessus de son orifice supérieur. Si au contraire on allumait le gaz dans l'intérieur du tube, en se refroidissant au contact des parois métalliques, le gaz brûlerait incomplètement en formant de l'acétylène. On peut s'en assurer par son odeur caractéristique et le prouver en faisant passer les produits de la combustion dans une solution ammoniacale de protochlorure de cuivre.

Toute flamme renferme dans son intérieur des gaz à moitié brûlés et parmi eux une certaine quantité d'acétylène.

L'acétylène étant très éloigné de la limite de saturation C^nH^{2n+2} des carbures d'hydrogène entre, plus facilement encore que le gaz des marais, dans des réactions de combinaison et peut facilement être extrait de tout mélange qui le contient. L'acétylène se combine en effet non seulement avec une ou deux molécules de I^2, HI, H^2SO^4, Cl^2, Br^2, etc. mais aussi avec CuCl (protochlorure de cuivre) en formant avec ce dernier un précipité rouge. Un mélange gazeux renfermant de l'acétylène dirigé dans une solution ammoniacale de protochlorure de cuivre (ou de nitrate d'argent $AgAzO^3$) détermine la formation d'un précipité rouge (gris pour l'argent) capable de détonner sous l'influence d'un choc. Cette propriété est spéciale à l'acétylène. Traité par les acides, le précipité rouge dégage l'acétylène, c'est d'ailleurs le procédé utilisé pour la préparation de ce dernier à l'état de pureté.

L'acétylène et ses homologues entrent facilement en réaction avec la bichlorure de mercure $HgCl^2$ (Koutcheroff, Favorsky). Il brûle avec une flamme très éclairante, ce qui d'ailleurs se conçoit aisément, ce gaz renfermant une proportion relativement considérable de carbone (48).

(48) Le second terme de la série C^nH^{2n-2}, à laquelle appartient l'acétylène, est C^3H^4. On connait bien deux hydrocarbures répondant à cette formule :

L'allylène CH^3-C-CH et l'allène CH^2-C-CH^2.

Quant à l'isomère $CH^2(CH)^2$ présentant une structure fermée on le connait peu.

Le **naphte** est un mélange d'hydrocarbures liquides, appartenant principalement aux séries C^nH^{2n+2} et C^nH^{2n} (49).

(49) Le naphte américain, surtout les parties les plus volatiles, contient des hydrocarbures saturés ; celui de Bakou, des hydrocarbures de la série C^nH^{2n} (Lissenko, Markovnikoff, Beilstein) mais, sans aucun doute (Mendeléieff) aussi, des carbures d'hydrogène saturés.

La structure des hydrocarbures du naphte n'est connue que pour les termes inférieurs ; il est cependant indubitable que la différence des hydrocarbures retirés des naphtes de Pensylvanie et de Bakou bouillant à la même température tient, non seulement à la prédominance dans le premier de carbures saturés et dans le second de naphtènes C^nH^{2n}, mais aussi à la différence de composition et de structure des portions correspondantes de distillation. Les produits du naphte de Bakou sont plus riches en carbone (et par cela même brûlent avec une flamme plus éclairante dans des brûleurs spéciaux) ont un poids spécifique plus élevé et possèdent un degré de frottement interne supérieur à ceux provenant des naphtes américains et recueillis aux mêmes températures d'ébullition.

Dans certaines contrées montagneuses, par exemple au pied de la chaîne des montagnes du Caucase et dans des directions parallèles à ces chaînes, on voit s'échapper de la terre, mêlé à de l'eau salée et à des gaz combustibles (CH^4 et autres), un liquide huileux, d'une odeur faiblement résineuse, brun et plus léger que l'eau qui n'est autre chose que le naphte ou l'huile de roche (petroleum). On creuse, pour extraire le naphte, dans les endroits où on trouve des traces, des puits ou des forages très profonds d'où parfois le naphte s'élance en un jet qui s'élève à une hauteur considérable (50).

(50) La production des jets de naphte est certainement déterminée par la pression des hydrocarbures gazeux combustibles qui accompagnent le naphte et qui s'y trouvent dissous sous l'influence

de la pression. Les jets de naphte s'élèvent quelquefois à une hauteur très considérable, à 100 mètres, par exemple, comme cela a eu lieu en 1887 près de Bakou. Les jets de naphte fonctionnent ordinairement périodiquement et leur force diminue avec le temps ; c'est ce qui se conçoit aisément attendu que les gaz qui déterminent ces jets trouvent une issue et que le naphte, en jaillissant, entraîne du sable qui obstrue le forage. Le dégagement du naphte est toujours accompagné de dégagement d'eau salée et de gaz des marais.

Les principaux gisements de naphte se trouvent sur la presqu'île d'Apcheron et près de Bakou en Russie, à Birma (Inde) en Galicie au pied des Carpathes. en Pensylvanie et au Canada.

Le naphte n'est pas un hydrocarbure déterminé mais un mélange de différents hydrocarbures, c'est la proportion quantitative de ces derniers qui en détermine la densité, l'aspect et les autres propriétés. Les variétés légères du naphte ont un poids spécifique de 0,8, les plus lourdes 0,98, les premières sont des liquides très mobiles et relativement plus volatils, tandis que les dernières contiennent moins d'hydrocarbures volatils et sont moins mobiles.

Si l'on distille les variétés légères du naphte, la température d'ébullition prise dans les vapeurs varie continuellement à partir de 0° jusqu'à 350° et même au-dessus. La première portion qui distile, est un liquide éthéré, incolore, très mobile (gazoline, ligroïne, essence de pétrole, etc), dont on peut extraire des hydrocarbures tels que C^4H^{10}, C^5H^{12} (bout à 30°), C^6H^{14} (à 62°), C^7H^{16} (à 90°), etc.

Les portions dont le point d'ébullition est supérieur à 130°, contiennent des hydrocarbures avec 9, 10, 11... atomes de carbone : elles constituent le liquide huileux bien connu appelé *pétrole*, *kerosène*, *photogène*, *photonaphtyle*, etc. Le poids spécifique du pétrole varie de 0,78 à 0,84 ; et il possède l'odeur caractéristique du naphte.

Tout ce qui distille au-dessous de 130° et possède un poids spécifique inférieur à 0,75 entre dans la composition de l'essence minérale, de la ligroine, etc. Ces substances sont utilisées pour la dissolution du caoutchouc, pour le dégraissage, etc.

Les portions du naphte qui bouillent au-dessus de 275° — 300° et possèdent un poids spécifique supérieur à 0,84 (elles ne distillent sans décomposition que sous l'action de la vapeur d'eau surchauffée) constituent une huile (51) à brûler ininflammable pouvant remplacer avantageusement dans les lampes le pétrole ordinaire (52).

(51) Cette huile intermédiaire entre le pétrole et les huiles à graisser est appelée huile solaire ou *pyronaphte*. On fabrique déjà des lampes destinées à brûler ces huiles, mais elles demandent à être perfectionnées et sont peu appliquées pour les deux raisons suivantes :

1° Le naphte américain, dont les produits sont les plus repandus dans la consommation universelle, contient peu de cette huile intermédiaire que l'on introduit en partie dans le pétrole, en partie dans les huiles à graisser,

2° La production du napthe de Bakou, qui renferme jusqu'à 30 0/0 d'huile intermédiaire, est de 4.800.000 tonnes, mais ce stock considérable ne s'écoule pas régulièrement dans le commerce universel.

Le mélange de l'huile intermédiaire avec le pétrole appelé *bakouol* (poids spécifique 0,84-0,85) privé par distillation de l'essence de pétrole, constitue l'huile la plus commode pour la pratique. Le bakouol, en effet, étant difficilement inflammable (entre 40° et 60°), peut être produit à bon marché car le naphte de Bakou en contient jusqu'à 60 0/0. Il brûle bien dans des lampes qui ne diffèrent que très peu des lampes à pétrole ordinaire qui s'enflamme entre 20° et 30°.

(52) La substitution de l'huile intermédiaire ou du bakouol au pétrole ordinaire présente des avantages non seulement au point de vue de la sécurité, mais aussi au point de vue économique. En effet, une tonne de naphte brut coûte, en Amérique au bord de l'Océan, plus de 30 francs et peut fournir environ 2/3 de tonne de pétrole utilisable dans les lampes ordinaires, tandis que la tonne de naphte brut à Bakou ne vaut pas plus de 5 francs. Si même on établissait une conduite pour amener le naphte de Bakou à la Mer Noire le prix d'une tonne de naphte au bord de la Mer Noire n'excéderait pas 20 francs. Or, une tonne de naphte de Bakou peut également fournir 2/3 de tonne de pétrole de bakouol et de pyronaphte.

Les portions du naphte qui ont une densité supérieure à 0,9 et qui distillent à des températures élevées s'y trouvent en abondance (30 0/0) et constituent *l'huile à graisser* les machines généralement répandue.

Le goudron qui reste après ces distillations, soumis à l'action de la vapeur d'eau surchauffée à 410° fournit, en se décomposant, la *vaseline*, corps gras minéral très employé en pharmacie. C'est ainsi que toutes les portions du naphte trouvent une foule d'applications précieuses. Dans la pratique, les résidus eux-même peuvent, comme le naphte lui-même, servir de combustible (53).

(53) Le chauffage au naphte n'est vraiment appliqué qu'en Russie non seulement à cause du bon marché du naphte et des *résidus* de la fabrication du pétrole, mais aussi parce que, jusqu'à présent, les produits du naphte de Bakou n'ont pas trouvé de débouché dans le commerce universel. Le naphte lui-même, ainsi que ses résidus, constituent un excellent combustible pouvant brûler sans fumée et fournir des températures très élevées.

Pour remplacer dans le chauffage des chaudières à vapeur 3 tonnes de bois sec il faut employer 1,5 tonne de charbon de terre et seulement 1,1 tonne de naphte.

Les questions économiques et autres relatives aux naphtes d'Amérique et de Bakou sont traitées dans mes ouvrages russes ci-dessous mentionnés, auxquels je renvoie le lecteur :

1° *Industrie du naphte en Pensylvanie et au Caucase*, 1870. 2° *Où faut-il construire les usines à naphte ?* 1880. 3° *La question du naphte*, 1883. 4° *L'industrie du naphte à Bakou*, 1886. 5° *Exposition Universelle de Chicago*, 1893 ; *L'industrie et le Commerce de la Russie, article sur l'industrie du naphte.*

Il est douteux que le naphte se soit formé aux dépens des résidus organiques (54), en effet :

1° On rencontre le naphte dans les terrains siluriens les plus anciens qui correspondent à des époques géologiques où les traces d'organismes sont très rares.

2° Le naphte ne peut pénétrer des couches supérieures de la terre dans les couches inférieures (les plus anciennes) parce qu'il surnage l'eau et que cette dernière pénétrant partout, le naphte tend à occuper sa surface.

3° Les gisements de naphte se trouvent aux pieds des

montagnes et sont parallèles à la direction de ces dernières.

(54) La distillation sèche du bois, des algues et d'autres résidus organiques, de même que la décomposition des graisses sous l'influence de la chaleur dans des tubes scellés, donnant lieu à la formation d'hydrocarbures analogues à ceux du naphte, il semblait naturel d'expliquer, dans ce sens, la formation du naphte par un mécanisme analogue.

L'hypothèse de la formation du naphte aux dépens des résidus végétaux nécessiterait la présence du charbon comme résidu principal de la décomposition; or, en Pensylvanie et au Canada, on trouve le naphte dans les terrains siluriens et dévoniens ne renfermant pas de charbon et correspondant à une époque où la vie organique était peu développée. Les résidus végétaux des époques houillère et jurassique et en général des époques récentes ont formé les houilles. Si l'on en juge par leur composition et leur structure, ils ont dû subir la même décomposition que la tourbe et n'ont par conséquent pu former cette masse d'hydrocarbures liquides que nous rencontrons dans le naphte.

En attribuant l'origine du naphte à la décomposition de l'adipocire, graisse cadavérique des animaux antédiluviens, on se heurte aux trois difficultés suivantes :

1° Les résidus animaux ont dû donner beaucoup de substances azotées, or il n'y en a que très peu dans le naphte.

2° La masse énorme de naphte déjà découverte n'est pas en rapport avec la faible proportion de corps gras renfermés dans les organismes.

3° Le parallélisme que l'on observe toujours entre les gisements de naphte et les chaînes de montagnes reste inexpliqué.

Frappé par ce parallélisme surtout remarquable en Pensylvanie et dans le Caucase où les sources de naphte entourent toute la chaîne des montagnes du Caucase (Bakou, Tiflis, Gouria, Kouban, Taman, Groznoïe, Daghestan), je suis arrivé à l'hypothèse sur l'origine minérale du naphte que j'ai exposée en 1876.

Il est plus plausible d'attribuer la formation du naphte à l'action de l'eau qui pénètre par les fissures de l'écorce terrestre produites par le soulèvement des montagnes, et qui arrive ainsi au contact du noyau incandescent renfermant des métaux dont il faut nécessairement admettre l'existence dans l'intérieur de notre planète.

Le fer météorique renfermant souvent du carbone, il est logique de présumer l'existence du carbure de fer dans les profondeurs inaccessibles de la terre et on peut ainsi expliquer la formation du naphte par l'action de l'eau sur ce carbure ; les produits de cette action seraient : des oxydes de fer et des hydrocarbures. L'équation de cette réaction pourrait s'exprimer ainsi :

$3Fe^mC^n + 4mH^2O = mFe^3O^4$ (oxyde magnétique) $+ C^{3n}H^{8m}$

L'expérience directe montre que la fonte dite manganique, riche en carbone combiné chimiquement, donne naissance, quand on la traite par les acides, à des hydrocarbures liquides absolument identiques au naphte, quant à la composition, l'aspect et les propriétés. Cloëz a étudié les hydrocarbures obtenus par la dissolution de la fonte dans l'acide chlorhydrique ; il y a constaté la présence de C^nH^{2n} et d'autres. J'ai traité la fonte manganique renfermant 8 0/0 de carbone par le même acide et ai obtenu un mélange liquide d'hydrocarbures rappelant le naphte naturel et par l'odeur et par l'aspect et par les réactions.

(55) Le soulèvement des chaînes de montagnes a dû déterminer la production de fissures ouvertes en haut au sommet des montagnes et en bas à leur pied. Ces fissures se comblent avec le temps, mais, plus les montagnes sont jeunes (les Alléghanys ont certainement surgi bien avant la chaîne des monts du Caucase appartenant à l'époque tertiaire) plus les fissures sont fraîches, plus elles sont perméables à l'eau qui peut ainsi pénétrer à des profondeurs que normalement elle ne peut atteindre. La présence du naphte dans les lieux situés au pied des chaînes de montagnes — voilà l'induction fondamentale de mon hypothèse sur l'origine du naphte.

Une autre raison importante qui a contribué au développement de cette hypothèse, ce sont les considérations sur la densité moyenne de la terre. Cavendish, Ayry, Cornu, Boïs et autres ont trouvé, en employant des méthodes différentes, que la densité moyenne de la terre est voisine de 5,5, celle de l'eau étant égale à l'unité. Attendu que la surface de la terre est occupée par une grande masse d'eau et que la densité des sables, des argiles, des calcaires, des granits et en général celle de toutes les roches ne dépasse pas 3, il est évident que l'intérieur de la terre contient une substance d'une densité plus élevée, qui ne peut être inférieure à 7 ou 8. (Les corps solides sont, comme on le sait, très peu compressibles, même sous l'influence de pressions considérables).

Quels que soient les corps lourds dont est composé le noyau de la terre, il faut admettre qu'ils sont également répandus non seulement à sa surface mais encore dans tout le système solaire. Tout porte à croire, en effet, que le soleil et les planètes tirent leur origine d'une seule et même matière comme le veut l'hypothèse de Laplace et de Kant, la plus plausible de celles qui ont été émises sur l'origine de la terre. On est même en droit de supposer que la terre et les planètes ne sont autre chose que des débris de l'atmosphère solaire ayant eu le temps de se refroidir et de former des masses semi liquides à l'intérieur et solides extérieurement.

Parmi les éléments lourds dont l'analyse spectrale a démontré la présence sur le soleil, on rencontre le fer en grande abondance. On en trouve aussi en masse sur la surface de la terre en combinaison avec l'oxygène. Les pierres météoriques, c'est-à-dire les fragments des planètes qui sont attirés dans le système solaire et se précipitent parfois sur la terre, renferment souvent, ou bien des masses compactes de fer, ou bien des grains de fer incrustés dans une masse de roches silicieuses. Il est donc probable que le noyau de la terre contient beaucoup de fer à l'état métallique. Cette supposition est appuyée par l'hypothèse de Laplace, car le fer a dû se condenser à l'état liquide au moment où les autres éléments de la terre étaient encore à l'état incandescent et où les oxydes de fer ne pouvaient encore se former. Car les scories (alliages vitreux d'oxydes et de silice qui nagent à la surface des métaux en fusion) ont dû protéger le fer et l'empêcher de brûler aux dépens de l'oxygène de l'atmosphère et de l'eau à une époque où la température de la terre était très élevée.

Le carbone s'est trouvé dans les mêmes conditions ; ses oxydes sont aussi capables de se dissocier (Deville) ; il est aussi très peu volatil et possède une grande affinité pour le fer. On trouve en effet dans les pierres météoriques du carbure de fer, du charbon et même du diamant.

L'existence présumée du carbure de fer dans le sein de la terre est en partie confirmée par la découverte dans certains basaltes (laves très anciennes), d'incrustations de fer comme dans les pierres météoriques.

La rencontre du fer avec le charbon au moment de la formation de la terre est d'autant plus probable que ce sont les éléments à poids atomiques faibles qui prédominent dans la nature et parmi eux, les plus répandus, les moins fusibles et partant les plus liquéfiables, sont justement le carbone et le fer. Ils ont passé à l'état liquide à une température où toutes les autres combinaisons étaient déjà en état de dissociation complète.

Il s'est probablement formé du naphte dans tous les soulèvements des chaînes de montagnes, mais c'est dans un petit nombre de cas seulement que des circonstances favorables lui ont permis de se conserver sous la terre. L'eau. en pénétrant dans l'intérieur de la terre, y produisait un mélange de vapeurs de naphte et d'eau qui se dirigeait à travers les fissures vers les parties froides de l'écorce terrestre, et se condensait à la surface de la terre s'il n'y avait pas d'obstacles. Il se peut que les schistes bitumineux, le domanite et autres formations combustibles soient des roches imbibées de naphte.

Une partie du naphte voyageait à la surface de l'eau, s'oxydait, s'évaporait et était jeté sur les berges des rivières. C'est probablement par cette voie qu'à l'époque de l'existence de la mer Aralo-Caspienne le naphte du Caucase a été transporté jusqu'aux rives du Volga dans le voisinage de Syzran où existent beaucoup de couches imbibées de naphte ou de produits de son oxydation tels que l'asphalte. La plus grande partie du naphte, cependant, brûlait d'une manière ou d'une autre en CO^2 et H^2O.

Si le mélange de vapeurs d'eau et de naphte, formé à l'intérieur de la terre, ne trouvait pas d'issue directe à la surface, il pénétrait par les fissures dans les couches superficielles plus froides de l'écorce terrestre et s'y condensait. Certaines roches (telles que les argiles) n'étant pas perméables au naphte se désagrégeaient au contact de l'eau chaude, de là cette boue que vomissent certains volcans très répandus dans les environs de Bakou autour des sources du naphte. Dans les gisements de naphte anciens, comme en Pensylvanie, ces soupiraux se sont fermés et toute trace de volcans boueux a disparu. Le naphte et les hydrocarbures gazeux, qui se sont formés simultanément, ont imbibé, sous l'influence de la pression exercée par la terre et l'eau qui les surmontent, des couches de sable perméable à ce mélange. Si en outre les couches supérieures étaient imperméables au naphte (tels sont, par exemple, les argiles denses imprégnées d'eau), ce liquide a pu s'accumuler sous la terre. C'est ainsi que, formé à des époques géologiques très éloignées, le naphte comprimé et tenant en dissolution des hydrocarbures gazeux s'échappe actuellement sous la forme de jets quand on lui donne issue.

En admettant ce qui précède, on peut supposer que la formation du naphte se continue jusqu'à nos jours au niveau des chaînes de montagnes de formation relativement récente comme le sont les Monts du Caucase. Cette hypothèse accessoire permet d'expliquer ce fait remarquable qu'en Pensylvanie les sources de naphte s'épuisent rapidement en cinq ou six ans, ce qui oblige à pratiquer de nouveaux forages et à s'adresser à d'autres gisements. Depuis 1859, l'exploitation du naphte a parcouru de cette manière une ligne parallèle aux Alleghany sur une longueur de plus de 200 kilomètres. A Bakou, par contre, l'extraction du naphte a lieu depuis un temps immémorial et jusqu'à présent reste toujours concentrée au même endroit.

La quantité de naphte extrait en Pensylvanie et à Bakou est la même et atteint 4.000.000 de tonnes par an. Il se peut que le gisement de Bakou, géologiquement plus jeune, ne soit pas aussi épuisé que celui de Pensylvanie; il se peut aussi que, dans les environs de Bakou, la formation du naphte se continue encore; les volcans de boue en activité semblent confirmer cette hypothèse.

Certaines variétés de naphte tenant en dissolution des hydrocarbures solides et peu volatils tels que la paraffine et la cérésine ou cire minérale, on s'explique facilement l'origine de l'osokérite ou cire fossile (naphtaghyle) que l'on rencontre en Galicie, près de Novorossiissk, dans le Caucase et dans les îles Tcheleken et Sviatoï de la mer Caspienne. L'ozokérite est utilisée dans différentes industries : notamment à la préparation de la paraffine et de la cérésine qui servent à la confection de bougies.

Les richesses de naphte du Caucase ne sont qu'à peine entamées; ce produit trouve tant d'applications diverses que ce sujet, qui intéresse les chimistes et les géologues, mérite la plus grande attention de la part des théoriciens et des praticiens.

CHAPITRE IX

Combinaisons du carbone avec l'oxygène et l'azote.

L'acide carbonique CO^2 est appelé encore anhydride carbonique, bioxyde de carbone ; c'est au XVIe siècle également qu'il a été distingué de l'air atmosphérique par Paracelse et Van Helmont. Ces savants avaient déjà observé que la pierre calcaire laisse échapper, lorsqu'on la calcine, un gaz spécial, identique à celui que dégagent pendant la fermentation alcoolique les solutions sucrées (le jus de raisin par exemple). Ils n'ignoraient pas non plus que le charbon, en brûlant, produit ce même gaz, et qu'on le rencontre parfois dans la nature. Plus tard, on constata que ce gaz est absorbé par les alcalis en formant un sel qui abandonne ce même gaz au contact des acides.

C'est Priestley qui a prouvé la présence de l'acide carbonique dans l'air et c'est Lavoisier qui a montré sa formation dans les actes de respiration, de combustion et de putréfaction et dans la réduction des métaux par le charbon. Il a déterminé aussi la composition de l'acide carbonique, après avoir démontré qu'il ne contenait que de l'oxygène et du carbone.

Berzélius, Dumas et Stass, et Roscoë ont déterminé la composition de l'acide carbonique et montré que 44 parties en poids contenaient 12 parties de carbone et 32 parties d'oxygène.

La composition volumétrique de ce gaz ressort de ce fait qu'en brûlant du charbon dans l'oxygène le volume du gaz ne change pas. Il en résulte que **l'acide carboni-**

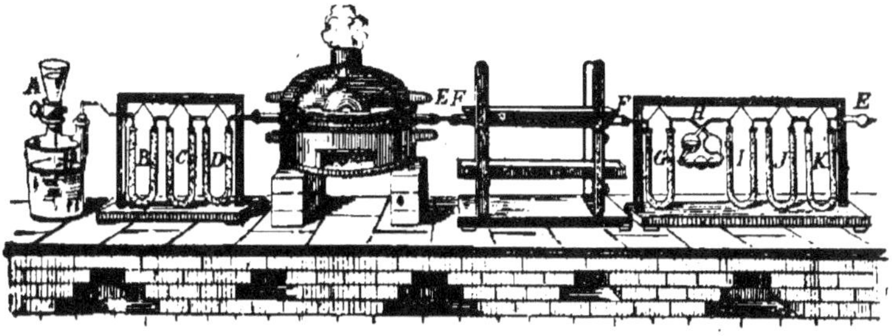

Fig. 6. — Appareil de Dumas et Stass pour déterminer la composition de l'acide carbonique. — Du charbon (du graphite, ou du diamant), est placé dans le tube E chauffé dans un fourneau : on fait passer dans ce tube un courant d'oxygène déplacé par l'eau dans le vase A. — L'oxygène est purifié et complètement privé d'humidité et d'acide carbonique dans les tubes B. C. D. Il se produit dans le tube E de l'anhydride carbonique mélangé d'une certaine quantité d'oxyde de carbone. Ce dernier est converti en acide carbonique par son passage dans un tube à combustion FF, chauffé à l'aide d'une grille, et contenant de l'oxyde de cuivre CuO il y a formation de CO^2 et production de cuivre métallique. Le tube à boules H et les tubes I. J. K. retiennent l'acide carbonique. Connaissant le poids du charbon brûlé ; le poids de l'acide carbonique formé (il suffit de peser les tubes G. H. I. J. K. avant et après l'expérience) on en déduit la composition de l'anhydride carbonique et l'équivalent du carbone.

que occupe le même volume que l'oxygène qu'il renferme ; les atomes de carbone s'intercalent, pour ainsi dire, entre les atomes d'oxygène pour former l'acide carbonique gazeux.

De même que O^2 occupe deux volumes et représente une molécule d'oxygène ordinaire, de même CO^2 occupe deux volumes et représente la composition et le poids de la molécule de l'acide carbonique.

L'acide carbonique se trouve dans la nature à l'état libre et à l'état de combinaisons les plus diverses. L'air atmosphérique et l'eau en contiennent toujours une certaine quantité. Il se dégage des volcans, des fissures de la terre et du sol de certaines grottes. Sous ce rapport, la grotte du Chien, près du Lac d'Agnano, dans le voisinage de Naples, est un exemple très célèbre. « La fontaine empoisonnée » de l'Auvergne est une fosse ronde entourée d'une riche végétation et dégageant continuellement de l'acide carbonique. Dans la forêt qui entoure le lac de Laicher, sur les bords du Rhin, où existent des volcans éteints, se trouve une excavation qui se remplit toujours d'acide carbonique. Les insectes qui s'en approchent y périssent asphyxiés. Les oiseaux attirés par les insectes y subissent le même sort, ce dont profitent les habitants des environs.

Beaucoup de sources minérales dégagent de grandes quantités d'acide carbonique: Vichy, en France, Sprüdel, en Allemagne, Kislovodsk au Caucase sont connus par leurs eaux minérales carboniques. Dans les mines, les caves et les puits, il se produit souvent des dégagements d'acide carbonique causes de graves accidents.

La combustion, la putréfaction et la fermentation des substances organiques donnent aussi naissance à de l'acide carbonique. La respiration des animaux en tout temps et celle des plantes dans l'obscurité, ainsi que la germination donnent également lieu à un dégagement de ce même gaz.

C'est par des expériences fort simples que l'on peut se convaincre de la formation d'acide carbonique dans ces conditions. En chassant l'air sortant des poumons dans de l'eau de baryte, on voit se former un nuage blanc, par suite de la production d'un précipité insoluble de carbonate de baryum.

En faisant germer des graines sous une cloche, on peut encore déceler la présence de l'acide carbonique. En plaçant un animal, une souris par exemple, sous une cloche, on peut déterminer exactement la quantité d'acide carbonique expirée dans les vingt-quatre heures (quelques dizaines de grammes pour une souris).

Ces expériences sur la respiration ont été faites sur de grands animaux tels que le mouton, le bœuf, etc, avec une grande exactitude. En se servant de vastes cloches fermant hermétiquement et en analysant les gaz expirés, on a déterminé que l'homme expire en vingt-quatre heures 900 grammes d'acide carbonique et qu'il absorbe 700 grammes d'oxygène (1).

(1) La proportion d'acide carbonique expiré par l'homme dans le courant des vingt-quatre heures n'est pas uniforme. L'homme absorbe plus d'oxygène pendant la nuit que pendant le jour (environ 450 grammes dans l'espace de 12 heures) et produit au contraire plus d'acide carbonique pendant le jour que pendant la nuit et à l'état de repos. Les neuf cents grammes d'acide carbonique expirés par l'homme en 24 heures se répartissent ainsi :

375 grammes pendant la nuit et 525 grammes dans la journée, cela tient à ce que tout travail produit par l'homme est accompagné de dégagement d'acide carbonique. Chaque mouvement est le résultat d'une transformation de la substance, car aucune force ne peut se produire spontanément d'après la loi de la conservation de l'énergie.

Le développement des forces nécessaires à la production de mouvements par les organismes animaux est proportionnel à la quantité de carbone brûlé. La preuve en est qu'un homme qui travaille exhale, dans l'espace de 12 heures, non pas 525 grammes mais 900 grammes d'acide carbonique, tout en absorbant une même quantité d'oxygène. La nuit, l'homme expire toujours la même quantité d'acide carbonique, qu'il ait travaillé ou non dans la journée, en revanche il absorbe pendant la nuit une plus grande quantité d'oxygène s'il a travaillé pendant le jour, de sorte qu'il arrive à exhaler 1300 grammes d'acide carbonique et à absorber environ 950 grammes d'oxygène en 24 heures. Le travail a donc pour résultat d'augmenter les échanges organiques.

Le carbone dépensé par le travail provient de la nourriture ; aussi les aliments d'un animal doivent-ils contenir des substances carbonées capables de se solubiliser sous l'influence de la digestion et de passer dans le sang, en d'autres termes d'être digérées.

L'homme et les animaux emploient pour leur nourriture soit des substances végétales, soit d'autres animaux qui, eux aussi, ont pris le carbone qu'ils renferment dans les végétaux. La respiration des plantes fournit à ces dernières le carbone provenant de l'acide carbonique absorbé, presque tout l'oxygène qui entre sous la forme d'acide carbonique est mis en liberté ; le carbone seul reste dans la plante.

La plante absorbe en outre, par ses feuilles et par ses racines, une certaine quantité d'eau. Par un processus encore inconnu, le carbone se combine dans les plantes avec l'eau ainsi absorbée et forme des composés appelés *hydrates de carbones* constituant la plus grande masse des tissus végétaux ; l'amidon et la cellulose $C^6H^{10}O^5$ en sont des spécimens. Leur composition peut être exprimée ainsi :

$$6C + 5H^2O$$

ce serait donc une combinaison du carbone — résidu de l'acide carbonique — avec l'eau.

C'est ainsi que, par l'intermédiaire des organismes végétaux, s'opère dans la nature la circulation du carbone atmosphérique.

L'acide carbonique est encore plus répandu dans la nature à l'état de diverses combinaisons qu'à l'état libre. Certaines de ces combinaisons sont très stables et forment des masses énormes de l'écorce terrestre. Tels sont, par exemple, les calcaires constitués par le carbonate de calcium :

$$CaCO^3 = CaO + CO^2$$

Ils se sont déposés dans les mers existant autrefois sur la surface de la terre : leur structure stratifiée et les vestiges d'animaux marins que l'on retrouve dans leurs différentes couches en sont la preuve. La craie, la pierre lithographique, la marne sont aussi des formations sédimentaires.

On trouve dans la terre l'acide carbonique associé à d'autres bases que la chaux, à la magnésie, au protoxyde de fer, à l'oxyde de zinc, etc. Les coquilles des mollusques sont composées de $CaCO^3$ et certains calcaires sont exclusivement formés par des coquillages.

Le dosage du carbone dans les substances organiques est basé sur la propriété qu'elles présentent de brûler entièrement leur carbone en acide carbonique sous l'influence de la chaleur et en présence d'oxygène ou de corps tels que l'oxyde de cuivre capables de fournir facilement cet élément.

Dans un tube de verre peu fusible fermé, on introduit la substance organique (0gr. 2 environ) intimement mélangé avec de l'oxyde de cuivre et l'on achève de remplir le tube

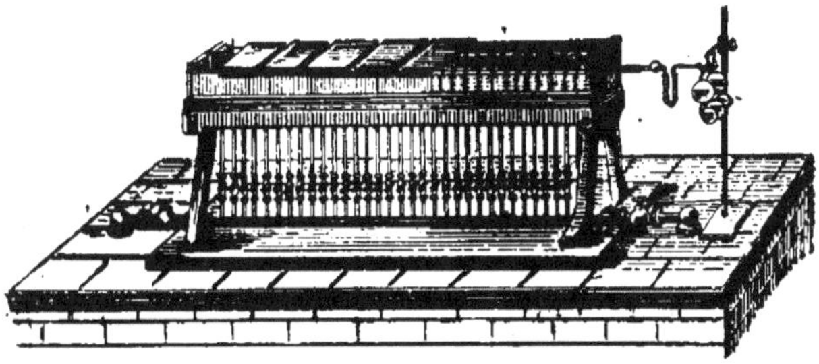

Fig. 7. — Grille à gaz ou appareil pour la combustion des substances organiques au moyen de l'oxyde de cuivre.

avec de l'oxyde de cuivre. Le tout est placé sur une grille. L'extrémité ouverte du tube porte un bouchon muni d'un tube en U renfermant du chlorure de calcium destiné à l'absorption de l'eau. Un appareil à absorption d'acide carbonique décrit Chap. V. ou tout autre appareil pouvant servir au même usage, préalablement taré, fait suite à ce tube. L'augmentation du poids de ce dernier appareil indique la quantité d'acide carbonique produit par la combustion de la substance soumise à l'analyse. Etant donné que trois parties de carbone peuvent former onze parties d'acide carbonique, il est facile de calculer le poids du carbone contenu dans la substance analysée.

Dans les laboratoires, et souvent aussi dans l'industrie, on **prépare l'acide carbonique** en décomposant le carbonate de calcium naturel (pierre calcaire, craie ou marbre), à l'aide d'un acide quelconque. Cependant, on emploie le plus ordinairement l'acide chlorhydrique, c'est-à-dire une solution de chlorure d'hydrogène HCl. L'emploi de cet acide présente plusieurs avantages : premièrement le résidu de la réaction, le chlorure de calcium $CaCl^2$, est un corps soluble dans l'eau et dont la formation n'entrave pas l'attaque du carbonate de calcium par l'acide ; et deuxièmement l'acide chlorhydrique étant un produit accessoire d'une industrie chimique, comme on le verra dans la suite, est, de tous les acides, celui qui coûte le moins cher (**2**).

(**2**) On peut remplacer l'acide chlorhydrique par d'autres acides : l'acide acétique, par exemple, et même l'acide sulfurique, bien que l'emploi de ce dernier présente l'inconvénient de produire du sulfate de calcium (gypse) insoluble, qui encroûte le carbonate et le soustrait à l'action de l'acide. Cependant les variétés poreuses de calcaires telles que la craie s'imbibent très bien d'un mélange à parties égales d'eau et d'acide sulfurique et dégagent l'acide carbonique très régulièrement.

On peut remplacer le carbonate calcaire par d'autres carbonates, par celui de sodium, par exemple, Na^2CO^3 dont on se sert en effet dans les cas où l'on désire avoir un dégagement rapide de gaz carbonique.

Le carbonate de magnésium naturel cristallisé et les autres carbonates analogues se décomposent difficilement au contact des acides chlorhydrique et sulfurique.

Dans les industries qui consomment de grandes quantités d'acide carbonique, par exemple pour la précipitation de la chaux dans la fabrication du sucre, on le prépare souvent par la calcination du charbon et on dirige les produits de la combustion dans le liquide contenant la chaux. On utilise quelquefois aussi l'acide carbonique qui se dégage des liquides en fermentation ou des fours à chaux. Sous l'influence de la levure de bière, le moût de la bière, le jus de raisin et les autres liquides sucrés subissent la fermentation alcoolique dans laquelle le glucose $C^6H^{12}O^6$ se dédouble en alcool et en acide carbonique :

$$C^6H^{12}O^6 = 2C^2H^6O + 2CO^2$$

Dans les fabriques d'eaux gazeuses où l'acide carbonique destiné à saturer des boissons doit être parfaitement pur, on décompose des dolomites très denses renfermant très peu de matières organiques.

Le gaz carbonique, lavé dans plusieurs apppareils et débarrassé des traces d'acide entraîné mécaniquement, traverse en dernier lieu une solution de permanganate de potassium qui détruit les matières organiques.

La réaction qui s'effectue entre le carbonate de calcium et l'acide, peut être exprimée par l'équation suivante :

$$CaCO^3 + 2HCl = CaCl^2 + H^2O + CO^2$$

Elle est déterminée par la même cause que la décomposition du salpêtre par l'acide sulfurique, avec cette différence que, dans le dernier cas, il se forme un acide hydraté AzO^3H et dans le premier un anhydride ; l'acide carbonique hydraté $H^2CO^3 = CO^2 + H^2O$ est en effet très instable et se décompose, aussitôt formé, en eau et en anhydride carbonique.

Il est évident que tous les acides ne peuvent servir à la préparation de l'acide carbonique et notamment ceux qui sont chimiquement peu énergiques ou bien insolubles dans l'eau ou encore aussi volatils que l'acide carbonique lui-même (**3**).

(3) L'acide aypochloreux $HClO$ et son anhydride Cl^2O ne déplacent pas l'acide carbonique ; l'acide sulfhydrique, ou hydrogène sulfuré, se comporte avec l'acide carbonique comme l'acide azotique avec l'acide chlorhydrique, c'est-à-dire que celui qui est en excès déplace l'autre.

La plupart des acides cependant sont solubles dans l'eau et moins volatils que l'acide carbonique, aussi ce dernier est-il déplacé quand on fait agir un grand nombre d'acides sur les carbonates à la température ordinaire (**4**).

(4) La poudre gazogène ordinaire est un mélange de bicarbonate de sodium $NaHCO^3$ et d'acide citrique ou tartrique. A l'état sec, les deux corps ne réagissent pas ; mais lorsqu'on dissout cette poudre dans l'eau, la réaction a lieu avec effervescence. C'est par l'efferves-

cence que déterminent les acides sur les carbonates que l'on caractérise ces derniers. Le vinaigre, renfermant de l'acide acétique, versé sur une pierre calcaire, sur du marbre, des cendres, de la malachite (carbonate de cuivre) met en liberté l'acide carbonique qui se dégage avec effervescence. Remarquons qu'en l'absence de l'eau, ni l'acide chlorhydrique, ni l'acide sulfurique ni l'acide acétique n'agissent sur le carbonate de calcium.

Dans les laboratoires, pour préparer l'acide carbonique, on emploie le plus souvent du marbre et de l'acide chlorhydrique dans des appareils analogues à ceux qui servent pour la préparation de l'hydrogène (V. tome I, fig. 21). Le gaz, entraînant toujours avec lui des vapeurs d'acide chlorhydrique et d'eau, doit être lavé dans un flacon de Woolf et séché sur du chlorure de calcium (5).

On obtient encore l'acide carbonique en calcinant certains carbonates, tels que, le carbonate de magnésium $MgCO^3$, surtout en présence de vapeur d'eau. Les bicarbonates ($NaHCO^3$ par exemple) se décomposent facilement sous l'influence de la chaleur avec dégagement de CO^2.

(5) Les observations directes de Bogouzky et de Kajander (1876) montrent que la quantité d'acide carbonique dégagé par l'action des acides sur le marbre (autant que possible homogène) est directement proportionnelle : à la durée de l'action, à la surface de contact et à la concentration de l'acide et inversement proportionnelle à son poids moléculaire.

La surface du marbre (de Carrare) étant égale à 1 décimètre carré, le temps de l'action à 1 minute et la proportion d'acide chlorhydrique dans un litre à 1 gr. il se dégage environ 0 gr. 02 d'acide carbonique. Si la proportion de HCl dans un litre est n il se dégagera, d'après les expériences, n. 0 gr. 02 de CO^2 ; par conséquent si la proportion par litre est 36,5 gr. (= HCl) d'acide chlorhydrique il se dégage à chaque minute 0 gr. 73 environ ou 1/2 litre d'acide carbonique. C'est cette même quantité d'acide carbonique qui se dégage quand on substitue à l'acide chlorhydrique les acides azotique et bromhydrique en quantité correspondante à leurs équivalents. Ainsi, par exemple, la proportion par litre étant de 63 gr. (= $HAzO^3$) d'acide azotique ou 81 gr. (= HBr) d'acide bromhydrique, il se dégage 0 gr. 73 d'acide carbonique. Des expériences du même genre ont été faites par Spring en 1890.

L'acide carbonique gazeux est incolore ; il possède une odeur faible et une saveur légèrement acide ; sa densité (6) est 22 fois celle de l'hydrogène, attendu que son poids moléculaire est **44**.

(6) L'acide carbonique étant une fois et demie **plus lourd** que l'air diffuse difficilement dans ce dernier et reste au fond des vases. On peut le démontrer de plusieurs manières ; ainsi, par exemple, on peut facilement le transvaser d'un verre dans un autre rempli d'air et s'assurer au moyen d'un corps en ignition que l'acide a réellement changé de place. Des bulles de savons qu'on laisse tomber dans une éprouvette à moitié remplie d'acide carbonique s'arrêtent à la surface de ce dernier et ne descendent pas plus bas. Il est évident qu'au bout d'un certain temps le mélange s'opère et que l'acide se distribue uniformément dans tout l'espace.

L'acide carbonique est un exemple de substances connues depuis longtemps sous leurs trois états. Pour obtenir de l'acide carbonique liquide il faut le soumettre à une pression de 36 atmosphères à la température de 0° (7).

(7) La liquéfaction de l'acide carbonique a été opérée pour la première fois par Faraday qui enfermait dans un tube en verre un mélange d'un carbonate avec de l'acide sulfurique. Ce procédé a été perfectionné dans la suite par Thilorier et Natterer. (Voir l'appareil de ce dernier page 503 tome I, fig. 58).

La liquéfaction de l'acide carbonique exige de très bons appareils de condensation, un refroidissement continu et une préparation rapide de grandes quantités de ce gaz.

La température absolue de l'acide carbonique est + 32°. Le gaz à l'état liquide est incolore, non miscible à l'eau, mais il se dissout dans l'alcool, l'éther et les huiles ; son poids spécifique à 0° est 0,83 (8).

(8) L'acide carbonique ayant le même poids moléculaire que le protoxyde d'azote Az^2O, lui ressemble beaucoup à l'état liquide.

Dans un long tube en verre, soudé à ses deux extrémités, l'acide carbonique liquéfié se conserve parfaitement parce qu'un tube à parois épaisses peut supporter facilement la pression d'environ 50 atmosphères qu'exerce ce liquide à la température ordinaire.

Le point d'ébullition de l'acide carbonique liquide est —80°; c'est-à-dire qu'à cette température, la tension de l'acide carbonique est voisine de la pression atmosphérique. A la température ordinaire, le liquide se conserve un certain temps parce que son évaporation exige une très grande quantité de chaleur. Si même cette évaporation se produit rapidement, surtout quand le liquide s'écoule en jet très fin, il se produit un abaissement de température tellement considérable que l'acide carbonique se solidifie en une masse neigeuse. L'eau, le mercure et beaucoup d'autres liquides se congèlent au contact de l'acide carbonique neigeux. Sous cette forme, surtout quand il est comprimé en une masse dense, l'acide carbonique se conserve assez longtemps à l'air libre, car il exige, pour se transformer en gaz, une quantité de chaleur plus considérable encore qu'à l'état liquide (9).

(9) L'acide carbonique liquéfié lancé en jet fin dans un vase métallique fermé ne donne que 1/3 de CO^2 solide, le reste se perd par évaporation. Il est préférable de faire les expériences de réfrigération avec un mélange d'acide carbonique solide et d'éther pour augmenter le nombre des points de contact. En faisant passer un courant d'air à travers ce mélange l'évaporation est plus rapide, et l'abaissement de température plus considérable.

Actuellement, on prépare industriellement l'acide carbonique liquide. On en remplit des récipients en fer munis de robinet à vis et c'est ainsi qu'il est transporté et livré dans le commerce.

L'acide carbonique liquide trouve de nombreuses applications : on l'emploie dans les brasseries pour élever la bière, par pression ; on l'utilise pour la fabrication des eaux gazeuses, etc..

L'anhydride carbonique solide, malgré sa température extrêmement basse, peut être impunément mis sur la peau parce que le gaz qu'il dégage constamment empêche le contact. Mais si au contraire on comprime une parcelle d'acide carbonique neigeux entre les doigts on ressent une vive sensation de brûlure.

Le mélange semi-liquide d'acide carbonique neigeux et d'éther peut servir pour la liquéfaction d'un grand nombre de gaz, par exemple, du chlore, du protoxyde d'azote, de l'hydrogène sulfuré, etc. Sous la cloche d'une machine pneumatique l'évaporation se produit plus rapidement et la température s'abaisse davantage. Plusieurs gaz, tels que le gaz oléfiant, l'acide chlorhydrique et d'autres, se liquéfient dans ces conditions. Un tube d'acide carbonique liquide plongé dans ce mélange se solidifie en une masse solide, vitreuse, transparente ; il en est de même pour beaucoup d'autres gaz liquéfiés.

C'est ce procédé de réfrigération qui a été utilisé par Pictet pour la liquéfaction des gaz dits permanents (Chap.II). Blekrade, en comprimant CO^2 solide à l'aide d'un piston dans un cylindre, a obtenu des bâtons demi transparents renfermant par centim. cub. 1 gr. 3 et 1 gr. 6 de CO^2 qui, dans cet état, se conservait longtemps, l'évaporation étant très lente.

La facilité avec laquelle l'acide carbonique se liquéfie est en relation avec sa **solubilité** assez grande dans l'eau, l'alcool et les autres liquides.

Pour ce qui a trait à la solubilité dans l'eau, nous renvoyons le lecteur au Chapitre I.

Dans l'alcool, l'acide carbonique est encore plus soluble que dans l'eau : un volume d'alcool dissout, à 0°, 4,3 vol. de ce gaz et, à 20°, 2,9 volumes.

L'eau chargée d'acide carbonique est une boisson rafraîchissante et un stimulant des fonctions digestives, aussi est-elle fabriquée industriellement. Le gaz est refoulé à l'aide d'une pompe dans un récipient rempli d'eau ; le liquide gazeux est ensuite dirigé à l'aide d'appareils de remplissage dans les bouteilles et les siphons. C'est par ce même procédé que l'on prépare aussi les limonades gazeuses et certains vins mousseux artificiels.

La présence de l'acide carbonique dans l'eau a une très grande importance dans la nature ; il communique en effet à l'eau la propriété de dissoudre et de désagréger certaines substances inattaquables par l'eau pure. Ainsi, par exemple, les carbonates et les phosphates se solubilisent dans l'eau acidulée par l'acide carbonique.

Si une source d'eau souterraine est chargée d'acide carbonique sous pression, la quantité de carbonate de calcium tenu en dissolution pourra atteindre trois grammes par litre. Arrivée à la surface du sol, cette eau laissera déposer le carbonate à mesure que l'acide carbonique s'échappera dans l'air (**10**).

(**10**) Une eau chargée de carbonate de chaux, après avoir suinté à travers le sol, pénètre quelquefois dans une grotte. Si l'évaporation se fait lentement, les eaux en tombant laissent déposer le sel, qu'elles tiennent en dissolution, sous forme d'aiguilles analogues aux glaçons qui garnissent en hiver les gouttières. Ces concrétions pierreuses suspendues à la voute des grottes portent le nom de stalactites et celui de stalagmites si elles se forment sur le sol. Quelquefois les unes et les autres se réunissent et forment des piliers qui grossissent graduellement et arrivent à combler parfois les cavités qui les renferment.

Parmi les grottes à stalactite on cite principalement celles de l'île Antiparos dans l'Archipel et celles d'Arcy en Bourgogne.

Telle est aussi l'origine du tuf ou de ces masses poreuses de calcaire que l'on rencontre près de certaines sources à l'endroit où elles jaillissent à la surface de la terre. On conçoit aisément qu'une solution de calcaire puisse parfois pénétrer dans l'intérieur des plantes et les imprégner; c'est un des modes de pétrification des plantes.

La propriété que possède l'eau chargée d'acide carbonique de dissoudre le phosphate calcique a une grande importance pour la nutrition des plantes, car ces dernières renferment toujours de la chaux et de l'acide phosphorique.

L'eau acidulée par l'acide carbonique possède la propriété de détruire beaucoup de roches en extrayant la chaux et les alcalis qu'elles renferment. Ce processus s'est accompli de tout temps et se continue actuellement dans des proportions considérables. Les roches contiennent des oxydes de différents métaux, entre autres : ceux du silicium, de l'aluminium, du calcium et du sodium. L'eau chargée d'acide carbonique dissout ces deux derniers en les transformant en carbonates.

L'eau qui s'accumule dans les océans doit laisser déposer le carbonate de calcium à mesure que l'acide carbonique s'en échappe. On trouve en effet des dépôts de carbonate de calcium à la surface de la terre dans les contrées qui furent recouvertes autrefois par les eaux.

Les plantes aquatiques respirent l'acide carbonique que l'eau tient en dissolution.

Bien que l'acide carbonique se dissolve dans l'eau, il ne forme pas d'hydrate défini (**11**) ; on peut cependant, en se basant sur la composition des carbonates, préjuger de celle de cet hydrate qui n'est autre chose qu'un sel dont le métal est remplacé par l'hydrogène.

(11) L'hydrate cristallisable $CO^2.8H^2O$ de Wroblevski (V. chap. I, note 67) ne se forme que dans des conditions spéciales ; son existence demande à être confirmée, enfin il ne répond pas à l'hydrate H^2CO^3 qui correspond à la composition des carbonates.

Les sels de l'acide carbonique ayant tous la composition : K^2CO^3, Na^2CO^3, $HNaCO^3$..., son hydrate doit avoir la formule $H^2CO^3 = H^2O + CO^2$. Mais, chaque fois que les conditions semblent favorables à sa formation, cet hydrate se décompose en ses composants CO^2 et H^2O.

Grâce à ses **propriétés acides** (**12**), l'acide carbonique est directement absorbé par les alcalis en dissolution et forme avec eux des sels.

(12) Pour démontrer l'acidité de l'acide carbonique on en remplit un long tube fermé à l'une de ses extrémités et on y introduit un petit tube à essai rempli d'alcali (par exemple de soude NaHO). Si, après avoir bouché hermétiquement le tube et l'avoir secoué vivement, on débouche le tube sous l'eau on voit cette dernière se précipiter à l'intérieur et le remplir complètement. Le vide ainsi produit par l'absorption de CO^2 est à ce point parfait que les décharges électriques ne traversent plus le tube. On emploie d'ailleurs quelquefois ce procédé pour pratiquer le vide.

Nous avons vu plus haut que l'acide azotique $HAzO^3$ et les autres acides *monobasiques* forment avec les métaux monovalents (c'est-à-dire capables de remplacer un atome d'hydrogène), tels que K, Na, Ag, des sels renfermant un atome d'hydrogène ($NaAzO^3$, $AgAzO^3$) et avec les métaux bivalents, Ca. Ba, Pb) des sels contenant deux groupes acides, par exemple Ca $(AzO^3)^2$ Pb $(AzO^3)^2$.

L'acide carbonique H^2CO^3 est un acide **bibasique**, c'est à-dire que son hydrate renferme deux atomes d'hydrogène et ses sels deux atomes de métaux monovalents. Ainsi, par exemple, Na^2CO^3 est le carbonate de sodium, sel neutre et $NaHCO^3$ est le bicarbonate de sodium, sel acide.

Si donc M_1 est un métal monovalent, ses sels répondront à la formule générale $M_1{}^2CO^3$, sels neutres et M_1HCO^3 sels acides. Si, au contraire M_2 est bivalent, il ne formera qu'un carbonate neutre dont la formule est M_2CO^3. Sous le rapport de la basicité, l'acide carbonique est analogue à l'acide sulfurique H^2SO^4 **(13)**.

(13) Ce n'est qu'un peu avant la seconde moitié de notre siècle que l'on a commencé à distinguer les acides d'après leur basicité.

Graham, en étudiant l'acide phosphorique H^3PO^4, et Liebig les corps organiques distinguaient des acides mono, bi et tribasiques.

Gerhardt et Laurent ont généralisé ces relations, après avoir démontré que cette différence se manifestait dans beaucoup de réactions, par exemple, dans la propriété des acides bibasiques de former avec KHO et NaHO des sels acides et avec les alcools RHO des éthers neutres et des éthers acides, etc.

Actuellement, depuis que la notion des molécules et des atomes est bien établie, *la basicité d'un acide est déterminée par le nombre d'atomes d'hydrogène remplaçables par les métaux qui sont contenus dans la molécule.*

Le seul fait que l'acide carbonique forme deux sels dont la composition est $NaHCO^3$ et Na^2CO^3 prouve que son hydrate H^2CO^3 est bibasique ; il est impossible de représenter autrement la composition de ces sels. Autrefois, lorsqu'on admettait C = 6, et O = 8, la formule CO^2 exprimait la composition et non le poids moléculaire de l'anhydride carbonique ; la formule du carbonate neutre de sodium était $Na^2C^2O^6$ ou $NaCO^3$ et celle du bicarbonate : $NaCO^3HCO^3$; l'acide carbonique pouvait donc être considéré comme monobasique. D'ailleurs, encore au commencement de la seconde moitié de notre siècle les avis des chimistes étaient différents. Actuellement cette question est définitivement résolue, si la loi d'Avogadro-Gerhardt est appliquée strictement avec toutes ses conséquences.

Remarquons que, pendant longtemps, on a considéré les acides monobasiques R(OH) comme n'étant pas capables de se décomposer directement en eau et en anhydride; on n'attribuait cette propriété qu'aux acides bibasiques R (OH)^2 dont les molécules renferment les éléments de l'eau H^2O. C'est ainsi en effet que H^2SO^4 ou $SO^2(OH)^2$, H^2CO^3 ou $CO(OH)^2$ et autres acides bibasiques se décomposent en RO (anhydride) et H^2O (eau). Cette opinion n'est pas du tout fondée, car les acides monobasiques tels que $HAzO^2$ (a. azoteux), HIO^3 (a. iodique), HClO (a. hypochloreux), etc., abandonnent facilement leurs anhydrides Az^2O^3, I^2O^5, Cl^2O, etc. Il est bon de mentionner que, dans la distillation de tous les acides bibasiques sans exception, il y a toujours décomposition en anhydride et en eau; l'acide sulfurique lui-même produit $SO^3 + H^2O$ quand on l'évapore ou le distille; les acides faibles peu énergiques, comme le sont les acides carbonique, azoteux, borique et chloreux, subissent cette décomposition avec une extrême facilité.

Ajoutons que l'acide carbonique étant un hydrate correspondant au gaz des marais

$$C(OH)^4 = CO^2 + 2H^2O$$

devrait être tétrabasique; cependant il ne forme pas ordinairement de sels correspondants. Les sels basiques, par exemple $CuCO^3CuO$ peuvent néanmoins être considérés comme des sels de ce genre, parce que CCu^2O^4 correspond à CH^4O^4, Cu et H^2 étant équivalents entre eux.

Parmi les éthers de l'acide carbonique, on en connaît quelques-uns qui correspondent à CH^4O^4; tel est, par exemple, l'ortho-carbonate d'éthyle $C(C^2H^5)^4O^4$ obtenu par l'action de la chloropicrine $C^2(AzO^2)Cl^3$ sur l'alcoolate de sodium; il bout à 158° et son poids spécifique égale 0,92. On appelle CH^4O^4 acide *ortho*-carbonique par analogie avec l'acide *ortho*-phosphorique PH^3O^4 correspondant à PH^3.

L'acide carbonique est le type des acides faibles peu énergiques. Il est évident que la notion de l'énergie des acides est une notion relative; pour le moment on n'a pas encore établi de base solide pour la mesurer (**14**); néanmoins on peut juger de la faible acidité de l'anhydride carbonique en se basant sur la réunion d'un grand nombre de ses propriétés.

(14) Les tentatives faites pour trouver la *mesure de l'affinité* des acides et des bases datent de longtemps; certains acides, en effet, tels que les acides sulfurique et azotique, forment des sels relativement stables, difficilement décomposables par la chaleur et par

l'eau, tandis que d'autres, comme les acides carbonique et chloreux, ne se combinent même pas avec certaines bases faibles et, avec d'autres bases, ils forment des sels instables. Il en est de même des bases : quelques-unes (K^2O, Na^2O, BaO) peuvent servir d'exemples de bases énergiques, car, en se combinant avec des acides faibles, elles forment des sels très stables. D'autres, au contraire, telles que l'alumine Al^2O^3 et l'oxyde de bismuth Bi^2O^3, doivent être considérées comme n'ayant que des propriétés basiques très peu prononcées parce qu'elles forment des sels facilement décomposables par l'eau et la chaleur si l'acide est volatil.

Cette division des acides et des bases en faibles et énergiques, justifiée par toutes les notions que l'on possède sur eux, est adoptée dans cet ouvrage.

On a proposé depuis un certain temps de résoudre la question de l'affinité par une méthode qui, à mon avis, doit être l'objet de certaines réserves et est sujette à beaucoup de critiques, bien qu'elle contienne plusieurs points intéressants.

Il s'agit de la méthode proposée par Thomsen, Ostwald et autres d'exprimer le degré d'affinité des acides pour les bases à l'aide de nombres, en se basant sur les données relatives au déplacement des acides l'un par l'autre en solutions aqueuses et sur les points suivants :

1° Sur la quantité de chaleur dégagée par le mélange d'une solution saline avec une solution d'un acide autre que celui entrant dans la composition du sel (« *avidité* » des acides de Thomsen).

2° Sur les changements de volume accompagnant cette action mutuelle entre les solutions (méthode de « *volumétrie chimique* » de Ostwald).

3° Sur la modification de l'indice de réfraction des solutions (Ostwald), etc.

Il existe en outre beaucoup d'autres procédés, dont plusieurs seront décrits plus loin, permettant de juger de la répartition de la base entre les différents acides en solutions aqueuses.

Il faut remarquer, qu'en étudiant les acides en solutions aqueuses, on néglige ordinairement leur affinité pour l'eau. Ainsi, si la base N mise en présence des acides X et Y se combine avec eux de manière que la combinaison avec X en contienne 1/3 et celle avec Y 2/3, on conclut que l'affinité ou la force salifiable de l'acide Y est deux fois celle de X ; on omet ainsi la présence de l'eau. Si l'acide X possède de l'affinité pour l'eau et pour la base N, il se répartit entre ces deux corps et, dans le cas où l'affinité pour l'eau est plus grande chez X que chez Y, il se peut que N retienne plus de X que de Y. Si en outre l'acide X est capable de donner un sel acide NX^2 et si l'acide Y n'en donne pas, la conclusion sur l'énergie relative de X et de Y devient encore plus erronée, parce que l'acide X mis en liberté par l'addition de Y à NX formera un sel acide.

Nous verrons dans le chapitre X que les acides sulfurique et nitrique en solution aqueuse faible, mis en présence d'oxyde de sodium, se partagent cette base suivant les rapports suivants : 1/3 s'unit à l'acide sulfurique et 2/3 à l'acide nitrique ; ce fait, à mon avis, ne démontre pas que l'acide sulfurique soit deux fois moins énergique que l'acide azotique et qu'il possède une moindre affinité pour les bases telles que l'oxyde de sodium. Ce fait semble plutôt indiquer que l'acide sulfurique a pour l'eau une affinité plus grande que l'acide azotique et il est probable que l'étude de la distribution des acides dans les solutions aqueuses fait voir seulement la différence des actions des acides sur la base et sur l'eau.

Les considérations qui précèdent montrent que, si l'étude de la répartition des éléments salifiables dans les *solutions aqueuses* présente un intérêt en soi, elle ne peut cependant servir à déterminer la mesure de l'affinité entre les bases et les acides. Les mêmes réserves sont applicables à la méthode de détermination de l'énergie des acides à l'aide de la *conductibilité galvanique de leurs solutions étendues*. Cette méthode proposée par Arrhenius (1884) a été largement appliquée par Ostwald (*Lehrbuch der allgemeinen Chemie*. T. II, 1887). Elle est basée sur le fait suivant : si l'on range les différents acides par rapport à leur *conductibilité galvanique* (I) [voir pour ces renvois le tableau ci-dessous] en solutions étendues, on voit que cet ordre correspond aussi à leur *répartition* (II) déterminée par l'un des procédés mentionnés plus haut (1°, 2° et 3°, page 84) et qu'il exprime en même temps la relation établie expérimentalement, qui existe entre ces acides au point de vue de la *vitesse de réaction* (III) ; par exemple la vitesse de décomposition de l'acétate de méthyle en alcool et en acide ou la vitesse de l'inversion du sucre, c'est-à-dire de sa transformation en glucose.

L'énergie de l'acide chlorhydrique étant représentée par 100 celle des autres sera exprimée par les chiffres suivants :

Acides		I	II	III
A. Chlorhydrique	HCl	100	100	100
A. Bromhydrique	HBr	101	89	105
A. Azotique	$HAzO^3$	100	100	96
A. Sulfurique	H^2SO^4	65	49	74
A. Formique	CH^2O^2	2	4	1
A. Acétique	$C^2H^4O^2$	1	2	1
A. Oxalique	$C^2H^2O^4$	20	24	18
A. Phosphorique	PH^3O^4	7	—	6

La coïncidence de ces chiffres, obtenus par des procédés aussi différents, met en évidence une relation très importante et très instructive entre des phénomènes d'ordres différents ; néanmoins, à mon avis, elle ne permet pas encore d'affirmer que tous ces procédés donnent une mesure de l'affinité s'exerçant entre les bases et les différents acides parce que, dans toutes ces déterminations, l'influence de l'eau n'est pas prise en considération. Aussi, tant que la théorie des solutions ne sera pas définitivement établie, il est nécessaire de faire des réserves au sujet de la résolution de ce problème.

Cependant, il y a lieu d'espérer une solution prochaine grâce à l'étude des vitesses des réactions, de l'influence sur les indicateurs et autres questions pour lesquelles nous renvoyons le lecteur aux traités de chimie physique et théorique.

Avec les bases aussi énergiques que le sont NaHO et KHO, l'acide carbonique forme des sels neutres, solubles dans l'eau, mais ayant une réaction alcaline et agissant dans la plupart des cas comme des alcalis (**15**).

(**15**) C'est ainsi, par exemple, qu'une dissolution de carbonate de sodium Na^2CO^3 peut être utilisée pour le blanchissage des tissus au même titre qu'une solution faible de soude, car elle dissout très bien les corps gras. Le savon, qui n'est autre chose qu'une combinaison d'un alcali avec des acides peu énergiques tels que les acides gras, agit de la même manière.

On préfère le savon et le carbonate de sodium à la soude caustique parce qu'un excès de cette dernière pourrait détruire les tissus.

On est en droit de supposer que, dans une solution aqueuse aussi bien de savon que de carbonate de sodium, une partie de la base se trouve à l'état d'alcali caustique, c'est-à-dire que l'eau joue le rôle d'acide peu énergique et que la base se répartit entre elle et les acides.

Les sels acides que forme l'acide carbonique avec les métaux alcalins, les bicarbonates $NaHCO^3$ et $KHCO^3$, possèdent une réaction neutre, bien qu'ils contiennent, comme les acides, un hydrogène remplaçable par des métaux, tandis que les sels que forme l'acide sulfurique par exemple, avec les mêmes métaux tels que le bisulfate de sodium, $NaHSO^4$ ont une réaction nettement acide. Il est donc évident que l'acide carbonique n'est pas assez puissant pour saturer les propriétés basiques énergiques des alcalis tels que KHO et NaHO.

Avec les bases aussi faibles que l'alumine Al^2O^3 l'acide carbonique ne se combine pas du tout. Si l'on ajoute, en effet, à une solution concentrée de sulfate d'aluminium $Al^2(SO^4)^3$, une solution également concentrée de carbonate de sodium Na^2CO^3, dans l'espoir d'obtenir, par voie de double décomposition, un carbonate d'aluminium $Al^2(CO^3)^3$ on voit se dégager de l'acide carbonique. Ce carbonate se décompose en effet en présence de l'eau en hydrate d'alumine et en acide carbonique :

$$Al^2(CO^3)^3 + 3H^2O = Al^2(OH)^6 + 3CO^2$$

Les bases faibles ne peuvent donc retenir l'acide carbonique, même à la température ordinaire. C'est pour la même raison que la chaleur décompose les carbonates formés par les oxydes d'une énergie moyenne, comme l'est par exemple le carbonate de cuivre $CuCO^3$ (Voyez l'Introduction) et même le carbonate de calcium $CaCO^3$. Seuls, les carbonates neutres des bases énergiques, telles que la potasse et la soude, soutiennent la température du rouge sans subir de décomposition.

Les bicarbonates au contraire, celui de sodium par exemple $NaHCO^3$, se décomposent même quand on chauffe leurs dissolutions et dégagent de l'acide carbonique.

$$2NaHCO^3 = Na^2CO^3 + H^2O + CO^2$$

La quantité de chaleur produite par la combinaison de l'acide carbonique avec les bases indique aussi les propriétés acides peu énergiques de CO^2 ; elle est de beaucoup inférieure à celle que dégagent les acides énergiques. Ainsi par exemple, la saturation de 40 gr. de NaHO en solution étendue, par l'acide sulfurique, l'acide azotique ou tout autre acide énergique, produit de 13 à 15 mille calories environ ; il s'en dégage seulement 10 mille avec l'acide carbonique (16).

(16) Bien que l'acide carbonique soit un acide peu énergique, il en existe beaucoup d'autres qui le sont encore moins que lui comme, par exemple, les acides cyanhydrique, hypochloreux et un grand nombre d'acides organiques, etc.

Les combinaisons des bases analogues à l'alumine ou bien des acides aussi faibles que la silice avec les alcalis sont décomposées en solutions aqueuses par l'acide carbonique ; par contre, ces mêmes composés en fusion, c'est-à-dire en l'absence de l'eau, déplacent ce dernier. Ceci montre quelle importance exercent, dans les phénomènes de ce genre, les conditions de la réaction et les propriétés des corps qui se forment. Pour expliquer ces relations, à première vue très compliquées, il est plus simple de supposer que deux sels MX et NY forment, en plus ou moins grande quantité, deux autres sels MY et NX et d'étudier les propriétés des corps qui sont ainsi engendrés.

Ainsi, par exemple, Na^2SiO^3 en solution produit, sous l'influence de CO^2, une certaine quantité de Na^2CO^3 et de SiO^2 ; cette dernière étant un corps colloïde se précipite et le reste de Na^2SiO^3 est à nouveau décomposé par CO^2, de sorte que la réaction se termine par la formation de Na^2CO^3 et par la précipitation de SiO^2.

La réaction est toute différente, si Na^2SiO^3, au lieu d'être en solution, est à l'état de fusion. Na^2CO^3 produit avec SiO^2 une certaine quantité de Na^2SiO^3 et de CO^2 ; ce dernier étant gazeux s'élimine ; c'est donc la même réaction qui recommence, elle se termine par le dégagement complet de CO^2 et la formation de Na^2SiO^3.

Dans les cas où aucun corps ne s'élimine du champ de la réaction, il y a partage.

L'acide carbonique, tout en étant un acide peu énergique, est déplacé de ses sels par les acides solubles, surtout en raison de son état gazeux et non en raison de sa faible énergie (Voyez plus bas Chap. X).

Presque tous les carbonates sont insolubles dans l'eau : aussi, quand on met les solutions de Na^2CO^3, K^2CO^3 et $(AzH^4)^2CO^3$ en présence de solutions de presque tous les sels des autres métaux MX ou $M''X^2$, il se forme des précipités de carbonates insolubles M^2CO^3 et $M''CO^3$. Ainsi, par exemple, quand on verse une solution de chlorure de baryum $BaCl^2$ dans une solution de carbonate de sodium

Na^2CO^3 il se produit un précipité de carbonate de baryum

$$BaCl^2 + Na^2CO^3 = BaCO^3 + 2NaCl$$

C'est pour cette raison que les roches sédimentaires renferment si souvent des carbonates, par exemple, $CaCO^3$, $FeCO^3$, $MgCO^3$, etc...

L'acide carbonique formé, comme l'eau, avec dégagement d'une grande quantité de chaleur, est très stable. Peu de substances sont capables de lui enlever son oxygène. Cependant le magnésium, le potassium et les autres métaux analogues le décomposent à une température très élevée ; ils brûlent en mettant en liberté le charbon et en se transformant en oxydes.

En faisant passer un mélange d'acide carbonique et d'hydrogène dans un tube incandescent, on observe la formation d'eau et d'oxyde de carbone.

$$CO^2 + H^2 = CO + H^2O$$

Cependant, une partie seulement de l'acide carbonique subit cette décomposition, de sorte qu'en réalité on obtient un mélange de CO^2, CO, H^2 et H^2O qui ne se modifie plus sous l'influence de la chaleur (17).

(17) L'hydrogène et le carbone ont à peu près la même affinité pour l'oxygène ; on a cependant le droit de supposer que l'affinité de l'hydrogène est un peu plus grande que celle du carbone, parce que c'est l'hydrogène qui brûle le premier dans la combustion des hydrocarbures. Les chaleurs de combustion de ces deux éléments peuvent, jusqu'à un certain point, donner une idée de cette affinité.

L'hydrogène gazeux H^2 produit, en se combinant avec un atome d'oxygène ($O = 16$), soixante-neuf mille calories, si l'eau formée se condense en liquide et cinquante-huit mille si elle reste à l'état de vapeur, diminution faite de la chaleur latente de vaporisation.

Le charbon, à l'état solide, en se combinant avec $O^2 = 32$, dégage quatre-vingt-dix sept mille calories en formant CO^2 gazeux.

Si le charbon était à l'état gazeux comme l'hydrogène et s'il ne contenait comme ce dernier que deux atomes (C^2) dans sa molécule, la chaleur développée serait plus considérable. Il est permis de supposer d'après l'exemple des autres corps, dont les molécules en passant de l'état solide à l'état gazeux absorbent environ de dix à quinze mille calories, que la combinaison du carbone gazeux avec O^2 développerait au moins cent-dix mille calories, c'est-à-dire le double de la chaleur de formation de l'eau. Comme d'autre part, la molécule CO^2 contient deux fois plus d'oxygène que celle de H^2O, l'union de l'oxygène avec l'hydrogène ou avec le carbone produit à peu près la même quantité de chaleur. Nous sommes donc en présence d'un exemple où des affinités presque égales sont déterminées par des réactions calorimétriques identiques (Voir Chap. II note 7). Il en est de même pour l'hydrogène par rapport au Zn et au Fe. Tout permet donc de supposer que O se répartira également, entre H et C lorsque ces derniers seront en excès comparativement à la quantité d'oxygène. Si au contraire C est en excès, il décomposera H^2O, un excès de H^2 décomposera CO^2. Bien que ces relations entre différentes réactions puissent s'expliquer dans certains cas particuliers, l'état actuel de nos connaissances ne nous permet pas d'émettre une théorie complète de la question.

L'acide carbonique, bien qu'il soit très stable, comme l'eau, se décompose en partie en oxyde de carbone et en oxygène sous l'influence de températures élevées.

Deville l'a démontré en faisant passer l'anhydride carbonique à travers un long tube chauffé à 1300° dans l'intérieur duquel étaient placés des morceaux de porcelaine. Si le refroidissement se fait rapidement, une partie des produits de la décomposition (l'oxyde de carbone, le carbone et l'oxygène) se recombinent, mais le reste peut être recueilli.

L'anhydride carbonique subit une décomposition du même genre dans l'eudiomètre sous l'influence des étincelles électriques. Il se produit une augmentation de volume parce que deux vol. CO^2 donnent deux vol. CO et un vol. O. La décomposition, après avoir atteint une certaine limite (moins de 1/3), s'arrête, de sorte que l'on obtient finalement un mélange de CO^2, CO et O^2 qui n'éprouve plus de modifications, quelle que soit la durée de l'action des étincelles électriques. Si l'on élimine de ce mélange l'acide carbonique, le résidu gazeux fait explosion sous l'influence de l'étincelle et il se forme de l'acide carbonique (**17** bis). Si au contraire on élimine de ce mélange O et non CO^2, (à l'aide du phosphore par exemple) la décomposition continuera sous l'influence de la décharge électrique.

Ces exemples nous montrent qu'un certain mélange de corps variables peut présenter un équilibre stable qui se trouve détruit par l'élimination de l'une des parties composantes du mélange. C'est un des cas de l'influence exercée par la masse.

(**17** bis) Le degré ou la grandeur relative de la dissociation de CO^2 varie en raison directe de la température et en raison inverse de la pression. Deville a trouvé qu'il se décomposait environ 40 0/0 de CO^2 dans la flamme de l'oxyde de carbone brûlant dans l'oxygène lorsque la température atteint 3000° ; à 1500° il se décompose moins de 1 0/0 (Crafts). Si la pression est voisine de 10 atmosphères, la décomposition est d'environ 34 0/0 à une température de 3300° (Mallard et Lechatelier). On peut donc prévoir qu'à de très faibles pressions, la dissociation de CO^2 sera considérable, même à des températures relativement peu élevées. Cependant, à la température des foyers ordinaires (environ 1000°) la pression de l'acide carbonique étant faible, la décomposition ne porte que sur des traces minimes que l'on peut négliger dans les calculs pratiques relatifs à la combustion des substances carbonées.

La valeur de la chaleur spécifique moléculaire de CO^2, c'est-à-dire la quantité de chaleur nécessaire pour élever d'un degré 44 parties en poids de CO^2, peut être exprimée d'après Mallard et Lechatelier par :

$$C_v = 6{,}26 + 0{,}0037t \quad \text{à volume constant}$$

et par

$$C_p = C_v + 2 \quad \text{à pression constante,}$$

c'est-à-dire que la chaleur spécifique de CO^2 croît rapidement avec l'élévation de la température. Ainsi, par exemple, à 0° elle est égale, à pression constante, à 0,188 ; à 1000° = 0,272 ; à 2000° environ 0,356. Les observations des auteurs mentionnés plus haut, ainsi que celles de Berthelot et de Vielle confirment cette augmentation de la chaleur spécifique.

C'est dans la dissociation qu'il faut chercher la cause de ce phénomène. M. Tcheltsoff, cependant, en se basant sur les expériences qu'il a effectuées sur les matières explosibles, admet que l'accroissement de la chaleur spécifique atteint son maximum à une certaine température, 2500° environ, au-dessus de laquelle on observe une diminution.

L'acide carbonique, bien qu'il se décompose sous l'influence de la chaleur, est, comme l'eau, une substance invariable à la température ordinaire. Ceci rend d'autant plus remarquable la décomposition de l'acide carbonique avec mise en liberté d'oxygène opérée par les plantes à l'aide de la chaleur et de la lumière absorbées par eux. De là cette influence considérable bien connue de la température et de la lumière sur la croissance des plantes.

En quoi consiste le processus de la décomposition de l'acide carbonique, en oxygène qui se dégage, et en hydrates de carbone qui restent dans les plantes? quelles sont ses phases intermédiaires? — Ce sont des questions non encore élucidées.

On sait que l'acide sulfureux SO^2, qui sous beaucoup de rapports ressemble à l'acide carbonique CO^2, produit par l'action de la lumière (de même que sous l'influence d'une température élevée) du soufre et de l'anhydride sulfureux et, en présence de l'eau, de l'acide sulfurique. On n'a pu reproduire directement une réaction semblable pour l'acide carbonique, parce que son degré supérieur d'oxydation, l'acide percarbonique (**18**), est très instable. C'est peut-être pour cette raison que l'oxygène se dégage.

(18) L'acide percarbonique H^2CO^4 ($= H^2CO^3 + O$) dérive depuis l'hypothèse de A. Bach (1893) de l'acide carbonique ; il se formerait sous l'action de la lumière, de la même manière que SO^3 de SO^2, avec dégagement de carbone qui reste dans les plantes sous forme d'hydrates de carbone :

$$3H^2CO^3 = 2H^2CO^4 + CH^2O.$$

CH^2O exprime la composition de l'aldéhyde formique, lequel, d'après Bayer, en se polymérisant et en subissant d'autres transformations, forme les autres combinaisons organiques et constitue lui-même le premier produit formé aux dépens de CO^2 dans les plantes.

Bien avant ces auteurs, en 1872, Berthelot en même temps qu'il obtenait les acides persulfurique (Chap. XX) et pernitrique (Chap. VI, n. 27), mentionna la formation de l'anhydride percarbonique CO^3 instable. Aussi, si hypothétique que soit l'équation précédente, elle est parfaitement admissible, d'autant plus qu'elle expliquerait l'abondance relative du peroxyde d'hydrogène (Scheele), chap. IV) dans l'air à l'époque de la croissance active des plantes (en juillet) parce que l'acide percarbonique, de même que tous les peroxydes, doit former facilement H^2O^2.

Bach a démontré en outre (1894) : 1° qu'il se formait des traces d'aldéhyde formique et d'un oxydant (CO^3 ou H^2O^2) quand on faisait agir simultanément l'acide carbonique et la lumière solaire sur une solution renfermant un sel d'uranium (qui s'oxyde) et de diéthylaniline (qui réagit avec CH^2O).

2° Qu'en faisant passer à froid un courant de CO^2 sur BaO^2 délayé dans de l'eau, et en épuisant le mélange également à froid par de l'éther, on pouvait obtenir, en ajoutant une solution alcoolique de NaHO, des lamelles cristallines d'un sel de sodium. Ce sel dégage de l'oxygène au contact de l'eau et laisse un carbonate ; il est donc probable que le sel ainsi formé est un percarbonate.

Tous ces faits présentent un intérêt scientifique capital et méritent d'être vérifiés et étudiés plus amplement.

On sait que les plantes contiennent toujours des acides organiques qui s'y forment ; il faut considérer ces derniers comme des dérivés de l'acide carbonique ; leurs réactions, en effet, que nous résumerons plus bas, confirment cette supposition. On peut donc admettre que l'acide carbonique, absorbé par les plantes, y forme tout d'abord de l'aldéhyde formique CHO^2 (Bayer) ; ce dernier, en se transformant, produit les différents acides organiques, lesquels à leur tour forment toutes les autres substances qui constituent les végétaux.

Certains acides organiques se trouvent dans les plantes en quantités considérables : tel est par exemple l'acide tartrique $C^4H^6O^6$ qui se trouve dans le jus de raisin et dans le suc acide de beaucoup de fruits ; tel est aussi l'acide malique (ou pommique) $C^4H^6O^5$ qui se trouve dans les pommes vertes et, en quantité plus considérable, dans le sorbier, l'acide citrique $C^6H^8O^7$ contenu dans le jus de citron, les groseilles, etc., l'acide oxalique $C^2H^2O^4$ renfermé dans l'oseille et une foule d'autres plantes.

Ces acides se trouvent dans les plantes soit à l'état libre, soit à l'état de sels ; ainsi, par exemple, l'acide tartrique existe dans le raisin sous la forme d'un sel vulgairement appelé *crême de tartre* $C^4H^5KO^6$. L'oseille renferme de l'oxalate de potassium C^2HKO^4 connu sous le nom de sel d'oseille.

Il existe une relation directe entre l'acide carbonique et ces acides organiques : dans certaines conditions, ils dégagent tous de l'acide carbonique ; on peut les préparer tous par addition de ce dernier à des corps qui ne possèdent aucune propriété acide. Les exemples suivants en sont la meilleure preuve.

L'acide acétique $C^2H^4O^2$, qui entre dans la composition du vinaigre, dirigé à l'état de vapeurs dans un tube incandescent, se décompose en acide carbonique et en gaz des marais :

$$C^2H^4O^2 = CO^2 + CH^4.$$

Si maintenant, dans le gaz des marais, on remplace d'une manière indirecte un atome d'hydrogène par le sodium, on obtient un corps CH^3Na capable d'absorber l'acide carbonique en formant un acétate d'où il est facile d'extraire l'acide acétique lui-même.

$$CH^3Na + CO^2 = C^2H^3NaO^2$$

On voit donc que l'acide acétique se décompose en gaz des marais et en acide carbonique et qu'il peut être reconstitué au moyen de ces deux corps.

L'hydrogène du gaz des marais n'est pas directement remplaçable par les métaux comme celui des acides, c'est-à-dire que CH^4 n'a pas un caractère acide qu'il acquiert par l'adjonction des éléments de l'acide carbonique. L'étude des autres acides organiques montre que leur caractère acide est déterminé par les éléments de l'acide carbonique qu'ils renferment. Il ne peut donc exister aucun véritable acide organique dont la molécule renferme moins d'oxygène que celle de l'acide carbonique; c'est-à-dire moins de deux atomes.

Pour exprimer la relation qui existe entre l'acide carbonique H^2CO^3 et les acides organiques et pour saisir la cause qui détermine l'acidité de ces derniers, le moyen le plus simple est de s'adresser à la loi des substitutions qui nous a déjà permis de constater le rapport existant entre les composés oxygénés et hydrogénés de l'azote (chap. VI) et de montrer comment tous les hydrocarbures dérivent du méthane (chap. VIII).

Etant donné un carbure d'hydrogène A n'ayant aucune propriété acide, mais renfermant de l'hydrogène lié au carbone, $A.CO^2$ sera un acide organique monobasique, $A.2(CO^2)$, un acide bibasique et $A.3(CO^2)$, un acide tribasique, etc., c'est-à-dire que chaque molécule de CO^2 donne à un atome d'hydrogène la propriété d'être remplaçable par des métaux, ce qui est la caractéristique des acides.

Ce qui précède montre qu'il faut admettre dans les acides organiques l'existence du groupe HCO^2 ou **carboxyle**.

Si l'adjonction de CO^2 élève la basicité d'un acide, son élimination la diminue. C'est ainsi que les acides bibasiques $C^2H^2O^4$ (a. oxalique) et $C^8H^6O^4$ (a. phtalique) se transforment, en perdant CO^2, en acides monobasiques : CH^2O^2 (a. formique) et $C^7H^6O^2$ (a. benzoïque).

La loi des substitutions permet de trouver facilement l'origine du carboxyle. En se reportant à tout ce qui a été exposé au sujet de cette loi dans les chapitres VI et VIII, il est évident que CO^2 n'est autre chose que CH^4 dont H^4 est remplacé par O^2 et que H^2CO^3 ou $CO(OH)^2$ est une molécule de méthane dans laquelle deux atomes d'hydrogène sont remplacés par deux oxhydriles et les deux autres par un atome d'oxygène. Le groupe CO(OH) ou le carboxyle est donc une partie de l'acide carbonique équivalente à OH et par conséquent à H; c'est un résidu monovalent de l'acide carbonique, capable de remplacer un atome d'hydrogène.

L'acide carbonique lui-même est un acide bibasique; ses deux atomes d'hydrogène étant remplaçables par des métaux, il en résulte que le carboxyle, qui renferme l'un des deux atomes d'hydrogène de l'acide carbonique constitue un groupe dont l'hydrogène est également remplaçable par les métaux.

Si donc 1, 2, 3... *n* atomes d'hydrogène non métallisable sont remplacés par 1, 2, 3... *n* groupes carboxyle, on obtient des acides mono, bi, tri... *n* basiques.

Les acides organiques sont donc des produits de substitution carboxylique des hydrocarbures (18 bis).

En remplaçant dans un hydrocarbure saturé C^nH^{2n+2} un atome d'hydrogène par un carboxyle, on obtient des acides monobasiques de la série grasse $C^nH^{2n+1}(CO^2H)$: par exemple les acides formique HCO^2H, acétique CH^3CO^2H..., stéarique $C^{17}H^{35}CO^2H$, etc. Si le remplacement porte sur deux atomes d'hydrogène, il donnera naissance à des acides bibasiques C^nH^{2n} (CO^2H) (CO^2H); par exemple les acides : oxalique $n = 0$, malonique $n = 1$, succinique $n = 2$, etc. A la benzine C^6H^6 correspondent aussi un certain nombre d'acides : les acides benzoïque C^6H^5 (CO^2H), phtalique (et ses isomères) $C^6H^4(CO^2H)^2$ jusqu'à l'acide mellitique $C^6(CO^2H)^6$; leur basicité est égale au nombre de groupes carboxylés qu'ils renferment.

De même que pour les hydrocarbures, il est facile d'expliquer et de prévoir les cas d'isomérie parmi les acides organiques. Cette partie de la chimie, compliquée et pleine d'intérêt, est amplement exposée dans les traités de chimie organique.

(18 bis) Si CO^2 est l'anhydride d'un acide bibasique auquel correspond le *carboxyle* pouvant remplacer l'hydrogène des hydrocarbures et leur communiquer des propriétés acides, quoique faibles, par analogie, SO^3 anhydride d'un acide énergique bibasique, a son groupe correspondant, le *sulfoxyle* SO^2 (OH). Ce dernier est capable lui aussi de remplacer l'hydrogène dans les hydrocarbures et de donner des acides relativement énergiques — des *sulfoacides*. Ainsi, par exemple, à la benzine C^6H^6 correspond l'acide benzoïque C^6H^5 (CO^2H) et l'acide sulfobenzoïque C^6H^5 (SO^2HO).

De même que le remplacement de l'hydrogène par le méthyle CH^3 équivaut à l'addition de CH^2, de même la substitution du carboxyle COOH correspond à l'addition de CO^2 ; la substitution du sulfoxyle à l'hydrogène = l'addition de SO^3. Cette dernière peut avoir lieu par voie directe.

$$C^6H^6 + SO^3 = C^6H^5\ (SO^2OH).$$

D'après les données de Thomsen, relatives aux chaleurs de combustion des vapeurs des acides RCO^2 et des hydrocarbures R, on peut voir que la formation des acides RCO^2 de $R + CO^2$ est accompagnée de dégagement ou d'absorption d'une *faible* quantité de chaleur.

Dans le tableau ci-dessous, les chaleurs de combustion sont données en milliers de calories et rapportées aux poids moléculaires des substances :

	H^2	CH^4	C^2H^6	C^6H^6
R =	68,4	212	370	777
RCO^2	69,4	225	387	766

Ainsi H^2 correspond à l'acide formique CH^2O^2 et la benzine C^6H^6, à l'acide benzoïque $C^6H^7O^2$. Les chiffres, pour ces deux derniers, sont pris dans les tables dressées par Stoman et se rapportent à l'état solide. Cet auteur a trouvé, pour la chaleur de combustion de l'acide formique à l'état liquide, le chiffre de 59 m. calories et, à l'état de vapeurs, 64,6 — chiffres bien inférieurs à ceux obtenus par Thomsen.

Oxyde de Carbone, CO. Ce gaz se forme chaque fois qu'une substance carbonée brûle en présence d'un excès de charbon incandescent. La combustion au contact de l'air donne d'abord naissance à de l'acide carbonique qui, en traversant la couche de charbon incandescent, se transforme en oxyde de carbone :

$$CO^2 + C = 2CO.$$

C'est ainsi que l'on peut obtenir l'oxyde de carbone en faisant passer l'acide carbonique sur du charbon porté au rouge. On peut le séparer de l'excès de CO^2 au moyen d'une solution alcaline qui n'absorbe pas l'oxyde de carbone.

L'oxyde de carbone se forme dans les foyers ordinaires à la fin de la combustion, quand l'air qui les alimente traverse une couche épaisse de charbon en ignition ; on voit dans ce cas se former de petites flammes bleues dues à la combustion de l'oxyde de carbone.

Dans les opérations métallurgiques, dans la fabrication de la fonte, par exemple, l'acide carbonique se transforme souvent en oxyde de carbone, principalement si la réaction s'effectue dans les hauts fourneaux où l'air est introduit à la partie inférieure à l'aide de machines soufflantes et est obligé de traverser une grande épaisseur de charbon incandescent.

C'est sur ce même principe qu'est basé le chauffage à l'aide des **générateurs** ou appareils servant à transformer les combustibles en oxyde de carbone (**19**).

(**19**) Les générateurs sont des appareils qui permettent de transformer toutes les substances carbonées en gaz combustibles, même celles qui sont impropres à brûler dans les foyers ordinaires, soit à cause de leur faible densité soit à cause de la trop grande proportion de matières minérales qu'elles contiennent. Tels sont par exemple les cônes des conifères, la tourbe, les mauvaises sortes de houille, etc.

Le gaz que l'on prépare ainsi rivalise, comme qualité, avec celui que l'on obtient des meilleures sortes de houille, parce que l'eau se condense par refroidissement et que les matières minérales restent dans le générateur.

La figure 8 représente le schéma d'un générateur.

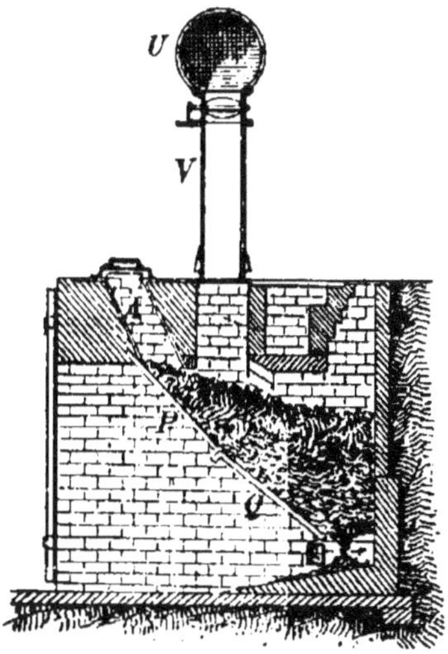

Fig. 8. — Générateur d'oxyde de carbone. — Les matières combustibles sont introduites par A dans le foyer, dans lequel la grille O laisse pénétrer une quantité d'air déterminée. Le gaz formés se rendent par la cheminée V dans un tube U d'où ils sont distribués. Un appareil non représenté sur la figure sert à absorber l'acide carbonique.

Une partie de carbone, en passant à l'état d'oxyde de carbone, produit 2420 unités de chaleur et en acide carbonique 8080. Il est donc évident qu'en transformant d'abord le charbon en oxyde de carbone, on obtient un corps qui dégage en brûlant 5660 unités de chaleur, pour une partie de carbone. Cette transformation des combustibles en oxyde de carbone ou en gaz des générateurs, mélange de CO (1/3 v.) et de Az (2/3 v.) présente dans beaucoup de cas de grands avantages parce que les combustibles gazeux n'exigent pas, pour brûler intégralement, un excès d'air (**20**). Ce dernier est au contraire indispensable pour la combustion complète des combustibles solides.

(20) L'air, en excès, abaisse la température de la combustion en s'échauffant lui-même, comme cela a été exposé chap. III.

Dans les foyers ordinaires, la quantité d'air qui arrive est plusieurs fois supérieure à celle qui est nécessaire pour la combustion complète.

Dans les meilleurs foyers où l'arrivée de l'air et le tirage sont réglés, on introduit 1,75 fois plus d'air que n'exige la combustion complète pour éviter la présence d'une trop grande quantité de CO dans la fumée.

Pour obtenir dans un foyer régénérateur (**21**) des températures très élevées, par exemple, celle qui nécessite la fusion du platine (environ 1800°), on chauffe l'air qui alimente le foyer à l'aide du calorique qui est entraîné inutilement par la fumée (**22**).

(21) Les foyers à regénération ont été introduits par les frères Siemens dans diverses industries ; ils constituent un des plus grands progrès que la science ait réalisés en matière de chauffage.

Ils sont basés sur le principe suivant : au lieu de diriger immédiatement dans la cheminée les gaz qui s'échappent du foyer, on les fait auparavant passer dans une chambre (*a*) dont ils échauffent les parois. Quand les murs de cette chambre sont portés au rouge, on envoie, au moyen de carneaux disposés à cet effet, les gaz chauds dans une chambre (*b*) située à côté de la première, et on fait passer l'air qui alimente le foyer à travers la chambre *a*. Au contact dés briques incandescentes, l'air s'échauffe, c'est-à-dire que le calorique de la fumée est rendu au foyer. Ensuite on fait passer l'air par la chambre *b* et les produits de la combustion par la chambre *a*.

C'est sur ce même principe que sont basés les becs de gaz à récupération. Les produits de la combustion chauffent l'air qui alimente le bec, par ce moyen la température obtenue est supérieure et la lumière plus brillante, on réalise ainsi une économie de gaz d'éclairage.

Le dernier mot de ces perfectionnements n'est pas encore dit ; on peut encore réaliser des améliorations. Cependant il existe une limite car, à une certaine température, les réactions de combinaison ne se produisent pas ; il y a dissociation et les réactions qui s'effectuent sont réversibles.

A l'aide des régénérateurs, on réalise non seulement des températures élevées qu'exigent certaines industries (verreries, aciéries, etc.) mais encore une économie (23) de combustibles, parce que la quantité de chaleur transmise aux corps chauffés est liée à la différence des températures, toutes les autres conditions étant égales.

(23) Il paraît inutile et paradoxal à première vue de perdre environ 1/3 de la chaleur que peut dégager un combustible pour le transformer en gaz.

En réalité, l'avantage est énorme, surtout si l'on cherche à obtenir des températures élevées à l'aide de combustibles riches en oxygène et humides (tels que le bois) qui dans aucun foyer ne peuvent produire des températures nécessaires à la fusion du verre ou de l'acier. Dans les générateurs, ces combustibles produisent un gaz absolument semblable à celui obtenu à l'aide des meilleurs combustibles secs.

La transformation de CO^2 à l'aide du charbon en oxyde de carbone

$$C + CO^2 = CO + CO$$

est une réaction réversible, ce dernier peut en effet se décomposer à une température élevée en carbone et en acide carbonique. Sainte-Claire Deville l'a démontré par le procédé du tube chaud et froid.

A l'intérieur d'un tube, chauffé dans un fourneau, est introduit un autre tube en cuivre argenté traversé par un courant continu d'eau froide. Au contact des parois incandescentes du tube extérieur, l'oxyde de carbone se décompose en charbon qui se dépose sous la forme de poussière sur le tube refroidi et ne réagit plus ni avec l'oxygène mis en liberté, ni avec l'acide carbonique (24).

(24) Le premier produit que fournit la combustion du charbon est toujours CO^2 et non CO. Une couche mince (inférieure à 10 centimètres) de charbon bien tassé ne donne pas lieu à la production

d'oxyde de carbone. Ce dernier ne se forme pas non plus dans des couches plus épaisses, si la température ne dépasse pas 500° et si le courant d'air ou d'oxygène qui alimente le combustible est très lent. Par contre, lorsque l'air arrive en excès, la température s'élève et CO apparaît (Lang 1888).

Ernst a trouvé (1891) qu'au dessous de 995 degrés, l'oxyde de carbone est toujours accompagné de CO^2 et que la formation de ce dernier commence vers 400°.

Naumann et Pistor ont observé que la réaction entre CO^2 et C commence vers 550° et celle entre H^2O et C vers 500°. Cette dernière réaction donne lieu à la production de CO^2, mais, si la température s'élève, il se forme CO (Lang) par l'action de CO^2 sur C et de CO^2 sur H^2.

$$CO^2 + H^2 = CO + H^2O$$

Ratke a démontré (1881) que CO^2 + C, ne se combinent complètement à aucune température, une partie de CO^2 reste toujours à l'état libre. D'après Lang, à 1000° il ne resterait pas moins de 3 0/0 de CO^2 non transformé en CO, alors même que la réaction aurait duré plusieurs heures.

Les réactions endothermiques suivantes sont aussi incomplètes :

$$C + 2H^2O = CO^2 + 2H^2$$
$$CO + H^2O = CO^2 + H^2$$

On le conçoit aisément si l'on se rappelle :

1° Que toutes ces réactions sont réversibles et partant limitées ;

2° Qu'à la température de 500° l'oxygène commence à se combiner avec H et C ;

Et 3° que les limites inférieures de la dissociation de H^2O, CO^2 et CO sont voisines et se trouvent comprises entre 500° et 1200°.

Pour H^2O et CO, la température du commencement de la dissociation n'est pas connue, pour CO^2 elle serait, d'après Le Chatelier (1888) vers 1050°. A la température de 2000° environ, il y a décomposition de la moitié de CO^2, si la pression est faible (environ 0,001 de la pression atmosphérique) et seulement 0,05 CO^2 à la pression atmosphérique.

L'influence de la pression est très nette dans ce cas parce que la décomposition de CO^2 en CO + O est accompagnée d'augmentation de volume, de même que celle de Az^2O^4 (voir Chap. VI, note 46).

La température des foyers, des lampes et même celle des substances explosibles ne dépassant jamais 2000-2500°, la dissociation de l'acide carbonique ne peut être considérable bien que sa pression partielle soit faible ; il est probable qu'elle ne dépasse pas 5 0/0.

Une série d'étincelles électriques décompose également

CO en $CO^2 + C$; si l'on élimine CO^2 à mesure de sa formation à l'aide d'un alcali, la décomposition peut être complète (**24** bis).

(24 bis) L. Mond a démontré (1890) que le nickel métallique, pulvérulent, fraîchement réduit par l'hydrogène, décompose *complètement* l'oxyde de carbone en CO + C même à la température de 350°. Le carbone se combine au nickel et peut être facilement éliminé par calcination dans un courant d'air. La réaction se produit suivant l'équation :

$$2\,CO = CO^2 + C.$$

Il faut remarquer que cette réaction est accompagnée de production de chaleur ; aussi, les phénomènes de contact peuvent-ils intervenir. La réaction de Mond est l'un des exemples les plus remarquables des phénomènes de contact, d'autant plus que les analogues du nickel (Fe, CO) ne sont pas susceptibles de produire cette réaction.

La vapeur d'eau, dont les analogies avec CO^2 sont si frappantes, agit sur le charbon de la même manière que l'acide carbonique :

$$C + H^2O = H^2 + CO$$

Deux volumes de CO^2, en se combinant avec C, produisent 4 volumes de CO (deux molécules) ; d'une manière analogue, 2 vol. H^2O forment avec le charbon 4 vol. de gaz composé de H^2 et de CO. Le mélange gazeux obtenu par l'action de la vapeur d'eau sur le charbon incandescent, porte le nom de **gaz d'eau** (**25**).

La vapeur d'eau qui doit être très surchauffée, pour ne pas refroidir le charbon, ne produit de grandes quantités de CO qu'à une température très élevée, à laquelle CO^2 entre en dissociation. La vapeur d'eau commence déjà à réagir à 500° en produisant CO^2 d'après l'équation :

$$C + 2H^2O = CO^2 + 2H^2$$

En outre CO, en se décomposant, forme CO^2, de sorte

que le gaz d'eau est un mélange complexe composé en grande partie d'hydrogène et d'oxyde de carbone et renfermant d'autant plus d'acide carbonique (plus de 3 0/0 environ) que la réaction s'est effectuée à une température plus basse (**26**).

(25) Le poids moléculaire, c'est-à-dire 28 grammes de CO, ou deux volumes du même gaz, produisent en se transformant en CO^2 environ 68.000 unités de chaleur (d'après Tomsen 67.960 calories).

Deux volumes d'hydrogène H^2 engendrent 69.000 unités de chaleur (d'après Tomsen 68.300) en se transformant en eau à l'état liquide et seulement 58.000 si l'eau est à l'état de vapeur.

Le charbon, en brûlant en CO^2 (2 vol.), produit 97.000 unités de chaleur. On peut conclure de toutes ces données :

1° L'oxydation du charbon en CO *dégage* 29.000 calories ;

2° La réaction $C + CO^2 = 2\ CO$ *absorbe* 39.000 calories ;

3° La réaction $C + H^2O = H^2 + CO$ *absorbe*, l'eau étant à l'état de vapeur, 29.000 cal. et, l'eau étant à l'état liquide, 40.000 cal., c'est-à-dire presque autant que $C + CO^2$;

4° $C + 2H^2O = CO^2 + 2H^2$ *absorbe* (l'eau étant à l'état de vapeur) 19,000 cal.

5° La réaction $CO + H^2O = CO^2 + H^2$ *dégage* 10.000 calories, si l'eau est prise à l'état de vapeur ;

6° Enfin, la décomposition exprimée par l'équation :

$$2CO = C + CO^2 \text{ (note 24 bis)}$$

est accompagnée du *dégagement* de 39,000 calories.

Il en résulte que deux volumes de CO ou de H^2 en brûlant en CO^2 ou en H^2O, dégagent une quantité de chaleur presque égale et qu'il en est de même pour les réactions :

$$C + H^2O = CO + H^2 \text{ et } C + CO^2 = CO + CO.$$

(26) Le **gaz d'eau** obtenu à la température du rouge blanc renferme environ 50 0/0 H^2, 40 0/0 CO, 5 0/0 CO^2 et 5 0/0 d'azote provenant du charbon et de l'air. C'est donc un gaz plus riche en principes combustibles que le gaz des générateurs (renfermant une plus grande quantité d'azote) et partant susceptible de donner des températures plus élevées. Si l'on pouvait se procurer industriellement l'acide carbonique à l'état de pureté aussi parfaite et avec autant de facilité que l'eau, on pourrait préparer directement CO à l'aide de $CO^2 + C$. L'utilisation de la chaleur du charbon serait dans ce cas la même que dans le gaz d'eau parce que CO produit autant de chaleur que H^2 et même davantage, si la fumée a une température supérieure à 100° et si l'eau reste à l'état de vapeur (voir la note précédente).

Le gaz des générateurs renfermant beaucoup d'azote, sa combustion ne peut produire une température aussi élevée que celle du gaz d'eau.

Partout où il est nécessaire d'obtenir des températures très élevées (éclairage par l'incandescence de la chaux et de la magnésie, fusion de l'acier, etc.), et de distribuer le gaz au moyen de conduites, le gaz d'eau doit être préféré. Au contraire, dans les cas ou l'on n'utilise pas de températures très élevées (fours à fusion du verre, fours à braser, etc.), et où il n'est pas nécessaire de distribuer le gaz, il faut donner la préférence au gaz des générateurs dont la préparation est facile ; d'autant plus que la fabrication du gaz d'eau exige des températures élevées qui détériorent rapidement les appareils.

Il existe plusieurs procédés pour préparer le gaz d'eau. Le système T. Lowe (brevet américain) est l'un des plus employés. D'une manière générale, on fait passer sur un foyer incandescent alimenté par de l'air chauffé avec la chaleur perdue un courant de vapeur surchauffée. Le mélange complexe de gaz combustibles, composé en grande partie d'hydrogène et d'oxyde de carbone, qui résulte de cette réaction n'est autre chose que le gaz d'eau.

On appelle quelquefois ce dernier *combustible de l'avenir* parce que, étant susceptible de produire une température très élevée, il peut trouver son application non seulement pour l'éclairage et le chauffage domestiques et industriels, mais aussi comme force motrice.

Pour les besoins de l'éclairage, on utilise la température très élevée du gaz d'eau pour porter à l'incandescence des morceaux de chaux, de magnésie ou de zircone ou bien encore on le sature de vapeurs d'hydrocarbures volatils (benzine, naphtaline) qui rendent la flamme très éclairante.

Le gaz d'eau peut d'ailleurs, comme le gaz d'éclairage, être préparé dans des usines et distribué à distance à l'aide de conduites. Toutes les variétés de combustibles peuvent servir à sa fabrication, aussi son prix de revient doit-il être inférieur à celui du gaz ordinaire. On peut donc supposer que, dans un avenir plus ou moins rapproché, le gaz d'eau sera substitué avantageusement à tous les autres combustibles et au gaz d'éclairage lui-même. Actuellement le gaz d'eau est appliqué comme force motrice dans les moteurs à gaz où il remplace le gaz d'éclairage.

Les moteurs Dowson, très répandus dans l'industrie, sont alimentés par un mélange de vapeurs d'eau et de gaz des générateurs. On prépare ce mélange gazeux en dirigeant la vapeur d'eau dans un générateur ordinaire, au moment où la température du charbon atteint un degré assez élevé pour que la réaction suivante puisse s'effectuer :

$$C + H^2O = CO + H^2$$

Les métaux tels que Fe et Zn, capables de décomposer

l'eau à une température très élevée, réduisent CO^2 en CO : Les oxydes métalliques de ces métaux sont réduits par le charbon et produisent de l'oxyde de carbone. C'est d'ailleurs en chauffant un mélange d'oxyde de zinc et de charbon, que Priestley a préparé l'oxyde de carbone.

L'acide carbonique combiné peut être réduit en CO tout comme l'acide carbonique libre. Ainsi, par exemple, en chauffant au rouge les carbonates de Ba et de Mg en présence du charbon ou du Zn et du Fe on obtient de l'oxyde de carbone. On peut encore, dans le même but, chauffer dans une cornue en grès neuf parties de craie et une partie de charbon intimement mélangées.

Beaucoup de substances renfermant du carbone (27) et dans ce nombre une grande quantité d'acides organiques, donnent naissance, soit sous l'action de la chaleur, soit au contact d'autres corps, à de l'oxyde de carbone. Tels sont par exemple les acides formique et oxalique, les plus simples de la série grasse.

(27) Le ferrocyanure de potassium $K^4FeC^6Az^6$, chauffé avec 10 parties d'acide sulfurique concentré, produit une grande quantité d'oxyde de carbone très pur exempt d'acide carbonique.

L'acide formique CH^2O^2 se décompose facilement, même à 200°, en CO et H^2O.

$$CH^2O^2 = CO + H^2O \text{ (27 bis)}.$$

(27 bis). Pour préparer l'oxyde de carbone à l'aide de l'acide formique, on mélange ce dernier avec de la glycérine, car, chauffé seul, l'acide formique se volatilise bien avant que la température de sa décomposition ne soit atteinte.

Les formiates donnent aussi naissance à l'oxyde de carbone lorsqu'ils sont chauffés avec de l'acide sulfurique.

Dans les laboratoires, on prépare l'oxyde de carbone à l'aide de l'acide oxalique $C^2H^2O^4$ que l'on obtient facilement par l'action de l'acide nitrique sur l'amidon, le sucre, etc. et que l'on rencontre aussi dans la nature.

Sous l'influence de la chaleur, l'acide oxalique se décompose facilement, les cristaux commencent par perdre leur eau : une partie se sublime, mais la majeure partie se décompose suivant la réaction :

$$C^2H^2O^4 = H^2O + CO^2 + CO \text{ (28)}.$$

(28) Il est aisé de concevoir la décomposition des acides formique et oxalique, si l'on se rappelle que ces deux acides ne sont autre chose que H^2 dont un ou deux atomes sont remplacés par le groupe carboxyle CO^2H

$$CH^2O^2 = H(CO^2H) = H^2 + CO^2$$
$$C^2H^2O^4 = (CO^2H)^2 = H^2 + 2CO^2$$

Il a été démontré plus haut que H^2 et CO^2 réagissent l'un sur l'autre en produisant $CO + H^2O$. Il est donc évident que l'acide oxalique, par perte de CO^2, se réduit en acide formique et que ce dernier peut être formé par $CO + H^2O$, comme nous le verrons plus tard.

Dans la pratique, ce n'est pas l'acide oxalique pur, mais son mélange avec l'acide sulfurique que l'on soumet à la décomposition pour préparer l'oxyde de carbone. L'acide sulfurique facilite la réaction en s'emparant de l'eau. On fait passer le mélange d'oxyde de carbone et d'acide carbonique résultant de cette décomposition à travers une solution de soude caustique et l'on obtient ainsi de l'oxyde de carbone à l'état pur (**28** bis).

(28 bis) Greshoff a montré (1888) que l'iodoforme CHI^3 donne avec une solution d'azotate d'argent de l'oxyde de carbone pur suivant la réaction :

$$CHI^3 + 3AgAzO^3 + H^2O = 3AgI + 3HAzO^3 + CO$$

Par ses propriétés physiques, l'oxyde de carbone se rapproche beaucoup de l'azote, les poids moléculaires de ces deux gaz sont d'ailleurs identiques.

L'oxyde de carbone est un gaz incolore et insipide comme l'azote. Sa température absolue est — 140° (celle de l'azote est — 146°), il se solidifie à — 200° (l'azote à — 202) et bout à — 190° (l'azote à — 203°) ; il est tout aussi peu soluble que l'azote (Ch. I, n. 30).

Au point de vue des propriétés chimiques, ces deux gaz diffèrent par bien des points et, sous ce rapport, CO ressemble à H^2.

L'oxyde de carbone brûle avec une flamme bleue ; pour deux volumes de CO il se forme deux volumes de CO^2 tout comme deux volumes de H^2 produisent deux volumes H^2O. Mélangé avec de l'oxygène (**29**), il fait explosion dans l'eudiomètre ; respiré, il agit comme un poison violent parce qu'il est absorbé par le sang (**30**) ; c'est lui qui détermine la mort dans l'empoisonnement par les vapeurs de charbon.

(29) Un fait très remarquable, c'est que le mélange d'oxygène et d'oxyde de carbone desséché (Dickson) ne fait pas explosion sous l'influence d'étincelles électriques de faible intensité. Il suffit d'introduire une petite quantité de vapeur d'eau pour que l'explosion se produise. D'après L. Meyer, si les étincelles ont une intensité considérable, l'explosion se produit même après dessiccation. N. Beketoff a montré que lorsque la dessiccation est incomplète, la combustion du mélange s'effectue et qu'elle se propage lentement.

Il me semble que ces faits peuvent être expliqués de la manière suivante. $H^2O + CO$ donnent en partie $CO^2 + H^2$ et ce dernier forme avec l'oxygène du peroxyde d'hydrogène H^2O^2 qui, en présence de CO, donne lieu à la formation de CO^2 et H^2O. L'eau se reconstituerait et servirait de nouveau pour la réaction.

Il se peut cependant que l'explication de ce phénomène soit donnée par l'étude de l'influence du contact.

Après que Dickson eût fait voir l'influence des traces d'humidité sur la reaction $CO + O$, on publia beaucoup d'observations analogues. Les recherches les plus remarquables à ce sujet ont été faites par Baker en 1894. Cet auteur a démontré que, dans un grand nombre de réactions, l'eau ne joue aucun rôle ; telles sont, par exemple, la transformation de l'ozone en oxygène, la décomposition de AgO et $KClO^3$ sous l'influence de la chaleur.

Dans d'autres cas, les traces d'humidité exercent une influence manifeste. Nous nous bornerons à mentionner les suivants :

1° SO^3 sec est sans action sur CaO ou CuO secs ;

2° Le chlorure d'ammonium absolument sec ne forme pas AzH^3 avec CaO desséché, il se sublime simplement ;

3° AzO et O desséchés ne réagissent pas ;

4° AzH^3 et HCl absolument secs ne se combinent pas ;

5° Le chlorure d'ammonium exempt de toute humidité ne se dissocie pas à 350° (Chap. VII, note 16).

6° Le chlore complètement desséché n'exerce aucune action sur beaucoup de métaux, etc...

(30) L'oxyde de carbone est un poison rapide parce qu'il est absorbé par les globules rouges du sang, comme l'oxygène. Le spectre d'absorption du sang change à tel point qu'il est facile de reconnaître à l'aide du spectroscope des traces d'oxyde de carbone dans le sang.

Le professeur Kapoustine a trouvé que l'huile de lin, et par conséquent les couleurs qui en contiennent, peuvent donner naissance à de l'oxyde de carbone, en se desséchant (c'est-à-dire en absorbant l'oxygène).

L'oxyde de carbone est un **agent réducteur** très énergique ; il enlève l'oxygène à un grand nombre de corps à une température très élevée, en se transformant lui-même en acide carbonique. L'action réductrice de l'oxyde de carbone (comme celle de H^2, chap. II) ne s'exerce, bien entendu, que sur des oxydes qui se séparent facilement de leur oxygène ; tel par exemple l'oxyde de cuivre. Les oxydes de magnésium et de potassium ne subissent aucun changement.

Le fer métallique réduit l'acide carbonique en oxyde de carbone, de la même manière qu'il réduit H^2O en H^2.

Le cuivre, qui ne décompose pas l'eau, est incapable de décomposer l'acide carbonique.

Un fil de platine chauffé à 300° et l'éponge de platine à la température ordinaire, agissent sur le mélange de CO et O comme sur celui de $H^2 + O$, c'est-à-dire qu'ils déterminent une explosion. Ces réactions rappellent exactement celles de l'hydrogène.

Il ne faut cependant pas perdre de vue une différence importante qui existe entre les deux gaz · Tandis que la molécule d'hydrogène renferme H^2 — c'est-à-dire un groupe divisible en deux parties équivalentes — celle de l'oxyde de carbone CO contient un nombre impair d'atomes de carbone et d'oxygène, aussi ne peut-elle, dans aucune réaction de combinaison, donner lieu à la production de deux molécules renfermant ses éléments.

Ceci ressort très nettement de l'action du chlore sur l'hydrogène et l'oxyde de carbone. Avec le premier, le chlore forme HCl tandis qu'avec l'oxyde de carbone il forme $COCl^2$, — c'est à-dire que la molécule H^2 se répartit entre deux molécules d'acide chlorhydrique, tandis que celle de l'oxyde de carbone entre en totalité dans celle de l'oxychlorure de carbone $COCl^2$.

Cette dernière propriété est la caractéristique des **radicaux** ou **groupements diatomiques** ou **bivalents**. H est un radical monoatomique ou monovalent de même que K, Cl et autres ; l'oxyde de carbone CO est un radical indivisible (sans décomposition) un radical diatomique équivalent à H^2 et non à H et partant susceptible de se combiner avec X^2 et de se substituer à H^2.

Le tableau ci-dessous montre bien cette différence.

HH hydrogène	CO oxyde de carbone ;
HCL a. chlorhydrique	$COCl^2$ oxychlorure de carbone ;
HKO potasse caustique	$CO(KO)^2$ carbonate de K ;
$HAzH^2$ ammoniaque	$CO(AzH^2)^2$ urée ;
HCH^3 méthane	$CO(CH^3)^2$ acétone :
HHO eau	$CO(HO)^2$ acide carbonique.

Les radicaux monoatomiques X tels que H, Cl, Na, AzO^2, AzH^2, AzH^4, CH^3, CO^2H (carboxyle), OH etc., forment entre eux, d'après la loi des substitutions, des combinaisons XX' ; avec l'oxygène ou en général avec les autres radicaux bivalents Y (O, CO, CH^2, S, Ca, etc.) ils forment des composés XXY.

Les radicaux bivalents Y, qui peuvent parfois exister séparément, se combinent entre eux (YY') ou bien avec X^2 ou XX' : nous en voyons un exemple dans les combinaisons de CO telles que CO^2 et $COCl^2$.

La propriété que possède l'oxyde de carbone de se combiner avec d'autres corps se manifeste dans bien des réactions. Ainsi, par exemple, ce gaz est facilement absorbable par le protochlorure de cuivre en solution dans l'acide chlorhydrique fumant. Il forme avec ce corps un composé cristallisé $Cu^2Cl^2CO2H^2O$ facilement décomposable par l'eau.

L'oxyde de carbone se combine encore directement avec le potassium (à la température de 90°) en formant $(KCO)^n$ (31) ; avec le bichlorure de platine $PtCl^2$, le Cl^2, etc.

(31) Les molécules du potassium métallique renferment un atome de K (Scott, 1887) comme le mercure ; c'est probablement en vertu de cette propriété que les molécules CO et K se combinent. Mais, puisque K agit comme élément monovalent, il se produit une polymérisation $K^2C^2O^2$ et probablement $K^{10}C^{10}O^{10}$ car, en traitant cette combinaison par l'acide chlorhydrique, on obtient des dérivés renfermant C^{10}.

La masse noire résultant de la combinaison de CO et de K détone violemment ; exposée à l'air elle s'oxyde.

Bien que les recherches de Brodie, Lerch et Joannis aient élucidé bien des points relatifs à ce corps, il est encore insuffisamment étudié. Joannis l'a obtenu à l'état incolore à l'aide de l'amidure de potassium AzH^2K (voir tome I, page 430).

De toutes les combinaisons de CO, la plus remarquable est celle qu'il forme avec le nickel métallique. Ce corps, obtenu à l'état de liquide incolore et volatil par L. Mond, est décrit dans le chap. XXII ; il a pour formule $Ni(CO)^4$.

Il faut signaler encore les combinaisons que forme CO avec les alcalis, tels que, par exemple, KHO, BaH^2O^2, etc.

bien qu'il ne soit pas directement absorbé par eux, ne possédant pas de propriétés acides.

Berthelot a montré en 1861 que la potasse caustique, en solution aqueuse, est susceptible d'absorber l'oxyde de carbone. Cette absorption se produit très lentement et ce n'est qu'au bout de plusieurs heures que tout l'oxyde de carbone est absorbé par l'alcali.

On obtient ainsi un sel $CHKO^2$ correspondant à **l'acide formique** CH^2O^2. En distillant le formiate de potassium en présence d'acide sulfurique dilué, on peut obtenir l'acide formique libre, tout comme on obtient l'acide nitrique à l'aide du nitrate de sodium.

L'acide formique qui se trouve dans la nature, dans les fourmis, dans les poils des orties, peut être obtenu par l'oxydation d'un grand nombre de substances organiques. On peut encore le préparer à l'aide de l'acide oxalique. Il se décompose dans maintes circonstances, comme il a été dit plus haut, en oxyde de carbone et en eau.

La formation de l'acide formique aux dépens de l'oxyde de carbone est une des nombreuses synthèses des composés organiques qui ont été réalisées et dont s'occupe la chimie organique.

Les acides formique $H(CO^2H)$, carbonique $HO(CO^2H)$ et oxalique $(CO^2H)^2$ sont les premiers de la série des acides organiques renfermant le groupement CO^2H, carboxyle ayant pour formule générale $R(CO^2H)$ et correspondant à HH et HOH.

On conçoit aisément la formation de ces acides en partant de l'oxyde de carbone ; en effet, CO est capable de se combiner avec X^2 et de former COX^2. Si l'un des deux X est l'hydroxyle OH et l'autre simplement H, on a l'acide le plus simple, HCOOH l'acide formique.

De même que tous les carbures d'hydrogène répondent

au plus simple CH^4, de même tous les acides organiques peuvent être dérivés de l'acide formique.

C'est par des procédés analogues que l'on peut mettre en évidence les relations qui existent entre les composés du carbone et les composés azotés.

Prenons à titre d'exemple l'un des acides correspondants à la formule générale $R(CO^2H)$, dans laquelle R est le radical d'un hydrocarbure. L'addition de l'ammoniaque AzH^3 à cet acide donne lieu à la formation d'un sel d'ammonium $R(CO^2AzH^4)$, renfermant les éléments de deux molécules d'eau. Soumis à l'action de substances capables d'absorber l'eau, le sel $R(CO^2AzH^4)$ perd en effet **une** ou **deux** molécules d'eau et se transforme en $RCOAzH^2$, **amides** ou en RCAz, **nitriles** ou **composés cyaniques** (32).

(32) J'ai signalé au premier congrès des naturalistes russes (en 1850) la relation que l'on peut établir entre les composés cyaniques et les autres composés du carbone à l'aide du carboxyle.

Puisque les acides qui renferment le groupement CO^2H sont liés entre eux, non seulement par une foule de réactions communes, mais aussi par la faculté de se transformer les uns dans les autres — nous en avons vu l'exemple dans l'acide oxalique qui se réduit en acides formique et carbonique — il est tout naturel que les mêmes propriétés se retrouvent dans les composés du cyanogène.

Gay-Lussac, qui a étudié ces composés, y a reconnu l'existence du groupement ou du radical CAz **cyanogène** dont les combinaisons les plus simples sont : l'acide cyanhydrique ou cyanure d'hydrogène HCAz, l'acide cyanique OHCAz et le cyanogène libre $(CAz)^2$. Ces trois corps correspondent aux trois premiers acides carboxyliques HCO^2H (a. formique), $OHCO^2H$ (a. carbonique) et $(CO^2H)^2$ (a. oxalique). Le cyanogène est évidemment un radical monoatomique à propriétés acides comme le carboxyle ou le chlore.

Quant aux amides correspondant aux acides carboxyliques, ils contiennent tous le radical AzH^2 et constituent une classe très nombreuse de substances organiques, se rencontrant à l'état naturel et pouvant être préparées par une foule de procédés (**33**). Ils ne possèdent pas de propriétés aussi caractéristiques que les composés du cyanogène.

(33) Ainsi, par exemple, l'*oxamide* ou l'amide de l'acide oxalique $(CAzH^2O)^2$, s'obtient sous la forme d'un précipité insoluble en ajoutant de l'ammoniaque à une solution alcoolique d'azotate d'éthyle $(CC^2H^5O^2)^2$. Ce dernier corps est le résultat de l'action de l'acide sur l'alcool éthylique : $(CO^2H)^2 + 2\ (C^2H^5)OH = 2HOH + (CC^2H^5O^2)^2$. Dérivés les plus proches de l'ammoniaque, les amides le dégagent sous l'influence des alcalis et laissent un sel de l'acide correspondant. Les nitriles se prêtent bien moins facilement à cette réaction.

La plupart des amides $RAzH^2$ correspondant aux acides, se recombinent facilement avec l'eau sous l'influence de l'ébullition seule et, à plus forte raison, par l'action des alcalis et des acides.

$$RAzH^2 + KHO = RKO + AzH^3$$

Les acides agissent de la même manière, avec cette différence cependant qu'il se forme un sel d'ammonium de l'acide que l'on a pris pour l'expérience et que l'acide de l'amide est mis en liberté

$$RAzH^2 + HCl + H^2O = RHO + AzH^4Cl$$

Bien que les amides puissent, dans la plupart des cas, se transformer en sels d'ammonium, ils en diffèrent nettement. Aucun sel ammoniacal ne distille sans décomposition, tandis que beaucoup d'amides se volatilisent sans se modifier : tels sont par exemple les amides des acides acétique, benzoïque, formique, etc.

L'étude des réactions et des propriétés des amides et des nitriles des acides organiques fait l'objet de la chimie organique ; nous mentionnerons seulement les plus simples et, pour mieux comprendre leurs dérivés, nous commencerons par les sels d'ammonium et les amides de l'acide carbonique.

L'acide carbonique étant un acide bibasique, ses sels d'ammonium doivent avoir la composition suivante :

$H(AzH^4)CO^3$ — carbonate acide d'ammonium ;
$(AzH^4)^2CO^3$ — carbonate neutre d'ammonium.

Ce sont des combinaisons d'une ou de deux molécules d'ammoniaque avec l'acide carbonique. Le carbonate acide ou bicarbonate d'ammonium se présente sous la forme d'un sel inodore, neutre au papier de tournesol, soluble à la température ordinaire dans six parties d'eau, insoluble dans l'alcool et pouvant être obtenu à l'état de cristaux anhydres ou bien renfermant une quantité variable d'eau de cristallisation. On l'obtient cristallisé en évaporant dans le vide une solution d'ammoniaque saturée par l'acide carbonique.

La solution aqueuse de bicarbonate d'ammonium dégage, même à la température ordinaire, de l'acide carbonique, comme le font d'ailleurs tous les bicarbonates : par exemple le bicarbonate de sodium $NaHCO^3$; à 38° ce dégagement se produit avec une grande rapidité.

En perdant l'acide carbonique et l'eau le bicarbonate forme le carbonate neutre :

$$2(AzH^4)\,HCO^3 = H^2O + CO^2 + (AzH^4)^2CO^3$$

Ce dernier se décompose lui-même, même en solution, *en dégageant de l'ammoniaque* et en formant le bicarbonate d'ammonium. On ne peut obtenir le sel neutre à l'état de cristaux qu'à une température très basse et à l'aide de solutions renfermant un excès d'ammoniaque, produit de dissociation de ce sel.

$$(AzH^4)^2CO^3 = AzH^3 + (AzH^4)HCO^3$$

Le carbonate neutre d'ammonium (**34**) est capable de perdre une molécule d'eau et de se transformer en **carbamate d'ammonium** suivant l'équation :

$$AzH^4O(CAzH^2O) = (AzH^4)^2CO^3 - H^2O.$$

(34) Le bicarbonate d'ammonium $(AzH^4)HCO^3$ devrait donner par perte d'une molécule d'eau l'*acide carbamique* $OH(CAzH^2O)$, ce dernier ne se forme cependant pas, ce qui se conçoit aisément car le bicarbonate d'ammonium lui-même est très instable. Il ne se dégage que CO^2 et l'ammoniaque, lequel donne le carbamate d'ammonium.

Il est évident qu'en modifiant les quantités d'eau, d'ammoniaque et d'acide carbonique, on obtiendra différents sels intermédiaires renfermant des mélanges ou des combinaisons des sels mentionnés plus haut. Ainsi, par exemple, le carbonate neutre d'ammonium du commerce s'obtient en sublimant un mélange de carbonate de chaux et de sulfate (chap. VI) ou de chlorure d'ammonium.

$$2AzH^4Cl + CaCO^3 = CaCl^2 + (AzH^4)^2CO^3$$

Quand il a perdu une partie de son ammoniaque, ce sel forme une certaine quantité de bicarbonate d'ammonium et, privé de H^2O, il donne naissance au carbamate d'ammonium ; il présente le plus souvent la composition suivante :

$$AzH^4O(CAzH^2O) + 2OH(CAzH^4O^2) = 4AzH^3 + 3CO^2 + 2H^2O$$

Ce sel perdant, suivant les circonstances, de l'ammoniaque ou de l'acide carbonique ou de l'eau, ne possède pas une composition constante et peut être considéré comme un mélange de bicarbonate et de carbamate d'ammonium. Il faut admettre la présence de ce dernier dans le carbonate d'ammonium du commerce, parce qu'il contient toujours moins d'eau qu'il ne faut pour le sel neutre ou le sel acide (35) ; dissous dans l'eau, ce sel donne un mélange de sels acide et neutre.

(35) Le sel neutre renferme $2AzH^3 + CO^2 + H^2O$; le sel acide $AzH^3 + CO^2 + H^2O$; dans le sel du commerce, pour $3CO^2$ il existe seulement $2H^2O$.

A chacun des deux sels d'ammonium de l'acide carbonique

correspond une amide. Celle du bicarbonate d'ammonium doit être un acide, puisque l'eau qui s'élimine emprunte son hydrogène à l'ammonium, conformément au mode général de formation des amides. Ainsi $OHCO^2AzH^4$ forme $OHCOAzH^2$ **acide carbamique**.

Cet acide est inconnu à l'état libre, mais on obtient facilement son sel **le carbamate d'ammonium**, en mélangeant deux vol. d'ammoniaque sec avec un vol. d'acide carbonique desséché. C'est une substance solide, ayant une forte odeur ammoniacale, très hygroscopique et se décomposant complètement à 60°. On peut apprécier cette décomposition (**36**) par la densité de vapeur qui est égale à 13 ($H = 1$) et qui correspond exactement à celle du mélange de 2 vol. AzH^3 et 1 vol. CO^2.

(36) Naumann a déterminé les tensions de dissociation des vapeurs du carbamate d'ammonium

— 10°	0°	+ 10°	20°	30°	40°	50°	60°
5	12	30	62	124	248	470	770

Ces chiffres expriment des millimètres de la colonne mercurielle. Les tensions correspondant aux excès de AzH^3 et de CO^2 ont été étudiées par Hortsman et Isambert ; ces auteurs ont trouvé, comme d'ailleurs on pouvait le prévoir, que, dans ces conditions, la masse de sel formé (à l'état solide) augmente et que la décomposition (transformation en vapeur) diminue.

Il est évident que le carbamate d'ammonium peut être obtenu à l'aide de toutes les variétés de carbonates d'ammonium sous l'influence de substances capables de s'emparer de l'eau (**37**) attendu que, lorsqu'ils sont complètement desséchés, AzH^3 et CO^2 ne forment qu'une seule combinaison CO^22AzH^3 (**38**).

(37) $CaCl^2$ ne peut être employé dans ce but, car il entre en réaction de double décomposition avec $Az^2H^6CO^2$. Il en est de même des acides sulfuriques et autres qui s'emparent de AzH^3 et mettent en

liberté CO^2 ; les alcalis (potasse et soude caustiques) produisent l'effet contraire, aussi ne faut-il employer dans ce cas, comme substances absorbantes, que les carbonates de sodium et de potassium.

La solution aqueuse de carbamate d'ammonium ne précipite pas complètement celle de $CaCl^2$; il est probable que le carbamate calcaire est soluble dans l'eau et, qu'en se dissolvant, $(AzH^3)^2CO^2$ ne se transforme pas en totalité en sel neutre $(AzH^4O)^2CO^2$.

(18) Il faut admettre que la reaction se passe d'abord entre volumes égaux (Chap. VII) et qu'elle se forme de l'acide carbamique $HO(CAzH^2O)$; ce dernier, en vertu de ses propriétés acides, se combine immédiatement avec AzH^3 et se transforme en $AzH^4O(CH^2AzO)$.

L'amide symétrique provenant du carbonate neutre d'ammonium par élimination de deux molécules d'eau aux dépens de l'hydrogène des deux groupes d'ammonium qu'il renferme est $CO(AzH^2)^2$. C'est **la carbamide, identique avec l'urée** CAz^2H^4O, qui existe dans les urines et qui, chez les animaux supérieurs, constitue le produit habituel d'oxydation et d'excrétion (39) des substances azotées contenues dans l'organisme.

(39) L'urée constitue certainement le produit ultime d'oxydation de l'organisme animal. Elle se trouve dans le sang et s'élimine par les reins. L'homme adulte en excrète environ 30 grammes par 24 heures.

Etant un dérivé de CO^2, l'urée le dégage facilement et c'est dans ce sens qu'elle est un produit d'oxydation.

Bazaroff, en chauffant à 140°, le carbamate d'ammonium dans un tube scellé, et Natanson, en faisant agir $COCl^2$ sur AzH^3 ont préparé l'urée et montré sa parenté directe avec l'acide carbonique, c'est-à-dire l'existence des radicaux de l'acide carbonique et de l'ammoniaque. On conçoit donc que, dans la putréfaction de l'urine, l'urée se transforme en carbonate d'ammonium.

$$CAz^2H^4O + H^2O = CO^2 + 2AzH^3$$

Ainsi, aussi bien la synthèse que la décomposition démontrent que l'urée est une amide de l'acide carbonique.

L'urée, qui peut être représentée comme deux molécules d'ammoniaque dont deux atomes d'hydrogène sont remplacés par un résidu bivalent de l'acide carbonique, a conservé la propriété que possède l'ammoniaque de se combiner avec les acides (l'acide nitrique, par exemple $CAz^2H^4OHAzO^3$) les bases (HgO par exemple) et les sels (NaCl, AzH^4Cl etc).

Elle ne possède pas de propriétés alcalines, puisqu'elle renferme un radical acide.

L'urée se dissout dans l'eau sans subir aucune modification ; chauffée, elle perd son ammoniaque et se transforme en **acide cyanique** CAzHO, qui n'est autre chose qu'un nitrile de l'acide carbonique, c'est-à-dire le carbonate acide d'ammonium $OH(CAzH^4O^2)$ ayant perdu $2H^2O$.

$$OH\,(CAzH^4O^2) - 2H^2O = CAzHO$$

Très instable à la température ordinaire, l'acide cyanique liquide forme un polymère solide et stable : l'**acide cyanurique** $O^3H^3C^3Az^3$. Ces deux acides ont la même composition élémentaire et se transforment l'un dans l'autre sous l'influence de modifications de la température.

La tension de vapeur *p* des cristaux de l'acide cyanurique chauffé à t^0 a été déterminée par Troost et Hautefeuille :

Voici les valeurs trouvées, exprimées en millimètres de la colonne mercurielle :

t^0	160°	170°	200°	250°	300°	350°
p	56	68	130	220	430	1200

Les vapeurs contiennent déjà de l'acide cyanique, qui se condense en un liquide volatil (densité = 1,14 à 0°) si on les refroidit *rapidement*.

L'acide cyanique liquide, chauffé avec précaution, se

transforme en un autre polymère solide et amorphe (cyamélide) qui, sous l'influence d'une élévation de température, donne, de même que l'acide cyanurique, des vapeurs d'acide cyanique. Ces dernières, chauffées au-dessus de 150° se transforment directement en acide cyanurique. Ainsi, à 350°, la pression ne s'élève pas au-dessus de 1.200 mm. par l'addition de vapeurs d'acide cyanique, parce que leur excès se transforme en acide cyanurique.

Les chiffres cités plus haut indiquent par conséquent la tension de dissociation de l'acide cyanurique ou bien le maximum de pression que peuvent atteindre les vapeurs de HOCAz à une température donnée.

L'augmentation de la pression ou bien l'introduction, dans un volume donné, d'une grande quantité de substance, font que tout l'excès se transforme en acide cyanurique.

Les relations précédentes propres à l'acide cyanurique et étudiées principalement par Wöhler montrent nettement la *propriété que possèdent les composés cyaniques de se polymériser*. Cette propriété s'observe sur bien d'autres dérivés du cyanogène : elle résulte d'ailleurs de la théorie qui vient d'être exposée sur leur constitution.

Tous les composés cyaniques sont des sels d'ammonium $RCAzH^4O^2$) privés de leur eau ($2H^2O$) ; aussi les molécules RCAz doivent-elles posséder la propriété de se combiner avec deux molécules d'eau ou avec d'autres molécules que l'on peut substituer à cette dernière (H^2S, HCl $2H^2$, etc..) ; elles doivent aussi pouvoir se combiner entre elles. Or, toute combinaison qui s'effectue entre des molécules homogènes et qui aboutit à la formation de nouvelles molécules plus complexes est un phénomène de polymérisation (**40**).

(40) Par analogie, les adhéhydes (C^2H^4O, par exemple) sont des alcools ayant perdu une partie de leur hydrogène, ils sont aussi ca-

pables de se combiner avec un grand nombre de substances et de se polymériser en formant des corps peu volatils qui se dépolymérisent sous l'influence d'une élévation de température.

Bien que la chimie nous présente d'autres cas de polymérisation (transformation du phosphore jaune ou du phosphore rouge, du styrol en métastyrol, etc.), nulle part ce phénomène n'est aussi net ni aussi simple que dans l'acide cyanique.

En dehors de la propriété qu'il possède de se polymériser, l'acide cyanique présente beaucoup d'autres points intéressants étudiés avec détails dans les traités de chimie organique. Nous signalerons seulement la formation des cyanates par l'oxydation des cyanures métalliques : c'est ainsi, par exemple, que l'on prépare le plus souvent le cyanate de potassium CAzKO, comme on le verra plus bas.

Les solutions des cyanates, additionnées d'acide sulfurique, mettent en liberté l'acide cyanique qui se décompose immédiatement :

$$CAzHO + H^2O = CO^2 + AzH^3$$

La solution du cyanate d'ammonium $CAz(AzH^4)O$ se comporte de la même manière, tant que la température ne s'élève pas. Sous l'influence de la chaleur, il se transforme en urée.

La composition élémentaire de l'urée et du cyanate d'ammonium est exactement la même ; ce qui les différencie, c'est leur structure ou la disposition des atomes dans la molécule.

Dans le sel ammoniacal, un atome d'azote se trouve lié avec le carbone sous la forme de CAz, tandis que l'autre est à l'état d'ammonium AzH^4. Comme l'acide cyanique renferme le groupe OH provenant de l'acide carbonique OH(CAz), l'ammonium s'y trouve lié à l'oxygène. On peut exprimer très simplement la composition de ce sel, si l'on se représente une molécule d'eau dont un atome d'hydrogène est remplacé par l'ammonium et l'autre par le cyanogène. Sa structure en un mot n'est pas symétrique.

Dans l'urée, au contraire, les deux atomes d'azote sont disposés symétriquement par rapport au résidu CO de l'acide carbonique

$$CO\begin{matrix} \diagup AzH^2 \\ \diagdown AzH^2 \end{matrix}$$

Cela suffit pour rendre l'urée bien plus stable que le cyanate d'ammonium dont la solution se transforme en urée sous l'influence d'une faible élévation de température.

Cette remarquable transformation isomérique a été découverte par Wöhler en 1828 (**41**).

(**41**) Cette découverte a eu, au point de vue historique, une importance considérable ; car, à cette époque, on était loin de penser pouvoir préparer en dehors de l'organisme des substances qui y sont élaborées. On supposait en effet que, sous l'influence de forces particulières aux organismes, il s'y formait des substances spéciales ne pouvant être reproduites artificiellement.

La découverte de Wöhler, abstraction faite de l'influence qu'elle exerça pour détruire ce préjugé, est un des meilleurs exemples de la transformation d'un équilibre d'atomes en un autre plus stable.

D'après le schéma général, l'amide qui correspond à l'acide formique HCO^2H ou hydrure de carboxyle, est la formamide $HCOAzH^2$. Son nitrile est **l'acide cyanhydrique ou l'acide prussique** CAzH. Sous l'action des déshydratants (anhydride phosphorique) et de la chaleur, le formiate d'ammonium HCO^2AzH^4 et la formamide donnent l'acide cyanhydrique, lequel, dans diverses circonstances, (par exemple, en présence de HCl et de H^2O), forme de l'acide formique et de l'ammoniaque.

Renfermant un hydrogène combiné à deux éléments acides : le carbone et l'azote (**42**), le cyanure d'hydrogène, bien qu'il ne fasse pas virer au rouge la teinture de tournesol, possède les propriétés d'un acide, ce qui se traduit par la faculté de **former des sels MCAz**. C'est un acide très peu énergique, encore moins que l'acide cyanique. Les solutions des cyanures alcalins, par exemple du cyanure de potassium ont une réaction alcaline (**43**).

(42) Si AzH^3 et CH^4 ne possèdent pas de propriétés acides, cela tient probablement à ce qu'ils renferment beaucoup d'hydrogène ; dans l'acide cyanhydrique au contraire, un atome d'hydrogène subit l'influence de deux éléments capables de former des acides.

L'acétylène C^2H^2, qui renferme moins d'hydrogène, se comporte dans certains cas comme un acide, car son hydrogène est en partie remplaçable par les métaux.

L'acide azothydrique ou le triazoture d'hydrogène HAz^3, dont la molécule contient encore moins d'hydrogène possède des propriétés acides.

(43) Les solutions des cyanures alcalins, par exemple KCAz ou $Ba(CAz)^2$, sont décomposées par l'acide carbonique, même par celui qui existe dans l'air atmosphérique. Ces solutions sont très altérables car l'acide cyanhydrique libre se décompose de lui-même et se polymérise. En outre, au contact des liquides alcalins, il donne naissance à AzH^3 et à l'acide formique.

L'acide cyanhydrique ne provoque pas de dégagement de CO^2 dans les solutions de Na^2CO^3 et K^2CO^3. Mais, si dans une solution contenant K^2CO^3 et HCAz, on ajoute une petite quantité d'oxydes tels que ZnO, HgO et autres, on observe un dégagement de CO^2, cela tient à la grande facilité que possèdent les cyanures métalliques de former des sels doubles. Il se forme, par exemple, $ZnK^2(CAz)^4$, sel double soluble dans l'eau.

Il y a formation de cyanures métalliques chaque fois que l'on fait passer de l'ammoniaque sur du charbon incandescent en présence d'alcalis, ou bien un courant d'azote sur un mélange de charbon et d'un alcali, principalement de potasse KHO. On les prépare encore en calcinant un mélange de substances azotées organiques avec un alcali. Dans toutes ces circonstances, le métal alcalin se combine avec le carbone et l'azote pour former un cyanure métallique, le cyanure de potassium KCAz, par exemple (**43 bis**).

(43 bis) Bien qu'il soit possible de faire passer l'azote atmosphérique à l'état de composés du cyanogène, cette réaction n'a pas encore été réalisée industriellement. Il appartient à l'avenir de trouver un

moyen pratique pour faire passer l'azote atmosphérique à l'état de cyanures métalliques, non-seulement parce que le cyanure de potassium est appliqué dans une large mesure pour l'extraction de l'or des minerais même les plus pauvres, mais aussi et surtout parce que, à l'aide des cyanures, il est possible de réaliser la synthèse de beaucoup de composés carbonés très complexes. L'azote renfermé dans le cyanogène peut être facilement transporté dans des substances azotées et dans l'ammoniaque, élément important des engrais employés en agriculture.

Le cyanure de potassium, très employé dans l'industrie, se forme, d'après ce qui a été dit plus haut, dans maintes circonstances : par exemple, dans la fusion des minerais de fer à l'aide du charbon de bois dont les cendres renferment du carbonate de potassium.

L'azote atmosphérique, l'alcali des cendres et le charbon qui se trouvent ainsi en présence à la température très élevée de la fusion de la fonte produisent une grande quantité de KCAz.

Dans la pratique, on ne prépare pas directement le cyanure de potassium, mais sa combinaison spéciale renfermant du potassium, du fer et du cyanogène. Ce composé est le **ferrocyanure de potassium** $K^4FeC^6Az^6\ 2H^2O$; il se présente sous la forme de cristaux jaunes ; dans les solutions des sels d'oxyde de fer il détermine la formation d'un précipité de bleu de Prusse. C'est d'ailleurs cette propriété du ferrocyanure de potassium qui a valu leur nom aux composés du cyanogène.

C'est le ferrocyanure de potassium qui sert le plus souvent à préparer tous les autres composés du cyanogène, car il est fabriqué industriellement.

Chauffé avec deux parties d'eau et 3/4 d'acide sulfurique, le ferrocyanure se décompose comme le salpêtre et dégage de l'acide cyanhydrique. C'est Scheele qui le premier a préparé cet acide en 1782 à l'état hydraté. En 1809 Ittner a obtenu de l'acide cyanhydrique anhydre et en 1815

Gay-Lussac a définitivement établi ses propriétés et montré qu'il ne renferme que les trois éléments suivants : C, Az et H.

En distillant une solution diluée d'acide cyanhydrique et en ne recueillant que les premières portions, on peut obtenir une solution plus concentrée et s'en servir pour isoler l'acide anhydre. On jette dans cette intention des morceaux de chlorure de calcium dans la solution concentrée et refroidie d'acide cyanhydrique ; ce dernier étant insoluble dans la solution de chlorure de calcium, surnage et forme une couche que l'on décante facilement. En distillant une nouvelle fois avec du chlorure de calcium à une température aussi basse que possible le liquide ainsi obtenu, on peut préparer de l'acide cyanhydrique anhydre. Toutes ces opérations exigent de la part de l'opérateur des précautions minutieuses, car l'acide cyanhydrique, qui est très volatil, est un poison extrêmement violent (**44**).

(44) On peut faire passer directement le mélange de vapeurs d'eau et d'acide cyanhydrique, obtenu par la décomposition du ferrocyanure de potassium à l'aide de l'acide sulfurique, à travers une série de tubes remplis de chlorure de calcium. Ces tubes doivent être constamment refroidis pour éviter la décomposition de CAzH et pour favoriser l'absorption de l'eau par le chlorure de calcium.

Pour préparer de l'acide cyanhydrique pur, Gay-Lussac décomposait le cyanure de mercure par l'acide fluorhydrique. On peut obtenir ce cyanure à l'état pur en faisant bouillir une solution de ferrocyanure de potassium avec du nitrate de mercure : après filtration, le sel se dépose par refroidissement en cristaux incolores.

Traités par une solution concentrée d'acide fluorhydrique, ces cristaux dégagent des vapeurs d'acide chlorhydrique et d'acide cyanhydrique que l'on peut isoler en faisant passer le mélange sur du marbre et du chlorure de calcium.

On peut obtenir encore de l'acide cyanhydrique anhydre en décomposant à chaud le cyanure de mercure par l'hydrogène sulfuré. Le cyanogène et le soufre se substituent l'un à l'autre ; il se forme du cyanure d'hydrogène et du sulfure de mercure.

$$Hg(CAz)^2 + H^2S = 2HCAz + HgS.$$

L'acide cyanhydrique anhydre est un liquide mobile et très volatil ; son poids spécifique à 18° est 0,697. Au-dessous de cette température, il se solidifie facilement, surtout en présence d'une petite quantité d'eau. Il bout à 26°, aussi peut-il être considéré comme un corps gazeux à la température ordinaire. Il se dissout en toutes proportions dans l'eau, l'alcool et l'éther ; la solution diluée est employée en médecine (45). L'acide prussique est un poison violent qui tue à très petite dose.

(45) Une solution faible (jusqu'à 2 %) d'acide hydrocyanique se forme dans la distillation de différents produits végétaux. Les eaux distillées de laurier cerise et d'amandes amères en renferment une certaine quantité. L'amertume bien connue des amandes amères est due à une substance spéciale que l'on appelle *amygdaline*. L'amygdaline a la propriété de se décomposer et de former de l'essence d'amandes amères, de la glucose et de l'acide prussique.

$$\underset{\text{Amygdaline,}}{C^{20}H^{27}AzO^{11}} + \underset{\text{eau,}}{2H^2O} = \underset{\text{essence d'amandes amères,}}{C^7H^6O} + \underset{\text{glucose,}}{2C^6H^{12}O^6} + \underset{\text{a. prussique.}}{HCAz}$$

L'acide cyanhydrique anhydre, chimiquement pur, se conserve sans altération, de même que ses solutions diluées. Les solutions concentrées ne se conservent qu'en présence d'autres acides. Sous l'influence de certaines matières étrangères, il se forme dans les solutions d'acide prussique une substance polymérique brune ; elle se produit aussi dans les solutions de KCAz.

Les cyanures de K, Na, AzH^4 de Ba, Ca, Hg sont solubles dans l'eau ; ceux de Mn, Zn, Pb et beaucoup d'autres ne le sont pas. Ils forment avec KCAz et d'autres cyanures métalliques des sels doubles ; nous en avons déjà vu un exemple dans le ferrocyanure de potassium. En dehors des cyanures doubles, qui sont relativement stables, les cyanures d'argent, de mercure et de potassium sont inaltérables en l'absence de l'eau. Le cyanure de potassium fondu (voir sa description au chap. XIII) agit comme réducteur par ses éléments K et C ; fondu avec de l'oxyde de plomb, il s'oxyde et se transforme en KCOAz cyanate de potassium.

Cette réaction met en évidence la relation qui existe entre HCAz et CAzHO, c'est-à-dire entre les nitriles des acides formique et carbonique, relation existant entre les acides eux-mêmes.

Le cyanogène libre $(CAz)^2$ ou CAz — CAz est au cyanure d'hydrogène ce qu'est le chlore libre Cl^2 ou Cl — Cl à l'acide chlorhydrique. La composition $(CAz)^2$ correspond au nitrile de l'acide oxalique, ce qui se confirme par ce fait que, chauffés avec l'anhydride phosphorique, l'oxalate d'ammonium et l'oxamide (note 33) donnent naissance au **cyanogène** $(CAz)^2$. Cette même substance se dégage de certains cyanures métalliques quand on les soumet simplement à la calcination. On emploie principalement dans ce but le cyanure de mercure qui peut être obtenu à l'état pur et qui est inaltérable.

$$HgC^2Az^2 = Hg + C^2Az^2 \quad (46)$$

(46) On emploie le cyanure de mercure desséché, car le sel humide se décompose en ammoniaque, acide carbonique et acide cyanhydrique.

On peut employer encore dans le même but un mélange de ferrocyanure de potassium desséché et de protochlorure de mercure ; il se produit une réaction de double décomposition accompagnée de formation de cyanure de mercure.

Le cyanure d'argent se décompose aussi avec dégagement de cyanogène par le simple effet de la chaleur.

Au moment de sa formation, une partie du cyanogène se polymérise et se transforme en une substance brune, insoluble, appelée **paracyanogène**, capable de passer à nouveau à l'état de cyanogène sous l'influence de la chaleur (47).

(47) Le paracyanogène est un corps solide, brun foncé, ayant la composition du cyanogène, il se forme chaque fois que l'on prépare ce dernier. Ainsi, par exemple, le cyanure d'argent, sous l'influence de la chaleur, dégage du cyanogène et laisse un résidu renfermant,

chose remarquable, exactement la moitié du cyanogène. L'argent métallique contenu dans le résidu peut être extrait par le mercure et l'acide azotique qui n'attaque pas le paracyanogène.

Quand on chauffe le paracyanogène dans le vide il se transforme en cyanogène, sans que cependant la pression p, pour une température donnée t, dépasse une certaine valeur définie. Le phénomène présente donc toutes les apparences extérieures de la transformation physique en vapeur. Bien qu'il s'agisse en réalité d'une modification complète dans la nature de la substance, modification limitée par la *tension de dissociation*, comme on l'a déjà vu plus haut pour l'acide cyanurique et comme cela ressort des principes fondamentaux de la dissociation. Voici les valeurs trouvées pour p par Troost et Hautefeuille (1868) :

t =	530°	581°	600°	635°
p =	90	143	296	1089 mm.

Cependant, déjà à 550°, une partie du cyanogène se décompose en C et Az. La transformation inverse du cyanogène en paracyanogène commence à 350° et s'effectue rapidement à 600°.

Si la première transformation est analogue à l'évaporation, la transformation inverse ressemble au passage des vapeurs à l'état solide.

Le cyanogène est un gaz odorant, incolore et très vénéneux ; il se condense facilement en un liquide incolore d'une densité de 0,86, insoluble dans l'eau, bouillant à —21°. Il est possible de liquéfier le cyanogène simplement à l'aide d'un mélange refrigérant. A la température de 35° au-dessous, de zéro le cyanogène liquide se solidifie.

L'eau dissout ce gaz en quantité assez considérable : un volume d'eau dissout 4 1/2 v. de cyanogène, l'alcool en dissout 23 volumes. Ces solutions sont instables.

Le cyanogène est capable de supporter longtemps une température assez élevée sans subir de décomposition ; sous l'influence des étincelles électriques, il se détruit, perd son carbone, et l'azote qui reste occupe un volume égal à celui du cyanogène.

Le cyanogène brûle avec une flamme rouge violacée, coloration attribuable à l'azote dont tous les composés communiquent à la flamme une teinte rouge violacée plus ou moins prononcée. Les produits de combustion du cyanogène sont l'acide carbonique et l'azote.

La relation du cyanogène avec les cyanures métalliques ressort non seulement de sa formation aux dépens du cyanure de mercure, mais aussi de ce fait que, chauffé avec le sodium et le potassium métalliques, il produit les cyanures de sodium et de potassium ; ces métaux s'y enflamment et brûlent dans ces conditions.

Un mélange d'hydrogène et de cyanogène chauffé à 500° (Berthelot) ou soumis à l'influence d'une décharge silencieuse (Boileau) se transforme en cyanure d'hydrogène. Ces transformations permettent de conclure que tous les nitriles des acides organiques renferment un groupement de cyanogène, comme les acides organiques contiennent le carboxyle et ce dernier les éléments de l'acide carbonique.

(48) Le cyanogène est absorbé par une solution de soude caustique ; il se forme du cyanure et du cyanate de sodium : $C^2Az^2 + 2NaHO = NaCAz + CAzNaO + H^2O$. Ce dernier sel se décompose facilement; il en est de même d'une partie du cyanogène qui subit une modification complexe.

En dehors des amides (49), des nitriles (ou des cyanures RCAz) et des composés nitrés (renfermant le résidu AzO^2) il existe une foule d'autres substances renfermant simultanément du carbone et de l'azote, dont l'étude fait l'objet de la chimie organique.

(49) Si l'on comprend sous le nom d'*amides* les combinaisons renfermant le groupe AzH^2 résidu de l'ammoniaque, il faut ranger parmi eux certaines *amines* telles que la méthylamine CH^3AzH^2, l'aniline $C^6H^5AzH^2$, etc., composés qui dérivent des hydrocarbures C^nH^{2n} par substitution de AzH^2 à leur hydrogène. D'une manière générale, il faut considérer les amines comme de l'ammoniaque dont l'hydro-

gène a été remplacée, en partie ou en totalité, par des résidus d'hydrocarbures. Telle est, par exemple, la triméthylamine Az $(CH^3)^3$. Ces corps possèdent, comme l'ammoniaque, la propriété de se combiner avec les acides et de former des sels cristallins analogues à ceux de l'ammonium. On les rencontre dans certains organismes et on leur donne le nom général d'**alcaloïdes**. Telles sont, par exemple, la quinine, la nicotine, etc.

CHAPITRE X

Chlorure de sodium. Théories de Berthollet. Acide chlorhydrique.

Nous avons, dans les chapitres précédents, étudié les principales propriétés de quatre éléments : l'hydrogène, l'oxygène, l'azote et le carbone. On les appelle quelquefois éléments *organogènes*, parce qu'ils entrent dans la composition des substances organiques.

Les différentes combinaisons auxquelles donne naissance l'union de ces quatre éléments entre eux peuvent servir de types à tous les autres composés chimiques ; on y rencontre en effet tous les rapports atomiques (types, formes ou stades de combinaisons), suivant lesquels tous les autres éléments se combinent entre eux.

Hydrogène.	HH	ou en général	HR
Eau.	H^2O	» »	H^2R
Ammoniaque.	H^3Az	» »	H^3R
Gaz des marais. . . .	H^4C	» »	H^4R

Dans ces molécules, un atome d'un élément est combiné à un, deux, trois ou quatre atomes d'hydrogène. On ne connaît pas de combinaisons renfermant, pour un atome d'oxygène, trois ou quatre atomes d'hydrogène ; il faut en conclure nécessairement que les atomes du carbone et de l'azote possèdent certaines propriétés qui manquent à l'oxygène.

Connaissant la composition élémentaire d'une combinaison hydrogénée d'un élément quelconque, on peut prévoir quelle sera la composition des autres combinaisons que formera cet élément.

Ainsi, étant donné qu'un élément M se combine avec l'hydrogène pour former de préférence une substance gazeuse HM, et qu'il ne forme pas H^2M, H^3M, H^nM^m, on peut affirmer, en se basant sur la loi des substitutions, que cet élément donnera des combinaisons M^2O, M^3Az, MHO, MH^3C, etc.: tel est le chlore. Si l'on apprend, au contraire, qu'un autre élément R forme, comme l'oxygène, une molécule H^2R, on peut s'attendre à ce qu'il forme des composés analogues au peroxyde d'hydrogène, aux oxydes métalliques, à l'anhydride carbonique, à l'oxyde de carbone, etc. Tel est, par exemple, le soufre. On peut, en un mot, distinguer les éléments d'après leur analogie avec H, O, Az, C et, suivant cette ressemblance, prévoir sinon leurs propriétés (l'acidité ou l'alcalinité par exemple), du moins la composition de *certaines* de leurs combinaisons (1) c'est ce qui constitue la notion de la *valence* ou de *l'atomicité*.

(1) Il est impossible de prévoir toutes les combinaisons que peut former un élément en se basant sur le principe de l'atomicité ou de la valence : cette dernière, en effet, n'est pas constante et varie d'une manière différente pour les différents éléments.

Dans CO^2, COX^2, CH^4, et dans un grand nombre d'autres combinaisons, C est tétratomique, tandis qu'il est bivalent dans CO ; ou bien, pour le considérer comme tétravalent dans ce dernier cas, il faudrait admettre que la valence de l'oxygène s'est modifiée. Le carbone est cependant l'un des éléments dont l'atomicité est la moins variable.

L'azote est triatomique dans AzH^3, AzH^2OH, Az^2O^3 et même dans CAzH ; il faut au contraire le considérer comme pentatomique dans AzH^4Cl, AzO^2OH et dans tous les composés qui en dérivent. Dans Az^2O et AzHO, l'oxygène étant diatomique, l'azote est monoatomique ; dans AzO il est bivalent.

Le soufre est diatomique dans la plupart de ses combinaisons (H^2S, SCl^2, KHS, etc.), mais alors il est impossible de prévoir l'existence de SO^2, SO^3, SCl^4, $SOCl^2$ et de toute une série d'autres composés dans lesquels son atomicité est supérieure à 2. Ainsi, par exemple, on constate plusieurs points de ressemblance entre CO^2 et SO^2 ; si le carbone est tétratomique le soufre l'est aussi dans SO^2.

Bien qu'il permette de saisir facilement certaines analogies, le principe de la valence ne peut donc servir de base pour étudier les propriétés des éléments ; différents faits s'y opposent :

1° Les éléments monovalents tels que H, Cl, etc., existent à l'état libre sous la forme de molécules H^2, Cl^2, etc., ressemblant exactement aux radicaux monoatomiques CH^3, OH, CO^2H, etc., qui se présentent toujours sous la forme C^2H^6 (éthane), O^2H^2 (peroxyde d'hydrogène), $C^2O^4H^2$ (acide oxalique). Il existe cependant des éléments (Na, K et peut-être l'iode à une température élevée) dont la molécule ne renferme qu'un seul atome. Ce fait prouve qu'il peut exister *des affinités libres* ; dans ce cas, rien n'empêche d'admettre l'existence d'affinités libres dans toutes les combinaisons non saturées, par exemple dans AzH^2 où l'on peut supposer la présence de deux affinités libres. Or, en admettant les affinités libres, on perd les principaux avantages de l'application de la théorie de la valence.

2° Dans certains cas (Na^2H) des éléments monoatomiques R se combinent entre eux, non sous la forme R^2, mais en donnant naissance à une molécule R^3, R^4, etc. Il faut alors, ou bien admettre l'existence d'affinités libres, ou bien reconnaître aux éléments monoatomiques la propriété de changer leur atomicité.

3° Le système périodique des éléments dont il sera question plus loin montre que les variations des types des combinaisons oxygénées et hydrogénées sont régies par une loi régulière. Ainsi, par exemple, le chlore qui est *monoatomique* relativement à l'hydrogène, est *heptatomique* dans sa combinaison avec l'oxygène ; le soufre, *diatomique* pour l'hydrogène, est *hexatomique* pour l'oxygène ; le phosphore *triatomique* par rapport à l'hydrogène est *pentatomique* relativement à l'oxygène. Dans tous ces cas, la somme des atomicités égale 8. Le carbone, de même que ses analogues (Si, etc.), est tétratomique relativement à H et O. La propriété d'avoir une atomicité variable est donc une propriété inhérente à la nature même des éléments, aussi ne peut-on considérer l'atomicité comme une propriété fondamentale.

4° Les hydrates cristallisables ($NaCl2H^2O$ ou $NaBr2H^2O$), les sels doubles ($PtCl^42KCl$, H^2SiF^6, etc.), et les autres combinaisons complexes de ce genre montrent que l'union des combinaisons limites saturées est possible, bien que les divers éléments qui les constituent ne puissent plus s'unir entre eux.

Tout ce qui précède indique nettement que l'existence d'une valence définie, limitée pour chaque élément, serait en contradiction avec une foule de faits chimiques.

L'*hydrogène* est considéré comme le type des éléments monovalents pouvant former des combinaisons :

$$RH, R(OH), R^2O, RCl, R^3Az, R^4C...$$

L'*oxygène* tel qu'il se présente dans l'eau, est un des éléments bivalents dont les combinaisons présentent les formules générales suivantes :

$$RH^2, RO, RCl^2, RHCl, R(OH)Cl, R(OH)^2, R^2C, RCAz...$$

L'*azote* de l'ammoniaque représente les éléments trivalents :

$$RH^3, R^2O^3, R(OH)^3, RCl^3, RAz, RHC...$$

Les propriétés des éléments tétravalents sont exprimées dans le *carbone* :

$$RH^4, RO^2, RO(OH)^2, RHAz, RCl^4, RHCl^3...$$

Ces *types de combinaisons* s'appliquent à tous les autres éléments dont les uns ressemblent à l'hydrogène, d'autres à l'oxygène ; d'autres enfin à l'azote ou au carbone.

En dehors de ces ressemblances ou analogies quantitatives, prévues par la loi des substitutions (Chap. VI), il existe, entre les éléments, des relations qualitatives qui se manifestent surtout dans la formation des bases, des acides et des sels appartenant à différents types et possédant des propriétés différentes. Aussi, est-il important, avant de poursuivre l'étude des éléments et de leurs combinaisons, de faire connaissance avec ces sels, en les considérant comme des substances d'un caractère spécial dérivant des acides et des bases.

Le sel de cuisine ordinaire, ou chlorure de sodium NaCl peut, sous tous les rapports, être considéré comme le type des sels ; étudions donc ce composé ainsi que l'acide HCl et la base NaHO dont il dérive.

Le **chlorure de sodium** NaCl se trouve, en petite quantité il est vrai, dans toutes les roches primitives de l'écorce terrestre (2). Il en est extrait par l'eau atmosphérique et par les eaux courantes qui le déversent dans les mers. C'est par ce moyen que l'océan est devenu le réceptacle d'une grande quantité de sel (2 bis).

(2) Les roches primitives sont celles qui ne présentent pas de traces évidentes de précipitations, qui, par conséquent, ne possèdent pas de structure stratifiée et ne renferment aucun vestige de végétaux ou d'animaux. Elles se trouvent sous les couches sédimentaires ; leur composition et leur structure, en général cristalline, sont partout les mêmes.

Si l'on admet la formation ignée de la terre, les roches primitives sont celles qui ont constitué la première écorce solide de notre planète. Cette écorce a dû subir des transformations sous l'influence des premiers sédiments qui se sont séparés de l'eau, aussi doit-on comprendre sous le nom de roches primitives les formations les plus anciennes dont les produits de destruction ont donné naissance à toutes les autres roches et à toutes les substances répandues sur la surface terrestre.

Il est impossible, en se basant sur des données réelles, d'assigner à certaines substances (telles que les granits, les gneiss et les porphyres) une origine autre que les roches primitives.

(2 bis) On a constaté la présence du chlorure de sodium dans l'air atmosphérique à l'état de poussière très fine. Les couches inférieures en contiennent plus que les couches supérieures, l'eau de pluie prise sur les montagnes en renferme, en effet, moins que celle qui est recueillie dans les vallées.

Müntz a trouvé (1891) qu'un litre d'eau de pluie recueillie au sommet du Pic du Midi (2877 m. d'altitude au-dessus du niveau de la mer) renfermait 0 gr. 034 de chlorure de sodium, tandis qu'un litre d'eau de pluie tombée dans la vallée renfermait de 0 gr. 025 à 0 gr. 076.

Il existe plusieurs procédés pour extraire le sel de l'eau de mer. Dans les contrées méridionales et principalement sur les bords de l'océan Atlantique, de la Méditerranée et de la mer Noire, on utilise à cet effet les chaleurs de l'été. Des bassins, communiquant entre eux, sont creusés sur le rivage ; on les remplit d'eau de mer soit à l'aide de pompes soit en profitant des marées hautes. L'évaporation commence dès le printemps. A mesure que la solution se concentre, on la fait passer dans d'autres bassins, de manière à faire traverser à l'eau de mer successivement plusieurs bassins, Le fond de ces derniers est rendu imperméable à l'eau à l'aide d'une couche d'argile bien battue. Lorsque, par évaporation, l'eau arrive à contenir 28 0/0 de sel (28° Baumé) la cristallisation commence.

Le plus souvent, on n'extrait que les premières portions de chlorure de sodium qui se séparent, car les dernières portions possèdent une saveur amère due à la présence de sels de magnésium qui se déposent en même temps que le chlorure de sodium.

Dans certains endroits, dans les salines de la Camargue (3), on évapore complètement l'eau de mer pour obtenir les sels magnésiens et potassiques qu'elle renferme.

(3) L'extraction des sels potassiques à la Camargue a perdu son importance, depuis que Stassfurt a commencé à livrer ces produits à un prix bien inférieur.

Cent parties d'eau de mer laissent déposer, par l'évaporation naturelle ou artificielle, au début de l'opération une partie de chlorure de sodium assez pur sur les 2 1/2 0/0 qu'elles contiennent.

Le reste du chlorure de sodium cristallise en même temps que les sels amers du magnésium dont l'eau de mer ne renferme qu'une faible quantité (un peu moins de 1 0/0).

En même temps que le chlorure de sodium, et même avant lui, cristallise le sulfate de calcium $CaSO^4 2H^2O$ sel peu soluble dans l'eau.

Lorsque la moitié environ du chlorure de sodium est

cristallisée, il commence à se déposer un mélange de chlorure de sodium et de sulfate de magnésium. Ensuite c'est un sel double de chlorure de potassium et de chlorure de magnésium $KMgCl^3 6H^2O$ qui se sépare de la solution. Ce sel double se rencontre à l'état naturel et porte le nom de *carnallite* (**4**).

(4) Ce sel qui est un hydrate cristallisable formé par KCl + $MgCl^2$, ne se forme que dans les solutions renfermant un excès de $MgCl^2$, l'eau le décompose en effet en s'emparant de $MgCl^2$ plus soluble.

Les eaux mères de consistance sirupeuse qui restent après la cristallisation de ce sel double, renferment beaucoup de chlorure de magnésium ainsi que quelques autres sels (**5**).

(5) Les sels ayant la propriété fondamentale d'échanger leurs métaux, il est impossible d'affirmer que l'eau de mer renferme précisément tels ou tels autres sels; on est seulement en droit de dire qu'elle contient certains métaux (Na, K, Mg, Ca) et certains halogènes et groupes halogènes (Cl, Br, SO^4, CO^3) en telle quantité, répartis en une foule de combinaisons. C'est ainsi, par exemple, que K se trouve sous la forme de KCl, K Br, K^2SO^4; il en est de même de Na, Mg et Ca.

Sous l'influence de l'évaporation, les différents sels se déposent successivement parce qu'ils arrivent à saturer la solution. Ce qui le prouve, c'est que la solution d'un mélange de NaCl et de $MgSO^4$ laisse déposer par évaporation des cristaux de ces sels, tandis que, lorsqu'on la soumet à la réfrigération, les premiers cristaux qui se déposent ont la composition $Na^2SO^4 10H^2O$ parce que, à basse température, ce sel se trouve le premier à l'état de saturation. Par conséquent, en plus de $MgSO^4$ et de NaCl, cette solution renferme encore $MgCl^2$ et Na^2SO^4. Il en est de même pour l'eau de mer.

L'évaporation de l'eau de mer n'ayant généralement pour but que l'extraction du chlorure de sodium, dès que ce dernier commence à entraîner des sels de magnésium (**6**), et à avoir un goût amer, on cesse l'opération et on rejette les eaux mères.

(6) Le sel extrait de l'eau de mer est mis en tas en plein air et soumis à l'action de l'eau de pluie. Cette dernière, une fois qu'elle est saturée de chlorure de sodium, enlève les matières étrangères et urifie ainsi le sel.

Les phénomènes que l'on produit artificiellement pour l'extraction du sel de l'eau de mer se sont maintes fois reproduits durant la vie géologique de notre planète. Les soulèvements de l'écorce terrestre ont détaché de l'océan d'énormes nappes d'eau qui, sous l'influence de l'évaporation, ont formé des gisements **de sel gemme**. Tel est le cas de la Mer Morte qui est un fragment de la Méditerranée et celui de la Mer d'Aral qui provient de la Mer Caspienne.

Le sel doit être accompagné et l'est toujours de sulfate de calcium ou gypse qui se dépose avant le chlorure de sodium. On est donc en droit de présumer la présence du sel, là où il y a des gisements de gypse. Ce dernier étant peu soluble peut rester à l'endroit où il s'est déposé ; le sel, au contraire, dont la solubilité est beaucoup plus considérable, peut être entraîné par l'eau de pluie et en général par les eaux douces courantes, aussi arrive-t il que l'on ne trouve pas de sel là où il y a du gypse ; le contraire est cependant toujours vrai.

Les modifications géologiques de l'écorce terrestre se poursuivant encore de nos jours, on voit apparaître des lacs salés au milieu de la terre ferme, dans des endroits occupés jadis par la mer. Telle est l'origine des lacs salés qui existent près de l'embouchure du Volga et dans les steppes des Kirghises occupées, à l'époque géologique qui a précédé la nôtre, par la mer Aralo-Caspienne. Tels sont le lac de Baskountchak (gouvernement d'Astrakan, 112 kil. carrés), le lac d'Elton (200 kil. carrés) et un grand nombre de lacs salés (700 environ) situés près de l'embouchure du Volga. Ceux d'entre eux dans lesquels l'apport d'eau douce est inférieur à la quantité d'eau qui s'évapore annuellement laissent déposer du sel en été et leur fond est constamment tapissé d'une couche saline.

Le sel que l'on rencontre à la surface du sol de certaines steppes de l'Asie centrale occupées jadis par des mers a évidemment la même origine.

Les gisements de sel gemme résultant de ce travail accompli par la nature, sont constamment attaqués par les eaux souterraines qui jaillissent quelquefois à la surface de la terre sous la forme de *sources salées*, indices de la présence du sel dans la profondeur de la terre. Suivant le trajet plus ou moins long que parcourt l'eau avant d'arriver à la surface du sol elle est plus ou moins chargée de sel ; aussi, plus on s'éloigne du gisement de sel gemme, moins est riche en sel l'eau des sources salées. En se basant sur la concentration de la solution saline, et sur la disposition des couches de l'écorce terrestre, on peut découvrir des gisements de sel gemme situés parfois à de grandes profondeurs. C'est ainsi que furent découvertes les mines de sel *Briantsevka*, présentant une épaisseur de 20 mètres et exploitées depuis 1880. Les sources salées des environs de Briantsevka servirent d'indice pour la découverte de ces importants gisements.

De tous les gisements de sel gemme connus, le plus remarquable est sans contredit celui de Stassfurt, situé au sud de Magdebourg en Allemagne. Les nombreuses sources salées répandues dans cette région attestaient la présence de dépôts salins. Les forages pratiqués dans plusieurs endroits permirent d'obtenir des eaux mères très chargées et de découvrir les mines de sel. Les premières couches que l'on rencontra possédaient un goût amer et étaient impropres à l'alimentation (sel de rebut, *Abraumsalz*). Ce n'est que plus profondément, sous de nouvelles couches de terre, qu'on découvrit les importants gisements de sel pur (7).

(7) Lorsque plusieurs savants allemands, en se basant sur l'existence des sources salées et sur la direction des couches géologiques, annoncèrent l'endroit exact et la profondeur des gisements de sel à Stassfurt, le gouvernement résolut de pratiquer des forages. Les premières portions que l'on ramena à la surface étant amères et partant impropres à l'alimentation, l'opinion publique ne tarda pas à accabler d'injures la science, si bien que les recherches furent interrompues. Il a fallu bien des efforts pour décider le gouvernement à reprendre les travaux. Actuellement, depuis que la couche de sel pur est exploitée et que les sels de rebut sont utilisés pour la fabrication des sels potassiques, les mines de Stassfurt constituent une des richesses de l'Allemagne et leur découverte doit être considérée comme l'une des plus belles conquêtes de la science.

La présence dans les couches supérieures de Stassfurt des sels de potassium, de magnésium et de sodium démontre que le sel gemme s'est formé aux dépens de l'eau de mer.

On conçoit aisément que l'évaporation complète jusqu'à la précipitation de la carnallite et la conservation sous la terre jusqu'à notre époque de sels aussi solubles que ceux qui se séparent de l'eau de mer après le chlorure de sodium est un phénomène exceptionnel qui ne s'est pas répété dans tous les gisements de sel gemme. Aussi les mines de Stassfurt présentent-elles une importance capitale, non seulement au point de vue scientifique, mais encore parce qu'elles constituent une source extrêmement riche de sels potassiques susceptibles de nombreuses applications pratiques (**7** bis).

(7 bis) Les autres gisements de sels connus dans l'Europe occidentale se trouvent à Wieliczka, près de Cracovie ; à Cordoue, en Espagne, etc. En Russie, les mines de sel les plus importantes sont celles de *Ilétskaïa Zachtchita* (gouvernement d'Orembourg ; superficie 3 kilomètres carrés, épaisseur 140 mètres) ; de *Tchingak* (Gouvernement d'Astrakan) de *Koulpino* (Gouvernement d'Erivan), etc.

Le contact prolongé, naturel, des eaux souterraines avec le sel gemme donne naissance aux eaux mères concentrées que l'on extrait en pratiquant des puits comme cela se pratique dans certaines exploitations des gouvernements de Perm, de Kharkof, et d'Ekatérinoslav. Dans d'autres endroits, à Bergtesgaden en Autriche par exemple, on fait pénétrer de l'eau de source dans les gisements de sel gemme qui renferment beaucoup d'argile, puis au moyen de pompes convenablement disposées, on aspire la solution ainsi formée.

Lorsque la source salée ou la solution extraite des puits est peu chargée de sel on opère la première évaporation non pas à l'aide du feu, ce qui serait trop coûteux, mais dans les *bâtiments de graduation*.

Fig. 9. — Bâtiment de graduation servant à la concentration des solutions salines.

Le bâtiment de graduation, que représente la fig. 9, est un hangar très élevé, long parfois de plusieurs kilomètres et disposé perpendiculairement à la direction habituelle du vent dans la région. Ce hangar, ouvert des deux côtés, est rempli de fagots comme le montre la fig. 9. La gouttière A, qui parcourt toute la longueur du bâtiment, reçoit l'eau salée à l'aide d'une pompe P. En débordant de la gouttière, l'eau tombe sur les brindilles de bois et, ainsi divisée en gouttelettes, présente une très grande surface d'évaporation. La solution, ayant subi un commencement de condensation, est repassée une seconde et une troisième fois dans la gouttière jusqu'à ce qu'elle atteigne une concentration telle que l'évaporation au feu devienne avantageuse. En général, on arrête l'évaporation dans les bâtiments de graduation quand la solution renferme 12 à 15 0/0 de sel.

Les solutions concentrées naturelles de chlorure de sodium et les solutions obtenues dans les bâtiments de graduation sont évaporées dans de grandes chaudières en fer placées sur un foyer. Pour activer l'évaporation et dans le but d'économiser le combustible, on emploie certains artifices tels que le tirage artificiel pour entraîner la vapeur d'eau à mesure qu'elle se forme et le chauffage préalable de la solution à l'aide de la chaleur perdue.

Les premières portions de sel qui cristallisent dans les chaudières renferment toujours du sulfate de calcium et les dernières portions seules constituent du sel pur. Le précipité ainsi obtenu est jeté sur des planches inclinées sur lesquelles on le laisse sécher.

Depuis que l'exploitation des mines de sel a pris un développement considérable, l'extraction par évaporation du sel contenu dans l'eau des sources salées est presque complètement abandonnée. Cette industrie n'a pu subsister que dans certaines contrées où le combustible est très bon marché.

Pour montrer l'importance du chlorure de sodium dans l'alimentation de l'homme et des animaux, il suffit d'indiquer que la moyenne de la consommation annuelle du sel est de 8 kilogrammes par habitant. Dans certaines contrées, et principalement en Angleterre où le chlorure de sodium est employé dans l'industrie, pour la fabrication du carbonate de sodium, des hypochlorites et de l'acide chlorhydrique, on utilise une quantité considérable de chlorure de sodium. Sa production annuelle en Europe atteint 7 millions et demi de tonnes.

Bien que certains morceaux de sel gemme, et certains cristaux de sel obtenus par évaporation, soient formés par du chlorure de sodium presque pur, le sel du commerce contient généralement des matières étrangères, surtout des sels de magnésium.

La solution de chlorure de sodium renfermant des sels de Mg précipite avec le carbonate de sodium, car $MgCO^3$ est insoluble dans l'eau.

Le sel gemme renferme en outre une certaine quantité d'argile et d'autres matières insolubles **(8)**.

(8) Les fragments de sel gemme laissent voir des stries de matières étrangères interposées entre les couches de sel. Dans les mines de Briantsevka j'ai compté 10 couches environ sur une épaisseur de un mètre, ce qui ferait 350 couches dans toute l'épaisseur du gisement (35 mètres). Il est probable que ces couches correspondent aux strates de sel qui se sont déposées annuellement.

Le sel gemme est en général assez pur pour pouvoir être livré directement à la consommation. On purifie celui qui renferme trop d'impuretés en le dissolvant et en le faisant cristalliser par évaporation après avoir laissé déposer la solution. Les matières étrangères qui ne se sont pas séparées par le repos restent dans les eaux-mères, si l'on a soin de ne pas pousser l'évaporation jusqu'au bout.

Pour obtenir du chlorure de sodium chimiquement pur, on procède de la manière suivante : On prépare une solution saturée de NaCl et on y fait barboter de l'acide chlorhydrique gazeux Le chlorure de sodium se précipite dans ces conditions, car il est insoluble dans une solution concentrée de HCl, et les impuretés restent en solution. En répétant une seconde fois cette opération et en fondant le sel pour chasser l'excès de HCl on obtient un sel pur que l'on soumet à une dernière cristallisation (**9**).

(9) J'ai constaté que ce procédé permet de débarrasser le chlorure de sodium non seulement des sulfates, mais aussi des sels potassiques.

Les cristaux bien formés du chlorure de sodium et certaines masses compactes que l'on rencontre dans les gisements de sel fossile sont transparents et incolores comme le verre mais plus fragiles et moins durs que ce dernier (**10**).

(10) D'après les déterminations du baron Klodt, le sel de Briantsevka peut résister à une compression égale à 340 kilogrammes par centimètre carré, tandis que le verre supporte 1700 kilogrammes. Sous ce rapport, le sel est deux fois plus résistant que la brique : on s'explique ainsi qu'il soit possible d'y creuser sans danger des galeries sans être obligé de les étayer.

Le chlorure de sodium cristallise toujours dans les formes du système régulier, le plus souvent en cubes ; plus rarement en cubo-octaèdres. Dans l'épaisseur du sel fossile on a trouvé parfois des grands cubes transparents de chlorure de sodium dont les arêtes avaient quelquefois jusqu'à 10 centimètres de longueur (**11**).

(11) Pour obtenir de beaux cristaux de sel on ajoute à sa solution concentrée un peu de $FeCl^3$; on jette au fond du vase quelques petits cristaux de NaCl et on laisse la solution s'évaporer lentement. En ajoutant du borax, de l'urée, etc., on obtient des cubo-octaèdres.

De très beaux cristaux de chlorure de sodium se forment dans l'intérieur de la masse gélatineuse de silice.

Quand les solutions de chlorure de sodium s'évaporent à l'air libre, il se forme à la surface (**12**) des cristaux cubiques qui s'agglomèrent entre eux et forment des pyramides tétraédriques ressemblant à des trémies représentées sur la figure 10. Ces trémies, peuvent rester longtemps à la surface de l'eau si le liquide reste en repos; elles deviennent quelquefois assez considérables et coulent au fond dès qu'une goutte d'eau tombe dans leur intérieur.

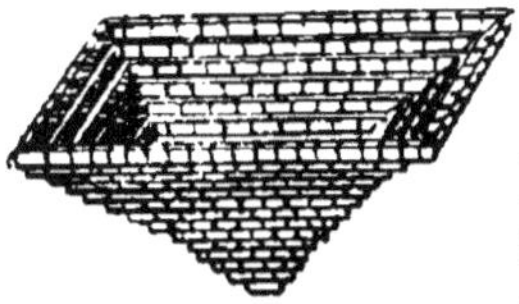

Fig. 10.

(12) Quand la solution de NaCl est placée de façon à être chauffée lentement par sa partie supérieure libre, les couches les plus élevées atteignent l'état de saturation avant les couches inférieures plus froides, aussi voit-on débuter la cristallisation à la surface. Les premiers cristaux formés, ayant une face sèche, se maintiennent sur l'eau tant qu'ils ne sont pas complètement mouillés. Le petit cristal étant plus lourd que la solution plonge d'une certaine quantité, et les nouveaux cristaux viennent se dépasser autour de la partie libre et former ainsi un entonnoir. Ce dernier se maintiendra sur l'eau à la manière d'une nacelle si la surface de l'eau n'est pas troublée.

C'est ainsi que l'on peut expliquer la forme si bizarre au premier aspect, que prennent les cristaux de chlorure de sodium.

Il est facile de comprendre pourquoi, dans ces conditions, la cristillisation se produit tout d'abord à la surface et non dans les couches inférieures de la solution, il suffit de connaître les données suivantes. Le poids spécifique des cristaux de NaCl = 2,16; la solution saturée à 25° renferme 26,7 0/0 de sel et à 25°/4° sa densité est 1,2004 ; à 15° la solution concentrée contient 26,5 0/0 de NaCl et sa densité =1,203. La densité de la solution saturée diminue donc à mesure que la température s'élève, bien que la quantité de sel dissous augmente.

La *cristallisation à la surface* ne peut avoir lieu pour beaucoup de substances, précisément parce que leur solubilité croit en raison de la température plus vite que ne diminue leur poids spécifique. Dans ce cas, la solution concentrée sera toujours au fond et c'est là que commencera la cristallisation. Les propriétés des solutions de NaCl font que, quand on les chauffe par la surface (au moyen des rayons solaires par exemple), les couches les plus chaudes étant les plus légères restent en haut ; elles montent quand on chauffe les solutions par dessous.

C'est encore cette raison qui fait que, dans les profondeurs de la mer, les eaux sont toujours froides, phénomène bien connu depuis longtemps.

A la température de 851° (V. Meyer), le chlorure de sodium fond en un liquide incolore (poids spécifique 1,602, d'après Quincke) et se solidifie, s'il est pur, en une masse amorphe. Le sel impur donne, dans ces conditions, une masse opaque à surface inégale.

En fondant, le chlorure de sodium subit un commencement de volatilisation qui s'effectue complètement au rouge blanc. On peut admettre que, comme d'ailleurs la plupart des sels, le chlorure de sodium n'est pas volatil à la température ordinaire, bien qu'il n'existe pas, jusqu'à présent, d'expériences probantes à cet égard.

Le poids spécifique de la solution (**13**) saturée de chlorure de sodium (26,4 0/0) est environ 1,2 à la température ordinaire ; celui des cristaux est égal à 2,167 (à 17°).

(13) En comparant les données de Poggiale, de Möller et de Karsten, j'ai observé que la solution saturée renferme à t^{o} (de 0° à 108°), pour 100 grammes d'eau, la quantité suivante de NaCl

$$35,7 + 0,024t + 0,0002t^2 \text{ grammes.}$$

D'après cette formule, la solubilité à 0° serait égale à 35 gr., 7 (= 26,3 0/0) ; elle est égale, d'après Karsten à 36,09, d'après Poggiale à 35,5 et d'après Möller à 35,6.

Le sel cristallisé à la température ordinaire, ou à une température supérieure, ne renferme pas d'eau de cristallisation (**14**).

(14) Le sel absolument pur et *fondu* n'est pas hygroscopique d'après Karsten ; le sel cristallisé, même chimiquement pur, attirerait, d'après Stass, jusqu'à 0,6 0/0 d'humidité. Dans les mines de Briantsevka, où la température se maintient toute l'année à + 10°, les parois

des galeries sont humides en été et par les temps humides; elles se dessèchent au contraire en hiver.

Le sel qui renferme des matières étrangères, $MgSO^4$, etc., est plus hygroscopique, il devient même en partie déliquescent quand il contient du chlorure de magnésium $MgCl^2$. Projetés sur le feu, les cristaux de sel crépitent et se fendillent, par vaporisation de l'eau qu'ils renferment. Le sel pur ainsi que le sel naturel transparent et fondu ne se fendille pas.

Le chlorure de sodium fondu possède toujours une faible réaction alcaline au papier de tournesol qui est due à la formation d'une certaine quantité d'oxyde de sodium (sous l'influence de l'oxygène de l'air, probablement) comme le prouvent plusieurs observations. D'après Chtcherbakof, le tournesol très sensible (lavé à l'alcool et neutralisé par l'acide oxalique) bleuirait également au contact du sel cristallisé.

Remarquons encore que le sel fossile renferme parfois des vacuoles remplies de liquide incolore et que certaines variétés de sel gemme dégagent une odeur d'hydrocarbures. Ces phénomènes sont encore peu étudiés.

Les cristaux de chlorure de sodium qui se sont formés à basse température et notamment ceux qui se déposent d'une solution saturée refroidie jusqu'à — 12° présentent une forme prismatique et renferment deux molécules d'eau : $NaCl2H^2O$. Ces cristaux se décomposent à la température ordinaire en NaCl et en sa solution (**15**).

(15) En refroidissant jusqu'à — 15° la solution de chlorure de sodium saturée à la température ordinaire, j'ai obtenu d'abord des lamelles hexaédriques bien formées qui se décomposaient à la température ordinaire en dégageant NaCl anhydre, et ensuite des aiguilles prismatiques longues de 20 millimètres. La cause qui détermine cette différence dans les formes cristallines, nous échappe encore. On sait que $NaI,^2H^2O$ cristallise aussi sous la forme de lamelles et de prismes (Mitscherlich). Le bromure de sodium cristallise à la température ordinaire avec $2H^2O$.

En refroidissant au-dessous de 0° des solutions non saturées de chlorure de sodium, on obtient des cristaux de glace (**16**) jusqu'à ce que la solution ait atteint la composition $NaCl10H^2O$, à ce moment elle se solidifie complètement à la température de — 23°.

La solution de chlorure de sodium, saturée à la température d'ébullition, renferme 42 0/0 de sel et bout à 109°.

(16) Si simples que soient les observations relatives à la formation de la glace dans les solutions, on ne peut les considérer encore, même pour le chlorure de sodium, comme étant complètes et concordantes.

D'après Blagden et Raoult, la température de la formation de la glace dans la solution renfermant pour 100 gr. d'eau, c grammes de sel $= -0,6c$ jusqu'à $c = 10$; d'après Rosetti $= -0,649\ c$ jusqu'à $c = 8,7$. D'après les données de Coppe $= -0,55c - 0,006c^2$ (jusqu'à $c = 10$) et d'après Karsten $= -0,762c + 0,0084c^2$ (jusqu'à $c = 10$). Les chiffres données par Guthrie sont de beaucoup inférieurs à ceux des autres auteurs.

En adoptant le chiffre de Rosetti et en appliquant la règle formulée chap. I (note 49, page 151) nous obtenons :

$$i = 0,649.\ \frac{58,5}{18,5} = 2,05$$

Pickering donne les chiffres suivants : $-0,603$ ($c = 1$) ; $-1,220$ ($c = 2$) ou, d'une manière générale :

$$-(0,600 + 0,005c)c,$$

jusqu'à $c = 2,7$

Les données relatives aux solutions concentrées ne sont pas moins contradictoires. Ainsi, par exemple, dans une solution de NaCl à 20 %, la glace se formerait à $-14°,4$ (Karsten), à $-17°$, (Gutherie), à $-17°,6$ (de Coppe). Rüdorf admet que, pour les solutions concentrées, la température de la formation de la glace baisse en raison de la proportion de $NaCl2H^2O$ (pour 100 gr. d'eau), de 0°,342 par chaque gramme de sel. Pour de Coppe il n'y aurait pas de proportionnalité dans le sens rigoureux du terme, pas plus pour $NaCl2H^2O$ que pour NaCl.

Le poids spécifique (**17**) des solutions de NaCl, dans le vide à 15°, peut être exprimé par la formule suivante, le poids spécifique de l'eau à 4° étant 10.000;

$$S_{15} = 9991,6 + 71,17\,p + 0,2140\,p^2$$

où p est la quantité pour cent du sel contenu dans la solution.

Ainsi, par exemple, pour la solution

$$200H^2O + NaCl \text{ où } p = 1{,}60,\ S_{15} = 1{,}0106$$

La formule précédente montre qu'il se produit une contraction quand on ajoute l'eau à la solution (18).

(17) Dans mon ouvrage cité T. I, page 107, le lecteur trouvera toutes les données relatives aux poids spécifiques des solutions de NaCl.

Les phénomènes de la *diffusion* ont été maintes fois étudiés dans les solutions de chlorure de sodium, cependant il n'existe encore aucune donnée complète sur ce sujet. N. Oumof d'Odessa a étudié (1888) la diffusion du chlorure de sodium à l'aide de petites boules de verre de densités définies. Il versait de l'eau dans une éprouvette au-dessus d'une solution de NaCl et observait pendant des mois la hauteur des boules qui s'élevaient de plus en plus à mesure que le sel pénétrait dans les couches supérieures du liquide. Oumof a trouvé :

1° Que, la température étant constante, la distance des boules, c'est-à-dire la hauteur de la colonne d'eau limitée par des couches d'une concentration définie, reste constante.

2° Que, dans un moment donné, la concentration q des différentes couches situées à la profondeur z peut être exprimée par l'équation suivante :

$$B - kz = \log (A - q)$$

où A,B et k sont des constantes.

3° Que, dans un moment donné, les vitesses des différentes couches sont entre elles comme les profondeurs, etc...

(18) En indiquant par S_0 le poids spécifique de l'eau et par S celui de la solution renfermant p % de sel on obtient, en mélangeant des poids égaux d'eau et de solution, un mélange renfermant $1/2\,p$ de sel. Si cette dernière solution se formait sans subir de contraction son poids spécifique x pourrait être tiré de l'équation

$$\frac{2}{x} = \frac{1}{S_0} + \frac{1}{S}$$

le volume étant égal au poids divisé par la densité. Mais, en réalité, le poids spécifique est toujours supérieur à celui que l'on calcule, abstraction faite de la contraction.

Le tableau suivant indique quelques poids spécifiques

rapportés au vide (**19**), la densité de l'eau à 4° étant prise égale à 10.000 (**20**).

p	S à 0°	S à 15°	S à 30°	S à 100°
5	10.372	10.353	10.307	9.922
10	10.768	10.728	10.669	10.278
15	11.164	11.107	11.043	10.652
20	11.568	11.501	11.429	11.043

Il faut remarquer que l'aréomètre de Beaumé est construit de telle manière que le degré 10 de sa tige correspond à la densité d'une solution de NaCl à 10 0/0. Aussi les degrés de l'aréomètre Baumé indiquent-ils d'une manière assez exacte la proportion de chlorure de sodium existant dans une solution.

(19). On détermine habituellement le poids spécifique à l'aide de la pesée dans l'air en divisant le poids exprimé en grammes, par le volume, exprimé en centimètres cubes. On calcule ce volume en divisant le poids de l'eau que renferme le récipient par sa densité à la température de l'expérience.

En désignant ce poids spécifique par S_1 nous aurons, pour le poids spécifique S dans le vide, la valeur suivante, étant donné qu'un centimètre cube d'air pèse dans les circonstances ordinaires 0 gr., 0012

$$S = S_1 - 0{,}0012\,(S_1 - 1)$$

la densité de l'eau est prise pour unité.

(20) Si le poids spécifique S_1 est calculé en divisant le poids de la solution par celui d'un même volume d'eau à la même température, il faut, pour avoir le poids spécifique rapporté à l'eau à 4°, multiplier S_1 par la densité de l'eau à la température de l'observation.

Le chlorure de sodium se dissout un peu dans l'alcool ordinaire (**21**), mais il est insoluble dans l'éther et les liquides huileux.

(21) D'après Schiff, 100 gr. d'alcool renfermant *p* gr. pour cent de C^2H^6O dissolvent à 15° les quantités suivantes de NaCl.

$p =$	10	20	40	60	80 %
NaCl =	28,5	22,6	13,2	5,9	1,2 gr.

Le chlorure de sodium ne forme que très peu de sels doubles (22) en général peu stables ; il se décompose difficilement et on ne connaît pas sa dissociation (23).

(22) Parmi les sels doubles formés par NaCl, le plus remarquable est celui qui a été préparé par Ditte (1870). On l'obtient en chauffant de l'iodate de sodium avec de l'acide chlorhydrique jusqu'à ce que tout dégagement de chlore ait cessé et en évaporant la solution ainsi obtenue. Sa composition est :

$$NaIO^3NaCl14\ H^2O.$$

Rammelsberg a obtenu un sel analogue (peut-être le même) en mettant en présence des cristaux parfaitement formés des deux sels.

(23) Quand on place un cristal de NaCl dans la flamme du bec de Bunsen, du sodium est mis en liberté ; cela tient évidemment à la présence dans la flamme des éléments réducteurs C et H. Si la flamme contient un excès de HCl, le chlorure de sodium ne se décompose pas et ne colore pas la flamme.

Sous l'influence du courant galvanique, le chlorure de sodium en fusion ou en solution se décompose facilement.

Le chlore apparaît au pôle positif (électrode en charbon) et le sodium métallique au pôle négatif (platine ou mercure). Ces deux corps à l'état naissant agissent sur l'eau, le premier en dégageant l'hydrogène et en formant de la soude caustique, le second déplace l'oxygène et se transforme en acide chlorhydrique. Aussi, lorsque l'on fait passer un courant galvanique à travers une solution diluée de chlorure de sodium, on observe au pôle positif un dégagement d'oxygène et de chlorure et il s'y forme de l'acide chlorhydrique, pendant qu'au pôle négatif il y a mise en liberté d'hydrogène et production de soude caustique (23 bis).

(23 bis) Il est certain que, même en solution aqueuse, le chlorure de sodium se décompose, qu'il y a du sodium mis en liberté et que la double décomposition $NaCl + H^2O = NaHO + HCl$ ne se produit pas d'emblée. La preuve en est que, lorsqu'une solution concentrée de NaCl est rapidement décomposée par le courant, il se dégage à l'anode beaucoup de chlore et il se forme à la cathode en mercure de l'amalgame de sodium qui réagit lentement sur la solution de sel. C'est en se basant sur cette décomposition que l'on cherche actuellement (principalement en Angleterre) à simplifier la transformation industrielle du sel en chlore et en soude caustique.

On conçoit aisément que le chlorure de sodium, capable de se décomposer en métal et en halogène, puisse être reconstitué à l'aide d'un acide et d'un alcali avec élimination de l'eau comme cela a lieu pour les autres sels. En effet, en mélangeant de la soude caustique avec de l'acide chlorhydrique, on obtient du chlorure de sodium

$$NaHO + HCl = NaCl + H^2O$$

Les réactions de double décomposition auxquelles se prête le chlorure de sodium sont très nombreuses et servent à obtenir presque toutes les autres combinaisons du sodium et du chlore.

Les doubles décompositions du chlorure de sodium sont basées sur la possibilité de remplacer le sodium par l'hydrogène et par d'autres métaux. Cependant, ni l'hydrogène, ni aucun autre métal, ne dégagent pas directement le sodium du chlorure de sodium car le sodium possède lui-même la propriété de déplacer l'hydrogène et la plupart des autres métaux de leurs combinaisons, sans pouvoir être déplacé par eux.

Le remplacement du sodium dans ses sels par l'hydrogène ou par d'autres métaux ne s'accomplit que lorsque le sodium passe dans d'autres composés sodiques. Si l'hydrogène, ou un autre métal M, est combiné à l'élément X, la double décomposition suivante s'effectue :

$$NaCl + MX = NaX + MCl$$

Ces doubles décompositions peuvent, dans certaines conditions particulières, s'effectuer jusqu'à la fin, d'autres fois elles ne se produisent que partiellement, comme nous tâcherons de l'expliquer plus bas.

Pour bien se rendre compte des doubles décompositions du sel de cuisine, nous allons suivre la même voie que l'on suit dans la pratique en transformant le chlorure de sodium en combinaisons du chlore et du sodium. Dans ce but, nous allons décrire d'abord la réaction qui s'effectue entre le chlorure de sodium et l'acide sulfurique et les substances qui en résultent, c'est-à-dire l'acide chlorhydrique et le sulfate de sodium. Nous étudierons ensuite les substances que l'on prépare à l'aide de l'acide chlorhydrique et du sulfate de sodium.

A l'aide du premier on obtient le chlore et presque tous les autres composés de cet élément, tandis que le sulfate de sodium est utilisé pour la fabrication du carbonate de sodium Na^2CO^3, de la soude caustique, du sodium métallique et de ses autres combinaisons.

Dans les réactions qui s'effectuent chez les êtres vivants, le chlorure de sodium subit une transformation analogue en fournissant à l'organisme l'acide chlorhydrique et la soude.

Pour montrer l'importance du rôle que joue le sel dans l'alimentation des hommes et des animaux, il suffit de mentionner que le suc gastrique renferme de l'acide chlorhydrique et que le sang et la bile secrétée par le foie contiennent des sels sodiques.

L'urine contient toujours une assez grande quantité de chlorures métalliques ; les animaux comblent ces pertes en chlore en absorbant des substances renfermant du sel.

Les animaux vivant en liberté se contentent de la quantité de sel qui se trouve dans l'eau courante ou bien dans les plantes et les animaux dont ils se nourrissent. Cependant, l'expérience démontre que les animaux sauvages viennent de très loin pour boire l'eau des sources salées et que les animaux domestiques se trouvent très bien de l'addition d'une certaine quantité de sel à leurs aliments.

Action de l'acide sulfurique sur le chlorure de sodium. — Quand on verse de l'acide sulfurique sur le chlorure de sodium, on observe, même à la température ordinaire, un dégagement d'acide chlorhydrique gazeux, comme l'avait remarqué déjà Glauber. L'équation suivante exprime la réaction qui s'effectue dans ces conditions.

NaCl	+	H^2SO^4	=	HCl	+	$NaHSO^4$
Chl. sodium.		Ac. sulf.		Ac. chlorhyd.		Sulf. ac. de Na

Cette réaction ne s'accomplit pas intégralemement à la température ordinaire ; elle s'arrête rapidement. Si l'on chauffe le mélange, la décomposition se poursuit et l'acide sulfurique employé se transforme en totalité en sulfate acide de sodium, si la quantité de NaCl est suffisante ; l'acide sulfurique en excès, s'il en existe, reste intact.

En prenant pour une molécule de H^2SO^4 (98 gr.) deux molécules de NaCl (117 gr.), la moitié du sel seulement (58,5) subit la transformation quand la température est peu élevée. Il faut une température très élevée pour obtenir, dans ces conditions, une décomposition complète, c'est-à-dire le remplacement total de l'hydrogène de l'acide sulfurique par le sodium suivant la réaction :

2NaCl	+	H^2SO^4	=	2HCl	+	Na^2SO^4
Chlor. Na.		Ac. sulf.		Ac. chlorhyd.		Sulf. neutre de Na.

Cette double décomposition est le résultat de l'action de $NaHSO^4$, obtenu antérieurement, sur le chlorure de sodium parce que le sulfate acide renferme un atome d'hydrogène et agit à la manière d'un acide :

$$NaCl + NaHSO^4 = HCl + Na^2SO^4$$

En additionnant cette équation avec la première, nous obtenons la seconde équation qui exprime le résultat final.

Dans la réaction, mentionnée plus haut, on met en présence du chlorure de sodium peu ou pas volatil, avec de l'acide sulfurique également peu volatil et on obtient comme résultat de la réaction, après transposition de l'hydrogène et du sodium, un sulfate non volatil et de l'acide chlorhydrique gazeux. C'est l'état gazeux de cette dernière substance qui fait que la réaction s'accomplit intégralement.

Le mécanisme de ce genre de double décomposition et la cause de la marche de la réaction sont les mêmes que ceux que nous avons vus dans la décomposition du salpêtre (Chap. VI) en présence de l'acide sulfurique. Ce dernier déplace, pour ainsi dire, dans l'un et dans l'autre cas, un autre acide volatil.

On est en droit de conclure de ce qui précède que la cause déterminante de la réaction est la volatilité de l'acide. En effet, si l'acide est soluble et non volatil, ou bien si la réaction s'effectue dans un vase fermé où l'acide formé ne peut se volatiliser, la décomposition reste incomplète, et ne se poursuit que jusqu'à une certaine limite. Dans son œuvre magistrale, *Essai de statique chimique*, Berthollet a émis au commencement de notre siècle des idées importantes relatives à ce sujet.

La **théorie de Berthollet** repose sur cette opinion que l'action des différentes substances chimiques les unes sur les autres dépend non seulement du degré d'affinité des parties hétérogènes, mais encore de l'influence de la masse relative des substances agissantes et des conditions physiques dans lesquelles s'accomplit la réaction.

Deux corps renfermant les éléments MX et NY, mis en contact, forment par voie de double décomposition deux autres corps MY et NX ; mais la formation de ces nouveaux corps ne sera jamais complète, si l'un d'eux ne s'élimine pas de la sphère d'action. Pour que cela puisse avoir lieu, il faut que ce corps possède des propriétés physiques différentes de celles des autres produits de la réaction ; ou bien il sera gazeux, tandis que les autres corps seront liquides ou solides, ou bien ce sera un corps solide insoluble pendant que les autres seront des liquides solubles.

Dans le cas où, dans une réaction de double décomposition, aucun corps ne s'élimine, les quantités des nouveaux corps qui se forment ne dépendent que des quantités relatives des corps MX et NY et de la mesure de l'attraction existant entre les éléments M, N, X et Y ; cependant, si considérable que soit l'attraction, la décomposition s'arrête si rien ne s'élimine de la sphère d'action. Il se produit dans ce cas un état d'équilibre et la masse renferme, au lieu des deux substances primitives, quatre corps : une partie des anciens corps MX et de NY et une certaine quantité des composés nouveaux MY et NX. Nous admettrons, pour le moment, qu'il ne se forme aucune autre substance (24) telle que MN ou XY et autres car les doubles décompositions ordinaires ne produisent qu'un changement de place des métaux.

(24) En désignant par MX et NY les molécules des sels, et en supposant qu'ils sont mis en présence sans l'intervention d'un troisième corps (tel que l'eau par exemple), on peut dire que, même dans ce cas, la formation de XY est possible. Le cyanogène, l'iode et différents autres corps peuvent en effet se combiner avec les halogènes simples et les groupes complexes qui jouent le rôle des halogènes dans les sels (SO^4, etc.) De plus, les sels MX et NX, de même que MY et NY, peuvent former des sels doubles.

Lorsque le nombre des molécules est inégal et que les éléments ont une atomicité différente, comme c'est le cas dans $NaCl + H^2SO^4$ où Cl est monoatomique et SO^4 diatomique, la complication est plus grande par la formation d'autres corps que MY et NX.

Dans les cas où intervient un dissolvant, il est de toute évidence que les phénomènes se compliquent davantage, c'est d'ailleurs ce que l'on observe en réalité.

Les notions relatives aux doubles décompositions que nous venons d'exposer sont loin d'être complètes; le lecteur les trouvera plus amplement décrites dans les traités de chimie théorique.

L'historique de la question des doubles décompositions est en partie exposée plus bas. Occupons-nous maintenant des expériences de Spring (1888) qui a démontré que, même à *l'état solide*, les sels échangent leurs métaux lorsque le contact est intime et suffisamment prolongé.

Spring s'est servi pour ses expériences de deux sels non hygroscopiques : de l'azotate de potassium $KAzO^3$ et de l'acétate de sodium desséché $C^2H^3NaO^2$: il mélangeait ces deux corps après les avoir finement pulvérisés et les abandonnait pendant plusieurs mois dans un dessiccateur. Au bout de ce temps, la transposition des éléments était effectuée, et la masse obtenue était très avide d'eau, ce qui s'explique par la formation de l'azotate de sodium $NaAzO^3$ et de l'acétate de potassium $C^2H^3KO^2$, tous les deux très hygroscopiques (**24** bis).

(24 bis) Spring a chauffé pendant 3 heures le mélange de $KAzO^3$ + + $C^2H^3NaO^2$; à 100° la fusion était alors complète, bien que $KAzO^3$ fonde vers 340° et $NaAzO^3$ vers 320°.

A l'époque où Berthollet émit sa théorie, les notions atomiques modernes n'existaient pas encore. Actuellement, il est nécessaire de leur subordonner cette question, aussi allons-nous examiner l'action mutuelle des sels en admettant que M et N, X et Y sont équivalents, c'est-à-dire qu'ils peuvent se substituer les uns aux autres comme Na ou K, 1/2 Ca ou 1/2 Mg peuvent se substituer à l'hydrogène.

Ainsi, d'après Berthollet, lorsque m MX d'un sel est mis en contact avec n NY d'un autre sel, il se forme une certaine quantité x de MY et x de NX. Il reste par conséquent

$m - x$ de sel MX et $n - x$ de NY. Si m est plus grand que n, il peut arriver à la fin de la réaction que $x = n$ et, dans ce cas, le résultat de la double décomposition peut être exprimé ainsi :

$$n\text{MY} + n\text{NX} + (m - n)\,\text{MX},$$

c'est-à-dire qu'une partie d'un des sels mis en présence est restée intacte et que la réaction n'a pu s'accomplir qu'entre n MX et n NY. Si en effet x était égal à n, la masse de sel MX n'exercerait aucune influence sur la marche de la réaction. C'est en somme ce que professait Bergman qui supposait que les doubles décompositions ne dépendent pas des masses mais sont déterminées par l'affinité seule.

Si l'affinité qui existe entre M et X et entre N et Y était plus grande que celle des éléments M et Y ou de N et X, la décomposition n'aurait pas lieu, d'après Bergman, et x serait égal à 0. Dans le cas contraire, il se produirait, d'après le même auteur, une substitution complète et x serait égal à n.

Selon la doctrine de Berthollet, la répartition de M et N entre X et Y se produira dans les deux cas en raison directe de leur affinité réciproque et de leur masse, de sorte que, si l'affinité est faible et la masse grande, le résultat peut être le même que si l'affinité était considérable et la masse petite. C'est pourquoi :

1° x sera toujours inférieur à n et le rapport $\frac{x}{n}$ moindre que 1, c'est-à-dire que la décomposition sera exprimée par l'équation suivante :

$$m\,\text{MX} + n\,\text{NY} = (m - x)\,\text{MX} + (n - x)\,\text{NY} + x\,\text{MY} + x\,\text{NX}$$

2° En augmentant la masse m, la décomposition devient plus grande et x, ainsi que le rapport $\frac{x}{n - x}$, augmente, de sorte que si m devient infiniment grand, la fraction $\frac{x}{n}$ tend vers 1 ; et la décomposition est complète, si faibles que soient les affinités de MY et de NX.

3° Si $m = n$, en prenant $MX + NY$ ou $MY + NX$ on obtient dans les deux cas le même système :

$$(n - x)\, MX + (n - x)\, NY + x\, MY + x\, NX$$

Ces conséquences tirées de la théorie de Berthollet se vérifient expérimentalement. Ainsi, par exemple, le mélange des solutions de KCl et de $NaAzO^3$ possède, dans tous les cas, la même somme de propriétés qu'un mélange composé de solutions de NaCl et de $KAzO^3$, à condition toutefois que la composition des deux mélanges soit identique. Cette égalité des propriétés peut avoir lieu soit parce qu'un système de sels se transforme en un autre (comme le professait Bergman) conformément aux affinités prédominantes — et dans ce cas $KCl + NaAzO^3$ donneraient naissance à $KAzO^3$ et à NaCl, en admettant que l'affinité des éléments soit plus grande dans ce dernier système — soit parce que les deux systèmes, en échangeant une partie de leurs éléments, produisent un même état d'équilibre. Cette dernière hypothèse, qui a été admise par Berthollet, est confirmée par l'expérience.

Avant de citer les importantes expériences qui confirment la doctrine de Berthollet, il est utile de s'arrêter sur la notion de la **masse** des substances agissantes. Berthollet entendait par masse la quantité relative des substances ; actuellement, ce mot ne doit pas désigner autre chose que le nombre de molécules qui agissent comme des unités chimiques ; dans le cas particulier des doubles décompositions des sels, il est préférable de se servir du nombre des équivalents. C'est ainsi que, dans la réaction :

$$NaCl + H^2SO^4$$

il est pris un équivalent de chlorure de sodium et deux d'acide sulfurique. Dans la réaction :

$$2NaCl + H^2SO^4$$

il y a en présence un nombre égal d'équivalents de chaque substance.

L'*influence de la masse* sur le coefficient de la décomposition x/n constitue le fond de la doctrine de Berthollet, aussi allons-nous appliquer cette notion aux doubles décompositions des sels.

Henri Rose a montré (1840-1850) que l'eau décompose les sulfures métalliques, tels que le sulfure de calcium CaS, en dégageant de l'hydrogène sulfuré H^2S, malgré la grande affinité qui existe entre ce dernier, qui a des propriétés acides, et la chaux CaH^2O^2, qui est une base.

Rose a trouvé en outre que cette décomposition est d'autant plus complète qu'il y a plus d'eau en présence de CaS. Le résultat de cette réaction est indiscutable, car l'hydrogène sulfuré peut être chassé par la chaleur et la chaux est peu soluble dans l'eau.

Rose a remarqué que les agents chimiques aussi faibles que CO^2 et H^2O peuvent, en agissant pendant longtemps et en grandes masses dans la nature sur les roches les plus solides, inattaquables par les acides les plus énergiques, leur faire subir des modifications chimiques en leur enlevant des bases telles que CaO, Na^2O, K^2O. Telle est encore en somme l'action d'une masse d'eau sur $SbCl^3$, $Bi(AzO^3)^3$, etc... qui abandonnent à l'eau d'autant plus d'acide que la masse d'eau est plus considérable (**25**).

(25) Historiquement, l'influence qu'exerce la masse de l'eau fut le premier phénomène bien observé en faveur des principes de Berthollet.

Dans les doubles décompositions qui s'opèrent dans des solutions diluées et où la masse d'eau est très grande, son influence doit être très grande malgré le faible degré des affinités.

Les expériences très instructives de Muiré sur le chlorure de bismuth (1879) montrent très bien l'influence de la masse de l'eau. Ce sel se décompose en effet d'autant plus que la masse de l'eau est plus grande et que la quantité d'acide chorhydrique produite par la réaction, est plus petite.

Le sulfate de baryum $BaSO^4$, insoluble dans l'eau, donne, quand on le fond avec du carbonate de sodium Na^2CO^3, du carbonate de Ba (insoluble) et du sulfate de Na. Si la solution de Na^2CO^3 est mise en présence de $BaSO^4$, la décomposition se produit (Dulong, Rose) mais elle est limitée et demande un certain temps pour s'effectuer. La solution renfermera un mélange de Na^2CO^3 et de Na^2SO^4, et le précipité sera composé par un mélange de $BaCO^3$ et $BaSO^4$. En décantant le liquide, et en traitant de nouveau le précipité par une solution de Na^2CO^3, une nouvelle partie de $BaSO^4$ sera transformée en $BaCO^3$. C'est ainsi qu'en augmentant la masse de Na^2CO^3 on peut transformer complètement $BaSO^4$ en $BaCO^3$.

Si l'on ajoute à la solution de Na^2CO^3 une quantité déterminée de Na^2SO^4, le carbonate de sodium n'exercera aucune action sur $BaSO^4$ parce que, dans ce cas, il s'établit d'emblée un état d'équilibre déterminé par l'action opposée de Na^2SO^4 sur $BaCO^3$ et par la présence dans la solution de Na^2CO^3 et de Na^2SO^4. Si la masse de Na^2SO^4 en solution est très grande, $BaCO^3$ est transformé en $BaSO^4$ tant qu'il ne s'établit pas d'équilibre entre les réactions opposées produisant $BaCO^3$ à l'aide de Na^2CO^3 et $BaSO^4$ à l'aide de Na^2SO^4.

Une autre conséquence non moins importante de la théorie de Berthollet, c'est l'existence d'une **limite de la décomposition** ou **l'établissement d'un équilibre.** Les recherches les plus importantes relatives à cette question sont dues à Malaguti (1857). Cet auteur prenait un mélange de solutions renfermant des quantités équivalentes de deux sels MX et NY et il mesurait les échanges qui s'y opéraient par la composition du précipité qu'y déterminait l'addition d'alcool. Ainsi, par exemple, quand il prenait du sulfate de zinc $ZnSO^4$ et du chlorure de sodium 2NaCl, il se formait par double décomposition Na^2SO^4 et $ZnCl^2$. L'excès d'alcool précipitait un mélange de $ZnSO^4$ et de Na^2SO^4 dont la composition indiquait que 72 0/0 des sels pris pour l'expérience était décomposé. Lorsqu'on prenait un mélange de solutions de Va^2SO^4 et $ZnCl^2$, le précipité présentait la même composition, ce qui indiquait que 28 0/0 environ des sels ont subi la décomposition.

La même expérience faite avec un mélange de 2NaCl + $MgSO^4$ ou de $MgCl^2$ + Na^2SO^4 montre que la moitié environ des métaux a subi la décomposition, ce qui peut être exprimé par l'équation suivante :

$$4NaCl + 2MgSO^4 = 2NaCl + MgSO^4 +$$
$$+ Na^2SO^4 + MgCl^2 = 2Na^2SO^4 + 2MgCl^2$$

Cette limite dans les décompositions ne se manifesta pas moins nettement dans les autres expériences que fit Malaguti pour étudier les réactions réversibles mentionnées plus haut des sels de baryum. En prenant $BaCO^3$ + Na^2SO^4, environ 72 0/0 des sels se décomposaient, c'est-à-dire qu'ils se transformaient en $BaSO^4$ et Na^2CO^3. Quand on prenait ce dernier couple de sels, 19 0/0 environ se transformaient en $BaCO^3$ et Na^2SO^4. Il est probable que, dans aucun cas, la fin de la réaction ne fut atteinte, car il faut pour cela beaucoup de temps et une homogénéité des conditions difficilement réalisable.

Gladstone (1855) a utilisé la couleur des solutions de différents sels de l'oxyde de fer pour apprécier la grandeur des échanges effectués entre les métaux. C'est ainsi que la solution de sulfocyanure d'oxyde de fer possède une coloration rouge intense. En comparant la couleur des solutions obtenues avec celle de solutions titrées d'avance, on peut apprécier, avec une certaine précision, la quantité de sulfocyanure formé. Cette méthode colorimétrique présente cette importance capitale, qu'elle permet de juger de la composition sans qu'il soit nécessaire de séparer quoi que ce soit de la solution. Dans l'expérience de Gladstone, qui prit des quantités équivalentes d'azotate ferrique $Fe(AzO^3)^3$ et de sulfocyanure de potassium 3KCAzS ; seulement 13 0/0 de sels ont subi la décomposition. En augmentant la masse de ce dernier sel, la quantité de sulfocyanure d'oxyde de fer augmentait ; cependant, même en présence de 300 équivalents de KCAzS, une partie du fer restait à l'état d'azotate.

Il est évident que l'affinité entre Fe et AzO^3 d'une part et celle entre K et CAzS d'autre part est plus grande que les affinités agissant entre Fe et CAzS ou entre K et AzO^3.

L'étude des modifications de la fluorescence du sulfate de quinine ainsi que les variations de la rotation du plan de polarisation de la nicotine ont fourni à Gladstone des preuves de l'exactitude de la théorie de Berthollet et ont surtout contribué à mettre en lumière l'influence de la masse, ce point caractéristique de la doctrine de Berthollet encore peu répandue à cette époque.

Au commencement de la seconde moitié de notre siècle, la théorie de la limite de la décomposition et de l'influence de la masse sur la marche des transformations chimiques a trouvé un appui important dans les recherches de Berthelot et de Péan de Saint-Gilles sur la formation des éthers RX par l'action des alcools ROH et des acides HX avec élimination de l'eau. Cette transformation ressemble beaucoup à la salification, mais elle en diffère par certains points. La réaction se produit lentement, elle dure des années à la température ordinaire et n'est jamais complète, c'est-à-dire qu'elle est manifestement limitée par la réaction inverse en vertu de laquelle l'éther RX forme avec l'eau un alcool ROH et un acide HX. Cette limite correspond ordinairement aux 2/3 de l'alcool employé, si l'on met en présence des quantités équivalentes d'alcool et d'acide. Ainsi, par exemple, l'alcool éthylique C^2H^5OH produit avec l'acide acétique $HC^2H^3O^2$, lentement à la température ordinaire et rapidement sous l'influence de la chaleur, le système suivant :

$$ROH + HX + 2RX + 2H^2O.$$

que l'on parte de 3RHO + 3HX ou de 3RX + $3H^2O$

L'observation de la marche et du terme de la réaction se fait très facilement dans le cas pris comme exemple, parce que la quantité d'acide libre peut être dosée à l'aide d'un alcali et que ni l'alcool ni l'éther n'agissent sur le tournesol et les autres indicateurs. Sous l'influence de l'augmentation de la masse de l'alcool, la réaction se poursuit. Si l'on prend pour une molécule d'acide acétique HX deux molécules d'alcool RHO ce sera 83 0/0 d'acide (au lieu de 66 0/0) qui se transformeront en éther ; avec 50 molécules RHO, l'éthérification est complète.

Les recherches du professeur Menchoutkine portent sur le même sujet et spécialement sur l'influence qu'exerce la composition des alcools et des acides sur la limite et la vitesse de la réaction ; ces questions sont traitées avec les détails qu'elles comportent dans les traités de chimie organique et théorique. Quoi qu'il en soit, l'étude de l'éthérification a fourni à la mécanique chimique des données précieuses qui confirment les deux principes fondamentaux de Berthollet : l'influence de la masse et la limite de l'action mutuelle, c'est-à-dire l'équilibre entre les réactions réversibles.

L'étude d'un grand nombre de cas de dissociation que nous avons déjà cités et que nous rencontrerons encore a fourni les mêmes résultats.

Il faut encore mentionner les expériences de Wiedeman au sujet de l'action décomposante qu'exerce une masse d'eau sur les sels d'oxyde de fer. Cette action peut être appréciée en mesurant la force magnétique des solutions, étant donné que l'oxyde ferrique colloïdal soluble dégagé par l'eau est moins fortement magnétique que les sels d'oxyde de fer.

En 1867, deux savants norvégiens, Guldberg et Waage, ont donné une formule algébrique de la théorie de Berthollet. En désignant sous le nom de *masse active* le nombre de molécules contenues dans un volume donné, ils admirent que l'action entre les substances est proportionnelle au *produit* des masses présentes des corps mis en action. Supposons que, les sels MX et NY sont pris en proportions équivalentes ($m = 1$ et $n = 1$) et qu'il n'existe au début aucun des produits auxquels peut donner naissance la réaction, en désignant par K la vitesse de la réaction du couple MX et NY et par K^1 celle de MY et NX l'équilibre s'établit quand

$$K(1 - X)^2 = K'X^2$$

$$\frac{K}{K'} = \left(\frac{X}{1 - X}\right)^2$$

ici X et $1 - X$ représentent les quantités de deux couples de substances entre lesquels s'établit l'équilibre.

Dans le cas de la formation des éthers (composés) au moyen des alcools et des acides lorsque $X = \frac{2}{3}$, la valeur de $\frac{K}{K^1} = 4$, c'est-à-dire que la formation de l'éther au moyen de l'acide et de l'alcool est 4 fois plus rapide que la décomposition de l'éther par l'eau ; si le rapport $\frac{K}{K^1}$ est connu, il est facile de déterminer l'influence de la masse. C'est ainsi qu'en prenant deux molécules d'alcool au lieu d'une on obtient l'équation suivante :

$$K(2 - X)(1 - X) = K^1XX$$

d'où $X = 0,85$, ou 85 0/0, chiffre très voisin de celui fourn par l'expérience. En prenant 300 molécules d'alcool, X devient égal à 100 0/0, c'est ce que démontre l'expériencei **(26)**.

(26) Il résulte de ce qui précède qu'un excès d'acide doit exercer aussi une influence sur la réaction comme un excès d'alcool. Si l'on prend pour une molécule d'alcool 2 molécules d'acide acétique, on voit en effet que 84 0/0 d'alcool sont éthérifiés. Si l'acide ou l'alcool sont en proportion plus grande, la règle ne s'applique plus exactement. Cela tient probablement à ce que les conditions et l'influence des deux réactions opposées ne sont pas absolument identiques.

On a fait plusieurs tentatives pour appliquer la loi de Guldberg et Waage à la formation des sels. C'est ainsi, par exemple, que Khitchinsky (1866), Petrieff (1885), et beaucoup d'autres ont étudié la distribution des mélanges et des radicaux des acides, dans le cas où un métal est mis en présence de plusieurs acides ou bien au contraire plusieurs bases en présence d'un acide et qu'une partie des substances se précipite, tandis que l'autre reste en solution. Ainsi, par exemple, Petrieff a montré que la solution de $AgAzO^3$ abandonne une partie de Ag^2O sous l'influence de PbO et que l'azotate de plomb laisse précipiter une partie de PbO qu'il contient en présence de Ag^2O.

Ces cas complexes, bien qu'ils confirment d'une manière générale la théorie de Berthollet, ne peuvent fournir des résultats simples et évidents, car les phénomènes se compliquent ici par la formation de sels basiques et doubles, etc...

Les recherches de Muire (1876) sont, sous ce rapport, plus instructives et plus complètes. Ce savant a étudié le cas très simple de la précipitation du carbonate de calcium $CaCO^3$ par le mélange des solutions de $CaCl^2$ et de Na^2CO^3 ou K^2CO^3, il a trouvé que, dans ce cas, non seulement la vitesse de la réaction mais aussi sa limite dépendait de la température, de la masse relative et de la quantité d'eau. Ainsi, par exemple, pour $CaCl^2 + Na^2CO^3$, il se précipite dans les cinq premières minutes 75 0/0, au bout de 30 min. 85 0/0 et, au bout de 48 heures 94 0/0 $CaCO^3$. Cependant, même dans ce genre de recherches, les conditions de la réaction se compliquent par la non homogénéité du milieu, car une partie des substances se trouve précipitée à l'état solide et le système devient hétérogène.

L'étude des doubles décompositions dans les systèmes homogènes présente d'énormes difficultés qu'on n'a pu encore surmonter jusqu'ici.

Les tentatives faites à ce sujet datent de longtemps déjà, et la plupart des recherches ont été faites avec des substances en solution aqueuse. Or, l'eau elle-même est une substance salifiable qui peut se combiner avec des sels, des bases et des acides et entrer avec eux en doubles décompositions, aussi les réactions qui s'effectuent au sein des dissolutions sont-elles toujours très complexes (27).

(27) Nous allons indiquer à titre d'exemple deux méthodes de recherches : celle de Thomsen et celle de Ostwald.

Thomsen (1869) a appliqué la méthode thermochimique aux solutions très diluées. Il a pris des solutions renfermant 1NaHO pour 100 H^2O et 1/2 H^2SO^4 pour 100 H^2O. En mélangeant ces solutions de manière à mettre en présence des quantités équivalentes d'acide et de base (40 grammes de soude pour 49 d'acide) il se dégageait + 15689 calories. Si l'on mélange le sulfate neutre de soude avec n équivalents d'acide sulfurique, une certaine quantité de chaleur est absorbée ; elle peut être exprimée par la formule :

$$- n \frac{1650}{n + 0,8} \text{ calories.}$$

Un équivalent de soude, en se combinant avec un équivalent d'acide nitrique, dégage + 13.617 calories ; mais si l'on augmente la quantité d'acide, il se produit une absorption de chaleur égale à — 27 calories par chaque équivalent. Il en est de même pour l'acide chlorhydrique dont la combinaison avec la soude produit + 13.740 calories ; l'addition d'un excès d'acide chlorhydrique s'accompagne de l'absorption de — 32 calories par chaque équivalent ajouté.

Thomsen mélangeait l'un de ces trois sels avec l'acide qui n'entrait pas dans sa constitution, par exemple la solution de sulfate neutre de sodium avec une solution d'acide azotique et déterminait le nombre de calories qui étaient absorbées dans ce cas. La quantité de chaleur absorbée pouvait donner une idée du phénomène qui se passait dans ce mélange, étant donné que l'acide sulfurique ajouté à la solution de sulfate de sodium absorbe une grande quantité de calorique, tandis que les acides chlorhydrique et nitrique en absorbent beaucoup moins.

En mêlant un équivalent de sulfate de sodium avec un certain nombre d'équivalents d'acide nitrique, Thomsen a observé que la quantité de chaleur absorbée augmente avec la quantité d'acide nitrique. Ainsi, quand pour $1/2\,Na^2SO^4$ on prend $1HAzO^3$, il y a absorption de — 1752 calories pour un équivalent de soude renfermée dans le sulfate de sodium. Quand la quantité d'acide azotique est double, il y a absorption (—) de 2.026 cal., et 2.050 quand elle est triple. Si la double décomposition était complète, dans le cas où un équivalent d'acide azotique est mis en présence d'un équivalent de Na^2SO^4, la quantité de chaleur absorbée, calculée d'après ces données, devrait être de — 2.989 cal., mais l'absorption réelle n'est que de 1752 calories. Thomsen en a conclu que les 2/3 de l'acide sulfurique seulement sont déplacés dans ce cas, c'est-à-dire que le rapport K : K' pour les réactions

$$1/2\,Na^2SO^4 + HAzO^3 \text{ et } NaAzO^3 + 1/2\,H^2SO^4$$

est sensiblement le même que pour l'éthérification. En se basant sur les données thermochimiques, Thomsen a trouvé que, pour tous les mélanges de Na^2SO^4 avec $HAzO^3$ et $NaAzO^3$ avec H^2SO^4, les quantités de chaleur suivaient la loi de Guldberg et de Waage, c'est-à-dire que la décomposition était d'autant plus grande que la masse d'acide ajoutée est plus considérable.

L'expérience a donné les mêmes résultats pour les rapports de l'acide chlorhydrique et de l'acide sulfurique, aussi Thomsen considère-t-il l'hypothèse de Guldberg et Waage et la théorie de Berthollet comme complètement justifiées. Il termine ses recherches par la conclusion suivante :

« *a*) Quand des quantités équivalentes de NaHO, $HAzO^3$ (ou HCl) et 1/2 H^2SO^4 réagissent l'une sur l'autre en solution aqueuse, les 2/3 de la soude se combinent avec l'acide azotique et 1/3 avec l'acide sulfurique ».

« *b*) Que cette distribution se répète toujours, que la soude soit en combinaison avec l'acide azotique ou l'acide sulfurique ; »

« *c*) Aussi l'acide azotique a-t-il une tendance deux fois plus grande à se combiner avec les bases que l'acide sulfurique ; il est par conséquent plus énergique que ce dernier ».

Plus loin Thomsen dit : « Il est nécessaire d'avoir une expression pour désigner la tendance de l'acide à neutraliser les bases. Cette propriété ne peut être appelée *affinité*, parce que ce nom désigne le plus souvent la force qu'il faut vaincre pour décomposer la substance en ses composants. Cette force doit être mesurée par la quantité de travail ou de chaleur employée pour la décomposition. Le phénomène décrit plus haut est de tout autre genre ».

Thomsen introduit pour le désigner un nouveau terme « *l'avidité* » par lequel il désigne la tendance de neutralisation de l'acide.

« L'avidité de l'acide azotique par rapport à la soude est deux fois plus grande que celle de l'acide sulfurique.

« On obtient le même résultat pour l'acide chlorhydrique, de sorte que son avidité pour la soude est deux fois plus forte que celle de l'acide sulfurique.

« Les expériences faites avec d'autres acides ont montré qu'aucun d'eux ne possède une avidité aussi forte que celle des acides chlorhydrique et azotique. Certains d'entre eux sont plus avides que l'acide sulfurique, d'autres le sont moins ; l'avidité des troisièmes est nulle (acides cyanhydrique, silicique).

Il est à souhaiter que les travaux de Thomsen soient continués, car les résultats actuels touchent à des points très importants de la chimie. Cependant les conclusions de ce savant ne peuvent être considérées comme absolument probantes, parce que la méthode elle-même dénote une très grande complexité des relations.

Il est important de remarquer que les études actuelles n'ont porté que sur des réactions de doubles décompositions ; or, dans ces réactions, il ne se produit pas simplement une combinaison de A et de B avec C selon l'affinité ou l'avidité de ces différents corps ; mais il s'effectue en réalité deux réactions reversibles :

$$MX + NY = MY + NX$$

et *vice versa*, aussi n'est-ce pas l'affinité ou l'avidité d'un corps pour tel autre qui est directement déterminée ici, mais la différence ou le rapport des avidités des corps mis en présence.

L'acide azotique possède pour l'eau (non seulement pour celle qui entre dans la constitution de sa molécule, mais encore pour celle qui lui sert de dissolvant) une avidité plus faible que l'acide sulfurique, cela ressort des données thermochimiques.

La réaction

$$Az^2O^5 + H^2O = +3600 \text{ calories}$$

et la dissolution de l'hydrate $2AzHO^3$ dans un grand excès d'eau produit + 14.986 calories.

La combinaison

$$SO^3 + H^2O = 21.308 \text{ calories}$$

tandis que la dissolution de H^2SO^4 dans un excès d'eau donne 17.860 calories, c'est-à-dire que, dans les deux cas, l'acide sulfurique produit un dégagement de chaleur plus considérable.

L'échange entre Na^2SO^4 et $2HAzO^3$ s'accomplit non seulement à cause de la formation de $NaAzO^3$, mais aussi par suite de la production de H^2SO^4 et par conséquent l'affinité entre l'acide sulfurique et l'eau joue son rôle dans les réactions de doubles décompositions. Aussi, dans les déterminations analogues à celles que faisait Thomsen, faut-il tenir compte du rôle que peut jouer l'eau et ne pas la considérer comme un milieu neutre, ne prenant aucune part aux phénomènes qui se produisent dans son sein.

Ostwald (1876), en retenant en somme les procédés de Thomsen, a déterminé, dans des solutions diluées, les modifications du poids spécifique (et plus tard celles des volumes) qui accompagnent la neutralisation des acides par les bases et la décomposition des sels par un acide autre que celui qui les a formés, il arriva exactement aux mêmes conclusions que Thomsen. Voici à titre d'exemple une de ses expériences : Le poids spécifique de la solution de soude renfermant un équivalent (40 gr.) par litre = 1,04051. La densité d'une solution renfermant un équivalent d'acide sulfurique par litre est de 1,02970 et celle d'une solution d'acide azotique au même titre 1,03084. Ces solutions se neutralisent à volumes égaux : si l'on mélange les solutions de NaHO et de H^2SO^4, on obtient une solution de Na^2SO^4 dont le poids spécifique est 1,02959. Il s'est donc produit une diminution de poids spécifique que nous désignerons par Q et qui est égale à

$$1,04051 + 1,02970 - 2.1,02959 = 0,01103$$

Il en est de même pour le mélange des solutions de NaHO et $HAzO^3$; son poids spécifique est 1,02633 et Q = 0,01869. Quand on ajoutait, à deux volumes de la solution de Na^2SO^4, un volume de la solution d'acide nitrique, on obtenait une solution dont le poids spécifique était 1,02781 et la diminution

$$Q^1 = 2.\ 1,02959 + 1,03084 - 3.1,02781 = 0,00659$$

Ostwald suppose que, si aucune réaction chimique ne s'effectuait, le poids spécifique du mélange serait égal à celui des solutions et que, si l'acide azotique avait déplacé tout l'acide sulfurique, la valeur de Q_2 serait :

$$0,01869 - 0,01103 = 0,00766$$

Il est évident qu'une partie de l'acide sulfurique est déplacée par l'acide azotique. Cependant, la mesure de ce déplacement n'est pas égale au rapport de Q_1, à Q_2 ; on observe en effet une diminution du poids spécifique quand on mélange les solutions de Na^2SO^4 et H^2SO^4, en outre, le mélange des solutions de $NaAzO^3$ et $HAzO^3$ ne détermine que des modifications insignifiantes dans le poids spécifique, ne dépassant pas la limite des erreurs possibles.

Dans les procédés employés par Ostwald, la participation de l'eau aux réactions ressort d'une manière encore plus évidente que dans ceux de Thomsen. En effet, quand on sature les solutions d'acides par les alcalis on obtient non pas une contraction de volume mais au contraire une dilatation (diminution du poids spécifique). C'est ainsi qu'en mêlant 1880 grammes d'une solution d'acide sulfurique ayant la composition de $SO^3 + 100\ H^2O$ et occupant le volume de 1815 cc. avec une quantité équivalente d'une solution de soude $2(NaHO + 50H^2O)$ dont le volume = 1793 cc., on obtient non pas 3.608 mais 3.633 cc. ; la dilatation équivaut à 25 cc. pour une molécule gramme de Na^2SO^4 qui se forme. Il en est ainsi dans d'autres cas.

La dilatation produite par les acides azotique et chlorhydrique est encore plus grande que celle de l'acide sulfurique. KHO détermine également une dilatation supérieure à celle de NaHO (les solutions de AzH^3 produisent de la contraction). Il faut chercher la cause de ces différences dans la diversité d'action de ces substances sur l'eau. NaHO et H^2SO^4, en se dissolvant dans l'eau, dégagent de la chaleur et produisent une forte contraction ; l'eau s'élimine de ces solutions avec une grande difficulté. En se saturant mutuellement, ils forment un sel Na^2SO^4 ne retenant l'eau que faiblement, dégageant peu de chaleur en sa présence, possédant en un mot peu d'affinité pour l'eau. L'eau, par le fait de la neutralisation de l'acide sulfurique par la soude, serait pour ainsi dire déplacée de sa combinaison stable et se transforme en une combinaison instable. De là la dilatation (diminution du poids spécifique). Ce n'est donc pas l'action de l'acide sur l'alcali, mais bien celle de l'eau qui détermine le phénomène dont Ostwald veut se servir pour mesurer la formation des sels. L'eau, mise hors de cause, possède elle-même un affinité et exerce une influence sur les phénomènes étudiés. Dans le cas présent, cette influence est énorme parce que sa masse est grande. Quand la réaction s'effectue sans intervention d'eau, ou quand la quantité employée est très faible, la formation du sel par union de la base et de l'acide s'accompagne de contraction et non de dilatation.

La densité de $Na^2O = 2,8$ et son volume $= 22$; celle de $SO^3 = 1,9$ et le volume $= 41$; la somme des deux volumes $= 63$. D'autre part le poids spécifique de $Na^2SO^4 = 2,65$ et le volume $= 53,6$; il se produit donc une contraction égale à 10 cc. par chaque molécule de sulfate de sodium formée.

Le volume de $H^2SO^4 = 53,3$, celui de $2NaHO = 37,4$; il se forme $2H^2O$ dont le volume est 36 et Na^2SO^4 dont le volume est 53,6. Dans le cas où il se produit une substitution et non une combinaison, il y a aussi une contraction, faible il est vrai, car au lieu de 90,7 cc. mis en présence il se produit 89,6 cc. Normalement, dans les substitutions, les volumes ne changent pas ou bien les modifications sont toujours très petites.

Il est donc peu probable qu'il existe une relation entre les phénomènes étudiés par Ostwald et la quantité de sels décomposée : ces modifications paraissent plutôt dépendre de l'action de l'eau sur les substances qu'elle tient en dissolution. Aussi est-il certain que les phénomènes étudiés par Ostwald se montreront bien plus complexes qu'ils ne paraissent l'être au premier abord, quand on tiendra compte de l'influence de l'eau. On voit d'ailleurs que leurs méthodes ne pourront guère servir à déterminer avec précision le mode de distribution des acides entre les bases.

Il est utile d'ajouter que P. Khrouchtchoff (1890), en étudiant la conductibilité électrique des solutions et de leurs mélanges, a introduit une nouvelle méthode pour l'étude des phénomènes qui s'effectuent dans les réactions de double décomposition. Entre autres résultats remarquables, il a observé que l'acide chlorhydrique déplace presque complètement l'acide formique et environ les 2/3 de l'acide sulfurique, etc. Nous renvoyons le lecteur aux traités de chimie théorique pour ce qui a trait aux recherches de Khrouchtchoff.

Les réactions qui s'effectuent entre les alcools et les acides sont à l'abri des reproches que nous venons de formuler ; elles sont plus simples et présentent par cela même une importance capitale pour la confirmation de la théorie de Berthollet. On ne peut les comparer, sous le rapport de la simplicité, qu'avec les cas de doubles décompositions étudiées par Gustavson qui se produisent entre

CCl^4 et RBr^n d'une part et d'autre part entre CBr^4 et RCl^n. Ces réactions présentent une commodité particulière, car les substances RCl^n et RBr^n sont décomposables par l'eau (par exemple BCl^3, $SiCl^4$, $TiCl^4$, $POCl^3$ et $SnCl^4$) tandis que CCl^4 et CBr^4 ne le sont pas Si l'on chauffe, par exemple, le mélange $CCl^4 + SiBr^4$, on apprécie le résultat de la double décomposition en traitant le produit par l'eau qui décompose $SiBr^4$ resté intact et $SiCl^4$ formé par double décomposition. Les substances étaient toujours prises en quantités équivalentes, par exemple $4BCl^3 + 3CBr^4$. Le simple contact ne suffisait pas pour déterminer la réaction qui ne s'effectue que sous l'influence d'une élévation de température et encore très lentement. Ainsi, après avoir maintenu le mélange indiqué pendant 14 jours à la température de 123°, on constata que 4,86 0/0 de chlore étaient remplacés par le Br; au bout de 28 jours, 6,83 0/0 et au bout de 60 jours à 150°, 10,12 0/0. La réaction s'arrête lorsque l'équilibre correspondant au système complémentaire ($4BBr^3 + 3CCl^4$) est atteint. Dans ce dernier système, 89,97 0/0 de Br étaient remplacés par le Cl dans BBr^3, c'est-à-dire qu'il s'est formé 89,97 molécules de BCl^3 et qu'il est resté 10,02 molécules de BBr^3, ce qui correspond à l'équilibre qui s'établit dans le système $4BCl^3 + 3CBr^4$ (28).

(28) Les recherches de Gustavson, faites dans le laboratoire de l'université de St-Pétersbourg en 1871-1872, furent un des premiers travaux qui mirent en évidence le rapport existant entre la grandeur de l'affinité des métaux pour les halogènes, et la vitesse de la réaction.

Les recherches de Potylitsine faites en 1879 (V. chap. XI, note 66), touchent un autre point du même problème encore incomplètement résolu, bien qu'il présente une grande importance et que le côté théorique de la question (grâce aux recherches de Guldberg et de Van't' Hoff) ait fait de grands progrès.

Gustavson a montré en outre que la quantité de chlore remplacée par le brome quand on fait agir CBr^4 sur le chlorure, est d'autant plus considérable que le poids atomique de l'élément (B, Si, Ti,

As, Sn) combiné avec le chlore, est plus élevé. Si au contraire on fait réagir CCl^4 sur les bromures, la quantité de brome remplacée par le chlore est en raison inverse du poids atomique de l'élément combiné au brome. Voici à titre d'exemple les pourcentages de la décomposition des chlorures.

BCl^3	$SiCl^4$	$TiCl^4$	$AsCl^3$	$SnCl^4$
10,1	12,5	43,6	71,8	77,5

Il faut remarquer que Thorpe, en se basant sur les recherches qu'il a faites, réfute l'existence de ces relations.

Nous mentionnerons encore une conséquence qui, à notre avis, peut être tirée des chiffres de Gustavson, si ceux-ci viennent à être justifiés ne fut-ce que dans des limites très étroites. Si l'on chauffe CBr^4 avec RCl^4, il se produit un échange entre Cl et Br. On peut se demander ce qui se passera, si l'on mélange CBr^4 avec CCl^4. En se basant sur les grandeurs des poids atomiques ($B = 11$, $C = 12$, $Si = 28$), on peut prévoir qu'environ 11 0/0 de chlore seront remplacés par le brome. Je pense que cela démontre l'existence du mouvement des atomes dans l'intérieur des molécules.

Le mélange $CCl^4 + CBr^4$ ne reste pas à l'état d'équilibre permanent; les molécules et même les atomes qui les constituent sont animés de mouvements continuels, et le nombre trouvé plus haut indique la mesure de leur déplacement dans les conditions spécifiées. Le brome de CBr^4 prend la place du chlore de CCl^4 dans la proportion de 11 pour 100, c'est-à-dire qu'une partie des atomes de brome qui étaient un moment auparavant combinés à un atome de C s'unissent à un autre atome C et le chlore de se second atome C prend la place du brome. Ainsi, dans la masse homogène de CCl^4, les atomes Cl ne restent pas toujours en combinaison avec le même atome C : il se produit constamment un *échange d'atomes entre les différentes molécules, même dans un milieu homogène.*

Cette hypothèse, qui peut expliquer certains phénomènes de dissociation, m'a été inspirée par l'étude des solutions. Pfaundler en a émis une autre analogue ; actuellement cette conception commence à être appliquée à la théorie de l'électrolyse des solutions salines.

En résumant ce qui précède, on voit que les principes suivants de Berthollet relatifs aux doubles décompositions trouvent leur confirmation :

1° Deux sels MX et NY formés par des métaux et des radicaux acides différents produisent, en réagissant entre eux, deux autres sels MY et NX ; cette décomposition reste toujours incomplète si rien ne s'élimine du champ de la réaction.

2° Cette réaction est limitée par l'établissement d'un état d'équilibre entre MX, NY, MY et NX parce que la réaction inverse peut s'effectuer aussi bien que la réaction directe.

3° Cet état d'équilibre est déterminé par la grandeur des affinités mises en action, aussi bien que par les masses relatives des substances, mesurées par le nombre des molécules agissantes.

4° Toutes les autres conditions étant égales, la décomposition est proportionnelle au produit des masses chimiques actives (29).

(29) Il est peu probable que les principes posés par Berthollet puissent être tant soit peu ébranlés quand on aura prouvé l'existence de certains cas où il ne se produit aucune décomposition entre des sels mis en présence. En principe, l'affinité entre deux corps peut être si faible que même des masses considérables ne peuvent encore donner de déplacements appréciables.

La condition essentielle qui rend applicable les principes de Berthollet ainsi que les principes de dissociation énoncés par Deville, c'est la réversibilité des réactions. L'existence des réactions pratiquement non réversibles (par exemple $CCl^4 + 2H^2O = CO^2 + 4HCl$) et des corps non volatils, n'est cependant pas une raison suffisante pour faire rejeter ces principes.

Nous avons vu que les sels MX et NY mis en présence produisaient les sels MY et NX et que la réaction ne s'effectuait pas complètement si rien ne s'éliminait de la sphère d'action. Supposons que le sel NX disparaisse d'une manière quelconque, dans ce cas la réaction, c'est-à-dire la formation de NX recommence. Si cette nouvelle quantité de NX est encore éliminée, bien que la quantité des éléments N et X soit par ce fait même diminuée, il doit se former de nouveau une certaine quantité de NX qui, d'après ses propriétés, s'éliminera de nouveau. La réaction pourra donc aboutir grâce à la propriété physique d'un des produits qui prennent naissance, quelle que faible que soit l'attraction entre les éléments entrant dans la composition de XX.

Cette conception de la marche des décompositions chimiques s'applique très bien à une foule de réactions et, ce qui est important, sans qu'il soit nécessaire de définir la grandeur de l'affinité agissant entre les substances mises en présence. Ainsi, par exemple, l'action de l'ammoniaque sur les solutions de sels, la précipitation à l'aide de ce corps des hydrates basiques insolubles dans l'eau, le dégagement de l'acide azotique volatil à l'aide de l'acide sulfurique non volatil, de même que la décomposition du chlorure de sodium avec dégagement d'acide chlorhydrique gazeux, sont autant d'exemples de réactions qui s'accomplissent complètement parce que l'un des produits de la réaction s'élimine de la sphère d'action, mais qui ne nous enseignent rien quant à la grandeur de l'affinité (**30**).

(30) Le chlorure de sodium entre en réaction de double décomposition non seulement avec les acides, mais aussi avec les sels. Cependant, ces décompositions ne sont que rarement utilisées pour la préparation des chlorures métalliques, attendu que la décomposition est incomplète si le chlorure métallique formé ne s'élimine pas du champ de la réaction. Ainsi, par exemple, si l'on mélange une solution de chlorure de sodium avec une solution de sulfate de magnésium, il se produit une double décomposition incomplète parce que toutes les substances restent en solution.

$$2NaCl + MgSO^4 = MgCl^2 + Na^2SO^4.$$

Il est cependant possible d'éliminer le sulfate de sodium ainsi formé en refroidissant le mélange. Le sel ne se séparera pas, bien entendu, en totalité, car une partie restera en solution, néanmoins ce procédé est employé pour l'extraction de Na^2SO^4 des résidus de l'évaporation de l'eau de mer qui renferment un mélange de sulfate de magnésium et de chlorure de sodium. C'est à tort que l'on attribuerait la production de réactions de ce genre aux modifications de la température ; ceci n'est pas exact, car d'autres cas analogues démontrent le contraire. Ainsi, par exemple, la solution de sulfate de cuivre est bleue, celle du chlorure de cuivre présente une coloration verte. En mélangeant ces deux solutions, la coloration verte reste bien distincte, ce qui prouve la présence du chlorure de cuivre dans la solution du sulfate de cuivre. Si maintenant on ajoute à cette dernière solution du chlorure de sodium, on obtient une coloration verte, preuve de la formation du chlorure de cuivre qui ne se précipite pas, mais se forme au moment même de l'addition du sel, comme cela ressort des principes de Berthollet.

D'après ce qui a été dit précédemment, la transformation complète du chlorure de sodium, en un autre chlorure métallique, ne peut avoir lieu que dans le cas où le chlorure formé est capable de s'éliminer du milieu où il se forme. Tel est le cas du chlorure d'argent insoluble dans l'eau.

En ajoutant à une solution d'un sel argentique, du chlorure de sodium, on obtient un précipité de chlorure d'argent et le sel sodique de l'acide qui était primitivement uni à l'argent.

Pour montrer d'une manière encore plus nette que les doubles décompositions analogues à celles qui viennent d'être décrites s'effectuent en effet dans le sens de la théorie de Berthollet, on peut citer cet exemple que le chlorure de sodium peut être complètement décomposé par un excès d'acide azotique et le salpêtre par un excès d'acide chlorhydrique, quand l'acide formé s'élimine.

Si l'on met dans une capsule en porcelaine du chlorure de sodium en présence de l'acide azotique et que l'on chauffe le mélange, l'acide chlorhydrique formé et l'acide azotique se transforment en vapeur sous l'influence de la chaleur. Le résidu contiendra un mélange d'une certaine quantité de chlorure de sodium non décomposé et d'azotate de sodium nouvellement formé. En ajoutant à nouveau de l'acide azotique, on peut transformer une nouvelle quantité de chlorure de sodium. En répétant cette opération un nombre de fois suffisantes le résidu sera entièrement formé d'azotate de sodium.

Inversement, si l'on met en présence $NaAzO^3$ et HCl en solution aqueuse, on déplace une partie de l'acide azotique et, en répétant les additions d'HCl, on peut déplacer la totalité de l'acide azotique.

L'influence de la masse active et de la volatilité se manifeste dans ces deux cas d'une manière frappante. On est donc en droit d'affirmer que ce n'est pas en vertu de sa très grande affinité que l'acide sulfurique déplace l'acide chlorhydrique, mais que, si cette réaction s'effectue complètement, cela tient à ce que l'acide sulfurique n'est pas volatil, tandis que l'acide chlorhydrique qui se forme l'est beaucoup.

C'est sur ces données qu'est basée la préparation de l'acide chlorhydrique dans les laboratoires et dans l'industrie. Dans le premier cas, afin que la réaction s'effectue à une température peu élevée, on emploie un excès d'acide sulfurique; dans l'industrie, où l'on est guidé par des considérations d'économie, on emploie les substances en proportions équivalentes pour obtenir le sulfate neutre Na^2SO^4 et non le sulfate acide $NaHSO^4$ dont la préparation demande une quantité double d'acide sulfurique.

L'acide chlorhydrique sec qui se dégage dans ces réactions est un gaz très soluble dans l'eau et c'est en solution surtout qu'il est le plus souvent employé dans la pratique sous le nom **d'esprit de sel** (31).

(31) Pour préparer de petites quantités d'acide chlorhydrique, on se sert de l'appareil représenté page 426, T. I. Le chlorure de sodium, préalablement fondu afin d'éviter la formation d'une mousse gênante, est introduit dans le ballon et, une fois que tous les joints de l'appareil sont bien fermés, on verse par le tube de sûreté le mélange d'acide sulfurique et d'eau. On prend ordinairement, pour 1 partie de sel, 1 partie et demie d'acide sulfurique concentré que l'on étend avec une petite (1/2) quantité d'eau pour ralentir la réaction qui serait trop énergique avec de l'acide sulfurique concentré.

D'abord sans le secours de la chaleur, ensuite au bain-marie, ce mélange dégage de l'acide chlorhydrique. L'acide chlorhydrique du commerce renferme beaucoup de matières étrangères ; on le purifie généralement par distillation en ne recueillant que les portions moyennes du distillat. Pour le débarrasser de l'arsenic, on l'additionne d'un peu de $FeCl^2$, on le soumet à la distillation et on jette le premier tiers du liquide distillé.

Pour obtenir de l'acide chlorhydrique à l'état de gaz et non à l'état de solution, on dirige le gaz dans un flacon rempli d'acide sulfurique concentré pour le dessécher et on le recueille sur la cuve à mercure.

L'anhydride phosphorique absorbe HCl à la température ordinaire (Bailey et Fovler 1888 ; $2P^2O^5 + 3HCl = POCl^3 + 3HPO^3$) et ne peut être utilisé pour dessécher ce gaz.

Dans l'industrie, la décomposition du chlorure de sodium par l'acide sulfurique se fait en grand, uniquement dans le but d'obtenir du sulfate neutre de sodium et l'acide chlorhydrique n'est dans ce cas qu'un produit secondaire. Le four employé à cet effet, appelé four à *moufle*, est représenté sur la fig. 11. On y distingue le foyer F, la chau-

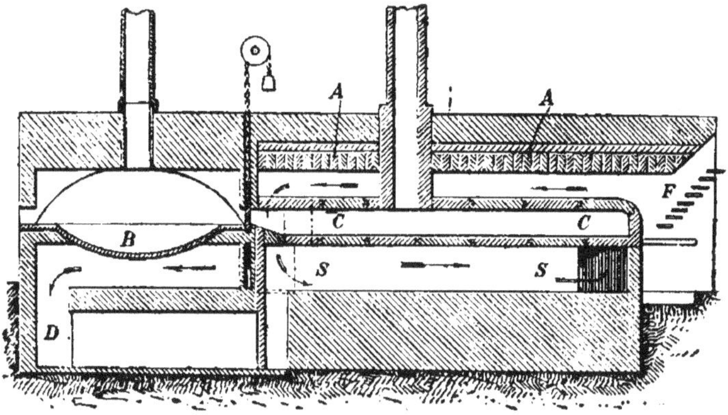

Fig. 11. — Four à moufle.

dière ou cuvette B et le moufle ou calcine C, cette dernière partie construite en briques est entourée de tous côtés par la flamme. C'est dans le moufle que s'opère la décomposition définitive de NaCl. Le commencement de la décomposition ne nécessitant pas de température élevée se fait dans la cuvette B échauffée par la fumée et les gaz qui s'échappent du foyer. Une fois la réaction terminée en B et quand le dégagement d'acide chlorhydrique a cessé, on repousse la masse renfermant encore la moitié du chlorure de sodium non décomposé et autant d'acide sulfurique sous forme de sulfate acide de sodium, dans le moufle A où la réaction s'achève. Le moufle renferme du sulfate neutre de sodium, sel qui sera décrit plus bas et qui s'emploie soit directement, comme dans la fabrication du verre, ou qui est utilisé pour la fabrication des autres sels sodiques par exemple du carbonate de sodium.

L'acide chlorhydrique qui se dégage en B et en C est condensé par dissolution dans l'eau (32).

(32) Dans les usines où l'on opère la transformation du sel marin en Na^2SO^4, l'acide chlorhydrique n'est qu'un produit secondaire, d'une valeur à peu près nulle que les fabricants laisseraient volontiers échapper dans l'air. Mais cette pratique étant reconnue très nuisible pour la végétation des environs, les lois sanitaires de tous les pays la condamnent et exigent que la condensation de HCl soit faite dans les usines mêmes et non dans les eaux courantes.

L'absorption de l'acide chlorhydrique s'effectue facilement, parce que ce gaz a une très grande affinité pour l'eau et forme avec elle un hydrate qui bout à 100°. La vapeur d'eau, l'eau chaude et les solutions diluées d'acide chlorhydrique absorbent facilement ce gaz. Cependant Varder a montré (1888) que les solutions étendues, ayant la composition $H^2O + n$HCl, dégagent, quand on les soumet à l'ébullition, non pas de l'eau mais une solution ayant la composition $H^2O + 445n^4$HCl ; ainsi, par exemple, dans la distillation de $HCl10H^2O$, les premières portions recueillies auront la composition $HCl23H^2O$. A mesure que croît la concentration du résidu celle du distillat croît aussi, c'est pourquoi, pour absorber complètement HCl, il faut employer à la fin de l'eau pure.

Comme les fours où s'accomplit la décomposition industrielle du chlorure de sodium ne sont pas absolument hermétiques, il est nécessaire d'avoir recours au tirage artificiel pour faire pénétrer l'acide chlorhydrique dans les appareils condensateurs. A cet effet, on met les extrémités des conduites de dégagement en communication avec les cheminées de l'usine.

Les appareils employés pour la condensation de l'acide

chlorydrique sont généralement des bonbonnes en grès munies de quatre tubulures, deux supérieures et deux latérales.

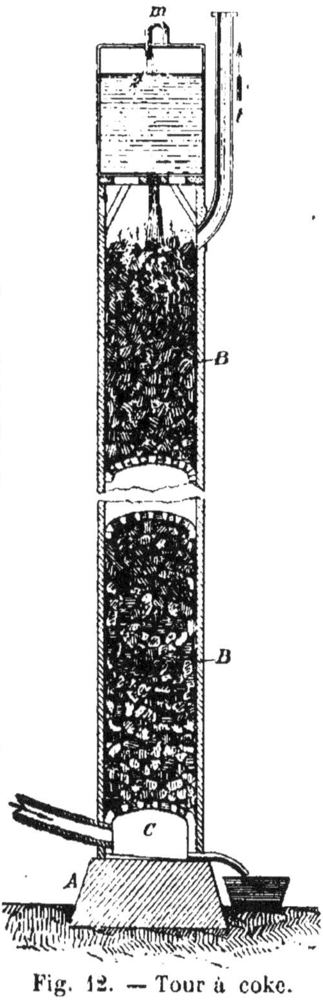

Fig. 12. — Tour à coke.

Au moyen de tuyaux également en grès, on relie les bonbonnes les unes aux autres par ces tubulures supérieures et latérales : l'ensemble forme ainsi une série de vases communicants. L'acide chlorhydrique gazeux passe à travers les tuyaux supérieurs. A travers les tubulures latérales, il s'établit un courant d'eau qui arrive pure à la bonbonne la plus éloignée du four et, passant nécessairement dans toute la série, se charge de plus en plus d'acide chlorhydrique. La solution qui s'écoule de la tourie la plus proche du four est donc la plus riche en acide chlorhydrique : elle renferme en effet jusqu'à 20 0/0 de ce gaz.

Il faut remarquer que l'eau et le gaz circulent en sens inverse l'un de l'autre et que la condensation se fait par simple contact et à la surface du liquide.

La condensation dans les appareils qui viennent d'être décrits n'est jamais complète ; on l'achève dans des **tours à coke** dont la disposition est représentée fig. 12. Ce sont de grandes tours en maçonnerie remplies intérieurement de coke bien cuit et poreux, inattaquable par l'acide chlorhydrique. Les gaz pénètrent d'abord dans l'espace vide ménagé sous une grille voûtée en briques qui soutient la colonne de coke ; ils traversent ensuite toute la colonne de coke imbibée d'eau.

L'acide chlorhydrique peut également être préparé à l'aide de tout autre chlorure métallique, du chlorure de magnésium par exemple (33). Il se forme encore dans d'autres réactions dont quelques-unes seront étudiées plus tard. Ainsi, par exemple, la décomposition des chlorures de soufre, de phosphore et d'antimoine par l'eau est accompagnée de dégagement d'acide chlorhydrique.

(33) Au contact de l'acide sulfurique, $MgCl^2$ se décompose à la température ordinaire ; l'eau le décompose également en partie (50 0/0) mais il est nécessaire de faire intervenir la chaleur ; dans ces conditions, cette réaction peut servir pour la préparation de l'acide chlorhydrique.

On obtient encore l'acide chlorhydrique en calcinant dans un courant d'hydrogène certains chlorures métalliques, surtout ceux qui se réduisent facilement mais qui s'oxydent avec difficulté ; le chlorure d'argent est de ce nombre.

Le chlorure de plomb calciné dans un courant de vapeur d'eau forme HCl et PbO. Nous verrons plus bas que l'acide chlorhydrique résulte encore de l'action directe du chlore sur l'hydrogène.

L'**acide chlorhydrique** est un gaz incolore, d'une odeur vive et suffocante, ayant une saveur acide ; au contact de l'air humide, ce gaz forme des fumées blanches dues à la formation d'un hydrate.

L'acide chlorhydrique, refroidi et soumis à la pression de 40 atmosphères, se liquéfie en un liquide incolore ayant à 0° une densité égale à 0,908 (34), et bouillant à — 35° ; sa température d'ébullition absolue égale + 52°.

(34) D'après Ansdell (1880), le poids spécifique de HCl liquide à 0° = 0,908, à 11°67 = 0,854, à 22°,7 = 0,808, à 33° = 0,748.

L'acide chlorhydrique, comme nous l'avons déjà vu, se combine avidement avec l'eau en dégageant une grande quantité de chaleur. La solution d'acide chlorhydrique, saturée à froid, atteint la densité de 1,23. Sous l'influence de la chaleur, cette solution, qui renferme environ 45 0/0 d'acide chlorhydrique, dégage de l'acide chlorhydrique en même temps qu'une petite quantité de vapeur d'eau. Il est cependant impossible de chasser par ce moyen tout l'acide chlorhydrique comme c'est le cas pour la solution ammoniacale. La température de la solution s'élève jusqu'à 110° — 111° et reste stationnaire à ce niveau, de sorte qu'on obtient une solution à point d'ébullition constant, laquelle cependant ne présente pas de composition constante aux différentes pressions et aux différentes températures de la distillation (Roscoe et Ditmar).

On est en droit de conclure qu'il se forme entre HCl et H^2O un hydrate $HCl6H^2O$ de composition définie en se basant sur les considérations suivantes :

1° A mesure que l'on diminue la pression dans l'appareil distillatoire, la teneur en HCl de la solution à point d'ébullition constant tend à se rapprocher de 25 0/0 HCl (**35**).

(35) D'après Roscoe et Ditmar, la solution à point d'ébullition constant renferme 18 0/0 HCl à la pression de 3 atm.; 23 0/0 à la pression de 1/10 atm. et des quantités intermédiaires aux pressions moyennes.

2° En faisant passer un courant d'air sec à travers la solution de HCl, on obtient un résidu renfermant 25 0\0 HCl si la température est suffisamment basse (à 0° — 25 0/0 à 100° — 20,7 0/0).

3° Les solutions d'acide chlorhydrique qui renferment plus ou moins de 25 0/0 d'acide possèdent des propriétés toutes particulières ; ainsi par exemple Sb^2S^3 donne H^2S

avec l'acide plus concentré ; cette réaction ne se produit pas avec l'acide renfermant moins de 25 0/0, etc...

4° La composition de l'hydrate $HCl6H^2O$ répond à la proportion de 25, 26 0/0 HCl.

En plus de l'hydrate $HCl6H^2O$, il en existe un autre $HCl2H^2O$ (**36**) que l'on obtient en faisant absorber l'acide chlorhydrique par l'eau à — 23°. Il cristallise et fond lorsqu'on élève la température à — 18° (**37**).

(36) Cet hydrate cristallisable, obtenu par Pierre et Puchot, a été étudié par Rozeboom ; il présente des analogies avec $NaCl2H^2O$. Les cristaux de $HCl2H^2O$ ont à — 22° un poids spécifique égal à 1,46. La tension de dissociation de la dissolution ayant la composition $HCl2H^2O$ est 760 à — 24°, 1010 à — 19°, 1057 à — 18°, 1112 à — 17° en mm. de mercure. A — 17°,7 la tension de dissociation de l'hydrate est égale à celle de la solution ; elle est de beaucoup inférieure à des températures plus basses ; ainsi, par exemple, à — 27° elle est seulement de 150 mm ; à — 19° elle est de 580 mm.

Un mélange de HCl fumant et de neige abaisse la température jusqu'à — 38°.

Si l'on ajoute à l'hydrate $HCl2H^2O$ à — 18° encore une molécule d'eau la température de la solidification descend jusqu'à — 25° et il se forme $HCl3H^2O$ (Pickering, 1893).

(37) D'après Roscoe 100 grammes d'eau dissolvent, à la pression p et à 0°, les quantités suivantes d'acide chlorhydrique :

p =	100	200	300	500	700	1000
HCl en gr. =	65,7	70,7	73,8	78,2	81,7	85,6

A la pression de 760 mm. et à la température t, 100 grammes d'eau dissolvent

t =	0°	8°	16°	24°	40°	60°
HCl en gr. =	82,5	78,3	74,2	70,0	63,3	56,1

Bakhuis-Rozeboom (1876), a montré qu'en même temps que l'hydrate $HCl2H^2O$ il peut se former à $t°$ (si la pression p varie) des solutions renfermant pour 100 gr. d'eau c gr. de HCl

t =	— 23°8	— 21°	— 19°	— 18°	— 17°,7
c =	84,2	86,8	92,6	98,4	101,4
p =	—	334	580	900	1073 mm.

La dernière composition correspond à l'hydrate $HCl2H^2O$ qui se décompose à une température supérieure à — 17°7.

La pression étant constante, lorsqu'il n'y a pas de cristaux

$$t^\circ = -24^\circ \quad -21^\circ \quad -18^\circ \quad -10^\circ \quad 0^\circ$$
$$e = 101{,}2 \quad 98{,}3 \quad 95{,}7 \quad 89{,}8 \quad 84{,}2$$

Ces données montrent que l'hydrate HCl $2H^2O$ peut exister à l'état liquide, ce qui n'est pas le cas pour ceux de CO^2, SO^2, Cl^2 et autres.

D'après Marignac, la chaleur spécifique C de l'eau étant 1, celle de la solution HCl + mH^2O s'exprime par l'équation suivante, vers 30°

$$c(36{,}5 + m\,18) = 18\,m - 28{,}39 + \frac{140}{m} - \frac{268}{m^2}$$

à condition que m ne soit pas inférieur à 6,25. Ainsi, par exemple, pour HCl + $25H^2O$, $c = 0{,}877$.

Ci-dessous la quantité de chaleur Q, exprimée en milliers de calories, qui se dégage pendant la dissolution de 36 gr.,5 d'acide chlorhydrique gazeux dans $m\,H^2O$, c'est-à-dire dans 18 m gr. d'eau (Thomsen) :

$$m = 2 \quad 4 \quad 10 \quad 50 \quad 400$$
$$Q = 11{,}4 \quad 14{,}3 \quad 16{,}2 \quad 17{,}1 \quad 17{,}3$$

Ces chiffres renferment la quantité de chaleur latente de liquéfaction qui peut être évaluée de 5 à 9 mille calories pour une quantité moléculaire de HCl.

Les recherches de Scheffer (1888) sur la vitesse de diffusion des solutions d'acide chlorhydrique démontrent que le coefficient de diffusion k diminue à mesure que la proportion d'eau n augmente si la composition de la solution est HCl n H^2O ; à 0°.

$$n = 5 \quad 6{,}9 \quad 9{,}8 \quad 14 \quad 27{,}1 \quad 129{,}5$$
$$k = 2{,}31 \quad 2{,}08 \quad 1{,}86 \quad 1{,}67 \quad 1{,}52 \quad 1{,}39$$

Les solutions fortes diffusent plus vite dans les solutions faibles que dans l'eau.

Le tableau suivant montre les poids spécifiques moyens S à 15° pour les solutions renfermant p 0/0 HCl ; la densité de l'eau à 4° étant égale à 10.000

p	S	p	S
5	10.242	25	11.266
10	10.490	30	11.522
15	10.744	35	11.773
20	11.001	40	11.997

Ces nombres ont été obtenus au moyen de l'équation générale suivante :

$$S = 9991.6 + 49,43\,p + 0,0571\,p^2$$

jusqu'à $p = 25,26$,ce qui correspond à l'hydrate $HCl6H^2O$. Si la proportion de HCl est supérieure, c'est la formule suivante qui donne les poids spécifiques.

$$S = 9785,1 + 65,10\,p - 0,240\,p^2$$

L'augmentation du poids spécifique, en raison de la proportion, (ou la dérivée *ds/dp*) atteint environ 25 0/0 de la valeur maxima (**38**).

(38) Si l'on admet que le maximum de la dérivée coïncide avec $HCl6H^2O$ on peut supposer que le poids spécifique s'exprime par une parabole de troisième ordre ; cette hypothèse cependant ne répond pas à la réalité.

La solution intermédiaire $HCl6H^2O$ possède encore cette propriété que la variation de son poids spécifique avec la température est une valeur constante, de sorte que le poids spécifique de cette solution est égal à $11352,7(1-0,000447t)$; 0,000447 étant le module de dilatation de cette solution (**39**).

(39) Attendu que le module de dilatation (ou la valeur k de l'expression $S^t = S_0 - kS_0t$ ou de $V_t = \frac{1}{1-kt}$ atteint la valeur 0,000447 à 48°, on serait tenté de croire que toutes les solutions d'acide chlorhydrique à 48° ont le même coefficient de dilatation, ce qui n'est pas exact. A la température ordinaire et aux températures inférieures, le coefficient de dilatation des solutions aqueuses est d'autant plus élevé par rapport à celui de l'eau que la proportion de la substance dissoute est plus grande.

Pour les solutions plus faibles que $HCl6H^2O$, de même que pour l'eau, la variation du poids spécifique (*ds/dt*) *augmente* avec la température (**40**).

p =	0	5	10	15	20
$S_0 - S_{15}$ =	7,2	23	38	52	64
$S_{15} - S_{30}$ =	34,1	42	50	59	67

Pour les solutions renfermant plus de HCl que $HCl,6H^2O$, ces coefficients *diminuent*. Ainsi avec 30 0/0 de HCl on a

$$\left.\begin{array}{l} S_0 - S_{15} = 88 \\ S_{15} - S_{30} = 87 \end{array}\right\} \text{(Marignac)}$$

Pour $HCl6H^2O$ ces différences sont constantes et égales à 76.

(40) Les chiffres cités peuvent servir directement pour le calcul des variations du poids spécifique des solutions de HCl avec la température. Ainsi, étant donné que, à 15°, le poids spécifique de la solution à 10 0/0 de HCl = 10,492, nous trouvons qu'à $t°$ il est égal à $10,530 - t\,(2,13 + 0,027t)$.

Il existe donc une foule de faits qui font admettre l'existence de deux hydrates de composition définie $HCl2H^2O$ et $HCl.6H^2O$ Tous les deux se dissocient facilement en HCl et H^2O lorsqu'ils sont à l'état liquide ; en se transformant en vapeur ils se décomposent complètement.

Les solutions d'acide chlorhydrique possèdent toutes les propriétés d'un *acide énergique*. Non seulement elles font virer au rouge le tournesol bleu, mais elles chassent l'acide carbonique des carbonates et saturent complètement des bases aussi énergiques que la potasse, la chaux, etc.

L'acide chlorhydrique gazeux desséché n'agit pas sur les couleurs végétales et il est incapable de produire une foule de réactions de double décomposition qui s'effectuent facilement en présence de l'eau. Cependant le fer incandescent, le zinc, le sodium et quelques autres métaux réagissent avec l'acide chlorhydrique gazeux en déplaçant son hydrogène ; cette réaction peut même servir pour déterminer la composition de l'acide chlorhydrique.

L'acide chlorhydrique en solution aqueuse agit comme un acide, ressemblant sous bien des rapports à l'acide azotique (41); ce dernier cependant, par l'oxygène qu'il contient, joue souvent le rôle d'oxydant, cette propriété fait complètement défaut à l'acide chlorhydrique.

(41) Ainsi, par exemple, mis en présence de bases, ces deux acides dégagent en solutions étendues à peu près la même quantité de chaleur. Tous les deux se comportent de la même manière vis-à-vis de l'acide sulfurique ; tous les deux forment des solutions fumantes à l'air, de même que des hydrates et des solutions à points d'ébullition constants.

La plupart des métaux (même ceux qui, comme le cuivre, ne déplacent pas H de H^2SO^4 mais le réduisent en SO^2) dégagent l'hydrogène de l'acide chlorhydrique ; tels sont le zinc, l'étain, le fer et beaucoup d'autres (42).

(42) Rybalkin (1891) a établi que le cuivre commence à dégager l'hydrogène à 100° et que le chlorure de cuivre commence à céder son chlore à l'hydrogène à 230° ; pour l'argent, ces températures sont : 117° et 200°, la différence est, comme on le voit, plus faible.

Un petit nombre de métaux seulement résistent à l'action de l'acide chlorhydrique ; l'or et le platine sont dans ce nombre.

Le plomb, quand il est en masse compacte, est difficilement attaqué par l'acide chlorhydrique, par suite de la formation du chlorure de plomb qui tapisse le métal d'une couche insoluble empêchant l'acide d'arriver en contact avec lui. Ces mêmes considérations s'appliquent à la faible action qu'exerce HCl sur le mercure et sur l'argent dont les chlorures AgCl et HgCl sont insolubles dans l'eau.

Les chlorures métalliques se forment non seulement par action directe de HCl sur les métaux, mais encore par beaucoup d'autres procédés : par exemple quand on fait agir l'acide chlorhydrique sur les carbonates, les oxydes et les hydrates, et aussi le chlore sur les métaux et sur certains de leurs composés.

Les chlorures métalliques ont la composition générale.

$$MCl = NaCl, KCl, AgCl, HgCl$$

si les métaux sont monovalents ;

$$MCl^2 = CaCl^2, CuCl^2, PbCl^2, HgCl^2, MnCl^2$$

pour les métaux bivalents.

$AlCl^3$ et $PtCl^4$ sont des exemples de chlorures des métaux tri et tétravalents.

Différents métaux, par exemple le fer, donnent plusieurs combinaisons avec le chlore : $FeCl^2$ et $FeCl^3$ de même qu'avec l'oxygène. L'un d'eux $FeCl^2$, chlorure ferreux ou proto chlorure de fer, correspond au protoxyde de fer FeO (Cl^2 est équivalent à O) tandis que l'autre : Fe^2Cl^6, chlorure ferrique ou sesquichlorure de fer répond à Fe^2O^3 ou à l'oxyde ferrique ; cette relation ressort encore du mode de préparation de ces chlorures ; on obtient en effet $FeCl^2$ par l'action de HCl sur le protoxyde de fer ou sur le carbonate ferreux.

La propriété que possède HCl de former avec les bases telles que MO des sels MCl^2 et de l'eau H^2O est limitée par la réaction inverse :

$$MCl^2 + H^2O = MO + 2HCl$$

Plus la base MO est énergique, plus est faible la réaction inverse. Pour les bases faibles telles que Al^2O^3, MgO, cette réaction s'effectue facilement sous l'influence de la chaleur. Un grand nombre de métaux ne forment pas de chlorures correspondant aux peroxydes ou bien, si ces chlorures existent, ils se décomposent facilement avec dégagement de chlore. Il n'existe pas, par exemple, de chlorure $BaCl^4$ correspondant à BaO^2.

Les chlorures métalliques qui présentent les caractères généraux des sels sont, en général, plus facilement fusibles et plus stables que les oxydes et que beaucoup d'autres sels. Certains d'entre eux se volatilisent sans se décomposer. Ainsi, par exemple le bichlorure de mercure est très volatil, tandis que l'oxyde correspondant HgO se décompose sous l'influence de la chaleur.

Le chlorure d'argent AgCl est très facilement fusible et ne se décompose que difficilement, tandis que Ag^2O se décompose avec facilité.

La plupart des chlorures métalliques sont solubles dans l'eau ; les chlorures suivants le sont peu : AgCl, CuCl, HgCl et $PbCl^2$ et peuvent être obtenus à l'état de précipités en mélangeant les solutions des sels de ces métaux avec celle d'un chlorure métallique quelconque ou de l'acide chlorhydrique.

Le métal renfermé dans un chlorure métallique peut être remplacé par un autre métal et même par l'hydrogène comme celui des oxydes. C'est ainsi que le cuivre déplace le mercure d'une solution de bichlorure de mercure.

$$HgCl^2 + Cu = CuCl^2 + Hg$$

L'hydrogène peut se substituer à l'argent du chlorure d'argent.

$$2AgCl + H^2 = Ag^2 + 2HCl$$

L'acide chlorhydrique entre en réaction de double décomposition avec les bases et leurs hydrates en vertu de ses propriétés acides. C'est pour cette raison qu'il entre rarement en réaction avec les acides et les anhydrides acides. Cependant, on connait sa combinaison avec l'anhydride de l'acide sulfurique, SO^3HCl ; dans d'autres cas, qui seront examinés plus loin, l'acide chlorhydrique réagit avec les acides en abandonnant son hydrogène à leur oxygène et en dégageant son chlore.

La composition même de l'acide chlorhydrique HCl indique que c'est un acide monobasique, incapable, par conséquent, de former des sels acides (comme par exemple $NaHSO^4$, $NaHCO^3$). Cependant, beaucoup de chlorures métalliques formés par des bases peu énergiques peuvent *se combiner avec l'acide chlorhydrique* comme ils se combinent avec H^2O, AzH^3. On connaît depuis longtemps les combinaisons de HCl avec $AuCl^3$, $PtCl^4$, $SbCl^3$ et autres chlorures. Berthelot, Engel et autres ont démontré que les combinaisons de HCl avec M_nCl^m sont beaucoup plus communes que l'on ne le supposait. Si, par exemple, on dirige un courant de HCl, desséché, dans une solution de chlorure de zinc maintenue à 0° et renfermant un excès de sel, il se produit la combinaison $HCl.ZnCl^2.2H^2O$; à la température ordinaire, il se forme $HCl.2ZnCl^2.2H^2O$.

Berthelot, Ditte, Tcheltsof, Latchinoff et autres ont obtenu des combinaisons analogues avec $CdCl^2$, $CuCl^2$, $HgCl^2$, Fe^2Cl^6, etc. Ces combinaisons sont en général plus solubles dans l'eau que les chlorures métalliques eux-mêmes, de sorte que HCl diminue la solubilité des composés MCl^n correspondant aux bases énergiques (NaCl, $BaCl^2$) et augmente celle des chlorures dérivant des bases faibles ($CdCl^2$, Fe^2Cl^6 etc.). Le chlorure d'argent insoluble dans l'eau se dissout dans l'acide chlorhydrique.

L'acide chlorhydrique se combine encore avec certains hydrocarbures non saturés ($C^{10}H^{16}2HCl$) et avec leurs dérivés (43).

(43) La cause de la réaction se conçoit aisément : un hydrocarbure non saturé ou, en général, un composé non saturé se combine avec des molécules Cl^2, HCl, SO^3, H^2SO^4, etc.

L'azote forme, en dehors du type AzX^3, auquel appartient l'ammoniaque, d'autres composés du type AzX^5, par exemple $AzO^2(OH)$; c'est à ce dernier type que doivent être rapportés les sels d'ammonium : AzH^3 forme AzH^4Cl parce que AzX^3 peut former AzX^5.

Parmi les autres produits de combinaison de l'acide chlorhydrique il faut mentionner le *sel ammoniac, chlorure d'ammonium* ou encore *chlorhydrate d'ammoniaque* $AzH^3HCl = AzH^4Cl$. On l'obtient en mélangeant l'acide chlorhydrique et l'ammoniaque gazeux ou bien les solutions de ces deux corps. Dans la pratique on le prépare à l'aide de l'acide chlorhydrique et du carbonate d'ammonium (**44**).

(44) On prépare le sel ammoniac à l'aide du carbonate d'ammonium, l'un des produits de la distillation sèche des matières azotées, en saturant sa solution avec de l'acide chlorhydrique. La solution de chlorure d'ammonium ainsi obtenue est évaporée. Le résidu renferme des matières étrangères constituées par d'autres produits de distillation sèche et principalement par des matières résineuses.
Pour purifier le sel, on le soumet à la sublimation dans des chaudières en fonte fermées par des couvercles hémisphériques ou simplement dans des terrines recouvertes par d'autres terrines renversées. Le sel ammoniac se sublime et se dépose dans les parties froides des appareils: on le débarrasse ainsi de la majeure partie des matières étrangères. On l'obtient à l'état de croûtes cristallines épaisses de plusieurs centimètres et c'est dans cet état qu'on le trouve le plus souvent dans le commerce.
La solubilité du chlorhydrate d'ammoniaque croît rapidement avec la température : Cent parties d'eau à 0° dissolvent environ 8 p. de sel ammoniac ; à 50° environ 50 p. et 35 p. à la température ordinaire.

Nous avons vu plus haut que tous les sels ammoniacaux se décomposent facilement, par exemple lorsqu'ils sont chauffés en présence d'alcalis, et même lorsqu'on fait bouillir leurs solutions; il en est de même pour le chlorure d'ammonium.

Les autres propriétés et réactions du sel ammoniac, surtout en solution, rappellent complètement ce qui a été dit pour le sel ordinaire. Ainsi, par exemple, avec $AgAzO^3$ il forme un précipité de AgCl ; avec H^2SO^4 il donne de l'acide chlorhydrique et du sulfate d'ammonium et forme avec quelques chlorures métalliques et certains sels des sels doubles (45).

(45) Voici la table de solubilité du chlorure d'ammonium dans 100 gr. d'eau (d'après Alluar).

0°	10°	20°	30°	40°	60°	80°	100°	110°
28,40	32,48	37,28	41,72	46	55	64	73	77

La solution saturée bout à 115°8.

Les poids spécifiques des solutions de chlorure d'ammonium à 15°/4° peuvent être déduits de l'équation suivante :

$$9991,6 + 31,26p - 0,085p^2$$

où p est la quantité en poids de AzH^4Cl renfermée dans 100 parties en poids de la solution. Pour la plupart des sels, la dérivée ds/dp augmente avec l'augmentation de p, cependant pour AzH^4Cl elle diminue.

Pour les sels d'ammonium (contrairement à ce qui se passe pour ceux de KHO et NaHO) la somme des volumes des solutions de l'alcali et de l'acide est plus grand que le volume occupé par la solution du sel formé.

En dissolvant dans l'eau AzH^4Cl solide il se produit, non pas une dilatation, mais une contraction. Remarquons encore que les solutions de sel ammoniac possèdent une réaction acide, même si, comme l'a fait Chtcherbakoff, on soumet le sel sublimé à des lavages prolongés.

CHAPITRE XI.

Les halogènes : chlore, brome, iode et fluor.

L'acide chlorhydrique, de même que l'eau, tout en étant un composé très stable, se décompose non seulement par l'action du courant galvanique (1) mais aussi sous l'influence de la chaleur.

(1) Une solution concentrée de HCl se décompose en volumes égaux de chlore et d'hydrogène.
Si, dans un creuset, on fait fondre du plomb et du chlorure de sodium et si l'on réunit le premier avec le cathode tandis que l'on plonge dans le second un anode en charbon, Pb dissout Na et on observe un dégagement de chlore gazeux. Ce procédé électrochimique n'est pas encore entré dans la pratique, probablement parce que le chlore gazeux présente relativement peu d'applications et qu'il est difficilement maniable.

Sainte Claire-Deville a montré au moyen du tube chaud et froid que la décomposition de HCl se fait déjà à 1300° ; en effet, si l'on emploie un tube argenté, on constate que, dans les parties froides, l'argent absorbe le chlore et que le gaz qui s'échappe renferme de l'hydrogène libre.

V. Meyer et Langer (1885) ont vérifié cette décomposition en chauffant à 1690° un mélange d'azote et d'acide chlorhydrique dans un tube de platine (2). Il se produisait une diminution dans le volume du mélange, indice de la décomposition, car l'hydrogène mis en liberté s'échappait à travers les pores du métal ; on pouvait encore mettre cette décomposition en évidence en faisant passer le mélange à sa sortie du tube, dans une solution de KI : ce sel est décomposé par le chlore avec mise en liberté d'iode.

(2) Pour obtenir cette température élevée, V. Meyer et Langer se servaient de souffleries très puissantes et de creusets en charbon de cornues, car la porcelaine subit un commencement de fusion à cette température. La température était déterminée par le volume de l'azote qui ne traverse pas le platine et qui est indécomposable par la chaleur.

On prépare habituellement le chlore en enlevant l'hydrogène de l'acide chlorhydrique, à l'aide d'oxydants (3) tels que le bioxyde de manganèse, le chlorate de potassium, l'acide chromique, etc. Ces derniers s'emparent de l'hydrogène pour former de l'eau et le chlore est mis en liberté.

$$2HCl + O \text{ (des agents oxydants)} = H^2O + Cl^2.$$

(3) Les propriétés acides de l'acide chlorhydrique gazeux et de ses solutions sont connues depuis que Lavoisier montra la formation des acides par la combinaison de l'eau avec les oxydes des métalloïdes. Scheele, qui a préparé le chlore à l'aide de l'acide chlorhydrique et du bioxyde de manganèse, croyait que le corps qu'il venait de préparer était un oxyde acide renfermé dans le chlorure de sodium. Quand on sut que le chlore forme, en se combinant avec l'hydrogène, de l'acide chlorhydrique, Lavoisier et Berthollet supposèrent que c'est une combinaison de l'anhydride, renfermé dans l'acide chlorhydrique, avec l'oxygène. Ces savants admettaient que HCl contient de l'eau et un oxyde d'un radical (*murias*) dont le chlore constituait le degré supérieur d'oxydation.

Ce n'est qu'en 1811 que Gay-Lussac et Thénard, en France, et Davy, en Angleterre, montrèrent que la substance obtenue par Scheele ne contenait pas d'oxygène, qu'elle ne formait pas d'eau avec l'hydrogène dans aucune condition, et c'est depuis cette époque que le chlore est considéré comme un élément. Le mot chlore vient du grec χλωρός qui signifie vert, ce gaz ayant en effet une coloration jaune verdâtre.

La préparation du chlore dans l'industrie et dans les laboratoires se fait le plus ordinairement à l'aide de l'acide chlorhydrique et du bioxyde de manganèse. La réaction s'accomplit au voisinage de 100° et peut être représentée de la manière suivante :

$$4HCl + MnO^2 = MnCl^4 + 2H^2O$$

Le produit $MnCl^4$ étant très peu stable se décompose lui-même :

$$MnCl^4 = MnCl^2 + Cl^2 \text{ (3 bis).}$$

(3 bis) Cette manière de représenter la réaction paraît être la plus naturelle. Cependant, en général, cette décomposition est figurée autrement :

$$MnO^2 + 4HCl = MnCl^2 + 2H^2O + Cl^2$$

Le chlore ne formerait dans ce cas avec le manganèse qu'un seul degré de combinaison $MnCl^2$. D'après cette manière de voir, MnO^2 se dédoublerait en MnO et O qui réagiraient chacun de leur côté sur HCl.

$$MnO + 2HCl = MnCl^2 + 2H^2O\,;$$
$$O + 2HCl = H^2O + Cl^2.$$

Il est vrai qu'un mélange d'oxygène et d'acide chlorhydrique produit du chlore sous l'influence de la chaleur ; dans la réaction que nous étudions l'oxygène agirait à l'état naissant.

Tous les oxydes du manganèse (Mn^2O^3, MnO^2, MnO^3, Mn^2O^7), le protoxyde MnO excepté, mis en présence d'acide chlorhydrique, donnent naissance à du chlore parce que, de tous les composés chlorés du Mn, seul $MnCl^2$ est stable, tous les autres au contraire dégagent facilement le chlore. Remarquons encore que, d'après la loi des substitutions, deux atomes de chlore Cl^2 prennent la place de O ; il en résulte que les composés chlorés, correspondant aux composés oxygénés, renferment un plus grand nombre d'atomes que ces derniers. Aussi est-il vraisemblable que certains des composés chlorés analogues aux composés oxygénés ou bien n'existent pas, ou bien sont si peu stables, qu'ils se décomposent au moment même de leur formation. En outre, l'atome du chlore est plus lourd que celui de l'oxygène, aussi un élément donné aurait-il à retenir une plus grande masse du chlore, si l'on remplaçait dans les degrés supérieurs d'oxydation tout l'oxygène par le chlore. C'est pour cette raison que tous les composés oxygénés n'ont pas de composés chlorés correspondants. Il résulte de ce qui précède, qu'il peut exister des combinaisons chlorées qui dégagent leur chlore, comme les peroxydes dégagent leur oxygène. On connaît en effet plusieurs combinaisons de ce genre ; ainsi, par exemple, le pentachlorure d'antimoine $SbCl^5$ se décompose sous l'influence de la chaleur, et se transforme en trichlorure $SbCl^3$, en dégageant Cl^2.

Le bichlorure de cuivre $CuCl^2$, correspondant à l'oxyde de cuivre CuO, dégage, lorsqu'il est chauffé, la moitié de son chlore exactement comme le peroxyde de baryum dégage son oxygène. Cette réaction peut même servir pour la préparation du chlore et du protochlorure de cuivre CuCl. Ce dernier corps, exposé à l'air, attire l'oxygène et se transforme en une substance verte, ayant la composition Cu^2Cl^2O. Cette dernière mise en présence d'acide chlorhydrique donne de l'eau et du bichlorure de cuivre :

$$Cu^2Cl^2O + 2HCl = H^2O + 2CuCl^2.$$

Il suffit de dessécher le chlorure cuivrique et de le chauffer pour obtenir de nouveau du chlore. C'est sur cette réaction qu'est basé le procédé de préparation du chlore à l'aide de l'acide chlorhydrique, de l'air et des sels de cuivre imaginé par Deacon. Un mélange d'air et de HCl à 440° est dirigé sur des briques humectées avec une solution de $CuSO^4$ (et Na^2SO^4). Il se forme, par double décomposition entre $CuSO^4$ et HCl, du bichlorure de cuivre $CuCl^2$ qui se décompose en Cl et CuCl, ce dernier forme avec l'oxygène de l'air $CuCl^2O$, qui régénère avec 2HCl le bichlorure de cuivre et ainsi de suite.

Le chlorure de magnésium que l'on retire de l'eau de mer, de la carnallite, etc., peut servir aussi pour la préparation non seulement de HCl, mais aussi pour celle de Cl, parce que son sel basique (chlorure de magnésium) calciné à l'air se décompose en chlore et en oxyde de magnésium (procédé Weldon-Pechiney). Plusieurs nouveaux procédés de fabrication du chlore sont basés sur cette réaction, et permettent l'utilisation de certains produits de déchet d'autres industries chimiques. C'est ainsi que Lit et Tatters (1891) obtiennent jusqu'à 60 0/0 de chlore de $CaCl^2$. La solution de $CaCl^2$, renfermant une certaine quantité de chlorure de sodium, est évaporée et additionnée d'oxyde de magnésium. Quand la solution atteint la densité de 1,2445 à 15°, on y fait passer un courant d'acide carbonique ; le carbonate de calcium se précipite et le chlorure de magnésium formé reste en solution. On ajoute du chlorure d'ammonium et on évapore à sec. Le chlorure double de magnésium et d'ammonium ainsi formé est calciné pour chasser le chlorure d'ammonium ; le chlorure de magnésium qui reste est décomposé suivant le procédé Weldon-Pechiney.

Dans le procédé Wild-Reichler (1892), on dirige dans un cylindre rempli d'un mélange de chlorure de magnésium et de chlorure de manganèse, d'abord un courant d'air chaud et ensuite un courant d'acide chlorhydrique. Afin d'éviter la fusion du mélange, on ajoute une certaine quantité de sulfate de magnésie qui ne participe pas à la réaction. La réaction peut être exprimée par les équations suivantes :

$$3MgCl^2 + 3MnCl^2 + 8O = Mg^3Mn^3O^8 + 12Cl$$
$$Mg^3Mn^3O^8 + 16HCl = 3MgCl^2 + 3MnCl^2 + 8H^2O + 4Cl$$

On prépare encore le chlore en chauffant un mélange d'acide azotique et d'acide chlorhydrique. Le mélange de chlore et d'oxydes inférieurs d'azote régénère l'acide azotique, lorsqu'on le mélange avec l'air et la vapeur d'eau. Le chlore ainsi obtenu contient une certaine quantité d'azote, mais il peut servir dans cet état soit pour le blanchiment, soit pour la préparation des hypochlorites, etc.

Mentionnons encore les procédés de Solvey et de Mond. Le premier est basé sur la réaction :

$$CaCl^2 + SiO^2 + O \text{ (air atmosphérique)} = CaOSiO^2 + Cl^2.$$

Celui de Mond repose sur l'action de l'air préalablement chauffé sur $MgCl^2$ et autres chlorures analogues.

$$MgCl^2 + O = MgO + Cl^2$$

Pour régénérer $MgCl^2$, on met en présence MgO et du chlorure d'ammonium ; il se produit :

$$MgO + 2AzH^4Cl = MgCl^2 + H^2O + 2AzH^3$$

L'ammoniaque formée est de nouveau transformée en sel ammoniac. L'acide chlorhydrique seul est dépensé.

Dans les laboratoires, on prépare en général le chlore en chauffant au bain marie un mélange d'acide chlorhydrique et de bioxyde de manganèse, le plus souvent on prépare directement l'acide chlorhydrique en mettant dans le ballon du chlorure de sodium et de l'acide sulfurique (4). On lave le gaz dans l'eau, pour retenir HCl entraîné (5) et on le recueille sur un bain d'eau chaude et salée dans laquelle il est peu soluble. On peut utiliser la grande densité du chlore pour le recueillir directement dans des flacons. Il suffit de faire arriver le tube de dégagement au fond d'un flacon bien sec ; le gaz remplit peu à peu le flacon en déplaçant l'air qu'il contenait (6).

(4) On prend 5 parties de bioxyde de manganèse pulvérisé, 11 p. de sel, préalablement fondu afin d'éviter la mousse, et 14 parties d'acide sulfurique étendu d'un volume égal d'eau. On chauffe au bain de sable au-dessus de 100°. Les bouchons placés sur les différentes parties de l'appareil doivent être imprégnés de paraffine pour ne pas être attaqués par le chlore ; il est de plus nécessaire que les

tubes de caoutchouc dont on se sert pour faire les raccords ne soient pas vulcanisés, le chlore agissant sur le soufre les rendrait cassants.

La réaction peut être exprimée ainsi :

$$MnO^2 + 2NaCl + 2H^2SO^4 = MnSO^4 + Na^2SO^4 + 2H^2O + Cl^2$$

La préparation du chlore au moyen de MnO^2 et MCl a été découverte par Scheele et celle au moyen de NaCl par Berthollet.

(5) On peut préparer le chlore à la température ordinaire, en mettant en présence de l'acide chlorhydrique et du chlorure de chaux

$$CaCl^2O^2 + 4HCl = CaCl^2 + 2H^2O + 2Cl^2$$

L'acide doit être ajouté lentement et par petites quantités, afin que la réaction ne devienne pas tumultueuse (Merme, Kremmerer).

K. Winckler a proposé de faire une pâte avec 4 parties de chlorure de chaux, une partie de gypse calciné et pulvérisé, et un peu d'eau, la masse ainsi obtenue est comprimée dans des moules et séchée. On obtient avec ce produit un dégagement de chlore très régulier.

Le mélange de bichromate de potassium et d'acide chlorhydrique produit du chlore exempt d'oxygène (V. Meyer et Langer).

(6) La figure 13 représente l'appareil employé le plus communément pour la préparation industrielle du chlore à l'aide de MnO^2 et HCl. C'est un vase en grès à trois tubulures : l'ouverture centrale, la plus large, est munie d'un tube M en grès ou en plomb fermé à sa partie inférieure, percé de nombreux trous sur toute sa surface et destiné à recevoir le bioxyde de manganèse naturel concassé. Le couvercle N obture complètement l'orifice de ce tube. Une des tubulures (celle de gauche sur la figure) fermée avec un bouchon en grès sert à l'introduction de l'acide. Le chlore se dégage par l'autre tubulure qui est munie d'un tube de dégagement. On réunit en batterie un certain nombre d'appareils semblables, et l'on plonge le tout dans un même bain-marie, de façon à obtenir une température égale.

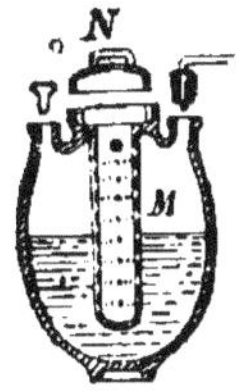

Fig. 13. — Appareil industriel pour la préparation du chlore.

Le résidu de cette opération, le chlorure de manganèse en solution acide, est additionné de chaux (procédé Walter-Weldon) ; il se forme par double décomposition de l'hydrate de protoxyde de manganèse et du chlorure de calcium. Lorsque tout l'hydrate est précipité, on ajoute un excès de chaux pour arriver à peu près à la composition suivante qui donne les meilleurs résultats dans la pratique.

$$2MnCl^2 + CaO + xCaCl^2$$

A ce moment, on fait passer à travers la solution un courant d'air, au moyen d'une pompe, pour transformer le protoxyde de manganèse (incolore) en un mélange d'oxyde Mn^2O^3 et de bioxyde MnO^2. Ce mélange, mis en présence d'acide chlorhydrique, dégage de nouveau du chlore, car, de tous les composés chlorés du manganèse, le chlorure seul est stable. La même quantité de bioxyde peut servir à plusieurs opérations.

On peut arriver au même résultat par un autre moyen. Si l'on soumet le protoxyde de manganèse à l'action des oxydes d'azote et de l'air (procédé de Koulmann) il se forme du nitrate de manganèse $Mn(AzO^3)^2$ qui, sous l'influence de la chaleur, se décompose en oxydes d'azote (qui peuvent être réemployés) et en bioxyde de manganèse qui est ainsi régénéré.

Le chlore est un gaz jaune verdâtre d'une odeur suffocante et très caractéristique. A la température de — 50°, ou à 0° sous une pression de 6 atmosphères, le chlore se liquéfie (7) en un liquide jaune verdâtre ayant une densité de 1,3 et bouillant à — 34°.

(7) La liquéfaction du chlore a été opérée en 1823 par Davy et Faraday au moyen d'un tube coudé ; ils chauffaient la branche du tube qui contenait l'hydrate cristallisable Cl^28H^2O tandis que l'autre extrémité du tube plongeait dans un mélange réfrigérant.

Melsan condensait le chlore, en le faisant arriver dans un tube de verre contenant du charbon très poreux qui pouvait absorber à froid son volume de ce gaz. Le tube était ensuite scellé à la lampe et son extrémité recourbée entourée d'un mélange réfrigérant, tandis que l'on chauffait la partie qui renfermait le charbon.

La densité du chlore gazeux est 35,5 fois plus grande que celle de l'hydrogène et sa molécule renferme Cl^2 (8).

(8) En se basant sur les recherches de Ludwig (1868) et sur ce fait que les gaz ont un coefficient de dilatation d'autant plus grand que leur poids moléculaire est plus élevé ($H^2 = 0,367$; $CO^2 = 0,373$; $HBr = 0,386$), on peut présumer que la dilatation du chlore sera plus grande que celle de l'air ou de ses composants. V. Meyer et Langer (1885), ayant calculé que la densité du chore à 1400° égale 29, admettent que les molécules de chlore se dédoublent en partie en formant des molécules Cl. On peut objecter à cela que la diminution constatée dans la densité ne dépend que de l'augmentation du coefficient de la dilatation.

A 0°, 1 vol. d'eau dissout environ 1 vol. et demi de chlore ; à 10°, 3 volumes ; à 50° de nouveau 1 vol. et demi (9). La solution aqueuse de chlore porte le nom d'eau chlorée ; elle est employée en thérapeutique et dans certaines opérations de laboratoires. On la prépare en faisant passer le chlore à travers un flacon de Woolf rempli d'eau. Sous l'action de la lumière, l'eau chlorée se décompose : il se dégage de l'oxygène et il reste de l'acide chlorhydrique dans la solution.

(9) Les recherches sur la solubilité du chlore dans l'eau ont mis en évidence plusieurs particularités. D'abord, Gay-Lussac et Pelouse ont trouvé que la solubilité du chlore croît entre 0° et 8 ou 10°. Ainsi la solubilité à 0° est de 1 1/2 ou 2 vol. et à 10° de 2 3/4 ou de 3 volumes. Nous verrons plus bas (note 10), que ce fait s'explique, non pas par la décomposition de l'hydrate vers 8 ou 10°, mais par sa formation au-dessous de 9°.

Roscoe a observé que la solubilité de Cl augmentait en présence de H même dans l'obscurité.

Schönbein et d'autres supposent que le chlore agit sur l'eau en formant HClO + HCl.

L'eau saturée de chlore laisse déposer à 0° un hydrate cristallisable $Cl^2 8H^2O$, qui se décompose facilement en eau et en chlore dès qu'on élève la température (10). Si l'on chauffe à 35° cet hydrate enfermé dans un tube scellé, il se forme deux couches : l'inférieure est du chlore liquide renfermant une petite quantité d'eau et la supérieure est composée d'eau renfermant un peu de chlore.

(10) D'après les recherches de Faraday, l'hydrate de chlore renfermerait $10H^2O$, mais les travaux de Bakhuis Rozeboom ont montré (1885) qu'il contenait moins d'eau et que sa composition était $Cl^2 8H^2O$. Les premiers cristaux formés sont petits, presque incolores ; ceux qui se forment ensuite sont de grands cristaux jaunes (comme K^2CrO^4) si la température est inférieure à leur température critique (28°7) au-dessus de laquelle ils n'existent pas. Leur poids spécifique est 1,23.

Il y a formation d'hydrate, quand la quantité de chlore contenue dans la solution est supérieure à celle qui peut se dissoudre en raison de la tension de dissociation correspondant à la température donnée.

En présence de l'hydrate, la proportion de chlore dissous est à 0° = 0,5 ; à 9° = 0,9 ; à 20° = 1,82 0/0.

Au-dessous de 9°, la solubilité est sous la dépendance de la formation de l'hydrate de chlore ; au-dessus de cette température, à la pression ordinaire, l'hydrate ne peut se produire et la solubilité du chlore baisse comme pour tous les gaz. Dans les cas où l'hydrate ne se forme pas, la solubilité suit, au-dessous de 9°, la même règle : à 6° = 1,07 0/0 ; à 9° 0,95 0/0.

La tension de dissociation du chlore dégagé par l'hydrate est, d'après Rozeboom :

0°	4°	8°	10°	14°
249 mm.	398 mm.	620 mm.	797 mm.	1400 mm.

A 9°6, la tension de dissociation est égale à la pression atmosphérique. Si la pression augmente, l'hydrate peut se former à une température supérieure à 9° jusqu'à 28°7, quand la tension de l'hydrate égale la tension du chlore.

L'eau chlorée et l'hydrate de chlore doivent être conservés dans des flacons en verre noir et maniés à l'abri de la lumière pour éviter leur décomposition.

Un mélange à volumes égaux de chlore et d'hydrogène fait explosion quand il est exposé à l'action directe des rayons solaires (11), ou mis en contact avec de l'éponge de platine, avec un corps incandescent ou quand on y fait passer une étincelle électrique. La lumière diffuse détermine une combinaison lente sans explosion (12). L'acide chlorhydrique qui résulte de cette combinaison occupe un volume égal à celui de ses composants, il s'agirait donc d'une réaction de substitution.

$$H^2 + Cl^2 = HCl + HCl$$

(11) L'action chimique de la lumière sur un mélange de Cl et de H a été découverte par Gay-Lussac et par Thénard en 1809, et étudiée par Dreper, Bunzen, Roscoe et d'autres. La lumière électrique, celle que produit la combustion du magnésium ou la combustion de CS^2 dans AzO et, en général, toute lumière pouvant engendrer des images photographiques agit comme la lumière solaire suivant son

intensité. A une température inférieure à — 12°, la lumière ne détermine aucune réaction, du moins il ne se produit pas d'explosion.

On a supposé pendant longtemps que le chlore soumis préalablement à l'action de la lumière, pouvait se combiner avec l'hydrogène, même dans l'obscurité. Il a été démontré depuis que ce fait est inexact : la réaction ne se produit que si le chlore employé est humide et, dans ce cas, elle dépend de la formation de l'anhydride hypochlorique ClO^2. L'addition de gaz étrangers, et même de chlore, diminue considérablement l'intensité de l'explosion, aussi pour les expériences de ce genre, doit-on préparer le mélange détonnant en faisant agir le courant galvanique sur une solution concentrée de HCl (densité 1,15) ; l'eau, dans ces conditions, ne subit pas de décomposition.

(12) La quantité de chlore et d'hydrogène qui se combine est proportionnelle à l'intensité de la lumière ou plutôt à celle de ses rayons chimiques (actiniques). Un mélange de chlore et d'hydrogène, exposé à la lumière, peut donc servir pour apprécier l'intensité des rayons chimiques qu'elle émet (actinomètre) ; à condition d'écarter les influences calorifiques, par exemple en faisant passer la lumière à travers l'eau.

Les recherches photochimiques ont montré que l'action chimique est engendrée principalement par la partie violette du spectre et que les rayons ultra-violets, qui n'impressionnent pas l'œil, sont chimiquement les plus actifs. La flamme incolore du gaz ne renferme pas de rayons chimiques ; la flamme colorée en vert par les sels de cuivre produit un effet chimique plus grand que la flamme pâle ; tandis que la flamme colorée en jaune par le sodium ne possède pas de rayons chimiques.

L'action chimique de la lumière se manifeste dans les plantes, en photographie, dans le blanchiment du tissus, dans les modifications qu'éprouvent certaines couleurs exposées au soleil, etc., et présente un intérêt pratique capital. Les recherches photochimiques de Bunzen et de Roscoe, faites en 1850 et 1870, sont très remarquables. Ces expérimentateurs employaient comme actinomètre une cloche contenant un mélange $H + Cl$ renversée sur de l'eau chlorée. L'acide chlorhydrique était absorbé à mesure de sa formation, de sorte que le changement de volume pouvait servir à mesurer la combinaison. Leurs expériences ont démontré, comme d'ailleurs on pouvait s'y attendre, que l'action de la lumière était proportionnelle au temps et à l'intensité de la source lumineuse. Entre autres résultats de ces recherches, dont on trouvera l'exposé complet dans les traités spéciaux, nous mentionnerons seulement que l'addition d'une quantité même minime d'un autre gaz diminue l'action de la lumière. Ainsi, par exemple, l'addition de 1/330 d'hydrogène diminue l'effet chimique de 38 0/0 ; 1/200 d'oxygène de 10 0/0 ; 1/100 de chlore de 60 0/0, etc.

Les recherches de Klimenko et de Pekatoros (1889) ont montré que la modification photochimique de l'eau chlorée se ralentit si l'on additionne la solution de chlorures métalliques.

Etant donné que la réaction entre le chlore et l'hydrogène dégage beaucoup de chaleur et que cette réaction peut s'effectuer spontanément, on peut assimiler l'influence de la lumière à celle de l'étincelle, c'est-à-dire que la lumière amène le chlore et l'hydrogène à un état particulier auquel il sont capables de réagir l'un sur l'autre, en ébranlant pour ainsi dire l'équilibre primitif.

Dans la réaction $H^2 + Cl^2 = 2HCl$, il se dégage 22.000 calories (**13**) pour une partie en poids d'hydrogène. Ce fait démontre que l'affinité entre le chlore et l'hydrogène est très grande et qu'elle est à peu près équivalente à celle qui existe entre l'hydrogène et l'oxygène.

C'est pour cette raison que, d'une part, on peut préparer l'oxygène en faisant passer un mélange de vapeur d'eau et de chlore à travers un tube incandescent, ou en exposant l'eau chlorée au soleil et que, d'autre part, l'oxygène, comme on l'a vu plus haut, déplace dans un grand nombre de circonstances le chlore de sa combinaison avec l'hydrogène. La réaction

$$H^2O + Cl^2 = 2HCl + O$$

est donc réversible.

(**13**) La formation de la vapeur d'eau à l'aide d'une partie en poids d'hydrogène dégage 20.000 calories. Les chiffres ci-dessous expriment, en milliers de calories, la chaleur de formation de différents autres composés chlorés et oxygénés correspondants :

2NaCl	195 ;	$CaCl^2$	170 ;	$HgCl^2$	63 ;	2AgCl	59
Na^2O	100 ;	CaO	131 ;	HgO	42 ;	Ag^2O	6
$2AsCl^3$	143 ;	$2PCl^5$	210 ;	CCl^4	21 ;	2HCl	44 (gazeux)
As^2O^3	155 ;	P^2O^5	370 ;	CO^2	97 ;	H^2O	58 (gazeux)

Beaucoup de **métaux**, au contact du chlore gazeux, s'y combinent immédiatement en produisant des chlorures métalliques. Cette combinaison peut se faire rapidement avec dégagement d'une grande quantité de chaleur, c'est-à-dire que les métaux peuvent brûler dans le chlore. Ainsi, par exemple, le sodium incandescent brûle dans le chlore et le produit de la combinaison n'est autre chose que le chlorure de sodium. Les métaux, à l'état pulvérulent, se combinent avec le chlore sans même qu'il soit nécessaire de les chauffer au préalable ; l'expérience peut être faite avec l'antimoine qui se réduit facilement en poudre (**14**).

(**14**) Une expérience très démonstrative de la combustion des métaux dans le chlore peut être faite de la manière suivante : Dans un ballon en verre, on place quelques feuilles de cuivre très minces, et on y fait le vide. Quand on met ce ballon en communication avec un vase renfermant du chlore, ce dernier se précipite dans le ballon et les feuilles métalliques s'enflamment.

L'or et le platine (**15**) eux-mêmes, qui ne se combinent pas directement avec l'oxygène et dont les composés oxygénés sont instables, forment directement avec le chlore des chlorures. L'eau chlorée ou l'eau régale peuvent servir à cet effet. *L'eau régale*, mélange d'une partie d'acide azotique avec deux ou trois parties d'acide chlorhydrique, transforme en chlorure tous les métaux, y compris l'or et le platine. Elle agit par le chlore libre qu'elle renferme, produit par l'action de l'acide azotique, sur l'acide chlorhydrique (**16**).

(**15**) L'action du chlore sur le platine, à la température de 1.400°, est très remarquable. Il se forme en effet dans ce cas $PtCl^2$, substance qui se décompose bien au-dessous de cette température, en Cl^2 et Pt. Quand le chlore rencontre le platine à une température aussi élevée il se forme des vapeurs de $PtCl^2$ qui se décomposent en se refroidissant. Deville a démontré la formation de $PtCl^2$, à l'aide du tube chaud et froid que nous avons décrit à propos de CO. V. Meyer cependant a pu déterminer la densité du chlore à 1690° dans un vase en platine, car, à cette température, le chlore ne réagit plus sur ce métal.

(**16**) Abandonnée à l'air, l'eau régale perd son chlore et cesse d'attaquer l'or. Gay-Lussac, qui a donné l'explication de l'action de l'eau régale, a montré qu'elle dégage, sous l'influence de la chaleur, non seulement du chlore, mais encore des vapeurs de AzO^2Cl (chloranhydride de l'acide azotique) et $AzOCl$ (chloranhydride de l'acide azoteux). Ces deux substances n'attaquent pas l'or.

La formation de l'eau régale peut être exprimée par l'équation suivante :

$$4AzHO^3 + 8HCl = 2AzO^2Cl + 2AzOCl + 6H^2O + 2Cl^2$$

La présence de AzO^2Cl et de $AzOCl$ s'explique par ce fait que l'acide azotique se réduit et forme AzO et AzO^2, lesquels se combinent directement avec le chlore en formant des anhydrides chlorés.

Presque tous les **métalloïdes** réagissent directement avec le chlore. Le soufre, le phosphore chauffés brûlent dans le chlore et s'y combinent à la température ordinaire. L'azote, le carbone et l'oxygène ne se combinent pas directement avec cet élément.

Les composés qui résultent de la combinaison du chlore avec les métalloïdes, tels que le trichlorure de phosphore PCl^3, le chlorure de soufre, etc., ne possèdent pas les propriétés des sels ; ils correspondent, comme on le verra plus tard, aux anhydrides acides et aux acides. Ainsi, par exemple, PCl^3 correspond à $P(OH)^3$ acide phosphoreux.

$NaCl$	$FeCl^2$	$SnCl^4$	PCl^3	HCl
$NaHO$	$Fe(HO)^2$	$Sn(OH)^4$	$P(OH)^3$	$H(OH)$

Le tableau ci-dessus montre que, dans les hydrates correspondants aux chlorures, le chlore est remplacé par le radical OH qui lui est équivalent. Les hydrates acides peuvent être obtenus par l'action de l'eau sur les chlorures :

$$\underset{\text{trichlorure de P.}}{PCl^3} + 3H^2O = \underset{\text{Acide phosphoreux.}}{P(HO)^3} + 3HCl$$

tandis que les chlorures des bases se forment aux dépens des hydrates et de l'acide chlorhydrique avec élimination d'eau :

$$NaHO + HCl = NaCl + H^2O.$$

Il existe donc, entre les hydrates et les composés chlorés, une liaison intime que l'on exprime en appelant ces derniers *chloranhydrides* ou *anhydrides chlorés*.

D'une manière générale, si l'hydrate est basique, on a :

$$\underset{\text{Hydrate}}{MHO} + HCl = \underset{\text{Anhyd. chloré}}{MCl} + H^2O$$

s'il est acide ROH on a :

$$\underset{\text{Anhydr. chloré}}{RCl} + H^2O = \underset{\text{Hydrate}}{R(HO)} + HCl$$

Les anhydrides chlorés correspondant aux bases ne sont évidemment autre chose que des chlorures métalliques ou des sels de l'acide chlorhydrique.

Il y a donc entre les composés du chlore et ceux du radical OH une équivalence manifeste dont il est facile de se rendre compte, si l'on considère l'analogie existant entre le chlore Cl^2 et le peroxyde d'hydrogène $(OH)^2$.

Quant aux anhydrides chlorés dérivés des acides et des métalloïdes, ils n'ont que peu de ressemblance avec les sels des métaux. Ils sont presque tous volatils, possèdent une odeur très vive et suffocante et exercent une action irritante sur la muqueuse des yeux et des voies respiratoires. En présence de l'eau, ils réagissent, comme la plupart des anhydrides des acides, en produisant de la chaleur et en dégageant de l'acide chlorhydrique ; ils forment dans ce cas des hydrates acides. C'est pour cette raison qu'il est généralement impossible de les préparer au moyen des hydrates (c'est-à-dire des acides) et de l'acide chlorhydrique car, dans ces conditions, il y a toujours formation d'une certaine quantité d'eau qui les détruit en les transformant en hydrates.

Entre les véritables chlorures métalliques, tels que NaCl,

et les véritables chloranhydrides des acides il existe beaucoup de composés chlorés intermédiaires, de même qu'il existe toutes les variétés de produits transitoires entre les bases et les acides. Ces relations seront mises en relief à mesure que nous étudierons des éléments possédant des caractères différents. Remarquons que les anhydrides chlorés des acides peuvent être obtenus, non seulement à l'aide du chlore et des métalloïdes, mais aussi à l'aide des combinaisons oxygénés inférieures de ces derniers. Ainsi, par exemple, CO, AzO, AzO^2, SO^2, etc., qui sont capables de se combiner avec l'oxygène, peuvent aussi s'adjoindre une quantité équivalente de chlore et former $COCl^2$, AzOCl, AzO^2Cl, SO^2Cl^2, etc... Ces composés correspondent aux hydrates $CO(OH)^2$, AzO(OH), $AzO^2(OH)$, $SO^2(OH)^2$ et aux anhydrides CO^2, Az^2O^3, Az^2O^5, SO^3.

Les relations qui précèdent permettent de tirer les deux conclusions suivantes :

1° Le chlore se combine avec tout ce qui peut s'adjoindre de l'oxygène parce que, sous bien des rapports, il est plus énergique que ce dernier et peut lui être substitué dans la proportion de Cl^2 à O.

2° Un élément donné ou une combinaison d'éléments peuvent être saturés en se combinant avec le chlore.

Si le phosphore forme PCl^3 et PCl^5, il est évident que PCl^5 est la forme supérieure des combinaisons du phosphore, à laquelle correspondent PH^4I, $PO(OH)^3$, $POCl^3$, etc.

Si le chlore ne donne pas toujours les degrés supérieurs de combinaisons avec un élément donné, il arrive ordinairement que les formes non saturées de cet élément se combinent avec le chlore pour s'approcher de la limite ou l'atteindre. Ces relations sont très évidentes dans les hydrocarbures dont toutes les combinaisons ont pour limite C^nH^{2n+2}.

Les carbures d'hydrogène non saturés s'unissent parfois

au chlore avec une grande facilité et atteignent ainsi la saturation. L'éthylène C^2H^4 se combine avec Cl^2 en formant $C^2H^4Cl^2$ — chlorure d'éthylène ou liqueur des Hollandais, qui répond à la limite C^nX^{2n+2}. Les composés chlorés ainsi formés peuvent donner, à l'aide des réactions de double décomposition, des hydrates et une série d'autres dérivés. C'est ainsi que $C^2H^4Cl^2$ forme un hydrate $C^2H^4(OH)^2$ appelé glycol.

En présence de l'eau, le chlore agit souvent comme **oxydant** et cela de la manière suivante : Le corps A se combine avec le chlore et donne ACl^2 ; ce dernier forme avec l'eau l'hydrate $A(OH)^2$ lequel, par perte de H^2O, laisse AO.

$$A + H^2O + Cl^2 = 2HCl + AO$$

Ainsi, par exemple, le chlore oxyde en présence de l'eau le soufre et les sulfures métalliques. Le soufre se transforme,dans ce cas,en acide sulfurique et le chlore en acide chlorhydrique ou en chlorure métallique, si c'est un sulfure métallique qui a été pris pour l'expérience.

Un mélange d'oxyde de carbone et de chlore,dirigé dans l'eau, produit de l'acide carbonique et de l'acide chlorhydrique. L'anhydride sulfureux SO^2 est transformé par le chlore, en présence de l'eau, en acide sulfurique,tout comme par l'action de l'acide nitrique :

$$SO^2 + 2H^2O + Cl^2 = H^2SO^4 + 2HCl.$$

Dans la pratique, on utilise l'action oxydante du chlore en présence de l'eau, pour le **blanchiment** rapide des tissus.

Le chlore détruit en effet la matière colorante des fibres, mais il peut attaquer aussi le tissu lui-même. Le blanchiment à l'aide du chlore exige certaines précautions afin de limiter l'action de cet élément à la matière colorante.

Le blanchiment par le chlore, découvert par Berthollet, constitue une grande conquête de l'industrie ; ce procédé a remplacé le blanchiment des tissus par l'exposition à l'air (**17**).

(17) L'ozone et le peroxyde d'hydrogène servent aussi pour le blanchiment des tissus et des fibres textiles. Ce dernier étant d'un maniement très facile et n'attaquant pas les fibres, son emploi se généralise de plus en plus.
L'action oxydante du chlore est encore utilisée pour la désinfection des locaux, dans les cas d'épidémies ou de maladies contagieuses.

Un atome de chlore, étant capable de se combiner avec un atome d'hydrogène, peut aussi se substituer à ce dernier. Nous allons examiner cette propriété du chlore, non seulement parce qu'elle fournit des exemples nets, et très importants, au point de vue historique, d'applications de la loi des substitutions, mais surtout parce que les réactions de ce genre expliquent les *procédés indirects* de préparation de plusieurs substances, dont il a été souvent fait mention et auxquels la chimie a souvent recours. C'est ainsi que le chlore ne réagit pas directement avec le carbone (**19**), l'oxygène et l'azote ; cependant, les combinaisons de ces éléments avec le chlore peuvent être obtenues par voie indirecte en substituant le chlore à l'hydrogène.

(18) La propriété que possède le charbon d'absorber une grande quantité de chlore indiquerait l'existence d'une certaine attraction entre ces deux éléments. Jusqu'à présent, je ne connais pas de travaux qui démontrent la formation dans ce cas de véritables combinaisons entre le chlore et le carbone. Si je ne me trompe pas, l'action de la lumière n'a pas été étudiée dans ces expériences.

Le chlore, qui se combine facilement avec l'hydrogène et qui n'agit pas sur le charbon, détruit à une température élevée les hydrocarbures et beaucoup de leurs dérivés en leur enlevant l'hydrogène et en dégageant le carbone. On peut démontrer ce fait en plongeant une bougie allumée dans un vase rempli de chlore : La flamme diminue et reste un certain temps sans s'éteindre ; il se dégage beaucoup de fumée et il se forme de l'acide chlorhydrique (19).

(19) Le même phénomène se produit dans une atmosphère d'oxygène, avec cette différence que ce dernier brûle le charbon, ce que le chlore est incapable de faire. Si le chlore et l'oxygène sont mis en présence à une température élevée, l'oxygène brûlera le carbone et le chlore se combinera à l'hydrogène.

Telle est l'action du chlore sur les hydrocarbures à une température élevée ; elle est tout autre aux températures très légèrement supérieures à la température ordinaire.

C'est J. B. Dumas et Laurent qui ont démontré que le chlore est capable de déplacer l'hydrogène et de se substituer à lui : ce qui prouve qu'il n'existe pas d'antagonisme entre les éléments pouvant former entre eux des combinaisons stables. Si le chlore se combine avec l'hydrogène, ce n'est pas parce que ces éléments possèdent des propriétés différentes comme on le croyait avant Dumas et Laurent, en attribuant à l'un un caractère électro-positif et à l'autre un caractère électro-négatif. En effet, ce même chlore qui se combine avec l'hydrogène peut le remplacer sans modifier beaucoup les propriétés du produit obtenu. Cette substitution du chlore à l'hydrogène porte le nom de **métalepsie** ; son mécanisme est très constant. Si l'on met en présence du chlore, une substance hydrogénée et principalement un hydrocarbure, il se forme, d'une part, de l'acide chlorhydrique et, d'autre part, un composé renfermant du chlore à la place de l'hydrogène. Le chlore se partage ainsi en deux parties égales, dont l'une apparaît sous la forme d'acide chlorhydrique et l'autre prend la place de l'hydrogène. La métalepsie est donc toujours accompagnée de formation d'acide chlorhydrique (20) suivant le schéma :

$$C^nH^mX + Cl^2 = C^nH^{m-1}ClX + HCl$$

Hydrocarbure — Produit de la métalepsie

ou d'une manière générale ;

$$RH + Cl^2 = RCl + HCl.$$

(20) Cette division du chlore en deux parties peut servir en même temps à démontrer l'existence de deux atomes Cl dans la molécule de ce gaz.

Les conditions dans lesquelles s'accomplissent les phénomènes de métalepsie sont aussi très constantes. Dans l'obscurité, le chlore n'agit généralement pas sur les carbures d'hydrogène ; cette action ne commence que sous l'influence de la lumière. L'action directe des rayons solaires, ainsi que l'addition de certaines substances (21) (par ex., de l'iode, du chlorure d'aluminium, etc.) est favorable aux réactions de métalepsie. L'addition d'une petite quantité d'iode à la substance soumise à la métalepsie produit le même effet que la lumière solaire (22).

(21) Gustavson et Friedel ont étudié l'action des *intermédiaires* qui facilitent la transmission du chlore et de tous les halogènes en général. Gustavson a notamment montré que le brome, renfermant une petite quantité d'aluminium, acquiert la propriété d'entrer immédiatement en métalepsie. Ainsi, le brome pur agit très lentement sur la benzine C^6H^6 ; additionné de Al^2Br^6, il réagit énergiquement et facilement, de sorte que chaque goutte d'hydrocarbure produit beaucoup de HBr et une grande quantité du produit de la métalepsie. Le mécanisme de cette réaction est basé sur la propriété de Al^2Br^6 d'entrer en combinaison avec les hydrocarbure et leurs dérivés.

(22) L'influence des petites quantités de I^2, Al^2Cl^6 etc. sur la transformation d'une grande masse de la substance peut être rapprochée de l'action qu'exerce AzO sur la réaction qui a lieu entre SO^2, O et H^2O. Il est probable que l'action de l'iode est basée sur la formation du chlorure d'iode qui réagit plus facilement que le chlore.

Si l'on enflamme le mélange de gaz des marais et de

chlore, tout l'hydrogène disparaît : il se forme de l'acide chlorhydrique et du charbon ; le phénomène de métalepsie ne se produit pas (23). Quand, au contraire, le mélange est exposé à l'action de la lumière diffuse, il perd peu à peu sa coloration verte et devient incolore, il s'y forme de l'acide chlorhydrique et du chlorure de méthyle, premier produit de la métalepsie :

$$CH^4 + Cl^2 = CH^3Cl + HCl.$$

Le chlorure de méthyle, qui est un gaz, peut être séparé grâce à sa solubilité dans l'acide acétique cristallisable qui ne dissout que très peu d'acide chlorhydrique.

En le mélangeant avec du chlore on peut substituer ce dernier à une partie de son hydrogène et obtenir une substance liquide CH^3Cl^2 appelée chlorure d'éthylène. En remplaçant l'hydrogène de ce dernier on obtient d'abord le chloroforme $CHCl^6$, qui bout à 62°, et ensuite le tétrachlorure de carbone CCl^3 bouillant à 78°. Tous les deux sont des liquides incolores, odorants, plus lourds que l'eau.

(23) Les réactions de métalepsie sont, si l'on peut s'exprimer ainsi, des réactions délicates, comparativement aux réactions brutales de combustion. Ces réactions s'accompagnent toujours de dégagement de chaleur, mais la quantité de chaleur produite est inférieure à la chaleur de formation de l'acide. Ainsi la réaction :

$$C^2H^6 + Cl^2 = C^2H^5Cl + HCl$$

dégage, d'après Thomsen, 20.000 calories, tandis que la formation de HCl produit 22.000 calories.

Le **tétrachlorure de carbone** que l'on obtient du gaz des marais par voie de substitution, et qui ne peut être formé directement à l'aide du chlore et du charbon, peut encore être préparé à l'aide du sulfure de carbone, en faisant passer les vapeurs de ce dernier, mélangées avec du chlore, à travers un tube chauffé au rouge ; le soufre et le carbone se combinent dans ce cas avec le chlore. Il est évident qu'on peut obtenir, par voie de substitution, à l'aide de n'importe quel hydrocarbure, un chlorure de carbone correspondant : en effet, le nombre de ces composés, qui ont tous pour formule C^nCl^{2m}, connus actuellement est très grand.

Le composé carboné, obtenu par métalepsie, possède, en général, le caractère chimique du carbure qui a servi à le préparer, c'est-à-dire que, si le corps pris pour l'expérience est une substance indifférente, le produit de la métalepsie l'est également ; si c'est un acide, le produit possède aussi des propriétés acides. Souvent même, la forme cristalline du dérivé est la même que celle de la substance primitive.

Au point de vue historique, la métalepsie de l'acide acétique présente une très grande importance. Cet acide, qui contient trois hydrogènes du gaz des marais et un groupe carboxyle $CH^3.CO^2H$, donne, lorsqu'on le soumet à l'action du chlore, trois produits de substitution : les acides mono, bi et trichloracétique.

$$CH^2Cl.CO^2H\ ;\ CHCl^2.CO^2H\ ;\ CCl^3.CO^2H$$

Ces trois acides sont monobasiques comme l'acide acétique.

Les produits obtenus par métalepsie, renfermant le chlore qui réagit si facilement avec les métaux, permettent de former des molécules encore plus compliquées, ce à quoi ne se prête pas souvent l'hydrocarbure primitif. C'est ainsi qu'en traitant un dérivé chloré par un alcali (ou bien d'abord par un sel et ensuite par un alcali ou encore par un oxyde basique et par l'eau), on peut substituer au chlore le radical OH et obtenir de CH^3Cl, par exemple, CH^3OH. La réaction est la même, lorsqu'on les traite par des dérivés métalliques des hydrocarbures, par $NaCH^3$ par exemple :

$$CH^3Cl + NaCH^3 = NaCl + CH^3CH^3$$
$$C^6H^5Cl + NaCH^3 = NaCl + C^6H^5CH^3$$

Traités par l'ammoniaque, les produits de métalepsie peuvent substituer à leur chlore le groupe AzH^2, en formant de l'acide chlorhydrique.

C'est en étudiant les produits de la métalepsie, qu'on est arrivé à créer des procédés généraux de préparation artificielle des composés carbonés complexes à l'aide de composés plus simples, souvent impuissants à réagir directement entre eux.

De plus, l'étude des produits substitués a permis de trouver la clef de la structure des composés organiques complexes dont on n'osait pas aborder l'étude, car on supposait que seule, une force mystérieuse, n'agissant que dans les êtres organisés, était capable de produire certaines combinaisons d'hydrocarbures qui ne s'unissent pas autrement (**24**).

(24) Le moment où il devint possible de connaître la structure des radicaux eux-mêmes marque une date importante dans l'histoire de la chimie organique, où régnaient les notions des radicaux composés. On savait, par exemple, que l'éthyle C^2H^5, ou le radical de l'alcool ordinaire C^2H^5OH, se transforme sans se modifier en un nombre considérable de dérivés éthyliques, mais on ne connaissait que vaguement la relation qui existait entre ce radical et les composés carbonés plus simples. A vrai dire même, cette recherche ne préoccupait pas les chimistes de l'époque comprise entre 1840 et 1860.

Dans l'hydrure d'éthyle $C^2H^5H = C^2H^6$ ils admettaient l'existence du même radical éthyle et ils considéraient le méthane comme l'hydrure de méthyle $CH^3H = CH^4$. En obtenant à l'aide de ce dernier le méthyle libre $CH^3CH^3 = C^2H^6$, ils le considéraient comme un dérivé de l'alcool méthylique CH^3OH et comme isomère de l'hydrure d'éthyle. L'étude des produits de métalepsie montra qu'il ne s'agissait pas d'isomérie, mais d'une identité complète et il devint évident que l'éthyle est un méthyle méthylisé $C^2H^5 = CH^3CH^2$. Une impulsion encore plus grande fût donnée à cette question par l'étude des réactions de l'acide monochloracétique $CH^2Cl - CO^2H = CO(CH^2Cl)(OH)$. Il fût prouvé que le chlore des produits substitués, de même que celui des anhydrides chlorés, peut être remplacé par OH ; c'est ainsi que l'on obtient l'acide glycolique $CH^2(OH)(CO^2H)$, ou $CO(CH^2OH)OH$; le groupe OH de CH^2OH réagit comme celui des alcools. Tout cela a amené les savants à examiner les radicaux eux-mêmes, en les scindant, de manière à étudier les liens unissant les atomes qui les composent. C'est de là qu'est née la théorie moderne de la structure des composés organiques (V. Chap. VIII, n. 42).

Les hydrocarbures ne sont pas les seuls composés qui peuvent subir la métalepsie. D'une manière absolument analogue, certaines autres combinaisons hydrogénées donnent, quand on les traite par le chlore des produits chlorés correspondants ; telles sont l'ammoniaque AzH^3, la potasse, la chaux vive CaH^2O^2 et une foule de substances *alcalines*. En remplaçant dans ces trois derniers composés l'hydrogène par le chlore, nous obtenons $AzCl^3$, le trichlorure d'azote, KClO l'hypochlorite de potassium, $CaCl^2O^2$ l'hypochlorite de calcium. Le mécanisme de ces réactions est le même que dans la métalepsie du gaz des marais. Des deux atomes de chlore qui réagissent, l'un prend la place de l'hydrogène tandis que l'autre forme HCl qui entre en réaction avec les substances alcalines et produit des chlorures métalliques. Ainsi par exemple :

$$KHO + Cl^2 = HCl + KClO$$

mais

$$KHO + HCl = H^2O + KCl\,.$$

donc le résultat final de ces deux phases de la réaction peut être exprimé ainsi :

$$2KHO + Cl^2 = H^2O + KCl + KClO$$

L'action du chlore sur l'ammoniaque peut donner lieu, ou bien à une décomposition complète de cette dernière avec mise en liberté de l'azote gazeux, ou bien à la formation d'un produit de métalepsie. Si le chlore est en excès et si la température est élevée, l'ammoniaque se décompose en dégageant l'azote (**25**), cette réaction est accompagnée de formation de chlorure d'ammonium.

$$8AzH^3 + 3Cl^2 = 6AzH^4Cl + Az^2$$

(**25**) Cette réaction peut être utilisée pour la préparation de l'azote. Si l'on verse dans une éprouvette beaucoup d'eau chlorée et qu'on achève de la remplir avec une petite quantité d'une solution de AzH^3, il se dégage de l'azote quand on agite le mélange.

Lorsqu'on traite par le chlore une solution très faible de AzH^3, le volume d'azote qui se dégage ne correspond pas à celui du chlore pris pour l'expérience, parce qu'il se forme du chlorate d'ammonium.

La mise en liberté de l'azote s'accompagne de production de lumière et de fumées de chlorure d'ammonium quand on introduit l'ammoniaque gazeux par un orifice très étroit dans un récipient renfermant du chlore.

Dans tous ces cas, il y a un excès de chlore.

La réaction entre le chlore et l'ammoniaque est toute différente quand ce dernier corps et en excès.

$$AzH^3 + 3Cl^2 = AzCl^3 + 3HCl \quad (\mathbf{26})$$

L'acide chlorhydrique formé se combine avec l'excès d'ammoniaque, et le résultat final est le suivant :

$$4AzH^3 + 3Cl^2 = AzCl^3 + 3AzH^4Cl$$

(**26**) Si l'on fait arriver, par un tube très fin, des bulles de chlore dans un récipient rempli de gaz ammoniac, chacune d'elles détermine une explosion.

Cependant, si l'on dirige un courant de chlore dans une solution d'ammoniaque, la réaction donne d'abord naissance à de l'azote, parce que le chlorure d'azote agit vis-à-vis de l'ammoniaque comme le chlore. Mais, dès que la quantité de chlorure d'ammonium formé a acquis un certain taux, la réaction change de sens et donne naissance à du chlorure d'azote.

Quand on fait agir du chlore sur une solution de chlorure d'ammonium, il se forme toujours, au début, du chlorure d'azote qui réagit avec l'ammoniaque de la manière suivante :

$$AzCl^3 + 4AzH^3 = Az^2 + 3AzH^4Cl$$

Aussi, tant que le liquide reste alcalin, c'est-à dire tant qu'il y a de l'ammoniaque libre, le produit principal sera l'azote.

La réaction :

$$AzH^4Cl + 3Cl^2 = AzCl^3 + 4HCl$$

est reversible : en solution diluée, elle marche dans le sens de l'équation (peut-être à cause de l'affinité qui existe entre HCl et l'excès d'eau), et en présence de l'acide chlorhydrique concentré elle se fait en sens inverse (probablement en vertu de l'affinité entre HCl, et AzH^3).

Ces relations montrent qu'il doit exister entre AzH^3, HCl, Cl^2, H^2O^2 et $AzCl^3$ des cas d'équilibre très intéressants mais encore peu étudiés.

La réaction :

$$AzCl^3 + 4HCl = AzH^4Cl + 3Cl^2$$

a permis à Deville et à Hautefeuille de fixer la composition du chlorure d'azote.

En se décomposant lentement en présence de l'eau, le chlorure d'azote forme en sa qualité d'anhydride chloré, l'acide azoteux ou son anhydride :

$$2AzCl^3 + 3H^2O = Az^2O^3 + 6HCl.$$

Les recherches de Selivanof (1894-1894) ont montré que l'on peut considérer $AzCl^3$ comme un dérivé ammoniacal de l'acide hypochloreux.

En présence de l'acide sulfurique dilué, le chlorure d'azote se décompose de la manière suivante :

$$AzCl^3 + 3H^2O + H^2SO^4 = AzH^4HSO^4 + 3HClO.$$

Cette réaction est réversible ; pour qu'elle s'accomplisse jusqu'au bout, il faut ajouter au liquide une substance capable de se combiner avec HClO (le succinimide, par exemple), ou de le détruire. Ceci se conçoit aisément si l'on considère HClO comme un produit de métalepsie de l'eau, qui se rapporte à $AzCl^3$ comme H^2O à AzH^3 ou comme RHO à $RAzH^2$, R^2AzH et R^3Az.

La relation entre $AzCl^3$ et les autres composés chloroazotés explosibles, auxquels Sélivanof a appliqué le nom générique de *chloryl* ($C^2H^5AzCl^2$ dichloryl ethylamine. Az(CH³CO) HCl chlorylacétamide, $Az(C^2H^5)^2Cl$ chloryldiéthylamine, etc.) ressort de ce fait que, en présence de l'eau, ils donnent dans certaines conditions de l'acide hypochloreux ; par exemple :

$$AzR^2Cl + H^2O = AzR^2H + HClO.$$

Mentionnons, à titre d'exemple, le chlorylsuccinimide $C^2H^4(CO)^2AzCl$, obtenu par Bender en faisant agir HClO sur $C^2H^4(CO)^2AzH$ — succinimide ; cette substance se décompose au contact de l'eau, en régénérant la diamine et l'acide hypochloreux HClO ; la réaction est réversible.

Sélivanof a obtenu et étudié beaucoup de produits répondant à la formule générale $AzR^2Cl + AzRCl^2$, où R est un radical d'acides organiques et d'alcools ; il a montré qu'ils se distinguent des anhydrides chlorés et a complété ainsi l'histoire du chlorure d'azote qui est la plus simple des amides renfermant le chlore (AzR^3 où R est complètement remplacé par le chlore).

Le **chlorure d'azote** $AzCl^3$, découvert par Dulong, est un liquide huileux qui fait explosion, non seulement sous l'influence d'une élévation de la température, mais même par l'action des causes mécaniques telles que le choc ou le contact de certains corps solides. La détonation est due à la formation brusque d'une grande quantité d'azote et de chlore gazeux (**27**).

(**27**) Il est indispensable, quand on prépare le chlorure d'azote, de prendre de grandes précautions en raison de la facilité extrême avec laquelle ce corps fait explosion. Il faut veiller à ce que cette substance soit toujours recouverte d'une couche d'eau.

Chaque fois que des substances ammoniacales sont mises en contact avec le chlore, il faut redoubler de précaution, car il arrive souvent que, dans ces conditions, il se forme du chlorure d'azote et des explosions dangereuses sont toujours à craindre.

Un procédé de préparation du chlorure d'azote très démonstratif, et à l'abri de tout danger, consiste à décomposer à l'aide du courant galvanique une solution de chlorure d'ammonium faiblement chauffée. Le chlore, qui se dégage au pôle positif, réagit avec l'ammoniaque et produit des gouttelettes de chlorure d'azote qui, entraînées par le gaz, viennent surnager à la surface du liquide. Si l'on verse à la surface du liquide une couche d'essence de térébenthine, les goutelettes font explosion dès qu'elles arrivent au contact de ce liquide.

On peut recueillir sans danger quelques gouttes de chlorure d'azote en procédant de la manière suivante : un entonnoir en verre plongé dans un bain de mercure est rempli d'une solution concentrée de chlorure de sodium ; sur cette dernière on verse avec précaution une solution à 1 pour 100 de chlorure d'ammonium dans laquelle on dirige lentement un courant de chlore. Le chlorure d'azote ainsi formé tombe au fond de l'eau salée.

La densité du chlorure d'azote est égale à 1,65 ; il bout à 71° et se décompose à 97° en $Cl^3 + Az$. Au contact du phosphore, de l'essence de térébenthine, de la résine, etc., il se produit une explosion tellement violente qu'une goutte de liquide peut percer des planches très épaisses.

La quantité de chaleur produite par la décomposition du chlorure d'azote est égale, d'après Deville et Hautefeuille, à 38.000 cal. par chaque molécule $AzCl^3$.

Le chlore, absorbé à la température ordinaire par une solution de NaHO, produit un mélange de chlorure et d'hypochlorite de sodium. La solution ainsi obtenue est appelée communément *eau de Javel*

$$2NaHO + Cl^2 = NaCl + NaClO + H^2O.$$

Une réaction analogue s'effectue si l'on traite par le chlore l'hydrate de calcium desséché à la température ordinaire

$$2Ca(OH)^2 + 2Cl^2 = CaCl^2O^2 + CaCl^2 + 2H^2O.$$

Le mélange de chlorure et d'hypochlorite de calcium ainsi obtenu, appelé ordinairement *chlorure de chaux*, est un décolorant précieux, d'un maniement plus facile que le chlore (**28**).

(28) La chaux anhydre CaO et le carbonate de calcium $CaCO^3$ n'absorbent pas le chlore à froid ; mais, calcinés dans un courant de chlore, ils se transforment en $CaCl^2$ en dégageant leur oxygène. Les expériences de Veley, faites à Oxford (1893), ont confirmé ces faits. Cette réaction correspond à l'action décomposante qu'exerce le chlore sur CH^4, AzH^3 et H^2O.

L'hydrate de calcium desséché $Ca(HO)^2$ n'absorbe pas le chlore à la température de 100° ; l'absorption ne se produit qu'au dessous de

40°. La masse sèche, obtenue dans cette réaction, renferme 3 molécules d'hydrate de calcium pour 4 molécules de chlore ; sa composition est donc : $[Ca(HO)^2]^3Cl^4$.

Il est probable que, dans ce cas, il y a simplement absorption du chlore par la chaux ; en effet, si l'on traite par l'acide carbonique gazeux la masse sèche ainsi préparée, tout le chlore est chassé et il ne reste que du carbonate de calcium.

Si, au contraire, on prépare le chlorure de chaux par voie humide, ou si l'on dissout dans l'eau le chlorure de chaux obtenu par voie sèche, et que l'on y fasse passer de l'acide carbonique, ce n'est pas le chlore qui se dégage mais l'anhydride de l'acide hypochloreux Cl^2O ou oxyde de chlore ; la moitié du chlore seulement passe à l'état d'oxyde, et l'autre moitié reste en solution sous forme de chlorure de calcium. Ce fait semble indiquer que l'action de l'eau sur la masse de $[Ca(HO)^2]^3Cl^4$ produit déjà du chlorure de calcium ; de petites quantités d'eau en extrayent en effet beaucoup de $CaCl^2$. Si l'on traite $Ca^3(HO)^6Cl^4$ par une grande masse d'eau, il reste un excès d'hydrate de calcium qui ne subit aucune modification.

La formule suivante exprime l'influence de l'eau sur la masse $Ca^3(HO)^6Cl^4$

$$Ca^3H^6O^6Cl^4 = CaH^2O^2 + CaCl^2O^2 + CaCl^2 + 2H^2O$$

Les substances ainsi formées (hydrate, hypochlorite et chlorure de calcium), n'ont pas le même degré de solubilité. L'eau entraine d'abord le chlorure de calcium qui est le plus soluble, et ensuite l'hypochlorite en laissant l'hydrate de calcium. Si l'on évapore cette solution, on obtient $Ca^2O^2Cl^4, 3H^2O$. Le chlorure de chaux n'absorbe plus de chlore ; sa solution, au contraire, peut en absorber une grande quantité. Si, après cette absorption, on fait bouillir le liquide, il se dégage une grande quantité d'oxyde de chlore et la solution ne renferme que du chlorure de calcium

$$CaCl^2 + CaCl^2O^2 + 2Cl^2 = 2CaCl^2 + 2Cl^2O$$

Cette réaction peut être utilisée comme procédé pratique pour la préparation de Cl^2O.

On admet encore la présence, dans le chlorure de chaux, de $Ca(OH)^2Cl^2$ qui serait du peroxyde de calcium CaO^2 dont un oxygène est remplacé par $(OH)^2$ et l'autre par Cl^2 ; mais, d'après ce qui a été exposé plus haut, ce corps ne pourrait exister que dans le chlorure de chaux sec, et non pas dans la solution.

On prépare la solution de chlorure de chaux dans les laboratoires en dirigeant un courant de chlore gazeux dans un lait de chaux refroidi. La réfrigération est indispensable pour éviter la décomposition de l'hypochlorite car, sous l'influence de la chaleur,

$$3Ca\,(ClO)^2 = 2CaCl^2 + Ca\,(ClO^3)^2$$

Dans les usines, on se sert, pour la fabrication industrielle du chlorure de calcium, de chaux éteinte aussi pure que possible que l'on entasse dans des caisses M en pierre calcaire ou en bois goudronné. La figure 14 montre la disposition de ces appareils.

Fig. 14. — Appareil pour la préparation industrielle du chlorure de chaux par l'action du chlore, produit en C, sur de la chaux étendue dans le compartiment M.

Les produits de la métalepsie des hydrates alcalins : NaClO et $Ca(ClO)^2$ doivent être considérés comme des sels, étant donné que leurs métaux sont susceptibles d'être remplacés par d'autres. Cependant l'hydrate acide correspondant à ces sels ou l'**acide hypochloreux** ne peut être obtenu à l'état libre ou pur pour les deux raisons suivantes :

1° Parce que cet hydrate, étant un acide très faible, se décompose en eau et en un anhydride Cl^2O = oxyde de chlore

$$2HClO = Cl^2O + H^2O$$

2° Parce que, dans un grand nombre de conditions, cet hydrate dégage facilement son oxygène en formant de l'acide chlorhydrique

$$HClO = HCl + O$$

L'acide hypochloreux, de même que son anhydride, peuvent être considérés comme des produits de la métalepsie de l'eau ; HOH correspond en effet à ClOH et à ClOCl.

C'est pour cette raison que les sels décolorants (mélanges de chlorures et d'hypochlorites métalliques) se décomposent dans beaucoup de cas avec dégagement :

1° De *chlore* sous l'influence des acides énergiques et simplement par l'action de HCl

$$NaCl + NaClO + 2HCl = 2NaCl + H^2O + Cl^2$$

2° D'*oxygène* comme nous l'avons vu tome I, p. 269 ; c'est sur ces propriétés (dégagement de chlore ou d'oxygène) qu'est basé l'emploi des sels décolorants pour le blanchiment des tissus.

On peut encore dégager l'oxygène en chauffant ces sels

$$NaCl + NaClO = 2NaCl + O$$

3° D'*oxyde de chlore* Cl^2O. Si l'on ajoute à la solution de chlorure de chaux (qui possède une réaction alcaline due à l'excès d'alcali et à la faible acidité de HClO) une petite quantité d'un acide fort (azotique, sulfurique, etc.) il se dégage de l'acide hypochloreux qui se décompose immédiatement en Cl^2O et H^2O. On obtient le même résultat si, au lieu des acides forts, on emploie des acides aussi peu énergiques que les acides carbonique, borique et autres, mais assez puissants pour déplacer l'acide hypochloreux (29).

(29) Il est indispensable, dans la fabrication du chlorure de chaux, que le chlore employé soit exempt d'acide chlorhydrique et la chaux de chlorure de calcium. L'excès de chlore, en agissant sur la solution du chlorure de chaux, peut donner de l'oxyde de chlore. Ce dernier se forme aussi quand on traite par un courant de chlore le carbonate de calcium récemment précipité

$$2Cl^2 + CaCO^3 = CO^2 + CaCl^2 + Cl^2O$$

Ceci montre que, si CO^2 peut déplacer Cl^2O, l'excès de ce dernier peut à son tour chasser CO^2.

Il existe un autre procédé de préparation de Cl^2O basé sur sa faible acidité. Les oxydes de zinc et de mercure, traités par le chlore en présence de l'eau, ne produisent pas d'hypochlorites correspondants, mais des chlorures métalliques et de l'acide hypochloreux ; ce fait prouve que cet acide est incapable de se combiner avec ces bases. On agite dans un flacon une certaine quantité d'oxyde de zinc ou de mercure avec de l'eau et on fait passer dans le liquide un courant de chlore (30). La réaction qui s'effectue dans ces conditions peut être exprimée par l'équation suivante :

$$2HgO + 2Cl^2 = Hg^2OCl^2 + Cl^2O$$

On obtient, dans ce cas, une combinaison d'oxyde de mercure et de bichlorure de mercure appelée oxychlorure de mercure

$$Hg^2OCl^2 = HgO + HgCl^2$$

L'oxychlorure de mercure est insoluble dans l'eau et n'est pas attaqué par Cl^2O, aussi la solution ne renferme-t-elle que de l'acide hypochloreux, dont la plus grande partie se décompose en Cl^2O et H^2O (31).

(30) L'oxyde rouge de mercure sec réagit avec le chlore en formant Cl^2O (Balard) ; mélangé avec de l'eau, il ne réagit que faiblement ; récemment précipité, il dégage, en présence du chlore, de l'oxygène. Pour préparer un oxyde de mercure réagissant facilement avec le chlore et fournissant beaucoup de Cl^2O, on procède de la manière suivante : on précipite l'oxyde mercurique en ajoutant un alcali à la solution d'un sel mercurique ; on le chauffe jusqu'à 300° et on laisse refroidir (Pelouze)

Lorsqu'on ajoute, à la solution d'un sel mercurique HgX^2 un hypochlorite MClO il se précipite HgO, parce que l'hypochlorite de mercure n'est pas stable.

(31) On obtient une solution aqueuse de Cl^2O en faisant agir le chlore sur beaucoup d'autres sels.

Ainsi par exemple :

$$Na^2SO^4 + H^2O + Cl^2 = NaCl + HClO + NaHSO^4$$

Si l'on mélange l'hydrate cristallisable de chlore avec de l'oxyde mercurique, l'acide chlorhydrique qui se forme produit du bichlorure de mercure et l'acide hypochloreux reste en dissolution.

Une solution faible d'acide ou d'anhydride hypochloreux peut être condensée par la distillation. Une solution concentrée, additionnée de substances avides d'eau, mais ne décomposant pas HClO (de l'azotate de calcium par exemple), dégage l'anhydride hypochloreux

L'oxyde de chlore est un exemple remarquable d'une combinaison formée d'éléments ayant une grande ressemblance chimique, mais ne réagissant pas directement entre eux. C'est un gaz qui, par condensation, donne un liquide rouge, bouillant à 20°, dégageant des vapeurs dont la densité (= 43 par rapport à H) montre que deux vol. de chlore forment avec un volume d'oxygène deux volumes de Cl^2O. Complètement anhydre, l'oxyde de chlore gazeux ou liquide fait facilement explosion en se décomposant en Cl^2 et O, en dégageant 15.000 calories par chaque molécule Cl^2O (**32**). L'explosion peut se produire même spontanément ; elle est déterminée par la présence de corps facilement oxydables tels que le soufre, les composés organiques etc. ; la solution de Cl^2O, bien qu'il soit peu stable et qu'il possède des propriétés oxydantes énergiques, ne fait pas explosion (**33**).

Il est évident qu'on peut admettre dans la solution aqueuse de Cl^2O l'existence de l'acide hypochloreux HClO ; en effet :

$$Cl^2O + H^2O = 2HClO.$$

(32) Tous les corps explosibles se décomposent avec dégagement de chaleur : O^3, H^2O^2, $AzCl^3$, les composés nitrés, etc. C'est pour

cette raison qu'ils ne peuvent être formés directement à l'aide des composés plus simples en lesquels ils se décomposent. L'anhydride hypochloreux liquide Cl^2O fait explosion au contact de corps pulvérulents ou sous l'influence d'un ébranlement du vase qui le renferme, par exemple par le frottement d'une lime.

(33) L'anhydride hypochloreux ne fait pas explosion quand il est en solution. Cela tient évidemment à la présence de l'eau ; en se dissolvant Cl^2O dégage en effet 9000 calories environ, ce qui diminue d'autant son énergie latente,

La propriété que possède l'acide hypochloreux d'entrer en combinaison avec des hydrocarbures non saturés (Karius) est souvent utilisée en chimie organique. Ainsi, par exemple, sa solution absorbe l'éthylène en formant C^2H^5ClO. La propriété oxydante de cet acide et de ses sels trouve son application, non seulement dans le blanchiment, mais encore dans beaucoup de réactions d'oxydation. Il transforme par exemple les oxydes inférieurs du manganèse en peroxyde.

L'acide hypochloreux, ses sels et son anhydride servent de transition entre l'acide chlorhydrique, les chlorures métalliques et le chlore d'une part, et toute une série de composés renfermant les mêmes éléments, mais combinés avec une plus grande quantité d'oxygène :

Cl^2	NaCl	HCl	acide chlorhydrique ;
Cl^2O	NaClO	HClO	acide hypochloreux ;
Cl^2O^3	$NaClO^2$	$HClO^2$	acide chloreux (34) ;
Cl^2O^5	$NaClO^3$	$HClO^3$	acide chlorique ;
Cl^2O^7	$NaClO^4$	$HClO^4$	acide perchlorique ;

(34) **L'acide chloreux** $HClO^2$ serait, d'après les recherches de Milon, Brandeau et d'autres, très analogue, sous bien des rapports à l'acide hypochloreux HClO. Tous les deux exercent une action décolorante sur les tissus, propriété que ne possèdent pas les deux acides supérieurs $HClO^3$ et $HClO^4$. D'un autre côté, $HClO^2$ ressemble à $HAzO^2$ (acide azoteux)

L'anhydride chloreux est inconnu à l'état pur, il est probable qu'il se trouve mélangé à l'anhydre hypochlorique ou bioxyde de chlore ClO^2, quand on prépare ce dernier par l'action des acides azotique et sulfurique sur un mélange de chlorate de potasse et de substances oxydables telles que AzO, As^2O^3, le sucre, etc.

On sait actuellement que le bioxyde de chlore pur (voir notes 38 à 42) mis en présence de l'eau (et des alcalis) se transforme graduellement en un mélange d'acides chlorique et chloreux ; il agirait par conséquent comme un anhydride mixte, ou comme AzO^2 qui donne $HAzO^3 + HAzO^2$:

$$2Cl^2 + H^2O = HClO^3 + HClO^2$$

Le sel d'argent de l'acide chloreux est peu soluble dans l'eau.

Les recherches de Gazzaroli-Turnlackh et d'autres semblent indiquer que Cl^2O^3 n'existe pas à l'état libre.

Quand on chauffe une solution d'un sel de l'acide hypochloreux MClO, on lui fait subir une modification remarquable : Sans qu'il y ait addition de quoi que ce soit, le sel se transforme en deux nouveaux sels plus stables, dont l'un renferme plus d'oxygène que MClO et l'autre n'en contient point :

3MClO	=	$MClO^3$	+	2MCl
Sel de l'ac. hypochloreux		Sel de l'ac. chlorique		Chlorure métallique

Les 2/3 du sel dégagent de l'oxygène qui sert à oxyder le tiers restant (35). Le corps intermédiaire RX donne naissance aux deux termes extrêmes R et RX^2, absolument comme l'anhydride hypo-azotique forme l'oxyde azotique et l'anhydride azotique.

(35) L'acide chlorhydrique, qui constitue le point de départ des combinaisons de ce genre, est considéré comme une substance saturée ne s'unissant pas directement à l'oxygène. Cependant, en procédant par voie indirecte, on peut intercaler entre les éléments qui le composent une quantité même assez considérable d'oxygène. Ceci s'observe également dans beaucoup d'autres cas. Ainsi, par exemple, on peut ajouter à l'hydrocarbure saturé, intercaler pour ainsi dire entre ses éléments, quelquefois plusieurs molécules d'hydrogène, C^3H^8 par exemple donne $C^3H^5(OH)^3$, la glycérine. On explique ces faits en considérant l'oxygène comme un élément bivalent, c'est-à-dire possédant la propriété de se combiner avec deux éléments différents tels que le chlore, l'hydrogène, etc. C'est en vertu de cette propriété qu'on peut le placer entre deux éléments déjà combinés, il s'unit à chacun d'eux par une de ses affinités.

Cette hypothèse, appliquée aux composés du chlore, ne satisfait pas à tous les faits. Ainsi, l'acide hypochloreux HOCl, c'est-à-dire l'acide chlorhydrique, dont les atomes sont séparés par un oxygène, est une substance très peu stable comme nous l'avons déjà vu. On pourrait supposer que l'addition d'une nouvelle quantité d'oxygène, en éloignant davantage le chlore de l'hydrogène, va diminuer encore la stabilité des nouveaux produits.

En réalité il n'en est rien, car

$$HClO^3 = H - O - O - O - Cl$$
$$\text{et } HClO^4 = H - O - O - O - O - Cl$$

sont bien plus stables que H — O — Cl.

D'ailleurs, l'addition d'oxygène est limitée et ne peut dépasser un certain taux ; or, si l'hypothèse que nous discutons était exacte, cette limite ne devrait pas exister et plus on ajouterait d'oxygène, plus les produits devraient être stables.

Au sulfure d'hydrogène, on ne peut ajouter plus de 4 atomes d'oxygène ; il en est de même pour l'acide chlorhydrique et pour l'hydrogène phosphoré.

Il est probable que la cause de cette particularité est liée aux propriétés mêmes de l'oxygène ; quatre atomes de cet élément semblent former un tout entier qui peut retenir deux ou plusieurs atomes de différents autres éléments tels que le chlore et l'hydrogène, l'hydrogène et le soufre, le sodium et le manganèse, le phosphore et les métaux, etc., en formant des composés relativement stables $NaClO^4$. Na^2SO^4, $NaMnO^4$, Na^3PO^4, etc. (Chap. X, note 1 et Chap. XV).

Le sel $MClO^3$ répond à l'**acide chlorique** $HClO^3$ et au chlorate de potassium $KClO^3$ dont il a été déjà question à propos de l'oxygène. Il est évident que l'on peut préparer les chlorates en faisant agir directement le chlore sur une solution d'un alcali, si l'on a soin d'élever la température de la solution. Il se forme dans ces conditions d'abord RClO et ensuite $RClO^3$; par exemple :

$$6KHO + 3Cl^2 = KClO^3 + 5KCl + 3H^2O$$

C'est ainsi que l'on prépare le chlorate de potassium ou **sel de Berthollet**, que l'on sépare facilement de KCl en profitant de sa faible solubilité dans l'eau froide (36).

(36) Si l'on fait passer un courant de chlore dans une solution *refroidie* de KHO, il se forme un mélange de chlorure et d'hypo-

chlorite de potassium $KCl + KClO$; si au contraire la solution est chauffée, il y a formation de chlorate de potassium. Ce dernier étant peu soluble, il est indispensable, afin d'éviter l'obstruction du tube de dégagement par les cristaux, de le terminer par un bout élargi en entonnoir.

Dans l'industrie, on prépare le chlorate de potassium à l'aide du chlorate de calcium, en dirigeant un courant de chlore dans un lait de chaux faiblement chauffé. On ajoute à ce mélange encore chaud du chlorure de potassium pour obtenir, par double décomposition, un précipité de chlorate de potassium peu soluble dans l'eau, surtout dans l'eau froide, en présence d'autres sels.

$$Ca(ClO^3)^2 + 2KCl = CaCl^2 + 2KClO^3$$

Pour préparer de petites quantités de sel de Berthollet, on peut se servir d'une solution concentrée de chlorure de chaux dans laquelle on fait passer un courant de chlore et à laquelle on ajoute ensuite du chlorure de K.

Le chlorate de potassium se forme encore par l'électrolyse de la solution de KCl chauffée à 80° (Geus-ermann et Nassigold, 1894) ; ce procédé commence à être appliqué industriellement.

Le sel de Berthollet cristallise en grandes lamelles incolores. Cent parties d'eau dissolvent les quantités suivantes de $KClO^3$.

à 0° = 3 ; 20° = 8 ; 40° = 17 ; 60° = 25 ; 80° = 40.

Voici à titre de comparaison la solubilité de KCl et de $KClO^4$.

t	0°	20°	40°	100°
KCl	28	35	40	57
$KClO^4$	1	1,75		18

Le chlorate de potassium fond entre 335° et 376° (à 359° d'après Carnelley) il se décompose à une température plus élevée en dégageant de l'oxygène (voir note 46).

Le mélange de sel de Berthollet avec les acides azotique et chlorhydrique est un oxydant énergique.

Projeté sur des charbons ardents, le chlorate de potassium brûle en fusant. Mélangé avec le tiers de son volume de soufre, il brûle ce dernier, même sous l'influence du choc, en produisant une détonation.

Le même phénomène se produit avec un grand nombre de sulfures métalliques et de substances organiques : ces mélanges s'enflamment au contact d'une goutte d'acide sulfurique. Le mélange de 2 parties de $KClO^3$ avec 1 p. de sucre et 1 p. de ferro-cyanure de potassium agit comme la poudre; son effet est cependant plus rapide, aussi fait-il éclater les armes.

Le chlorate de sodium est beaucoup plus soluble que le chlorate de potassium et ne peut être aussi facilement débarrassé de NaCl. Le sel barytique est aussi plus soluble que le sel potasique : à 0°,100 parties d'eau dissolvent 24 parties de ce sel ; à 20° = 37, à 80° = 98.

Si, à une solution de chlorate de potassium, on ajoute de l'acide sulfurique dilué, il y a mise en liberté **d'acide chlorique** ; ce procédé ne peut être utilisé pour la préparation de l'acide chlorique, car ce corps est trop facilement décomposable pour qu'on puisse le séparer par distillation. Pour obtenir l'acide chlorique libre, il faut ajouter à la solution de chlorate de baryum (37) de l'acide sulfurique ; il se forme un précipité de sulfate de baryum et l'acide chlorique reste en solution ; on la concentre par évaporation dans le vide.

(37) Pour préparer du chlorate de baryum pur $Ba(ClO^3)^2H^2O$, on prépare d'abord de l'acide chlorique impur, que l'on sature avec de la baryte ; on purifie le chlorate de baryum par cristallisation. On obtient l'acide chlorique impur, mais libre, en faisant passer le potassium de $KClO^3$ à l'état de sel insoluble. Dans ce but on ajoute au sel de Berthollet soit de l'acide tartrique, soit de l'acide hydrofluosilicique ; le tartrate et l'hydrofluosilicate de potassium sont en effet peu solubles dans l'eau.

La solution d'acide chlorique est incolore et inodore ; elle se comporte comme un acide énergique : elle sature NaHO, décompose Na^2CO^3, dégage H^2 en présence du zinc, etc... Au-dessus de 40°, elle se décompose en formant du chlore, de l'acide perchlorique et de l'oxygène ;

$$4HClO^3 = 2HClO^4 + H^2O + Cl^2 + O^3$$

La solution très concentrée d'acide chlorique est un oxydant des plus énergiques : les substances organiques s'enflamment à son contact. L'iode, l'acide sulfureux et d'autres substances facilement oxydables réduisent $HClO^3$, le transforment en acide chlorhydrique, en passant eux-mêmes à leur terme d'oxydation le plus élevé.

L'acide chlorhydrique dégage du chlore en présence de l'acide chlorique (et par conséquent avec $KClO^3$) ;

$$HClO^3 + 5HCl = 3H^2O + 3Cl^2.$$

En chauffant avec précaution un mélange d'acide sulfurique et de chlorate de potassium (Davies, Millon) on obtient un gaz ClO^2 appelé **bioxyde de chlore** ou anhydride **hypochlorique** (38).

(38) Pour préparer ClO^2, on refroidit 100 gr. d'acide sulfurique dans un mélange de glace et de sel et on y introduit par très petites portions 15 gr. de chlorate de potassium pulvérisé ; ensuite on distille lentement le mélange entre 20° et 40°, en condensant les vapeurs qui s'en dégagent à l'aide d'un réfrigérant.

$$3KClO^3 + 2H^2SO^4 = 2KHSO^4 + KClO^4 + 2ClO^2 + H^2O$$

Cette réaction doit se faire avec beaucoup de précaution, car il peut se produire des explosions. Calvert et Davies ont préparé ClO^2 en chauffant au bain-marie à 70°, dans une éprouvette, un mélange d'acide oxalique et de $KClO^3$.

$$2KClO^3 + 3C^2H^2O^4 2H^2O = 2C^2HKO^4 + 2CO^2 + 2ClO^2 + 8H^2O$$

Cette réaction est facilitée par l'addition d'une petite quantité d'acide sulfurique.

Si l'on met en présence, à la température ordinaire, une solution de HCl et du chlorate de potassium, il se dégage un mélange de Cl^2 et ClO^2 ; en chauffant à 80°, la plus grande partie de ClO^2 se décompose. Si, à la solution chauffée, on ajoute du chlorure de manganèse, ce dernier s'oxyde aux dépens de ClO^2. C'est sur cette réaction qu'est basé le procédé proposé par Gooch et Kreider (1894) pour la préparation du chlore dans les laboratoires.

L'anhydride hypochlorique ClO^2 se condense facilement dans un mélange réfrigérant en un liquide bouillant à + 10°. La densité de vapeur (environ 35) de cette substance montre que sa molécule est ClO^2 (39).

(39) Par analogie avec AzO^2, on peut supposer que, à basse température, la molécule sera double : Cl^2O^4 attendu que, dans ses réactions, l'anhydride hypochlorique se comporte comme un anhydride mixte des acides $HClO^2$ et $HClO^3$.

Gazeux ou liquide, le bioxyde de chlore détone facilement (par exemple à la température de 60°, au contact de substances organiques et de corps pulvérulents, etc.) ; il se décompose dans ces conditions en Cl^2 et O et. partant, agit comme un oxydant énergique dans une foule de circonstances (**40**), tout en possédant lui-même la propriété de s'oxyder (**41**).

(40) C'est par suite de la formation de ClO^2 que le mélange de sucre et de chlorate de potassium s'enflamme au contact d'une goutte d'acide sulfurique. Autrefois, on a utilisé cette propriété pour la fabrication des allumettes chimiques ; actuellement cette réaction est quelquefois encore employée pour allumer les mines ; on dispose les choses de manière à ce que l'acide sulfurique tombe sur le mélange au moment voulu.

La formation de ClO^2 entre encore en jeu dans l'expérience très démonstrative de la combustion du phosphore sous l'eau. On met dans l'eau des morceaux de phosphore et de chlorate de potassium et on verse sur ce dernier, à l'aide d'un tube à entonnoir, de l'acide sulfurique ; le phosphore s'enflamme et brûle aux dépens de l'oxygène de ClO^2.

(41) $MnKO^4$ oxyde ClO^2 et le transforme en acide chlorique (Fürst).

En se dissolvant dans l'eau ou dans les alcalis, ClO^2 donne de l'acide chloreux et de l'acide chlorique ;

$$2ClO^2 + 2KHO = KClO^2 + KClO^3 + H^2O$$

aussi doit-on le considérer (de même que AzO^2) comme un oxyde intermédiaire entre les anhydrides (inconnus) des acides chloreux et chloriques :

$$4ClO^2 = Cl^2O^3 + Cl^2O^5 \ (\mathbf{42}).$$

(42) Le composé appelé *eichlorine*, obtenu par Davy en chauffant faiblement $KClO^3$ avec HCl, est un mélange de ClO^2 et de Cl (Pébal).

L'oxyde liquide et gazeux (note 34), considéré par Millon comme Cl^2O^3, et dont la densité de vapeur égale environ 40, est probablement un mélange de ClO^2 (densité de vapeur = 35), de Cl^2O^3 (sa densité de vap. devrait être 59) et de chlore (dens. de vap. = 35,5).

De même que les chlorates $MClO^3$ se forment par la décomposition des hypochlorites MClO, de même les sels de l'acide perchlorique $MClO^4$ dérivent des chlorates.

L'acide perchlorique $HClO^4$ est le plus stable de tous les composés acides formés par le chlore. Le chlorate de potassium fondu et chauffé, après avoir dégagé le tiers de son oxygène, laisse un mélange de chlorure et de perchlorate de potassium :

$$2KClO^3 = KCl + KClO^4 + O^2$$

On observe facilement la formation du perchlorate de K dans la préparation de l'oxygène au moyen du sel de Berthollet, parce que $KClO^4$ fond plus difficilement que $KClO^3$ et apparaît dans la masse fondue de ce dernier sous la forme de petits grains durs.

Soumis à l'action de certains acides, tels que les acides sulfurique et azotique, le chlorate de potassium se transforme également en perchlorate que l'on peut purifier facilement, car ce sel est peu soluble dans l'eau.

Bien que les perchlorates renferment plus d'oxygène que les chlorates, ils se décomposent plus difficilement que ces derniers ; projetés sur des charbons ardents ils déflagrent plus faiblement

L'acide sulfurique les décompose à une température voisine de 100° en mettant en liberté l'acide perchlorique, le plus stable de tous les acides oxygénés du chlore, pouvant être distillé (**43**) sans décomposition et inattaquable par l'acide sulfurique et les autres acides.

(43) Quand on distille une solution d'acide chlorique préalable-

ment concentrée dans le vide, il se dégage du chlore, de l'oxygène et il se forme de l'acide perchlorique.

$$4HClO^3 = 2HClO^4 + Cl^2 + 3O + H^2O$$

Roscoe décomposait directement la solution de $KClO^3$ à l'aide de l'acide hydrofluosilicique ; il la décantait pour la séparer du précipité de K^2SiFl^6, concentrait la solution de $HClO^3$ et la distillait ensuite ; il obtenait de cette manière $HClO^4$ (V. note 44).

La propriété que possède $HClO^3$ de se transformer en $HClO^4$ se manifeste encore dans la décoloration du permanganate de potassium en présence de $HClO^3$.

En électrolysant la solution de $KClO^3$, on obtient au pôle positif, où se dégage l'oxygène, $KClO^4$. L'action du courant galvanique sur les solutions de Cl^2 et Cl^2O donne également lieu à la production de $ClHO^4$.

L'acide perchlorique a été obtenu par le comte de Stadion, ensuite par Serulla et étudié par Roscoe.

L'acide perchlorique pur (**44**) se présente sous la forme d'un liquide incolore, très caustique, fumant à l'air et possédant un poids spécifique égal à 1,78 à 15°; il se décompose à la longue, parfois avec détonation. Mis en présence du charbon, du papier ou d'autres corps organiques, cet acide se décompose avec explosion. Additionné d'une petite quantité d'eau et refroidi, il laisse déposer un hydrate cristallin $ClHO^4.H^2O$. Ce dernier est très stable, moins cependant que l'hydrate liquide $ClHO^4.2H^2O$.

(**44**) L'acide perchlorique, qui est très volatil et qui se dégage quand on fait agir l'acide sulfurique sur les perchlorates, peut être séparé de ses solutions par distillation, bien qu'il se décompose en partie. Le liquide distillé peut être concentré par évaporation dans un vase ouvert.

La température de la distillation atteint 200°; le liquide obtenu, qui est très stable, présente la composition suivante : $HClO^42H^2O$. Si l'on distille le mélange de ce dernier avec de l'acide sulfurique, il commence à se décomposer à 100° ; une partie de l'acide cependant passe dans le récipient sans se décomposer et forme l'hydrate cristallisable $HClO^4H^2O$ fondant à 50°. Chauffé avec précaution, $HClO^4H^2O$ se décompose en $HClO^4$ et en $HClO^42H^2O$ qui distille sans subir de décomposition. Ces propriétés mettent bien en évidence l'influence de l'eau sur la stabilité et montrent la propriété du chlore de former des combinaisons du type ClX^7, auquel on peut rapporter les trois hydrates :

$$ClO^3OH\ ;\ ClO^2(OH)^3\ ;\ ClO(OH)^5$$

Il est probable que les recherches ultérieures amèneront la découverte de l'hydrate $Cl(OH)^7$.

L'acide perchlorique se dissout dans l'eau en toutes proportions ; ses solutions aqueuses sont très stables (**45**). Sous l'influence de la chaleur, l'acide, aussi bien que ses sels, se décompose en dégageant de l'oxygène (**46**).

(45) D'après Roscoe, le poids spécifique de $HClO^4 = 1{,}782$; celui de $HClO^4H^2O$ à l'état liquide $(50^0) = 1{,}811$; il en résulte que la combinaison de $HClO^4$ avec H^2O s'accompagne de contraction.

(46) La décomposition de sels analogues au chlorate de potassium a été étudiée minutieusement par Potylitsine et P. Frankland. Le premier de ces auteurs, en décomposant le chlorate de lithium $LiClO^3$, a déterminé (d'après la quantité de LiCl et O) que le premier temps de la décomposition du sel fondu (368^0) se fait d'après l'équation suivante :

$$3LiClO^3 = 2LiCl + LiClO^4 + 5O$$

et qu'à la fin, le reste du sel se décompose ainsi :

$$5LiClO^3 = 4LiCl + LiClO^4 + 11O$$

En se basant sur ce phénomène, Potylitsine admet que $LiClO^4$ est capable de se décomposer en même temps que $LiClO^3$, c'est ce que l'expérience a démontré.

P. Frankland et J. Dengwall ont montré (1887) que $KClO^3$ mélangé avec du verre pilé et chauffé à 448^0 (dans les vapeurs de soufre) se décompose d'après l'équation suivante :

$$2KClO^3 = KClO^4 + KCl + O^2$$

Le sel seul dégage deux fois moins d'oxygène, à peu près suivant l'équation :

$$8KClO^3 = 5KClO^4 + 3KCl + 2O^2$$

quand $KClO^4$ est additionné de MnO^2, la décomposition est complète

$$KClO^4 = KCl + 2O^2$$

cependant, $KClO^4$ seul forme, en se décomposant, d'abord $KClO^3$

$$7KClO^4 = 2KClO^3 + 5KCl + 11O^2$$

Ces faits prouvent donc que le chlorate de potassium forme, sous l'influence de la chaleur, $KClO^4$ et que ce sel, en se décomposant avec dégagement d'oxygène, reproduit le sel primitif.

Dans la décomposition des chlorates, c'est 50 0/0 de chlorate de baryum; 12,5 0/0 de chlorate de strontium et seulement 2,5 0/0 de chlorate calcique qui se transforment en perchlorates.

Potylitsine a montré en outre que la décomposition des chlorates et des perchlorates donne toujours naissance à une certaine quantité d'oxydes de chlore et à du chlore libre, ce dernier serait déplacé par l'oxygène.

Remarquons encore que, d'après Spring et Prost (1889), le dégagement de l'oxygène de $KClO^3$ serait précédé de la décomposition du sel en base et en anhydride.

$$1^o\ 2MClO^3 = M^2O + Cl^2O^5$$
$$2^o\ Cl^2O^5 = Cl^2 + O^5$$
$$3^o\ M^2O + Cl^2 = 2MCl + O$$

Les propriétés du chlore qui viennent d'être étudiées appartiennent encore à trois autres éléments : le brome, l'iode et le fluor : ce sont les autres membres de la famille des halogènes.

Chaque représentant de cette famille possède cependant ses particularités et ses propriétés individuelles, sans quoi il ne constituerait pas un élément indépendant ; sous ce rapport le *poids atomique* a une importance primordiale :

$$Fl = 19 ; Cl = 35,5 ; Br = 80 ; I = 127$$

Toutes les propriétés physiques et chimiques des corps simples et de leurs composés correspondants doivent évidemment être sous la dépendance de ce facteur fondamental, si le groupement en familles est naturel. Nous voyons en réalité que les propriétés du brome, dont le poids atomique est à peu près la moyenne de ceux de l'iode et du chlore, sont intermédiaires entre celles de ces deux éléments (**47**).

(47) Comparez, par exemple, les points de fusion de NaCl, NaBr, NaI, et les points d'ébullition des combinaisons correspondantes de Cl et de Br (d'après Freyer et Meyer, 1892).

BCl^3	17°	BBr^3	90°
$SiCl^3$	59°	$SiBr^3$	153°
PCl^3	76°	PBr^3	175°
$SbCl^3$	223°	$SbBr^3$	275°
$BiCl^3$	447°	$BiBr^3$	453°
$SnCl^4$	606°	$SnBr^4$	619°
$ZnCl^2$	730°	$ZnBr^2$	650°

Ainsi, pour tous ces composés à l'exception de $ZnBr^2$, le remplacement du chlore par le brome élève le point d'ébullition.

Une autre propriété mensurable des éléments, c'est leur *valence*, ou la propriété de former des combinaisons de types définis. Sous ce rapport, le carbone ou l'azote diffèrent profondément des halogènes. Il est vrai que la forme ClO^2 répond à AzO^2 et CO^2 mais, tandis que, pour le carbone, CO^2 représente le terme supérieur de l'oxydation, l'oxyde le plus élevé de l'azote est Az^2O^5 et il devrait être pour le chlore Cl^2O^7, s'il existait un anhydride de l'acide perchlorique ; la composition n'est pas la même dans ces trois cas.

Comme tous les éléments appartenant au même groupe, les halogènes se ressemblent beaucoup sous le rapport des formes de leurs combinaisons, comme on peut le voir d'après leurs composés hydrogénés

$$HFl, HCl, HBr, HI$$

et oxygénés (ils manquent pour le fluor).

$HClO^3$	$HBrO^3$	HIO^3
$HClO^4$	$HBrO^4$	HIO^4

En comparant les propriétés de ces acides, on peut prévoir l'absence d'acides oxygénés correspondants au fluor. En effet, tandis que l'iode est facilement oxydé par l'acide azotique, par exemple ; le chlore ne l'est pas directement. Les acides oxygénés de l'iode sont relativement plus stables que ceux du chlore ; aussi, d'une manière générale, l'affinité de l'iode pour l'oxygène est-elle plus forte que celle du chlore. Le brome occupe encore à ce point de vue une position intermédiaire. La place du fluor dans la série, montre que son affinité pour l'oxygène est plus faible que celle du chlore ; jusqu'à présent, en effet, on n'a pas réussi à le combiner avec l'oxygène. Et, quand bien même on arriverait à préparer une pareille combinaison, on peut certifier qu'elle sera très peu stable.

On remarque une relation inverse par rapport à l'hydrogène. Le fluor possède une telle affinité pour l'hydrogène qu'il décompose l'eau à la température ordinaire. L'affinité de l'iode est au contraire très faible et l'acide iodhydrique HI, qui se forme difficilement, se décompose avec facilité et agit souvent comme réducteur.

D'après le type de leurs combinaisons, les halogènes sont des éléments **monovalents** ou monoatomiques par rapport à l'hydrogène et heptavalents par rapport à l'oxygène ; nous avons déjà vu que l'azote est trivalent par rapport au premier (AzH^3) et pentavalent par rapport au second (Az^2O^5), et que le carbone est tétravalent par rapport à ces deux éléments (CO^2 et CH^4).

Etant donné que non seulement les composés oxygénés des halogènes, mais aussi leurs composés hydrogénés possèdent des propriétés acides, on voit que ces éléments ont un **caractère** exclusivement **acide**. L'azote, bien que tous ses composés oxygénés soient des oxydes acides, donne avec l'hydrogène l'ammoniaque, qui est un alcali, ce qui indique un caractère acide moins prononcé.

Nous rencontrerons plus d'une fois la confirmation des relations générales précédentes dans le cours de la description de chacun des halogènes en particulier.

C'est à la propriété que possède le fluor de décomposer l'eau

$$Fl^2 + H^2O = 2HFl + O$$

qu'il faut attribuer l'insuccès qui frappa longtemps les tentatives faites pour isoler ce gaz. Ainsi, si l'on fait réagir HFl sur MnO^2, ou si l'on électrolyse une solution de HFl, on obtient soit de l'oxygène, soit un mélange de fluor et d'oxygène. Il est probable que la décomposition du fluorure de calcium $CaFl^2$, fondu et incandescent, soit par le courant galvanique, soit par l'oxygène, donne naissance à du fluor libre (48); mais, à une température aussi élevée, ce gaz attaque le platine et ne peut, par conséquent, être isolé.

(48) Cette réaction effectuée par Fremy est réversible :

$$CaO + Fl^2 = CaFl^2 + O$$

c'est-à-dire que Ca se distribue entre O et Fl^2.

L'action d'une solution concentrée de HFl sur MnO^2 donne certainement lieu à la formation de $MnFl^4$, qui peut se décomposer en $MnFl^2$ et Fl^2 ; mais ce dernier, en présence de l'eau, donne HFl.

Dans tous les essais (Davy, Knox, Longet, Frémy, Gore, etc.) faits pour décomposer les fluorures métalliques ($PbFl^2$, AgFl, $CaFl^2$, etc.) par le chlore, on a toujours observé la distribution des métaux entre les éléments : une partie se combinait bien avec le chlore et il se dégageait du fluor, mais on ne put jamais l'obtenir à l'état pur. Il est probable que Frémy a manié du fluor mais que ce fluor était impur.

Le fluor se dégageait encore lorsqu'on traitait par le chlore le fluorure d'argent AgFl, dans des récipients en fluorure de calcium, mais il était mélangé de chlore et ne pouvait être étudié dans cet état. Brauner, en calcinant le fluorure de cérium $CeFl^4$ (1881) a obtenu du fluor ($2CeFl^4 = 2CeFl^3 + Fl^2$), mais cette tentative, comme les précédentes, ne servit qu'à démontrer que le fluor était un gaz qui décomposait l'eau et qui, dans un grand nombre de circonstances, était capable d'agir comme le chlore. Il a fallu, pour obtenir du fluor pur, éviter la présence de l'eau et l'élévation de la température, c'est ce que réalisa Moissan en 1886. Cet auteur décomposait, à l'aide d'une batterie de 20 éléments Bunsen rangés en série, du fluorure d'hydrogène liquide maintenu à — 23° dans un tube en U en platine et auquel était ajoutée, pour le rendre plus conductible, une petite quantité de fluorure de K. Il se dégageait, dans ces conditions, au pôle négatif de l'hydrogène et au pôle positif (en platine iridié) du fluor pur.

C'est un gaz légèrement verdâtre qui décompose l'eau en donnant naissance à de l'ozone et à HFl, qui se combine directement avec le silicium $SiFl^4$, le bore BFl^3, le soufre et quelques autres éléments ; sa densité est égale à 18 et sa molécule renferme deux atomes $= Fl^2$.

L'action du fluor sur les métaux est relativement faible, à la température ordinaire, parce que le fluorure métallique formé recouvre le métal d'une croûte qui le soustrait à l'action du gaz ; le fer cependant est entièrement attaqué par le fluor.

Les corps organiques tels que le naphte, l'alcool, etc., absorbent le fluor et donnent HFl. En présence de l'hydrogène, le fluor produit facilement des explosions violentes (49).

(49) Moissan a trouvé (1892) que le fluor libre décompose H^2S, HCl, HBr, CS^2 et CAzH avec déflagration et qu'il n'agit pas sur O^2, Az^2, CO et CO^2 ; les métaux Mg, Al, Ag et Ni préalablement chauffés, brûlent dans le fluor, de même que S, Se, P (il se forme PFl^5) ; la combinaison avec H^2 s'effectue, même dans l'obscurité, avec dégagement de 36,600 calories. La température de — 95° n'est pas suffisante pour liquéfier le fluor.

La suie et le charbon en général (mais non le diamant) chauffés dans le fluor gazeux, se combinent avec lui en formant CFl^4 fluorure de carbone (Moissan 1890) ; ce dernier se forme également à 300° par double décomposition entre CCl^4 et AgFl. C'est un corps gazeux qui se liquéfie à 10° et sous la pression de 5 atmosphères. Mis en présence d'une solution alcoolique de KHO, le fluorure de carbone forme K^2CO^3 suivant l'équation :

$$CFl^4 + 6KHO = K^2CO^3 + 4KFl + 3H^2O.$$

Le fluorure de carbone est insoluble dans l'eau, mais se dissout facilement dans l'alcool.

Brauner a préparé le fluor (1894) en calcinant le fluorure double de plomb et de potassium $HFl3(KFl)PbFl^4$; ce sel se décompose à 230° et dégage d'abord HFl et ensuite $3KFl.PbFl^2$ et Fl^2 que l'on peut caractériser en utilisant sa propriété de dégager l'iode de KI et de se combiner facilement avec le silicium en formant $SiFl^4$. Cette réaction constitue un procédé purement chimique de préparation du fluor, basé sur la décomposition d'un terme supérieur — du tétrafluorure de plomb correspondant à PbO^2 — en fluor libre Fl^2 et en un terme inférieur plus stable — le bifluorure de plomb correspondant à PbO. Ce procédé est identique à celui qui sert ordinairement pour la préparation du chlore à l'aide de MnO^2 ; en effet :

$$MnCl^4 = MnCl^2 + Cl^2$$
$$PbFl^4 = PbFl^2 + Fl^2 \text{ (49 bis).}$$

(49 bis) Nikolioukine (1885) et, après lui, Friedrich et Classen ont préparé $PbCl^4$ et le sel double de tétrachlorure de plomb et de chlorure d'ammonium $PbCl^4.2AzH^4Cl$. Hutchinson et Pallard ont obtenu en 1893 un acétate de plomb répondant à la formule $Pb(C^2H^3O^2)^4$ en traitant le minium par l'acide acétique ; ce sel fond et se décompose à 175°. Brauner (1894) a préparé quelques sels correspondant au tétrafluorure de plomb $PbFl^4$ et à l'acide H^4PbFl^8. Ainsi, par exemple, en traitant le plombate de potassium (Chap. XVIII note 55) par l'acide fluorhydrique concentré, et le tétraacétate de plomb par la solution de $KHFl^2$, il obtint $HK^3.PbFl^8$, c'est-à-dire le sel double qui lui servit de point de départ pour la préparation du fluor.

Parmi les composés du fluor que l'on rencontre dans la nature, il faut citer en premier lieu le **spathfluor** ou fluorure de calcium $CaFl^2$ (50) et ensuite la **cryolithe** ou fluorure double de sodium et d'aluminium Na^3AlFl^6 que l'on trouve en grandes masses au Groenland. Ces deux corps, insolubles dans l'eau, traités par l'acide sulfurique, dégagent de l'acide fluorhydrique HFl.

(50) Le spath fluor (ou fluorine) tire son nom de sa structure lamelleuse et de la propriété qu'il possède de faciliter la fusion des minerais en réagissant avec SiO^2

$$SiO^2 + 2CaFl^2 = 2CaO + SiFl^4$$

L'hydrogène silicié, qui est un gaz, se dégage et la chaux CaO forme, avec une autre quantité de SiO^2, un alliage vitreux appelé scorie. On rencontre la fluorine dans les roches primitives sous la forme de veines parfois très considérables. Elle cristallise dans les formes du système régulier et parfois en grands cubes demi-transparents et incolores ou bien diversement colorés.

La fluorine est presque insoluble dans l'eau : il faut 26.000 p. d'eau pour en dissoudre seulement une partie ; son poids spécifique est 3,1 ; soumise à l'action de la chaleur, elle fond et cristallise en se refroidissant. Chauffée dans la vapeur d'eau, elle se décompose de la manière suivante :

$$CaFl^2 + H^2O = CaO + 2HFl$$

Fondue avec la potasse, la soude, ou même avec les carbonates alcalins, la fluorine entre en double décomposition : le fluor se porte sur le potassium ou le sodium et l'oxygène sur le calcium.

On peut préparer le fluorure de calcium par voie de double décomposition ; ainsi, par exemple :

$$Ca(AzO^3)^2 + 2KFl = CaFl^2 \text{(précipité)} + 2KAzO^3$$

On a signalé la présence de traces de fluor dans les organismes animaux, le sang, les urines, les os ; elles y sont apportées par les aliments et l'eau. L'eau courante, et principalement l'eau de mer, renferme toujours une certaine quantité, bien que très faible, de composés du fluor.

La préparation de l'**acide fluorhydrique** à l'aide du fluorure de calcium exige l'emploi de cornues en plomb ou en platine, car le verre est attaqué par cet acide. Le plomb est également attaqué par l'acide fluorhydrique, mais l'attaque n'est que superficielle ; une fois que la cornue est recouverte d'une couche de fluorure et de sulfate de plomb, elle résiste à l'action de l'hydrogène fluoré.

Le spath fluor, réduit en poudre grossière, réagit avec l'acide sulfurique même à la température ordinaire, et dégage des vapeurs d'acide fluorhydrique fumant à l'air :

$$CaFl^2 + H^2SO^4 = CaSO^4 + 2HFl$$

A 130°, la décomposition du fluorure de calcium est complète.

L'acide fluorhydrique dirigé dans un récipient refroidi s'y condense à l'état liquide : on obtient ainsi l'acide anhydre. Pour faciliter la condensation, on fait passer les vapeurs d'acide fluorhydrique dans l'eau froide qui le dissout facilemont.

L'acide fluorhydrique anhydre bout à + 19° ; son poids spécifique à 12°,8 = 0,9849 (**51**).

(**51**) Frémy a obtenu HFl anhydre en décomposant le fluorure de plomb $PbFl^2$ par l'hydrogène, ou en calcinant le sel double $HKFl^2$ qui cristallise facilement en cubes dans la solution de HFl saturée à moitié par KHO.

La dissolution du fluorure d'hydrogène dans l'eau s'effectue en dégageant une grande quantité de chaleur ; il se forme une solution à point d'ébullition constant distillant à 120°. Le poids spécifique de cette solution est 1,15 et sa composition $HFl.12H^2O$ (**52**).

(**52**) Cette composition correspond à l'hydrate cristallisable $HCl.12H^2O$. Toutes les propriétés de l'acide fluorhydrique rappellent celles de l'acide chlorhydrique. Pour expliquer la facilité avec laquelle se liquéfie HFl (il bout à + 19, tandis que HCl à — 35°) il faut admettre, comme cela sera d'ailleurs expliqué plus bas, que cet acide se polymérise en formant H^2Fl^2 ; c'est pourquoi, à l'état liquide, il diffère de HCl pour lequel ce phénomène n'a pas été noté.

On conserve l'acide fluorhydrique anhydre et sa solution concentrée dans des récipients en platine ; la solution diluée peut être avantageusement conservée dans des vases en gutta-percha et même dans des ballons en verre recouverts intérieurement d'une couche de paraffine. Le fluorure d'hydrogène est sans action sur les hydrocarbures, la cire et les autres substances analogues ; il corrode, au contraire les métaux, le verre, la porcelaine et presque toutes les roches (**53**). L'acide fluorhydrique détruit la peau et est très toxique.

(53) L'action corrosive de l'acide fluorhydrique sur le verre est basée sur la réaction suivante :

$$SiO^2 + 4HFl = SiFl^4 + 2H^2O$$

La silice SiO^2 entre dans la composition du verre et de la plupart des roches qui sont des sels du silicium.

On utilise cette réaction dans les laboratoires et dans l'industrie pour la **gravure sur verre**. On recouvre, dans ce but, l'objet à graver d'une couche de vernis (composé de 4 parties de cire et de 1 p. d'essence de térébenthine) sur lequel on trace à l'aide d'une pointe en acier le dessin que l'on veut exécuter. L'objet est placé ensuite dans une cuvette en plomb renfermant de l'acide sulfurique et du fluorure de calcium. Il faut pour obtenir un dessin mat, prendre un excès d'acide sulfurique, car autrement les traits seraient transparents par suite de la formation de l'acide hydrofluosilicique. On peut encore porter directement le mélange d'acide sulfurique et de fluorure métallique sur l'objet à graver.

Les métalloïdes sont sans action sur le fluorure d'hydrogène, au contraire tous les métaux, à l'exception du mercure, de l'argent, de l'or et du platine, le décomposent en dégageant de l'hydrogène gazeux. Mis en présence des bases, l'acide fluorhydrique donne directement des fluorures métalliques et se comporte, d'une manière générale, comme HCl.

Il existe cependant entre ces deux acides des différences individuelles très nettes et même plus prononcées que celles que l'on observe entre HCl, HBr et HI. Ainsi, par exemple, les chlorure, bromure et iodure d'argent sont insolubles dans l'eau, tandis que le fluorure d'argent y est soluble. Inversement, $CaFl^2$ ne se dissout pas dans l'eau alors que $CaCl^2$, $CaBr^2$ et CaI^2 s'y dissolvent facilement et l'attirent même avec avidité. Aucun des acides hydrogénés formés par les autres halogènes n'attaque le verre ; l'acide fluorhydrique par contre le corrode en produisant du fluorure de silicium.

Avec le sodium et le potassium, les acides chlorhydrique, bromhydrique et iodhydrique ne forment que des sels neutres ; KCl, NaCl, KBr, NaBr, etc. ; l'acide fluorhydrique forme en plus des sels acides ; par exemple $KHFl^2$ et même $KHFl^2.2HFl$ (en dissolvant KFl dans HFl liquide).

Cette dernière propriété dépend de ce fait qu'aux températures moyennes, la densité de vapeur de HFl est voisine de 20, ce qui correspond à la composition H^2Fl^2 (Mallet) mais, sous l'influence de la chaleur, la molécule H^2Fl^2 se dépolymérise, et la densité se rapproche de 10, ce qui correspond à la formule HFl (54).

(54) Mallet, en 1881, a déterminé les densités de vapeur de HFl à 30° et à 100° ; avant lui Gore (1869) avait fait les mêmes recherches à 100° ; en 1888 Thorpe et Hambly ont fait 14 déterminations entre 26° et 88° et ont montré que, dans ces limites, la densité diminuait graduellement, comme cela a été remarqué et bien étudié pour les vapeurs de l'acide acétique et de AzO^2, et pour d'autres substances.
La propriété que possède HFl de se polymériser se trouve probablement en relation avec la propriété qu'ont certains fluorures métalliques de former des sels acides : $KHFl^2$ et H^2SiFl^6 en sont des exemples.

L'analogie des deux autres halogènes : du brome et de l'iode avec le chlore, est bien plus prononcée. Non seulement HBr et HI ressemblent beaucoup à HCl, mais le brome et l'iode eux-mêmes, ont beaucoup de réactions analogues à celles du chlore (55) ; de plus, les propriétés des composés métalliques correspondants du chlore, du brome et de l'iode sont très voisines. Ainsi les chlorures, bromures et iodures de potassium et de sodium cristallisent tous dans le système régulier et sont solubles dans l'eau ; les chlorures de calcium, d'aluminium, de magnésium et de baryum sont solubles dans l'eau, de même que les iodures et les bromures de ces métaux. L'iodure et le bromure d'argent, de plomb sont tout aussi peu solubles dans l'eau que les chlorures de ces métaux. Les composés oxygénés du brome et de l'iode présentent aussi beaucoup d'analogie avec les composés correspondants du chlore ; ainsi, par exemple, HBrO correspond à HClO : les deux acides possèdent des propriétés décolorantes.

(55) Le tableau ci-dessous contient quelques données thermochimiques (d'après Thomsen) relatives aux réactions analogues du chlore du brome et de l'iode sur un même métal. X désigne un atome d'un halogène ; les chiffres expriment des milliers de calories et sont rapportés au poids d'un gramme-molécule et à la température ordinaire.

	Cl	Br	I		Cl	Br	I
$K^2 + X^2$	211	191	160	$Ca + X^2$	170	141	—
$Na^2 + X^2$	195	172	138	$Ba + X^2$	195	170	—
$Ag^2 + X^2$	59	45	28	$Zn + X^2$	97	76	49
$Hg^2 + X^2$	83	68	48	$Pb + X^2$	83	64	40
$Hg + X^2$	63	51	34	$Al + X^2$	161	120	70

Remarquons encore que la chaleur latente de vaporisation du poids moléculaire est égale : pour le brome Br^2 à 7,2 ; pour l'iode I^2 à 6 m. calories ; la chaleur latente de solidification de Br^2 est voisine de 0,3 et celle de I^2 d'environ 30 m. calories. Ces chiffres montrent que la différence des chaleurs est indépendante de la différence des états. Ainsi, par exemple, la combinaison de $Zn + I^2$ produirait 49 + 8 + 3 ou environ 60 m. calories, c'est-à-dire une fois et demie moins que $Zn + Cl^2$.

Brome et Iode.

L'iode a été découvert en 1811 par Courtois dans les cendres des varechs (espèce d'algues maritimes) et étudié bientôt après par Clément, Gay-Lussac et Davy. En 1826, Balard découvrit le brome dans les eaux-mères provenant de l'évaporation de l'eau de mer dans les salines.

Le **brome** et l'iode se trouvent dans l'eau de mer à l'état de combinaison avec des métaux. La quantité de bromures et surtout d'iodures métalliques qu'elle renferme est tellement faible, qu'il faut employer des réactions très sensibles pour pouvoir y déceler leur présence (**56**).

(56) Un litre d'eau de mer contient environ 20 gr. de chlore et seulement 0 gr., 07 de brome. La Mer Morte renferme dix fois plus de brome.

Les bromures métalliques se trouvent dans les eaux-mères après l'extraction du sel de l'eau de mer. Combinés avec l'argent, le brome et l'iode se rencontrent, en même temps que le chlorure d'argent, dans certaines mines, principalement en Amérique. Quelques sources minérales renferment des bromures et des iodures métalliques mélangés à un excès de chlorure de sodium. Les couches supérieures des mines de Stasfurt, qui servent à la fabrication des sels potassiques, renferment aussi des bromures métalliques. Ces derniers s'accumulent, après la cristallisation des sels potassiques, dans les dernières eaux-mères qui fournissent actuellement (avec quelques sources américaines) la presque totalité du brome consommé dans le monde entier.

Il est facile de dégager le brome d'un mélange de bromures et de chlorures métalliques, en le traitant par le chlore qui chasse le brome de ses combinaisons avec les métaux. La solution incolore d'un bromure prend une coloration rouge lorsqu'on la traite par le chlore (**57**). Dans l'industrie, on remplace souvent le chlore par le mélange d'acide sulfurique et de peroxyde de manganèse que l'on ajoute aux eaux-mères ; ce mélange met en liberté une certaine quantité de chlore qui dégage le brome.

(57) Il est indispensable d'éviter l'emploi d'un excès de chlore ; autrement le brome renferme du chlore. Le brome du commerce en contient toujours une certaine quantité sous la forme de chlorure de brome. Mais cette combinaison étant plus soluble que le brome il est facile de l'éliminer.

Pour obtenir du brome pur, on lave le brome du commerce, on le dessèche au moyen de l'acide sulfurique et on le distille, en ne recueillant que la portion qui passe aux environs de 58°. On transforme une certaine quantité du produit ainsi obtenu en bromure de potassium, on le dissout dans l'eau distillée et on ajoute à la solution le reste du brome. L'iode, si le produit en contient, est mis en liberté ; on agite avec du sulfure de carbone CS^2 qui dissout l'iode, et l'on sépare par décantation.

La solution de KBr, ainsi obtenue, est chauffée avec un mélange de MnO^2 et H^2SO^4 ; le brome qui se dégage dans ces conditions est exempt d'iode. Il faut d'ailleurs remarquer que beaucoup d'échantillons commerciaux de brome ne contiennent pas d'iode.

On peut encore transformer une partie du brome en KBr et l'autre partie en $KBrO^3$. Si l'on distille une solution de ces sels avec de l'acide sulfurique, il se dégage du brome pur.

$$5KBr + KBrO^3 + 6H^2SO^4 = 6KHSO^4 + 3H^2O + 3Br^2$$

Le brome dissous dans une solution concentrée de bromure de calcium $CaBr^2$, et précipité par un excès d'eau, perd tout son chlore, car ce dernier donne, avec le bromure de calcium, du chlorure de calcium.

Le brome est un liquide rouge brun, qui émet des vapeurs rouges à odeur suffocante, d'où son nom de brome de βρῶμός fétide. La densité de vapeur du brome indique que sa molécule renferme deux atomes = Br^2. Refroidi, le brome se solidifie en petites écailles brunes ressemblant à celles de l'iode.

Le point de fusion du brome pur est 7° 05 (58). La densité du brome liquide à 0° est égale à 3,187 et à 15° à environ 3,0. Son point d'ébullition se trouve à 58°7.

(58) Le point de fusion du brome pur n'a été définitivement fixé que récemment. Pour les uns (Regnault, Pierre) il était compris

entre — 7° et — 8° ; les autres (Balard, Liebig, Quincke, Baumchauer) le fixaient entre — 20° et — 25°. Depuis, les recherches de Ramsay et de Yung (1885) ont démontré que le brome fond à une température voisine de — 7°. Ce chiffre est établi non seulement par l'expérience directe mais encore à l'aide de la détermination de la tension de vapeur qui est donnée dans le tableau suivant pour le brome solide :

$p =$	20	25	30	35	40	45 mm.
$t =$	— 16°,6	— 14°	— 12°	— 10°	— 8°.4	— 7°,

Pour le brome liquide :

$p =$	50	100	200	400	600	760 mm.
$t =$	— 5°,	+ 8°,2	23°,4	40°,4	51°,9	58°,7

Ces deux courbes se coupent à un point correspondant à — 7°,05.

De plus, Ramsay et Yung, en comparant les tensions de vapeurs de plusieurs liquides, ont remarqué que le rapport des points d'ébullition absolue ($t + 273$) correspondants à des tensions égales varie pour chaque couple de substances *suivant une ligne droite* et proportionnellement à t. Ces auteurs ont étudié le rapport des points d'ébullition absolue de l'eau et du brome à la pression p ; ils ont observé que les lignes droites, exprimant ces rapports pour le brome liquide et solide, se coupent également à — 7°,05. Ainsi, par exemple, pour le brome solide.

$p =$	20	25	30	35	40	45
$273 + t =$	256,4	259	261	263	264,6	266
$273 + t' =$	295,3	299	302,1	304,8	307,2	309,3
$c =$	1,152	1,154	1,157	1,159	1,161	1,163

t' est la température de l'eau correspondant à la tension de vapeur p ; c est le rapport de $273 + t'$ à $273 + t$. La valeur c peut être exprimée très exactement par l'équation d'une droite.

$$c = 1{,}1703 + 0{,}0011\ t$$

Pour le brome liquide on a l'équation suivante :

$$c = 1{,}1585 - 0{,}00057\ t$$

L'intersection de ces deux droites correspond en effet à — 7°,05. C'est là une preuve nouvelle de l'exactitude du point de fusion du brome.

Ramsay et Yung ont également fixé les points constants pour l'iode.

Le brome, comme le chlore, est soluble dans l'eau ; 27

parties de cette dernière en dissolvent une partie à 5° ; à 15°, il faut employer 29 p. d'eau. La solution aqueuse de brome a une coloration rouge ; refroidie jusqu'à 2°, elle laisse déposer des cristaux renfermant, pour une molécule Br^2,10 molécules d'eau (59). Le brome est plus soluble dans l'alcool ; il l'est encore davantage dans l'éther. Dans ces solutions, il se forme, avec le temps, des produits secondaires, résultat de l'action du brome sur ces dissolvants. Les solutions aqueuses de bromures métalliques dissolvent également une grande quantité de brome.

(59) Les recherches de Paterneau et de Nasini, faites, d'après la méthode de Raoult, sur le point de congélation des solutions aqueuses de brome ont montré que la molécule de ce métalloïde en solution renferme deux atomes Br. La solution renfermant pour 100 gr. d'eau 1 gr. 391 de brome se congèle à — 0°,115.

Des expériences analogues relatives à l'iode ont montré que sa molécule est I^2 dans les solutions (Kloboukoff, 1889 et Beckman, 1890).

Rozeboom a étudié l'hydrate de brome avec autant de détails que celui du chlore (notes 9 et 10). La température de la décomposition complète de cet hydrate est + 6°,2 ; la densité de $Br^2 10H^2O$ = = 1,49.

L'iode est extrait presque exclusivement des eaux mères restant après la cristallisation du salpêtre du Chili $NaAzO^3$ et des cendres des algues marines, appelées *varech* en France et *Kepl* en Ecosse. Ces algues, qui sont rejetées parfois en grande quantité sur les rivages, renferment du potassium, du sodium et du calcium combinés avec des acides organiques qui se décomposent pendant la calcination en formant des carbonates de potassium et de sodium. On débarrasse les cendres des carbonates alcalins par lixiviation et les eaux mères que l'on obtient ainsi renferment des chlorures, des bromures et des iodures métalliques. 1300 kil. de cendres de varech fournissent environ 1000 kil. de carbonate de sodium et 15 kil. d'iode. L'extraction de l'iode des eaux mères est relativement assez facile, parce que le métalloïde est déplacé de ses combinaisons avec les métaux par le chlore et même par l'acide sulfurique Ce dernier, en réagissant avec un iodure métallique, met en liberté l'acide iodhydrique qui se décompose facilement, surtout en présence d'oxydants tels que l'acide chromique, l'acide azoteux et même les sels ferriques (60). L'iode mis en liberté étant peu soluble se précipite.

(60) D'une manière générale :

$$2HI + O = I^2 + H^2O$$

C'est pourquoi les termes supérieurs des composés oxygénés ou chlorés mis en présence de HI donnent des termes inférieurs. Ainsi par exemple, Fe^2O^3 est le terme supérieur et FeO le terme inférieur des oxydes de fer. Mis en présence de HI, Fe^2O^3 se transforme en FeO. De même H^2O^2 et O^3 dégagent l'iode de l'acide iodhydrique. Les combinaisons de l'oxyde cuivrique CuO ou CuX^2 donnent, dans ces conditions, des composés de l'oxydule Cu^2O ou CuX. L'acide sulfurique lui-même agit de cette manière en se réduisant en SO^2.

Les substances qui ont la propriété de dégager l'oxygène chassent l'iode de HI avec encore plus de facilité. Dans la pratique, on emploie un grand nombre d'oxydants pour précipiter l'iode ; le plus souvent cependant on utilise dans ce but les oxydes supérieurs de l'azote qui se réduisent en AzO.

Toutes les réactions d'oxydation de HI sont limitées, parce que, dans certaines conditions et surtout en solutions diluées, l'iode mis en liberté peut agir lui-même comme oxydant, c'est-à-dire se comporter comme le chlore.

On extrait beaucoup d'iode au Chili après la cristallisation du salpêtre sodique qui renferme $NaIO^3$; on additionne les eaux mères de sulfite et de bisulfite de sodium pour précipiter l'iode

$$2NaIO^3 + 3Na^2SO^3 + 2NaHSO^3 = 5Na^2SO^4 + I^2 + H^2O$$

Pour obtenir de l'iode pur, il suffit de le sublimer et de recueillir les portions moyennes du sublimat. Pour le purifier davantage, on le dissout dans une solution concentrée de KI et on le précipite par un excès d'eau. L'iode passe directement de l'état de vapeur à l'état cristallin et se dépose, dans les parties refroidies de l'appareil, sous la forme de lamelles d'une coloration gris bleuâtre à éclat métallique. Le poids spécifique de l'iode est égal à 4,95 ; il fond à 114° et bout à 184°. On obtient des vapeurs d'iode bien au-dessous de ces températures, c'est leur couleur violette qui a valu son nom au métalloide (ἰώδης violet).

L'odeur de l'iode rappelle beaucoup celle de l'acide hypochloreux ; il a une saveur forte, âpre. L'iode détruit la peau et les tissus ; sa solution alcoolique est très souvent employée en médecine, soit comme cautérisant, soit comme révulsif et imprime à la peau une teinte brune foncée qui disparaît au bout d'un certain temps.

Une partie d'iode est soluble dans 5000 parties d'eau et dans 12 parties d'alcool. La solution aqueuse d'iode a une coloration rouge brune et jouit de propriétés décolorantes très faibles. L'eau chargée d'iodures métalliques, de même que l'alcool renfermant une petite quantité de composés iodés, par exemple de l'iodure d'éthyle, dissolvent une bien plus grande quantité d'iode que les dissolvants purs (61).

(61) La solubilité plus grande de l'iode dans les dissolvants renfermant des iodures métalliques et en général des composés iodés peut indiquer, d'une part, que la dissolution est provoquée par une certaine similitude entre le dissolvant et le corps dissout et, d'autre part, servir de preuve indirecte à l'hypothèse sur la constitution des solutions émise dans le Chap. I. On a réussi en effet à isoler de beaucoup de solutions de ce genre des combinaisons polyiodées instables, analogues aux cristalhydrates. C'est ainsi que l'iodure de tétraméthylammonium $Az(CH^3)^4I$ se combine avec I^2 et I^4. On peut même, dans la solution de I^2 dans une solution concentrée de KI, constater la présence de traces d'un composé défini KI^3. Ainsi, la solution alcoolique de KI^3 n'abandonne pas l'iode au sulfure de carbone, bien que ce dernier enlève l'iode de la solution alcoolique de ce métalloïde (Girault, Jörgensen). L'instabilité des combinaisons de ce genre est analogue à celle de beaucoup d'hydrates cristallisables, par exemple de $HCl.2H^2O$.

L'iode est plus soluble dans l'éther que dans l'alcool ;

mais c'est surtout dans les hydrocarbures liquides, dans le sulfure de carbone et dans le chloroforme, qu'il se dissout facilement. Une petite quantité d'iode colore en rose le sulfure de carbone et le chloroforme qui prennent une teinte violette quand la quantité d'iode est plus considérable. Cette propriété permet de déceler des traces d'iode dégagé de ses combinaisons, à l'aide du chlore par exemple. Nous avons déjà vu que l'iode libre colore en bleu l'empois d'amidon, c'est là un caractère qui peut servir également dans les recherches analytiques.

Les quatre éléments de la famille des halogènes sont un exemple de substances analogues qui se disposent, d'après leurs propriétés physiques, dans le même ordre où ils peuvent être rangés par rapport à leurs poids atomiques et moléculaires. Les éléments ayant un plus grand poids moléculaire possèdent un poids spécifique, un point de fusion et d'ébullition plus élevés et toute une série de propriétés qui dépendent de ce facteur fondamental. Le chlore libre bout à — 35°, le brome à + 60°, l'iode au-dessus de + 180°. D'après la loi d'Avogadro et de Gerardt, les densités des vapeurs de ces éléments à l'état gazeux sont, comme pour tous les éléments, proportionnelles aux poids atomiques ; mais, de plus, même à l'état liquide et à l'état solide, les densités de ces éléments sont en relation directe avec le poids de leurs atomes : ainsi, en divisant les poids atomiques par les densités de ces éléments à l'état liquide, on obtient à peu près le même quotient (62).

$$\text{Cl.....} \frac{3{,}55}{1{,}3} = 27$$

$$\text{Br....} \frac{80}{3{,}1} = 26$$

$$\text{I......} \frac{127}{4{,}9} = 26$$

(62) L'égalité des volumes atomiques des halogènes est d'autant plus remarquable que, pour tous les composés des halogènes, le volume augmente quand on remplace le fluor par du chlore, du brome ou de l'iode. Ainsi, par exemple, le volume de NaFl (que l'on obtient en divisant le poids correspondant à la formule par le poids spécifique) est égal à 15 environ ; celui de NaCl = 27, NaBr = 34, NaI = 41. Le volume de $SiHCl^3$ = 28 ; celui de $SiHBr^3$ = 108 : $SiHI^3$ = 122. On remarque les mêmes relations dans les solutions. Ainsi, par exemple, NaCl + $200H^2O$ a un poids spécifique égal à 1,0106 à 15°/4°, donc le volume de la solution est :

$$\frac{3658,5}{1,0106} = 3620$$

et le volume de NaCl en solution est :

$$3620 - 3603 = 17$$

le nombre 3603 représente le volume de 200 H^2O. Le volume de NaBr en solution = 26 et celui de NaI = 35.

Les bromures et les iodures métalliques ressemblent, dans la majorité des cas et dans la plupart des réactions, aux chlorures correspondants (63), mais le chlore déplace le brome et l'iode, tandis que le brome met en liberté l'iode, propriétés que l'on utilise pour la préparation de ces halogènes.

(63) Cependant la densité (et même le volume) du bromure est plus élevée que celle du chlorure ; celle de l'iodure est encore plus élevée. Il en est de même sous d'autres rapports. Ainsi, par exemple, le composé ioduré a un point d'ébullition plus élevé que le chlorure, etc.

Les recherches de Potylitsine ont montré (1880) que le déplacement *inverse* du chlore par le brome se produit aussi bien en solution que lorsqu'on calcine les chlorures métalliques dans une atmosphère des vapeurs du brome : le métal se distribue entre les halogènes et la plus grande partie se combine avec le chlore, ce qui dénote que le chlore a une plus grande affinité pour les métaux que le brome et l'iode (**64**). Cependant ces derniers se comportent parfois, vis-à-vis des oxydes métalliques, exactement comme le chlore. En calcinant K^2CO^3 dans les vapeurs d'iode, Gay-Lussac a obtenu, tout comme avec le chlore, un dégagement d'oxygène et d'acide carbonique.

$$K^2CO^3 + I^2 = 2KI + CO^2 + O$$

Cependant, la réversibilité de la réaction entre les halogènes et l'oxygène ressort plus nettement pour Br et I que pour le chlore. Ainsi, l'oxygène dégage facilement l'iode de BaI^2 incandescent.

L'iodure d'aluminium brûle directement dans un courant d'oxygène (Deville et Troost); le même phénomène se produit avec le chlorure d'aluminium, mais avec moins d'énergie; cela montre que les halogènes ont évidemment une plus faible affinité pour les métaux qui ne forment que des bases faibles.

(64) A. Potylitsine a montré qu'en chauffant dans un tube scellé des chlorures métalliques avec une quantité équivalente de brome, il se produit, dans tous les cas, une distribution du métal entre les halogènes et que, dans le produit final, les quantités de chlore remplacé par le brome sont proportionnelles aux poids atomiques des métaux et inversement proportionnelles à leur valence. Ainsi, par exemple, si l'on prend NaCl + Br, on constate que 5,54 pour cent chlore sont remplacés par le brome; si l'on prend AgCl + Br, le taux est 27,28. Ces chiffres sont entre eux comme 1 : 4,9; or le poids atomique de Na est à celui de Ag comme 1 : 4,7. En général, un composé chloré MCl^n donne avec n Br un taux de substitution égal à $\frac{4M}{n^2}$ où M est le poids atomique du métal. Cette loi repose sur une série de recherches relatives aux combinaisons de Li, Na, K, Ag ($n = 1$) ; Ca, Sr, Ba, Co, Ni, Hg, Pb ($n = 2$), Bi ($n = 3$), Sn ($n = 4$) et Fe^2 ($n = 6$).

Ces recherches, faites par Potylitsine, constituent non seulement une preuve éclatante des théories de Berthollet, mais encore une tentative de détermination des affinités des corps simples à l'aide des réactions de déplacement.

Quand on augmente la quantité de brome, celle du chlore déplacé croît également. Ainsi, par exemple, si l'on met en présence d'une molécule de NaCl un ou quatre équivalents de brome, le taux du chlore remplacé sera : 6,08 0/0 dans le premier cas et 12,46 0/0 dans le second ; en traitant une molécule de $BaCl^2$ avec 1, 4, 25 et 100 molécules de brome, on déplacera 7,8 ; 17,6 ; 35 ; 45 0/0 de chlore.

Si l'on fait réagir, en l'absence de l'eau, à la température de 300° et dans des tubes scellés, des bromures métalliques avec une quantité équivalente d'acide chlorhydrique, les quantités de chlore déplacées par le brome sont inversement proportionnelles aux poids atomiques dans les doubles décompositions entre métaux monovalents. Ainsi, par exemple, pour NaBr + HCl la proportion est 21 0/0 et pour KBr + HCl elle est 12 0/0 ; pour AgBr + HCl elle est 4,25 0/0.

En solution aqueuse, le phénomène, bien qu'un peu compliqué par la participation du dissolvant, est en somme identique. Ces réactions s'effectuent spontanément dans un sens et dans l'autre à la température ordinaire, mais avec une *vitesse* différente. Ainsi, en faisant réagir une solution diluée de chlorure de sodium (1 équival. pour 5 litres) avec du bromure d'argent à la température ordinaire, le taux de brome remplacé en six jours et demi, est 2,07 0/0 : pour KCl — 1,5 0/0. S'il y a un excès de chlorure métallique, le taux de l'échange est augmenté. Ces réactions ont lieu avec absorption de chaleur. Les réactions inverses qui produisent de la chaleur marchent incomparablement plus vite, mais atteignent aussi une certaine limite. Ci-dessous, à titre d'exemple, le tableau indiquant les quantités de AgBr formé au bout de différents espaces de temps dans la réaction AgCl + RBr

heures	2	3	22	96	120
K	79,82	87,4	88,22	—	94,21
Na	83,63	90,74	91,70	95,49	—

Les relations de l'iode et du brome avec l'hydrogène font encore ressortir ce fait que l'iode et le brome possèdent une réserve d'énergie plus faible que le chlore. Ces trois halogènes se combinent plus ou moins facilement à l'état gazeux avec l'hydrogène, mais les acides qui en résultent sont loin d'avoir le même degré de stabilité : le plus stable est HCl ; le plus facilement décomposable HI ; l'acide bromhydrique occupe une position intermédiaire. Il faut une température très élevée pour décomposer HCl et encore la décomposition n'est jamais complète ; HI au contraire se dissocie (65), même à la température ordinaire, sous l'influence de la lumière et très facilement par l'action de la chaleur. La réaction :

$$I^2 + H^2 = HI + HI$$

est donc réversible. La transformation de 2HCl en $H^2 + Cl^2$ exige une dépense de 44.000 calories, parce que la formation de HCl dégage 22.000 calories. Pour la décomposition semblable de 2HBr, si le brome est obtenu à l'état de vapeurs, cette dépense n'est que de 24.000 calories ; la dissociation de 2HI, avec formation de H^2 et I^2 à l'état de vapeurs, ne s'accompagne pas d'absorption de chaleur ; il *se dégage* au contraire environ 3,000 calories (66). Ces phénomènes sont, sans aucun doute, liés à la stabilité de HCl, à la dissociation facile de HI et aux propriétés intermédiaires de HBr.

(65) La dissociation de l'acide iodhydrique a été étudiée par Hautefeuille et ensuite par Lemoine, à qui nous empruntons les notions données ci-dessous. La décomposition de HI est manifeste à 180°, mais elle s'effectue lentement ; à mesure que la température s'élève, la vitesse et la limite de la décomposition augmentent. La réaction inverse, c'est-à-dire la combinaison de $H^2 + I^2$, se fait non seulement sous l'influence de l'éponge de platine (Corenwinder), qui accélère également la décomposition de HI, mais aussi spontanément et dans ce cas très lentement. La limite de cette réaction reversible est la même, que l'on emploie ou non l'éponge de platine. L'augmentation de la pression rend beaucoup plus rapide la réaction qui donne naissance à HI, aussi peut-on expliquer l'influence de l'éponge de platine en admettant que, par la condensation des gaz qu'elle détermine, elle agit à la manière de l'augmentation de la pression. A la pression atmosphérique, la dissociation de HI atteint sa limite à 250° au bout de plusieurs mois et à 440° au bout de quelques heures. A 250°, environ 18 0/0 de l'hydrogène renfermé dans HI est mis en

liberté, et 26 0/0 à 440°. Quand la pression est de 4 atmosphères et demie, la limite est de 24 0/0; sous une pression de 1/5 d'atm., elle égale 29 0/0. La faible influence qu'exerce la pression sur la dissociation de HI (comparez Az^2O^4 Tome I, p. 480) dépend de ce que la réaction

$$2HI = H^2 + I^2$$

ne s'accompagne pas d'augmentation de volume.

Pour montrer l'influence du temps, nous allons citer les chiffres suivants se rapportant à la température de 350°.

1° Pour la réaction $H^2 + I^2 = 2HI$

au bout de	3 heures	88 0/0 H^2	restent libres
»	8 »	69 0/0	»
»	34 »	48 0/0	»
»	76 »	29 0/0	»
»	327 »	18,5 0/0	»

2° Pour $2HI = H^2 + I^2$

au bout de	9 heures	3 0/0 de H^2	sont mis en liberté
»	250 »	10 0/0	»

L'addition d'hydrogène diminue la limite de la réaction de décomposition, c'est-à-dire qu'elle augmente la formation de HI à l'aide de $I^2 + H^2$, comme cela ressort de la théorie de Berthollet. Ainsi, à 440°, sans addition d'hydrogène, 26 0/0 de HI se décomposent; la décomposition porte seulement sur la moitié quand il y a excès d'hydrogène. Dans une masse infiniment grande d'hydrogène, la décomposition de HI ne se produira jamais.

La lumière joue un rôle important dans la décomposition de HI. A la température ordinaire, 80 0/0 de HI se décomposent sous l'influence de la lumière; cette limite correspond à des températures très élevées quand la chaleur seule est mise en œuvre.

L'influence manifeste qu'exercent la lumière, l'éponge de platine et les impuretés du verre (Na^2SO^4 détruit HI) rendent non seulement les expériences difficiles, mais montrent aussi que les réactions, telles que $2HI = H^2 + I^2$ qui s'accompagnent d'un effet calorifique très faible, peuvent subir dans leur marche des modifications profondes sous l'influence de causes étrangères peu énergiques (comparez note 47).

(66) Les recherches thermochimiques ont fourni à Thomsen les chiffres suivants (en milliers de calories).

Cl + H = + 22	Br + H = + 8,4	H + I = − 6,0
HCl + Aq = + 17,3	HBr + Aq = + 19,9	HI + Aq = + 19,2
H + Cl + Aq = + 39,3	H + Br + Aq = + 28,3	H + I + Aq = + 13,2

L'évaporation de Br^2 absorbe 7,2 cal. (Berthelot); par conséquent si le brome est supposé gazeux :

$$Br^2 + H^2 = 16,8 + 7,2 = +24$$

La chaleur de fusion de I^2 est égale à 3 et l'évaporation exige 6 cal., par conséquent :

$$I^2 + H^2 = -2.6,0 + 3 + 6 = -3,0$$

si l'iode est supposé gazeux. Berthelot, en s'appuyant sur ses recherches, donne cependant le chiffre + 0,8 m. de calories.

Pour déterminer la chaleur de H + I, Thomsen décomposait une solution diluée de KI à l'aide du chlore gazeux; la réaction a fourni + 26,2; de là, en connaissant les effets calorifiques des réactions KHO + HCl, KHO + HI et Cl + H en solutions aqueuses, on peut calculer H + I + Aq ensuite HI + Aq et trouver I + H. Il est évident que tous ces calculs comportent de nombreuses erreurs.

Comme nous l'avons déjà vu, le chlore décompose l'eau en dégageant son oxygène; l'iode est incapable de produire cette réaction (67), bien qu'il puisse dégager l'oxygène des oxydes de potassium et de sodium, en vertu de l'affinité considérable des métaux alcalins pour les halogènes. L'oxygène, surtout à l'état de combinaisons susceptibles de le dégager avec facilité (ClHO, CrO^3, etc.), décompose HI. Le mélange de 4HI et de O^2 s'enflamme au contact de corps incandescents en formant de l'eau et en dégageant l'iode. Une goutte d'acide nitrique fumant prend feu dans une atmosphère de HI et dégage un mélange de vapeurs rouges de AzO^2 et violettes de I^2.

(67) En se basant sur les recherches de Potylitsine (note 64), il est permis de supposer que l'iode doit décomposer lentement de très petites quantités d'eau. C'est en admettant cette hypothèse, que l'on peut comprendre l'observation de *Dossios* et *White* qui remarquèrent que la solubilité de l'iode dans l'eau augmente au bout de plusieurs mois de contact. Il se forme, en effet, une certaine quantité de HI, qui détermine la dissolution d'une plus grande quantité d'iode. Ces auteurs ont démontré, qu'après avoir extrait l'iode d'une pareille solution à l'aide du sulfure de carbone, on peut encore en déceler des traces à l'aide de l'empois d'amidon, en traitant la solution par

Az^2O^3. Il est probable qu'une foule de réactions de ce genre, qui nécessitent beaucoup de temps pour s'accomplir et ne portent que sur de très petites quantités de substances, échappent à l'attention des savants, soit parce qu'ils n'admettent pas la généralité de la théorie de Berthollet, où bien qu'ils ne considèrent que le côté thermochimique des réactions, ou encore qu'ils négligent deux facteurs : le temps et l'influence de la masse.

En présence d'un alcali et d'une grande masse d'eau, l'iode, comme le chlore, peut décomposer cette dernière et, en mettant en liberté son oxygène, jouer le rôle d'agent oxydant.

La dissolution des acides chlorhydrique, bromhydrique, et iodhydrique dans l'eau est accompagnée du dégagement d'une grande quantité de chaleur, ce qui les rapproche encore davantage. Ainsi, la chaleur de formation de HX en solution, à partir des éléments gazeux, est de 30 m. calories pour HCL, 32 m. cal. pour HBR et 18 m. cal. pour HI.

Les solutions aqueuses de HBr et HI ressemblent beaucoup à celle de HCl : elles peuvent former des hydrates fumants à points d'ébullition constants et elles ont la propriété de réagir avec les bases en formant des sels.

Il résulte de ce qui précède que les acides bromhydrique et iodhydrique, étant des substances très peu stables, ne peuvent se dégager à l'état gazeux dans une foule de cas analogues où se produit HCl. Ainsi, par exemple, si l'on traite par l'acide sulfurique une solution de NaI, il se produit une certaine quantité de HI qui reste en solution ; si au contraire on mélange NaI avec de l'acide sulfurique concentré, l'oxygène de ce dernier décompose l'acide iodhydrique formé et met en liberté l'iode

$$H^2SO^4 + 2HI = 4H^2O + SO^2 + I^2$$

Cette réaction marche aussi dans le sens inverse en présence d'une grande masse d'eau (2.000 p. d'eau pour 1 p.

de SO^2), et montre non seulement l'affinité de HI pour l'eau, mais aussi sa participation immédiate dans la direction des réactions chimiques, dans lesquelles elle joue le rôle d'intermédiaire. A l'aide d'un chlorure métallique, il est facile de préparer HCl gazeux, mais il est impossible d'obtenir HBr et HI gazeux au moyen de sels correspondants (68).

(68) Ce qui empêche cette préparation, c'est la réductibilité facile de H^2SO^4 et si l'on prend des acides volatils, ils distillent en même temps que HBr ou HI. La plupart des acides non réductibles et non volatils n'agissent que faiblement (H^3PO^4) ou sont même sans action (H^3BO^3).

Pour la préparation des acides bromhydrique et iodhydrique gazeux, il faut employer des procédés absolument différents de ceux qui servent à obtenir l'acide chlorhydrique ; il faut, notamment, écarter les composés oxygénés qui détruisent avec tant de facilité HBr et HI et employer des corps tels que l'hydrogène sulfuré, le phosphore, etc. qui sont capables de s'emparer de l'oxygène de l'eau et de transformer ainsi les halogènes en acides correspondants.

Le chlore et le brome décomposent directement H^2S en formant 2HCl ou 2HBr et en dégageant le soufre ; avec l'iode, cette réaction ne se produit qu'en solutions aqueuses diluées, lorsque l'affinité entre HI et H^2O vient en aide à celle qui s'exerce entre H et I. A l'état gazeux, l'iode ne décompose pas H^2S (69) ; le soufre, au contraire, réagit avec HI gazeux, en donnant naissance à H^2S et à une combinaison de soufre et d'iode qui, au contact de l'eau, forme de l'acide iodhydrique.

(69) L'absence de réaction entre l'iode gazeux et l'hydrogène sulfuré est conforme aux données thermochimiques. En supposant les substances à l'état gazeux et étant donné que la chaleur de fusion de $S = 0,3$ et la chaleur de vaporisation $+ 2,3$ nous avons :

$$H^2 + S = + 4,7$$
$$H^2 + Cl^2 = + 44$$
$$H^2 + Br^2 = + 24$$
$$H^2 + I^2 = - 3$$

La formation de H^2S produit donc moins de chaleur que celle de HCl et HBr, mais plus que celle de HI. En solutions aqueuses diluées,

$$H^2 + S + Aq = + 9,3$$

chiffre inférieur aux chaleurs de formation des acides HCl, HBr et HI aussi les halogènes décomposent-ils l'hydrogène sulfuré.

Lorsqu'on fait passer un courant d'hydrogène sulfuré dans de l'eau renfermant de l'iode, la réaction suivante s'effectue :

$$H^2S + I^2 = 2HI + S$$

Cette réaction se poursuit tant que la quantité de HI dissoute dans l'eau est faible ; elle s'arrête quand la masse de HI augmente, parce qu'alors l'iode se dissout. La solution dont la composition se rapproche de la formule suivante ne réagirait plus avec HI, d'après Bineau, malgré la grande quantité d'iode libre qu'elle renferme

$$2HI + 4I^2 + 9H^2O$$

On voit que le procédé de préparation de HI à l'aide de HS ne permet d'obtenir que des solutions diluées (70).

(70) Le phénomène est à peu près identique quand SO^2, en solution diluée, donne avec l'iode HI et de l'acide sulfurique. Il se produit une réaction inverse en solution concentrée.

Pour préparer l'acide bromhydrique gazeux, on met au fond d'un ballon du phosphore rouge, que l'on humecte avec de l'eau, et l'on y verse goutte à goutte du brome renfermé dans un entonnoir à robinet bouché à l'émeri, le dégagement d'acide bromhydrique se fait très régulièrement et en grande abondance (71).

(71) On obtient encore HBr par l'action du brome sur la paraffine

chauffée à 180°. Gustavson a proposé de préparer HBr en traitant l'anthracène par le brome renfermant du bromure d'aluminium. Balard a obtenu HBr en dirigeant des vapeurs de brome sur des morceaux humides de phosphore ordinaire. Le tribromure liquide de phosphore, que l'on obtient à l'aide de P et de Br, se décompose sous l'influence de l'eau et donne aussi un courant d'acide bromhydrique. Le bromure de potassium ou de sodium dégage, en présence de H^2SO^4 et de morceaux de phosphore, de l'acide bromhydrique.

Pour débarrasser HBr des vapeurs de brome, on le fait passer dans un vase renfermant du phosphore humide et on le dessèche ensuite sur de l'anhydride phosphorique ou du bromure de calcium $CaBr^2$. Il est impossible de se servir de chlorure de calcium, car il se formerait HCl.

Ni l'acide bromhydrique, ni l'acide iodhydrique ne peuvent être recueillis sur un bain de mercure, il faut plonger l'extrémité du tube de dégagement jusqu'au fond du récipient, attendu que ces gaz sont plus lourds que l'air.

Mertz et Goltsmann (1889) ont proposé de préparer HBr directement en partant de H et de Br. On dirige à cet effet de l'hydrogène pur et desséché dans un ballon contenant du brome en ébullition ; le mélange des vapeurs d'hydrogène et de brome passe ensuite dans un tube à deux boules légèrement chauffé ; c'est là que se forme avec déflagration l'acide bromhydrique. On le dirige, mélangé à des traces de brome, d'abord dans un flacon de Woolf où l'on introduit aussi de l'hydrogène, et de là dans un autre tube incandescent, après quoi on en sature l'eau.

Dans le procédé de Newth (1892) on dirige un mélange de brome et d'hydrogène dans un tube renfermant une spirale en platine, portée à l'incandescence dès que l'air du tube se trouve chassé. Si le récipient renfermant le brome est maintenu à la température de 60°, l'hydrogène entraine une quantité de brome correspondant à peu près à celle qui est nécessaire théoriquement. Bien que la flamme qui se produit au voisinage de la spirale ne pénètre pas dans le récipient contenant le brome, il est préférable, pour la sécurité de l'expérimentateur, d'interposer un tube de sûreté rempli de ouate de verre entre le tube à réaction et les récipients.

On prépare l'acide iodhydrique en mettant dans un ballon 10 parties d'iode sec avec une partie de phosphore blanc ordinaire desséché. En agitant le ballon, ces deux corps réagissent en dégageant de la chaleur et de la lumière. Lorsque l'iodure de phosphore formé est refroidi, on y ajoute de l'eau par goutte à l'aide d'un entonnoir en verre muni d'un robinet ; l'acide iodhydrique se dégage dans ces conditions, même sans le secours de la chaleur

$$PI^3 + 3H^2O = PH^3O^3 + 3HI \ (72).$$

(72) On prend généralement une quantité de phosphore plus grande que celle qui est nécessaire à la formation de PI^3, pour éviter la perte d'une partie de l'iode par distillation. Si l'on prend moins de 10 p. d'iode, il se forme beaucoup de PH^4I. Gay-Lussac et Kolbé ont établi que les proportions indiquées étaient nécessaires.

Il existe une foule d'autres procédés pour la préparation de l'acide iodhydrique.

Bannof dissout 2 parties d'iode dans 1 partie de solution concentrée d'acide iodhydrique (poids spécifique = 1,67) et verse ce mélange sur du phosphore rouge.

Personne chauffe directement un mélange de 15 p. d'eau, 10 p. d'iode et 1 p. de phosphore rouge qui dégage, dans ces conditions, HI renfermant des vapeurs d'iode dont on le débarrasse en dirigeant les gaz sur du phosphore rouge humide (note 72). Il ne faut cependant pas perdre de vue qu'il peut se produire entre HI et le phosphore une réaction inverse (Oppenheim), qui donne naissance à PH^4I et à PI^2. Il est utile de remarquer que les proportions données pour la réaction entre le phosphore, l'iode et l'eau doivent être strictement observées pour éviter des explosions. Avec le phosphore rouge, la réaction marche beaucoup plus régulièrement, bien qu'il soit nécessaire de prendre aussi certaines précautions.

L. Meyer a montré que, avec un excès d'iode, la réaction s'effectue sans donner naissance à des produits secondaires (PH^4I) d'après l'équation.

$$P + 5I + 4H^2O = PH^3O^4 + 5HI.$$

On place dans ce but dans une cornue tubulée, 100 gr. d'iode et 10 gr. d'eau et l'on ajoute, d'abord très lentement, le mélange pâteux de 5 gr. de phosphore rouge avec 10 gr. d'eau. En dirigeant le col de la cornue en haut et en faisant traverser au gaz une petite couche d'eau, on peut préparer de l'acide iodhydrique exempt d'iode.

On prépare encore l'acide iodhydrique par un procédé analogue à celui décrit dans la note précédente pour l'acide bromhydrique, c'est-à-dire en partant directement des éléments.

A l'état gazeux, les acides bromhydrique et iodhydrique présentent beaucoup d'analogie avec HCl ; ils se liquéfient sous l'action de la pression et du froid ; ils fument à l'air, forment des solutions à points d'ébullition constants et des hydrates ; réagissent avec les métaux, les oxydes et les sels etc. (**73**).

(73) Les poids spécifiques des solutions de HBr et HI, cités ci-dessous, sont calculés d'après les données de Topsoë et de Berthelot pour la température de 15°/4°.

Quantités pour 100	10	20	30	40	50	60
HBr	1,071	1,156	1,258	1,374	1,505	1,650
HI	1,075	1,164	1,267	1,399	1,567	1,769

L'acide bromhydrique donne des hydrates : $HBr2H^2O$ et $HBrH^2O$, étudiés par Rozeboom avec autant de détails que ceux de HCl (Chap. X, note 37).

En présence de l'argent, du mercure, du plomb, etc., les solutions de HI dégagent facilement de l'hydrogène en formant des iodures correspondants.

Ce qui distingue surtout les acides bromhydrique et iodhydrique de l'acide chlorhydrique, c'est leur instabilité. Ainsi, l'acide iodhydrique agit dans bien des cas comme réducteur et est souvent employé comme véhicule de l'hydrogène. C'est ainsi que Berthelot, Bayer, Wreden et d'autres, en chauffant des hydrocarbures non saturés avec la solution de HI, ont préparé des composés qui s'approchent davantage de la limite C^nH^{2n+2} ou même des carbures d'hydrogène saturés. Le benzène, par exemple, chauffé dans un tube scellé avec une solution concentrée de HI, se transforme en C^6H^{12} ou hexahydrobenzène.

L'instabilité de HI explique encore pourquoi l'iode ne se substitue pas directement à l'hydrogène des hydrocarbures, c'est qu'en effet l'acide iodhydrique qui se forme régénère, avec le produit de métalepsie RI, l'iode et l'hydrocarbure. C'est pourquoi l'on ajoute de l'acide iodique (Kekulé) ou de l'oxyde mercurique (Vésélsky) pour la préparation des produits iodosubstitués des hydrocarbures ; ces deux corps en effet réagissent immédiatement avec HI

$$HIO^3 + 5HI = 3H^2O + 3I^2$$
$$HgO + 2HI = HgI^2 + H^2O$$

Ces mêmes considérations permettent de voir que l'iode peut agir sur AzH^3 et NaHO exactement comme le chlore (ou le brome) parce que, dans ce cas, HI forme AzH^4I et NaI. Ainsi, la solution de AzH^3 donne immédiatement, en présence de la teinture d'iode ou même de l'iode solide un produit noir explosible $AzHI^2$, appelé **iodure d'azote** (74), bien qu'il renferme encore un atome d'hydrogène remplaçable par l'argent, comme l'a très bien démontré Szuhay en 1893 :

$$3AzH^3 + 2I^2 = 2AzH^4I + AzHI^2$$

Cependant, la composition de ce produit est variable ; quand l'eau est en excès, c'est la combinaison AzI^3 qui semble se former.

(74) Quand on verse de la teinture d'iode dans une solution d'ammoniaque, il se produit un précipité rouge brun qui est de l'iodure d'azote $AzHI^2$. A l'état humide, ce corps ne se décompose pas ; mais après dessiccation, il produit des explosions violentes sous l'influence du moindre frottement et souvent même spontanément. Aussi, les expériences avec l'iodure d'azote ne doivent-elles être faites que sur de très petites quantités ; en général, on déchire en menus morceaux le filtre renfermant le précipité d'iodure d'azote encore humide et on les sèche sur des briques.

Plus la solution d'ammoniaque est diluée, plus il faut ajouter d'iode pour la formation de $AzHI^2$. L'abaissement de la température facilite sa production.

L'iodure d'azote se dissout dans l'eau ammoniacale et donne, sous l'influence d'une élévation de température, HIO^3 et de l'iode. En présence de l'iodure de potassium, l'iodure d'azote produit I^2, AzH^3 et KHO.

Ces réactions (Sélivanof) s'expliquent par la formation de HIO.

$$AzHI^2 + 2H^2O = AzH^3 + 2HIO.$$
$$KI + HIO = I^2 + KHO$$

Selivanof a observé la formation momentanée de l'acide hypoiodeux HIO dans la réaction entre l'iode et l'ammoniaque, de sorte que la formation de AzHI² est précédée de celle de HIO, c'est-à-dire que d'abord

$$I^2 + H^2O = HIO + HI$$

et ensuite, non seulement HI se combine avec AzH³, mais encore

$$2HIO + AzH^3 = AzHI^2 + 2H^2O.$$

En présence de l'acide sulfurique très dilué, l'iodure d'azote donne de l'acide hypoiodeux qui se transforme en acide iodique

$$5HIO = 2I^2 + HIO^3 + 2H^2O$$

cette équation se décompose ainsi :

$$3HIO = HIO^3 + 2HI$$
$$HI + HIO = I^2 + H^2O$$

Sélivanof a démontré en outre que l'iodure d'azote AzHI² se dissout dans un excès d'ammoniaque et que, dans cette solution, on peut, au moyen de l'iodure de potassium, caractériser la présence de l'acide hypoiodeux (précipitation de l'iode en solution alcaline). Ceci montre que HIO joue un rôle dans la formation et la décomposition de AzHI² et que, dans ces composés, l'iode se trouve à un état identique, différent de celui auquel existent les halogènes dans les dérivés halogénés des anhydrides des acides (par ex. AzO²Cl). Ces derniers sont assez stables, tandis que les composés AzHX², AzX³, XOH, RXO (X désigne un halogène) ne le sont pas ; ils se décomposent facilement en dégageant de la chaleur et leur halogène peut être facilement remplacé par l'hydrogène sous l'influence de l'eau (Sélivanoff).

Mis en présence d'une solution de NaOH, l'iode ne produit pas d'hypoiodite de sodium, c'est-à-dire qu'il ne se forme pas d'acide hypoiodeux HIO ou I²O (le brome donne dans ces conditions HBrO).

Le produit de la réaction est un iodate :

$$6NaHO + 3I^2 = 5NaI + 3H^2O + NaIO^3$$

Les solutions des autres alcalis et même le mélange d'eau et d'oxyde de mercure réagissent de la même manière (75).

(75) L'acide hypoiodeux HIO est inconnu, mais on connaît actuellement un certain nombre de composés organiques RIO, qui paraissent appartenir à ce type de combinaisons. Nous mentionnerons seulement l'*iodozobenzol* C^6H^5IO. Cette substance a été obtenue par Willgerodt (1892) ainsi que par V. Meyer, Vachter et Askenasi en faisant agir des alcalis caustiques sur l'*iodochlorure de phényle* $C^6H^5ICl^2$.

$$C^6H^5ICl^2 + 2MOH = C^6H^5IO + 2MCl + H^2O.$$

L'iodozobenzol est une substance amorphe d'une couleur jaune ; il a été impossible de déterminer son point de fusion, parce que l'iodozobenzol se décompose avec explosion à la température de 210° en dégageant des vapeurs d'iode. Cette substance se dissout dans l'eau chaude et dans l'alcool, tout en étant insoluble dans la plupart des autres dissolvants organiques neutres. Les acides qui n'oxydent pas C^6H^5IO donnent des composés ressemblant aux sels, dans lesquels l'iodozobenzol semble jouer le rôle d'un oxyde basique du groupe diatomique C^6A^5I. C'est ainsi, par exemple, que l'addition d'acide azotique, à la solution de l'iodozobenzol dans l'acide acétique, donne lieu à la formation de grands cristaux monocliniques d'un azotate ayant la composition suivante : $C^6H^5I(AzO^3)^2$. Doué de propriétés basiques, l'iodozobenzol déplace l'iode de l'iodure de potassium en solution acidifiée par l'acide acétique ou chlorhydrique, c'est-à-dire qu'il agit par son oxygène comme HClO. Traité par le peroxyde d'hydrogène, par l'acide chromique et par d'autres oxydants, il se transforme en $C^6H^5IO^2$, substance neutre incapable de former des sels en présence des acides (comparez chap. XIII, note 43).

La composition de l'**acide iodique** :

$$HIO^3 = IO^2\,OH$$

montre que l'iode est capable de former des combinaisons du type IX^5 ; mais, ce qui est le plus important à constater, c'est que l'acide iodique se forme directement et facilement par l'action des oxydants sur l'iode. Ainsi, par exemple, l'acide azotique concentré transforme l'iode en acide iodique, tandis qu'il n'exerce aucune action oxydante sur le chlore (76). Ce fait montre que l'affinité de l'iode pour l'oxygène est plus grande que celle du chlore pour l'oxygène ; c'est grâce à cette propriété que l'iode déplace le chlore de ses acides oxygénés (77) et que le chlore oxyde l'iode en présence de l'eau (78).

(76) Les propriétés oxydantes de l'acide nitrique sur l'iode ont été découvertes par Connel ; Millon a démontré que cette réaction s'accomplit encore, bien que lentement, en présence des hydrates ayant la composition $HAzO^3H^2O$ et que la solution $HAzO^32H^2O$ et les solutions plus faibles n'oxydent pas l'iode mais le dissolvent seulement.

La participation de l'eau dans ces réactions est ici encore indéniable. Elle se manifeste également dans la réaction entre l'iode et l'ammoniaque ; en effet, l'ammoniaque desséchée se combine directement à 0° avec l'iode et donne $I^24(AzH^3)$, tandis que, en présence de l'eau, il se forme de l'iodure d'azote.

(77) Le brome déplace aussi le chlore de HClO, par exemple, en formant $HBrO^3$.

Une solution de 75 parties de chlorate de potassium dans 400 parties d'eau, additionnée de 80 parties d'iode et d'une petite quantité d'acide azotique, produit du chlore et de l'iodate de potassium lorsqu'on la soumet à l'ébullition. Dans cette réaction, l'acide azotique met d'abord en liberté une petite quantité d'acide chlorique dont le chlore se dégage en présence de l'iode. L'acide iodique qui se forme agit sur une nouvelle quantité de sel de Berthollet et met en liberté l'acide chlorique, ce qui permet à la réaction de se continuer. Potylitsine (1887) a remarqué cependant que non seulement le brome et l'iode se substituent à Cl dans $HClO^3$ et $KClO^3$, mais que le chlore, lui aussi, déplace le brome de $NaBrO^3$ et que, de plus, la réaction ne constitue pas simplement un échange entre les halogènes, mais qu'elle s'accompagne de la formation d'acides libres

$$5NaClO^3 + 3Br^2 + 3H^2O = 5NaBr + 5HClO^3 + HBrO^3$$

(78) Si l'on met l'iode en suspension dans l'eau et que l'on fasse passer un courant de chlore, l'iode se dissout ; le liquide se décolore et renferme, suivant la quantité d'eau et de chlore, soit $HICl^2$ soit ICl^3 soit HIO^3. Si l'eau est en petite quantité, HIO^3 peut cristalliser ; pour qu'il y ait transformation complète, il faut que, pour une partie d'acide, il existe au moins 10 parties d'eau (Bornemann).

$$ICl + 3H^2O + 2Cl^2 = HIO^3 + 5HCl$$

L'ozone, ou même la décharge silencieuse, traversant un mélange d'oxygène et de vapeurs d'iode transforme ce dernier en acide iodique (79).

(79) Ogier a trouvé que, à 45°, l'ozone oxyde immédiatement les vapeurs d'iode en formant d'abord I^2O^3 qui se décompose en présence de l'eau et sous l'influence de la chaleur en I^2O^5 et I^2.

En électrolysant les solutions de HI, on obtient au pôle positif HIO^3

(Riche). L'hydrogène mélangé avec une petite quantité de HI produit aussi en brûlant de l'acide iodique (Salet).

L'acide iodique se sépare des solutions sous la forme de l'hydrate HIO^3 ; ce dernier, chauffé à 170°, perd de l'eau et donne l'anhydride iodique I^2O^5. L'acide iodique, aussi bien que son anhydride, sont des substances cristallines incolores, solubles dans l'eau (**80**) ; le poids spécifique de $HIO^3 = 4,869$ et celui de $I^2O^5 = 5,037$ à 0°. Soumis à l'action de la chaleur, ils se décomposent en iode et oxygène.

(**80**) Kemmerer a montré que la solution d'acide iodique ayant un poids spécifique de 2,127 à 14° et renfermant $2HIO^3.9H^2O$ se modifie complètement par le refroidissement.

En comparant les solutions $HI + mH^2O$ avec $HIO^3 + mH^2O$, nous trouvons que le poids spécifique augmente, mais que le volume diminue tandis que, en passant des solutions $HCl + mH^2O$ aux solutions $HClO^3 + mH^2O$, le poids spécifique s'élève en même temps que le volume, cela s'observe encore pour H^3PO^3 et H^3PO^4.

L'acide iodique et son anhydride oxydent un grand nombre de substances, par exemple SO^2, H^2S, CO, etc. ; en présence de HCl, ils forment du chlorure d'iode et de l'eau ; ils se combinent avec les bases et donnent non seulement des sels neutres MIO^3, mais aussi des sels basiques : KIO^3HIO^3, KIO^32HIO^3 (**81**). En présence de HI, l'acide iodique met en liberté l'iode :

$$HIO^3 + 5HI = 3H^2O + 3I^2.$$

(**81**) Ditte (1890) a préparé un grand nombre de sels différents de l'acide iodique. En saturant la solution de lithine caustique par de l'acide iodique, on obtient le sel neutre $2(LiIO^3)H^2O$ et, d'une manière analogue $2(AzH^4IO^3)H^2O$. On a obtenu des hydrates plus complexes tels que :

$$6(AzH^4IO^3)H^2O \text{ et } 6(AzH^4IO^3)2H^2O$$

A l'aide des sels du type $2(MeIO^3)H^2O$, on obtient, par voie de double décomposition, des sels des métaux terreux

$$Ba(IO^3)^2H^2O \text{ et } Sr(IO^3)^2H^2O$$

Ce dernier, évaporé entre 70° et 80° en présence de l'acide azotique, perd son eau.

Quand on mélange des solutions d'azotate de zinc et d'un iodate alcalin, il se précipite $Zn(IO^3)^2 2H^2O$. Si l'on ajoute à la solution de l'acide azotique, le sel se sépare à l'état anhydre.

Les sels de cadmium, d'argent et de cuivre ont une composition analogue ; ils se combinent avec l'ammoniaque gazeux et donnent des produits du type

$$2Me'IO^3 4AzH^3 \text{ et } Me''(IO^3)^2 4AzH^3$$

Me' représente les éléments du premier groupe (Ag) et Me'' ceux du deuxième (Cd, Zn, Cu). Ces mêmes sels donnent, en présence de l'ammoniaque en dissolution, des substances ayant une composition toute différente :

$$Zn(IO^3)^2(AzH^4)^2O, \quad Cd(IO^3)^2(AzH^4)^2O$$

Le cuivre donne :

$$Cu(IO^3)^2 4(AzH^4)^2O \text{ et } Cu(IO^3)^2(AzH^4)^2O$$

On peut considérer ces sels comme des combinaisons de I^2O^5 avec MeO et $(AzH^4)^2O$, par exemple :

$$Zn(IO^3)^2(AzH^4)^2O$$

peut être représenté de la manière suivante :

$$ZnO(AzH^4)^2OI^2O^5$$

ou bien être dérivé de l'hydrate

$$I^2O^5.2H^2O = 2(HIO^3)H^2O$$

L'acide le plus oxygéné que forme l'iode est l'acide **periodique** HIO^4 correspondant à l'acide perchlorique ; on l'obtient à l'état de sels, en traitant par le chlore une solution alcaline d'un iodate ou encore en faisant réagir de l'iode sur l'acide perchlorique (**82**). Il cristallise dans ses solutions à l'état d'hydrate renfermant $2H^2O$ et correspondant à $HClO^4 2H^2O$. Cette eau doit être considérée comme de l'eau de constitution, étant donné que l'acide forme des sels renfermant jusqu'à cinq atomes de métaux ; c'est pourquoi $IO(OH)^5 = HIO^4.\ 2H^2O$ correspond à la forme supérieur des composés halogénés IX^7 (**83**).

(82) Si, dans une solution chaude de soude caustique renfermant de l'iodate de sodium on fait passer un courant de chlore, il se sépare un sel peu soluble de l'acide **periodique** répondant à la composition suivante : $Na^4I^2O^9.3H^2O$ d'après l'équation :

$$6NaHO + 2NaIO^3 + 4Cl = 4NaCl + Na^4I^2O^9 + 3H^2O.$$

Ce composé est peu soluble dans l'eau, mais se dissout facilement dans une solution même très diluée d'acide azotique. Si, à cette solution, on ajoute du nitrate d'argent, il se précipite une combinaison argentique correspondante : $Ag^4I^2O^9.3H^2O$. Ce sel se dissout à chaud dans l'acide azotique; lorsqu'on évapore cette solution, il se forme des cristaux orangés ayant la composition $AgIO^4$. Le periodate d'argent se forme donc du sel précédent par élimination de l'oxyde d'argent.

$$Ag^4I^2O^9 + 2HAzO^3 = 2AgAzO^3 + 2AgIO^4 + H^2O$$

Le periodate d'argent se décompose au contact de l'eau, de sorte que la solution renferme l'acide periodique

$$4AgIO^4 + H^2O = Ag^4I^2O^9 + 2HIO^4$$

La structure de la combinaison $Na^4I^2O^93H^2O$ peut être représentée plus simplement, si l'on ne retranche pas l'eau de cristallisation ; dans ce cas la formule est divisible par deux et prend l'aspect suivant :

$$IO(OH)^3(ONa)^2$$

C'est-à-dire qu'elle correspond au type $IO\,X^5 = IX^7$, exactement comme $AgIO^4$ qui est $IO^3\,(AgO)$.

Kimmins (1889) rapporte tous les sels de l'acide periodique aux quatre types suivants :

1° Les métaperiodates ; HIO^4 (Ag, CuPb).
2° Les mésoperiodates ; H^3IO^5 (Pb, Ag^2H, CdH).
3° Les paraperiodates : H^5IO^6 (Na^2H^3, Na^3H^2).
4° Les biperiodates : $H^4I^2O^9$ (K^4, Ag^4, Ni^2).

Les trois premiers sont des combinaisons directes du type IX^7 : $IO^3(OH)$, $IO^2(OH)^3$ et $IO(OH)^5$: les biperiodates sont aux mesosels, ce que les pyrophosphates sont aux orthophosphates, c'est-à-dire que $2H^3IO^5 - H^2O = H^4I^2O^9$.

(83) Découvert par Magnus et Hammermuller, étudié ensuite dans ses sels par Langlois, Rammelsberg et par d'autres, l'acide periodique appartient à cette classe d'hydrates dans lesquels, contrairement à la distinction nette que l'on admettait autrefois, il n'existe aucune différence manifeste entre l'eau de constitution et l'eau de cristallisation.

Dans $HClO^42H^2O$, l'eau $2H^2O$ ne peut être remplacée par des bases ; il en est tout autrement pour HIO^42H^2O, aussi l'eau doit-elle être considérée comme eau de cristallisation dans le premier cas et comme eau de constitution dans le second.

L'acide periodique, en se réduisant ou en se décomposant sous l'influence de la chaleur (à 200°), donne d'abord l'acide iodique ; il peut aussi se décomposer entièrement.

Parmi les combinaisons des halogènes entre eux, il faut citer celles que forme l'union de l'iode et du chlore (84). Ces deux éléments réagissent l'un sur l'autre en dégageant de la chaleur et en formant soit le **monochlorure d'iode** ICl soit le **trichlorure d'iode** ICl^3 (85). Il est indispensable, pour la préparation de ICl et de ICl^3, de les prendre absolument secs (86) car, au contact de l'eau, ces combinaisons donnent naissance à de l'acide iodique et à de l'iode. Le chlorure et le trichlorure d'iode se forment encore par l'action de l'eau régale sur l'iode, du chlore sur l'acide iodhydrique, de l'acide chlorhydrique sur l'acide iodique, de l'iode sur le chlorate de potassium, etc.

Le professeur Trapp a obtenu de beaux cristaux rouges de ICl en dirigeant un courant rapide de chlore dans l'iode en fusion ; le chlorure d'iode distille dans ce cas et se refroidit ensuite, il fond à 27°. En traitant les cristaux de ICl par le chlore, on peut facilement obtenir ICl^3 à l'état de cristaux jaunes orangés, fondant à 34°, se volatilisant à 47° en se décomposant en Cl^2 et ICl.

Les propriétés chimiques de ICl et ICl^3 correspondent à celles du chlore et de l'iode, c'est ce que d'ailleurs on pouvait prévoir, étant donné que la combinaison s'est faite entre des éléments semblables, comme cela s'observe dans la formation des solutions et des alliages. Ainsi, par exemple, les hydrocarbures non saturés qui sont capables de se combiner directement avec Cl^2 et I^2 s'unissent avec ICl ; tel est par exemple C^2H^4.

(84) Par rapport à H, O, Cl et autres éléments, le brome occupe une situation intermédiaire entre le chlore et l'iode ; aussi est-il inutile de s'arrêter sur les combinaisons du brome ; c'est là le grand avantage du groupement naturel des éléments.

(85) Le monochlorure et le trichlorure d'iode ont été obtenus par Gay-Lussac et par d'autres auteurs. Les notions actuelles relatives à ICl confirment la plupart des recherches du professeur Trapp (1854) et l'on tend à admettre son opinion sur l'existence de deux isomères : un liquide et l'autre cristallin (Stortenbeker). Quand l'iode est en faible excès, ICl reste liquide; il cristallise facilement en présence de ICl^3.

Tanatar a montré (1893) que, des deux modifications de ICl, l'une stable, fond à 27°, tandis que l'autre, qui se transforme facilement en la première fond à 14°.

Schutzenberger a complété les notions relatives à l'action de l'eau sur ICl et ICl^3 et c'est Christomanos qui a fourni les données les plus complètes relatives à ICl^3. Le trichlorure d'iode fond à 101° seulement dans un tube scellé sous la pression de 16 atmosphères.

Le monochlorure d'iode liquide laisse déposer avec le temps, par le seul fait de sa conservation prolongée, de beaux cristaux octaédriques, rouges, déliquescents ayant la composition ICl^4. Cette substance est considérée par certains auteurs comme ICl^3 impur.

Si l'on délaye une partie d'iode dans 20 parties d'eau et que l'on fasse passer à travers le liquide un courant de chlore, l'iode se dissout et la liqueur devient incolore. Si on la traite par un alcali, il se produit un chlorure métallique et un iodate ; l'iode libre n'est pas précipité. Cette réaction permet de supposer la présence dans la solution de ICl^5, corps qui n'a pas été isolé jusqu'à présent et dont l'existence n'est pas admise universellement.

$$ICl^5 + 6KOH = 5KCl + KIO^3 + 3H^2O$$

(86) En présence de l'eau, ICl et ICl^3 forment $IHCl^2$, sur lequel l'eau ne paraît avoir aucune influence. En plus de cette combinaison, il se produit toujours de l'iode et de l'acide iodique :

$$10\,ICl + 3H^2O = HIO^3 + 5\,IH^2Cl^2 + 2I^2$$

le trichlorure d'iode peut être considéré sous ce rapport comme un mélange de $ICl + ICl^5 = 2ICl^3$ et

$$ICl^5 + 3H^2O = HIO^3 + 5HCl$$

Par conséquent, l'action de l'eau sur ICl^3 détermine la formation de HIO^3, I^2, $IHCl^2$ et HCl.

CHAPITRE XII

Sodium.

Le **sulfate neutre de sodium** Na^2SO^4, qui se forme lorsqu'on chauffe un mélange de sel de cuisine et d'acide sulfurique, est un sel incolore, en cristaux très menus solubles dans l'eau. Il se forme également dans un grand nombre d'autres réactions de double décomposition que l'on effectue parfois en grand. Ainsi, par exemple, il prend naissance quand on chauffe un mélange de sulfate d'ammonium et de chlorure de sodium pour obtenir du sel ammoniac. Le mélange de sulfate de plomb et de chlorure de sodium soumis à l'action de la chaleur donne le même produit : la masse fond, et émet d'abord des vapeurs lourdes de chlorure de plomb ; lorsque ces dernières ont cessé de se dégager, si l'on traite le résidu par l'eau, on obtient une solution de sulfate de sodium renfermant du chlorure de sodium non décomposé. Dans cette réaction, une grande quantité de sulfate de plomb reste cependant intacte, de sorte que le résidu renferme un mélange de trois sels.

$$PbSO^4 + 2NaCl = PbCl^2 + Na^2SO^4$$

La cause et la marche de cette réaction sont les mêmes que celles étudiées plus haut à propos de l'action de l'acide sulfurique sur NaCl. Ce qui détermine la double décomposition dans ce cas, c'est l'élimination de $PbCl^2$ de la sphère d'action. Ce facteur intervient aussi quand la double décomposition a lieu en solution. Ainsi, en mélangeant des solutions de sulfate d'argent et de chlorure de sodium, on précipite le chlorure d'argent et le sulfate de sodium reste en solution.

$$Ag^2SO^4 + 2NaCl = Na^2SO^4 + AgCl$$

Le carbonate de sodium mis en présence des sulfates de fer, de cuivre, de manganèse, de magnésium, etc. donne en solution du sulfate de sodium et laisse un précipité de carbonates insolubles de ces métaux.

$$MgSO^4 + Na^2CO^3 = Na^2SO^4 + MgCO^3$$

La soude caustique agit exactement de la même façon sur les solutions de la plupart des sulfates dont les bases sont insolubles dans l'eau.

$$CuSO^4 + 2NaHO = Cu(HO)^2 + Na^2SO^4$$

Quand on ajoute du sulfate de magnésium à une solution de chlorure de sodium, la transformation n'est pas complète, mais il se produit toujours une certaine quantité de chlorure de magnésium et de sulfate de sodium. En refroidissant le mélange, on peut séparer le sulfate de sodium, comme cela a été indiqué dans le Chap. X (1).

$$2NaCl + MgSO^4 = MgCl^2 + Na^2SO^4$$

(1) En décrivant avec certains détails les propriétés de NaCl, HCl et Na^2SO^4, j'ai en vue de montrer, par quelques exemples, les propriétés des substances salines ; cependant, ni le cadre de cet ouvrage, ni sa destination, ni son but ne me permettent d'entrer, pour tous les sels, acides et autres corps, dans des détails qui offrent pourtant un grand intérêt. Cet ouvrage, qui a pour objet principal l'exposition de la caractéristique des éléments et l'étude des forces agissant entre les atomes, ne gagnerait rien à la multiplication du nombre de faits et de relations non généralisés.

Ainsi donc, toutes les fois que des sulfates se trouvent

en présence de sels de sodium, on peut s'attendre à la formation du sulfate de sodium et à sa séparation, si les conditions sont favorables.

Aussi n'y a-t-il rien d'étonnant à ce que ce sel se rencontre assez fréquemment dans la nature.

Certaines sources et lacs salés des steppes du Volga et du Caucase renferment du sulfate de sodium en assez grande quantité. Il existe même des gisements formés par du sulfate de sodium. Ainsi, à 35 kilomètres à l'est de Tiflis, on a découvert, à la profondeur de cinq pieds, un gisement très épais de sulfate de sodium parfaitement pur $Na^2SO^4 10H^2O$ (2). Au fond de quelques lacs de la région de Kouban, près de Batalpachinsk, il existe une couche de deux mètres d'épaisseur de ce même sel : l'extraction s'y effectue depuis 1887.

En Espagne, près de Aranjuez, et dans l'ouest des Etats-Unis, il existe des gisements de sulfate de sodium dont plusieurs sont exploités.

(2) Le sulfate de sodium anhydre Na^2SO^4 s'appelle en minéralogie *thénardite*. Les minéralogistes désignent le sel hydraté $Na^2SO^4 10H^2O$ par le nom *mirabilite* ; on l'appelle encore sel de Glauber.

Les procédés de préparation des sels par voie de double décomposition à l'aide d'autres sels tout faits sont d'une application tellement générale qu'il est inutile, en décrivant un sel, d'énumérer toutes les réactions de double décomposition qui peuvent lui donner naissance (3). La théorie de Berthollet permet de les prévoir d'après les propriétés du sel décrit. C'est pourquoi il est d'une extrême importance de connaître les propriétés des sels, d'autant plus que, jusqu'à présent, on a peu généralisé celles des propriétés (solubilité, volatilité, formation des hydrates cristallisables, etc.) que l'on peut utiliser pour séparer les sels les uns des autres (4). Jusqu'à présent, ces propriétés sont l'objet de nombreuses recherches et ce n'est que rarement que l'on peut les prévoir pour un sel donné.

(3) Les sels ne se forment pas seulement par voie de double décomposition ; ils peuvent également être préparés par d'autres procédés. Ainsi, par exemple, Na^2SO^4 peut se former directement à l'aide de Na^2O et de SO^3 ; on peut également l'obtenir par l'oxydation du sulfure de sodium Na^2S, du sulfite de sodium Na^2SO^3, etc. Le chlorure de sodium chauffé dans un mélange de vapeurs d'eau, d'air et de SO^3 produit Na^2SO^4. Par ce procédé (brevet de Gargrivson et Robinson) le sulfate de sodium se forme à l'aide de NaCl, sans préparation préalable de H^2SO^4. Des morceaux de chlorure de sodium comprimés sous la forme de briques sont placés dans des cylindres et soumis à l'action de la chaleur, de la vapeur d'eau et de l'acide sulfureux ; il se forme de l'acide chlorhydrique et du sulfate de sodium renfermant du chlorure de sodium non décomposé. Ce mélange est susceptible d'être transformé, par le procédé de Gossage, en carbonate de sodium, ce qui peut avoir une grande importance pratique (voir plus bas note 14).

(4) Il existe beaucoup d'observations relatives aux propriétés des sels, mais on n'en a tiré jusqu'à présent que très peu de notions générales. La présence d'autres sels modifie les propriétés d'un sel donné. Ce fait s'observe en dehors des doubles décompositions qui donnent lieu à l'existence de deux sels isolés ; il est déterminé par l'influence mutuelle des sels les uns sur les autres ou par des forces analogues à celles qui se manifestent dans les phénomènes de dissolution. Citons à titre d'exemple l'un des nombreux faits de ce genre. Ainsi, 100 parties d'eau dissolvent, à 20°,34 p. de $KAzO^3$; l'addition de $NaAzO^3$ augmente la solubilité de $KAzO^3$ qui atteint le chiffre de 48 p. pour 100 p. d'eau (Carnelley et Thomson).

Chauffé avec précaution, jusqu'au moment où le poids se maintient constant, le sulfate de sodium hydraté $Na^2SO^4 10H^2O$ perd facilement son eau. Le sulfate de sodium anhydre Na^2SO^4 fond à 843° ; il se volatilise à une température très élevée, en subissant un commencement de décomposition avec dégagement de SO^3.

Cent parties d'eau dissolvent à 0°, cinq parties, à 10° — 9 p., à 20° — 19,4 p , à 30° — 40 p., et à 34° — 55 p., de sel anhydre, qu'il soit seul ou en présence d'un excès de cristaux de $Na^2SO^4 10H^2O$. A 34°, ce sel fond en se décomposant, c'est pourquoi la solubilité diminue (5) à des températures supérieures à 34°. La solution saturée à 34° possède une composition très voisine de $Na^2SO^4 + 14H^2O$; le sel renfermant dix molécules d'eau contient, pour cent parties d'eau, 18,9 p. de Na^2SO^4 anhydre : cela montre que $Na^2SO^4 10H^2O$ ne peut pas fondre sans se décomposer (6) tout comme l'hydrate de chlore $Cl^2 8H^2O$ (Chap. XI, note 10).

(5) Nous avons déjà vu, page 116 (tome I), que la solubilité de beaucoup d'autres sulfates, diminuait à partir d'une certaine température. Le gypse $CaSO^4 2H^2O$, la chaux et beaucoup d autres substances présentent le même phénomène. Très instructive est l'expérience de Tilden qui a démontré (1884), qu'en élevant la température en vases clos au-dessus de 140°, la solubilité de Na^2SO^4 commence à croître de nouveau. A 100°, cent parties d'eau dissolvent environ 43 p. ; à 140° — 42 p. ; à 160° — 43 p. ; à 180° — 44 p. ; à 230° — 46 parties de Na^2SO^4.

D'après les recherches d'Étard (1892), pour obtenir une solution à 30 0/0 de Na^2SO^4 (ce qui fait 43 parties de sel pour 100 p. d'eau) il faut élever la température à 80° ; au-dessus de 240°, la solubilité baisse de nouveau et très rapidement, de sorte que, à 320°, cent parties de la solution renferment 12 parties de sel (environ 14 parties de sel pour 100 parties d'eau).

(6) L'exemple du sulfate de sodium, très important au point de vue historique pour la théorie des solutions, n'est pas encore suffisamment étudié, surtout au point de vue des tensions des solutions et des hydrates cristallisables, de sorte qu'on ne peut lui appliquer encore complètement les procédés que Guldberg, Rozeboom, Van't Hoff et d'autres ont appliqué à ces derniers. Il serait très important de rechercher l'influence de la pression sur les différents phénomènes qui accompagnent la combinaison de l'eau et de Na^2SO^4 parce que, par exemple, lors du dégagement des cristaux de $Na^2SO^4 10H^2O$, il se produit une augmentation de volume que l'on peut apprécier d'après les données suivantes : le poids spécifique de $Na^2SO^4 = 2,66$ et celui de $Na^2SO^4 10H^2O = 1,46$, le poids sp. des solutions à $15°/4° = 9992 + 90,2\,p + 0,35\,p^2$, p étant la quantité de sel anhydre contenu dans 100 parties de solution et la densité de l'eau à 4° étant supposée égale à 10000. Par conséquent, le poids spécifique d'une solution renfermant 20 0/0 de Na^2SO^4 anhydre $= 1,1936$ et le volume occupé

par 100 gr. de cette solution = 83 cc. 8 ; celui de Na^2SO^4 qu'il renferme $= \frac{20}{2,66} =$ 7 cc. 5, le volume de l'eau = 80 cc. 1. On voit donc que la solution, en se décomposant en sel anhydre et en eau, augmente de volume : 83 cc. 8 donnent 87 cc. 6. De même 83 cc. 8 de solution à 20 0/0 proviennent de 31 cc. 1 de $Na^2SO^410H^2O$ et de 54 cc. 7 d'eau, c'est-à-dire que 85 cc. 7 se réduisent en 83 cc. 8.

Le sulfate de sodium à dix molécules d'eau fondu ou sa solution saturée à 34° dégagent $Na^2SO^47H^2O$. Le sel heptahydraté $Na^2SO^47H^2O$ se décompose, même à basse température, et se transforme aussi en sel monohydraté, c'est pour cette raison qu'à partir de 35° la solubilité ne peut être indiquée que pour ce dernier sel, à 40° elle est égale à 48,8 0/0 ; à 50° = 46,7 ; à 80° = 43,7 ; à 100° = 42,5 0/0.

Si l'on fond $Na^2SO^410H^2O$ et qu'on laisse refroidir la solution en présence du sel monohydraté, la solution retient, à 30°, 50,4 parties de Na^2SO^4 ; à 20°, 52,8 p. Donc, la solubilité de Na^2SO^4 et de $Na^2SO^4H^2O$ diminue avec l'élévation de la température ; celle de $Na^2SO^410H^2O$ au contraire augmente dans les mêmes conditions. Lorsque la solution de Na^2SO^4 n'est en présence que des cristaux de $Na^2SO^47H^2O$ qui se forme dans les solutions sursaturées la saturation est atteinte avec la composition suivante :

A 0° 19,6 — à 10° 30,5 — à 20° 44,7 — à 25° 52,9p. Na^2SO^4 pour 100 p. d'eau.

Au-dessus de 27°, le sel heptahydraté et, à 34°, le sel de Ka hydraté se décomposent en sel monohydraté et en solution sursaturée. Il existe donc pour le sulfate de sodium trois courbes de solubilité :

1° Pour Na^2SO^4. $7H^2O$ de 0° à 26°.

2° Pour Na^2SO^4. $7H^2O$ de 0° à 34°.

3° Pour Na^2SO^4. H^2O courbe descendante à partir de 26°.

Ces courbes correspondent donc aux trois hydrates cristallisables, et en effet la solubilité ne peut être appréciée que par l'état défini de la substance prise en excès ou précipitée de la solution (7). Les solutions de sulfate de sodium forment donc trois sortes d'hydrates cristallisables :

1° Par le refroidissement d'une solution sursaturée, on obtient $Na^2SO^4.7H^2O$ qui se trouve dans un état d'équilibre instable aux températures inférieures à 26°.

2° Dans les conditions ordinaires, à des températures inférieures à 34°, il se forme $Na^2SO^4.10H^2O$ (ou sel de Glauber).

3° A des températures supérieures à 34°, il se forme le sel monohydraté $Na^2SO^4.H^2O$.

Il est probable que le sel à sept molécules d'eau se décompose de la manière suivante :

$$3Na^2SO^4.7H^2O = 2Na^2SO^4.10H^2O + Na^2SO^4.H^2O$$

(7) Cet exemple met en évidence ce fait qu'une seule et même solution, mise en contact avec différents hydrates solides, sera saturée ou sursaturée, parce que la cristallisation est déterminée par l'attraction des corps solides, comme le montre le phénomène de la sursaturation.

L'exemple le mieux étudié des relations complexes de ce genre est cité chap. XIV, note 50 ($CaCl^2$).

Ces trois hydrates desséchés sur l'acide sulfurique perdent leur eau et se transforment en sulfate de sodium anhydre (8).

(8) D'après Pickering (1886), le poids d'un gramme-molécule (c'est-à-dire 142 gr.) de Na^2SO^4, en se dissolvant dans une grande masse d'eau à 0°, absorbe — 1100 calories à 10° — 700, à 15° — 275 ; tandis que à 20° il dégage + 25 et à 25° = + 300 calories.

La chaleur de dissolution de $Na^2SO^4 10H^2O$ est la suivante :

à 5° — 4.225, 10° — 4.000, 15° — 3.570, 20° — 3.160, à 25° — 2.775.

D'où la chaleur de formation de $Na^2SO^4 + 10H^2O$:

à 5° + 3.125 ; à 10° + 3.250 ; à 20° + 3.200 ; à 25° + 3.050.

Il est évident que le sel cristallisé à 10 molécules d'eau, en se dissolvant dans l'eau, produit un abaissement de température. La dissolution dans l'acide chlorhydrique s'accompagne d'un refroidissement encore plus marqué. Un mélange de 15 p. de $Na^2SO^4 10H^2O$ et de 12 p. de HCl concentré produit un froid suffisant pour congeler l'eau.

Le sulfate de sodium Na^2SO^4 n'entre que dans un très petit nombre de réactions de combinaison avec d'autres sels et principalement avec des sulfates, en formant des sels doubles. Ainsi, par exemple, une solution de sulfate de sodium, mélangée à une solution de sulfate d'aluminium, de magnésium ou de fer donne, après évaporation, des cristaux de sels doubles.

Le sulfate de sodium se combine facilement avec l'acide sulfurique lui-même lorsqu'on le dissout dans ce dernier et que l'on évapore la solution ; il se forme du **sulfate acide** ou **bisulfate de sodium** :

$$Na^2SO^4 + H^2SO^4 = 2NaHSO^4$$

Ce sel cristallise dans les solutions chaudes ; les solutions refroidies laissent déposer l'hydrate $NaHSO^4H^2O$ (**9**). Les cristaux de sulfate acide de sodium, exposés à l'air humide, se décomposent en H^2SO^4 et en Na^2SO^4 (Graham, Rose), l'alcool en extrait aussi H^2SO^4. Ces réactions montrent combien est faible l'attraction qui existe entre Na^2SO^4 et H^2SO^4 (**10**). Soumis à l'action de la chaleur, $NaHSO^4$ perd son eau et se transforme à la température du rouge en *pyrosulfate de sodium* $Na^2S^2O^7$. A la température du rouge vif, ce dernier sel se décompose de la manière suivante :

$$Na^2S^2O^7 = Na^2SO^4 + SO^3$$

(9) Les cristaux bien formés de $NaHSO^4.H^2O$ rappellent beaucoup ceux de $H^2SO^4H^2O$ ou $SO(OH)^4$. D'une manière générale, le remplacement de l'hydrogène par le sodium modifie moins fortement un grand nombre de propriétés des acides que le remplacement par

d'autres métaux. Cela tient probablement à ce que les volumes de ces deux éléments sont très voisins.

(10) Le sulfate acide de sodium en solution se décompose d'autant plus facilement que la masse d'eau est plus considérable. Les poids spécifiques des solutions de $NaHSO^4$ peuvent être tirés de la formule suivante :

$$9992 + 77{,}92\,p. + 0{,}239\,p^2.$$

En mélangeant des solutions de H^2SO^4 et de Na^2SO^4, on observe de la *dilatation* ; par exemple $H^2SO^4.25H^2O$ avec $Na^2SO^4 + 25H^2O$ donnent au lieu de 483 volumes 486.

En refroidissant la solution d'une partie de Na^2SO^4 dans 7 parties de H^2SO^4, on obtient des cristaux de $NaHSO^4H^2SO^4$ (Schultz, 1868). Ce sel fond à 100° ; $NaHSO^4$ à 149°.

Le sulfate de sodium peut être transformé, à l'aide de réactions de double décomposition, en sel sodique de n'importe quel autre acide. Ainsi, par exemple, en profitant de l'insolubilité du sulfate de baryum on peut préparer, à l'aide du sulfate de sodium, l'hydrate de sodium ou la soude caustique en ajoutant à sa solution de la baryte caustique :

$$Na^2SO^4 + Ba(HO)^2 = BaSO^4 + 2NaHO.$$

En prenant un sel quelconque de baryum on obtient le sel sodique correspondant :

$$Na^2SO^4 + BaX^2 = BaSO^4 + 2NaX.$$

Le sulfate de sodium est un sel très stable ; c'est seulement à la température de la fusion du fer que l'on peut lui faire dégager les éléments de SO^3 et encore partiellement. Quant à l'oxygène, on peut l'éliminer du sulfate de sodium de même que des autres sulfates, à l'aide de substances capables de se combiner avec lui, telles que le charbon et le soufre. Chauffé avec le charbon, le sulfate de sodium se réduit, suivant les circonstances, soit en Na^2SO^3 sulfite de sodium soit, en Na^2S sulfure de sodium, d'après l'équation suivante :

$$Na^2SO^4 + 2C = 2CO^2 + Na^2S.$$

La plus grande partie du sulfate de sodium fabriqué industriellement est transformée en un produit très employé dans l'industrie chimique, le **carbonate de sodium**, connu dans le commerce sous le nom de *cristaux de soude* **Na^2CO^3** et appelé improprement **soude**. Grâce aux faibles propriétés acides de l'anhydride carbonique, les carbonates se comportent dans beaucoup de cas comme des oxydes anhydres ou des hydrates. La majorité des carbonates est insoluble ; le carbonate de sodium est l'un des rares carbonates solubles, ce qui le rend très maniable. Mis en présence d'acides organiques, même peu énergiques, le carbonate de sodium dégage immédiatement son acide carbonique et se transforme en sel sodique de l'acide pris pour l'expérience. Sa solution possède une réaction alcaline et peut agir souvent comme un alcali. Ainsi, par exemple, comme ces derniers, le carbonate de sodium solubilise certaines substances organiques (résines et acides) et est employé comme les alcalis et le savon dans le dégraissage et le blanchiment des tissus. En dehors de ces applications directes, une grande quantité de carbonate de sodium s'emploie pour la fabrication de la soude cautique qui a de nombreuses applications.

Le procédé de la fabrication du carbonate de sodium à l'aide du sulfate de sodium consiste à calciner ce dernier avec un mélange de charbon et de carbonate de calcium. Le premier effet de la chaleur sur ce mélange c'est de réduire le sulfate de sodium en sulfure de sodium.

$$Na^2SO^4 + 2C = Na^2S + 2CO^2$$

Le sulfure de sodium, ainsi obtenu, entre en réaction de double décomposition avec le carbonate calcaire et donne du sulfure de calcium et du carbonate de sodium.

$$Na^2S + CaCO^3 = Na^2CO^3 + CAS$$

Une partie du carbonate de calcium se décompose, sous l'action de la chaleur, en laissant de la chaux et en dégageant l'anhydride carbonique.

$$CaCO^3 = CaO + CO^2.$$

Ce dernier, en présence de l'excès de charbon, produit de l'oxyde de carbone dont la flamme bleue, qui apparaît à la fin de l'opération, indique que la décomposition est terminée. Étant donné que la masse obtenue renferme, pour deux molécules de CaS (**11**), une molécule de CaO on peut exprimer la somme des trois réactions mentionnées par l'équation suivante :

$$2Na^2SO^4 + 3CaCO^3 + 9C = 2Na^2CO^3 + CaO + 2CaS + 10CO$$

En effet, les proportions du mélange employé dans l'industrie se rapprochent beaucoup de celles qu'exige l'équation ci-dessus.

(**11**) Le sulfure de calcium CaS, de même que beaucoup de sulfures métalliques solubles dans l'eau, est décomposé par cette dernière :

$$CaS + H^2O = CaO + H^2S$$

le sulfure d'hydrogène étant un acide très peu énergique.

En traitant le sulfure de calcium par une grande quantité d'eau, on peut précipiter la chaux ; lorsqu'on le met en contact avec une solution de chaux, la décomposition s'arrête quand se forme le système :

$$CaO + 2CaS$$

La chaux qui est le produit de l'action de l'eau sur le sulfure de calcium arrête cette action. Si la lessive de carbonate de sodium ne renfermait pas de chaux en excès, une partie des composés sulfureux serait en solution ; en réalité il n'y en a que très peu. C'est ainsi que, dans la fabrication du carbonate de sodium, on utilise les conditions de l'équilibre qui s'établit dans les doubles décompositions et on tend à obtenir un produit invariable CaO2CaS. On a considéré ce dernier comme une combinaison spéciale insoluble, mais rien ne prouve qu'il peut exister à l'état libre.

La fabrication du carbonate de sodium se fait dans des fours à réverbère où l'on introduit un mélange de 1000 p. de sulfate de sodium, de 1040 p. de carbonate de calcium à l'état de calcaire très poreux et de 500 p. de charbon de terre menu. Le mélange est d'abord chauffé dans la portion du four la plus éloignée du foyer et ensuite dans ses parties les plus chaudes. La masse demi fondue que l'on obtient à la fin de l'opération est soumise après refroidissement à la lixiviation méthodique (**12**), pour en extraire le carbonate de sodium. Les résidus de la fabrication des cristaux de soude sont composés de CaS et CaO (**13**).

(12) On appelle *lixiviation méthodique* l'extraction à l'aide de l'eau d'une substance soluble, d'une masse qui la contient, extraction opérée de manière à obtenir des solutions aussi concentrées que possible et à épuiser complètement la matière traitée. C'est un problème très important pour beaucoup d'industries chimiques. Si l'on traite plusieurs fois la matière avec de l'eau, en décantant les solutions formées, on obtient à la fin des liqueurs très diluées qu'il n'est pas avantageux d'évaporer. On évite cet inconvénient en versant l'eau pure et chaude, non pas sur la masse fraiche, mais sur celle qui a été préalablement épuisée à l'aide de solutions diluées.

On construit généralement plusieurs réservoirs communiquant entre eux et disposés sur un même plan horizontal. L'eau versée dans l'un d'eux passe dans les suivants.

L'eau pure arrive dans le réservoir qui renferme la matière presque complètement épuisée ; de là elle passe à l'aide d'un siphon dans le réservoir suivant et finalement dans celui qui renferme la matière à épuiser encore intacte. Dans le premier de ces réservoirs, l'eau s'empare de toutes les parties solubles qui restaient encore dans la masse et laisse un résidu insoluble que l'on enlève et que l'on remplace par de la matière déjà en partie épuisée dans les autres bassins. Les liquides ne sont pas au même niveau dans les différents réservoirs à cause de la densité inégale des liqueurs qu'ils renferment.

Il ne faut pas croire que, seul, le carbonate de sodium passe en solution ; la liqueur renferme beaucoup de soude caustique qui provient de l'action de la chaux sur le carbonate de sodium, du sulfure de sodium et quelques combinaisons du sodium avec l'acide sulfureux dont il sera question plus bas.

La liqueur ainsi obtenue est évaporée à l'aide de la chaleur perdue, par les fours où s'opère la préparation du carbonate de sodium. Le sulfate de sodium non décomposé cristallise le premier, ensuite c'est le carbonate de sodium qui se sépare ; on étale les cristaux ainsi obtenus sur des planches inclinées pour les débarrasser du liquide qu'ils renferment.

• Pour purifier le carbonate de Na, on laisse cristalliser sa solution concentrée à une température inférieure à 30° dans un espace bien ventilé. Il se forme dans ces conditions des cristaux transparents de $Na^2CO^3 . 10H^2O$, efflorescents à l'air, dont il a été déjà question, tome I, page 168.

(13) Les résidus de la fabrication du carbonate de sodium renferment tout le soufre employé pour la préparation de l'acide sulfurique destiné à la décomposition du chlorure de sodium. Ces résidus constituent une perte importante pour les usines qui fabriquent la soude d'après le procédé que nous venons de décrire.

Aussi a-t-on cherché à régénérer le soufre : parmi les nombreux procédés qui ont été imaginés, nous mentionnerons seulement celui de Kinaston (1885), très instructif au point de vue chimique.

Cet auteur traite les résidus de la fabrication de la soude par une solution de $MgCl^2$ (poids sp. = 1,21).

$$CaS + MgCl^2 + 2H^2O = CaCl^2 + Mg(OH)^2 + H^2S.$$

Quand tout dégagement de H^2S a cessé, le liquide est soumis à l'action de SO^2 afin de former du sulfate de calcium neutre peu soluble.

$$CaCl^2 + Mg(OH)^2 + SO^2 = CaSO^3 + MgCl^2 + H^2O$$

La solution de $MgCl^2$ ainsi régénérée peut servir pour une nouvelle opération ; le sulfate de calcium qui se précipite est lavé et traité à froid par HCl en solution aqueuse diluée et par H^2S.

$$CaSO^3 + 2H^2S + 2HCl = CaCl^2 + 3H^2O + 3S.$$

Le soufre est ainsi précipité.

La plupart des nouveaux procédés de fabrication de la soude ont pour but d'éviter la formation des résidus eux-mêmes.

Le **procédé** de préparation du carbonate de sodium qui vient d'être décrit a été inventé en 1808 par un Français, le **Dr Leblanc**, et porte le nom de son inventeur. Les circonstances qui ont amené cette découverte sont assez curieuses. Le carbonate de sodium, qui a de nombreuses applications dans l'industrie, fut exclusivement retiré pendant longtemps des cendres des plantes marines. Cette industrie existe encore sur les rivages de la Normandie et de la Bretagne. La consommation du carbonate de sodium pour la fabrication du savon dit de Marseille et pour d'autres industries était tellement importante que l'étranger importait en France une grande quantité de ce produit. Quand le blocus continental fut mis en vigueur et que l'importation des marchandises étrangères fût interdite en France, le carbonate de sodium manqua. C'est alors que l'Académie des sciences proposa un prix pour la découverte d'un moyen économique de fabrication du carbonate de sodium à l'aide du sel marin et que Leblanc fit connaître le procédé qui porte son nom (**14**).

(14) Parmi les reproches que l'on peut adresser au procédé de Leblanc, il faut citer d'une part l'accumulation des résidus et l'impossibilité d'en extraire économiquement le soufre, étant donné le peu de valeur de ce produit (surtout à l'état de pyrites) ; d'autre part, la soude obtenue par le procédé de Leblanc n'est pas suffisamment pure et ne peut servir pour tous les usages.

Parmi les avantages du procédé de Leblanc, il faut noter sa simplicité et son bon marché, ainsi que la production de matières secondaires utilisables dans l'industrie (acide chlorhydrique, soude caustique).

Dans les contrées où le chlorure de sodium, les pyrites, le charbon et la pierre calcaire se trouvent réunis (tel est l'Oural et le bassin du Don en Russie) la fabrication de la soude par le procédé de Leblanc est appelée à prospérer.

Les fabriques de soude les plus importantes se trouvent en Angleterre.

Parmi les autres procédés de fabrication du carbonate de sodium, employés concurremment avec celui de Leblanc, il faut citer en premier lieu le *procédé à l'ammoniaque* (**15**). Une solution saturée de NaCl est traitée par les vapeurs de AzH^3 et ensuite par CO^2 en excès, afin d'obtenir le carbonate acide d'ammonium AzH^4HCO^3. Par double décomposition avec NaCl, ce sel forme $NaHCO^3$ qui se précipite grâce à sa faible solubilité ; il reste en solution une partie de NaCl et de $NaHCO^3$ et il s'y forme AzH^4Cl.

$$NaCl + AzH^4HCO^3 = AzH^4Cl + NaHCO^3$$

On régénère l'ammoniaque de AzH^4Cl resté en solution en chauffant ce dernier avec de la chaux ou de la magnésie (**16**) et on transforme $NaHCO^3$ en carbonate de sodium Na^2CO^3 par la calcination. Le carbonate sodique obtenu par ce procédé est très pur (**17**).

(**15**) Le procédé à l'ammoniaque indiqué par Türck a été étudié par Schlösing et introduit dans l'industrie par Solvay.

Il existe encore beaucoup d'autre procédés pour la préparation du carbonate de sodium. Nous ne mentionnerons à titre d'exemple que les suivants :

Le chlorure de sodium NaCl est décomposé par l'oxyde de plomb PbO : il se forme $PbCl^2$ et de l'oxyde de sodium qui, en se combinant avec l'anhydride carbonique, produit la soude (procédé de Schele).

Dans la méthode de Carnu, NaCl est traité par la chaux et, sous l'influence de l'air, donne naissance à une petite quantité de soude.

E. Coppe mélange 125 p. de sulfate de sodium avec 80 p. d'oxyde de fer et 55 p. de charbon et calcine ce mélange dans un four à réverbère. Il se produit une combinaison peu stable $Na^6Fe^4S^3$ insoluble dans l'eau, très avide d'O et de CO^2 et capable de donner, dans ces conditions, du carbonate de sodium et FeS. Ce dernier produit, soumis à l'action de la chaleur, peut fournir SO^2 nécessaire à la fabrication de l'acide sulfurique qui trouve son emploi dans ce procédé.

Gunt transforme Na^2SO^4 en Na^2S et décompose ce dernier par un courant de CO^2 et de la vapeur d'eau : il se dégage H^2S et il se forme du carbonate de sodium.

Gossage prépare, en calcinant Na^2SO^4, du sulfure de sodium Na^2S ; il dissout ce produit dans l'eau et soumet la solution, dans des fours à coke, à l'action de CO^2 en excès ; il se forme du sulfure d'hydrogène (qui peut être transformé en un produit utilisable : le soufre ou l'acide sulfureux) et du bicarbonate de sodium que l'on transforme en carbonate par l'action de la chaleur.

$$Na^2S + 2CO^2 + 2H^2O = H^2S + 2HNaCO^3.$$

Ce procédé supprime la formation des résidus de soude. A mon avis, il est applicable pour la transformation du sulfate de sodium naturel, d'autant plus qu'il donne comme produit secondaire le soufre.

On a essayé dans ces derniers temps, pour la fabrication du carbonate de sodium, l'électrolyse des solutions saturées de chlorure de sodium ; mais, jusqu'à présent, ces essais n'ont pas donné de résultats pratiques.

Il est utile de remarquer que Gempel (1890) a obtenu des cristaux de carbonate de sodium en électrolysant une solution saturée de NaCl traversée par un courant d'acide carbonique.

On obtient encore du carbonate de sodium à l'aide de la cryolithe (chap. XVII note 23) dont il sera question plus bas.

(16) Mond précipite le chlorure d'ammonium, resté en solution, par le refroidissement (chap. X, note 44) ; il calcine le chlorure d'ammonium et dirige les vapeurs sur de l'oxyde de magnésium. L'ammoniaque est ainsi régénérée ; le produit obtenu est $MgCl^2$ qui peut servir pour la préparation de HCl ou de Cl^2.

(17) Le carbonate de sodium calciné anhydre du commerce est rarement pur; celui que l'on vend à l'état de cristaux est généralement plus pur. Pour purifier le carbonate de sodium, on réduit par l'ébullition aux 2/3 sa solution saturée ; on recueille les cristaux qui se déposent, et on les lave à l'eau froide ; après les avoir traités par une solution concentrée d'ammoniaque on les calcine. Les eaux mères, l'eau de lavage et l'ammoniaque renfermeront les impuretés du carbonate de sodium.

Le poids spécifique de $Na^2CO^3 = 2{,}48$ et celui de $Na^2CO^3.10H^2O = 1{,}46$.

Pour le sel renfermant 7 molécules d'eau on connaît deux modifications (Lœwel, Marignac, Rammelsberg) que l'on obtient de la solution sursaturée en la laissant refroidir sous une couche d'alcool.

L'une de ces variétés est moins stable, sa solubilité à 0° est de 32 parties de Na^2CO^3 pour cent d'eau ; l'autre est plus stable ; sa solubilité est égale à 20 parties Na^2CO^3 pour 100 H^2O.

La solubilité du carbonate de sodium renfermant 10 molécules d'eau à 0° = 7 ; à 20° = 21,7 ; à 30° = 37,2 p. Na^2CO^3 ; à 80°, il se dissout 46,1 ; à 90° seulement 45,7 ; à 100° 45,4 p. Na^2CO^3 dans cent H^2O.

Les poids spécifiques des solutions de carbonate de sodium peuvent être exprimés d'après Gerlach et Kolrausch par l'équation d'une parabole :

$$S = 9992 + 104{,}5\,p + 0{,}165\,p^2$$

Les solutions diluées occupent non seulement un volume inférieur à la somme des volumes du sel anhydre et de l'eau, mais même moindre que celui de l'eau qu'elles renferment. Ainsi, par exemple, 1000 gr. d'une solution à 1 0/0 occupent à 15° le volume de 990,4 cc. (p. sp. = 1,0097) et renferment 990 gr. d'eau dont le volume à 15°

est 990,8 cc. Ce cas de dissolution relativement rare correspond aux solutions diluées pour lesquelles la valeur A est supérieure à 100 dans l'équation exprimant leur poids spécifique.

$$S = S_0 + Ap + Bp^2$$

où S_0 est le poids sp. de l'eau. Le poids spécifique des solutions à 5 0/0 = 1,0520 ; à 10 0/0 = 1,1057 ; à 15 0/0 = 1,1603. Les variations du poids spécifique avec la température sont à peu près les mêmes que pour les solutions de NaCl à p égal.

Le carbonate de sodium, de même que Na^2SO^4, perd facilement son eau sous l'influence de la chaleur ; le sel anhydre fond à 1098°. Une petite parcelle de soude fondue dans l'anse d'un fil de platine se volatilise dans la flamme d'un bec de gaz ; dans les fours des verreries, une partie du carbonate de sodium est toujours réduite à l'état de vapeur.

Il existe beaucoup d'analogies entre le carbonate de sodium et le sulfate de sodium au point de vue de leurs relations avec l'eau (**18**).

(18) Cette ressemblance est tellement prononcée que, malgré la différence de la composition moléculaire de Na^2SO^4 et de Na^2CO^3, il faut les ranger tous les deux dans le groupe des sels du type $(NaO)^2R$ ou $R = SO^2$ ou CO. Beaucoup d'autres sels sodiques renferment également $10H^2O$.

Le maximum de solubilité des deux sels (Na^2CO^3 et Na^2SO^4) est à 37° ; en cristallisant à la température ordinaire, ils se combinent avec 10 molécules d'eau. Les cristaux de carbonate de sodium fondent, comme ceux du sel de Glauber, à 34°. Le carbonate de sodium forme aussi des solutions sursaturées qui dégagent, suivant les conditions, différents hydrates cristallisables (voir tome I, page 178).

A la température du rouge, la vapeur d'eau surchauffée dégage l'acide carbonique du carbonate de sodium et laisse de la soude caustique :

$$Na^2CO^3 + H^2O = 2NaHO + CO^2$$

L'eau se substitue dans ce cas à l'acide carbonique qui est un acide très peu énergique. La décomposition du carbonate de sodium seul ne se fait que très difficilement; environ 1 0/0 d'acide carbonique se dégage lorsqu'on fond le carbonate de sodium (Pickering). Quand on porte à l'ébullition les solutions de Na^2CO^3, il se produit également un dégagement d'une très petite quantité d'anhydride carbonique (Rose). Par contre, les carbonates de beaucoup d'autres métaux (Ca, Cu, Mg. Fe, etc.) dégagent tout leur acide carbonique sous l'influence de la chaleur.

Dans la plupart des solutions salines, le carbonate de sodium produit un précipité formé soit par des carbonates insolubles des métaux pris pour l'expérience, soit par des hydrates des oxydes de ces derniers :

$$\underset{\text{Chlorure de baryum}}{BaCl^2} + Na^2CO^3 = 3NaCl + \underset{\text{Carbonate de baryum}}{BaCO^3}$$

$$\underset{\text{Sulfate d'aluminium}}{Al^2(SO^4)^3} + 3Na^2CO^3 = 3Na^2SO^4 + \underset{\text{Alumine (Oxyde d'aluminium)}}{Al^2O^3} + 3CO^2$$

Comme tous les sels de l'acide carbonique, le carbonate de sodium dégage son acide carbonique en présence des acides tant soit peu énergiques. Mais, si l'on ajoute lentement à une solution de carbonate de sodium une solution acide très diluée, il ne se produit pas *d'abord* de dégagement d'acide carbonique parce que l'excès de CO^2 sert à former le **carbonate acide** ou le **bicarbonate de sodium $NaHCO^3$** (**19**).

(**19**) La composition de ce sel peut être encore représentée comme étant le résultat de la combinaison de H^2CO^3 avec Na^2CO^3. Cette représentation est très plausible pour les raisons suivantes :

1° Il existe un autre sel $Na^2CO^3 . 2NaHCO^3 . 2H^2O$ (sesquicarbonate de sodium) ; on l'obtient en refroidissant la solution de bicarbonate de sodium préalablement bouillie et en mélangeant ce sel avec le sel neutre. Sa composition ne peut être dérivée de celle de l'hydrate normal de l'acide carbonique comme la composition du bicarbonate de sodium. Cependant, le sesquicarbonate de sodium présente toutes les propriétés d'un composé défini ; il donne des cristaux transparents, sa composition est constante, sa solubilité diffère de celle du sel neutre et du sel acide (12,6 0/0 de sel anhydre à 0°). On le rencontre à l'état naturel sous le nom de *trona, urao.* Dans ces derniers temps on a découvert en Californie des lacs renfermant ce sel en grande quantité.

2° Les recherches de Watts et de Richards (1886) ont démontré qu'en ajoutant à la solution concentrée du bicarbonate de sodium de la solution saturée à chaud de carbonate de sodium, on peut obtenir facilement des cristaux de $NaHCO^3.Na^2CO^3.2H^2O$, tant que la température est supérieure à 35°. D'après Laurent, l'urao naturel aurait cette même composition.

Au point de vue théorique, les combinaisons de ce genre sont très peu étudiées ; elles présentent cependant un intérêt tout spécial parce qu'elles semblent dériver de l'acide orthocarbonique $C(OH)^4$ et correspondent aux sels doubles analogues, à l'*astrakanite* (Chap. XIV, note 25).

De plus, les cristaux du bicarbonate acide de sodium ne renferment pas d'eau de cristallisation, de sorte que l'eau de cristallisation du carbonate neutre de sodium serait remplacée, en quelque sorte, par les éléments de l'acide carbonique.

Le carbonate de sodium neutre anhydre, mélangé avec la quantité d'eau strictement nécessaire pour former $Na^2CO^3.H^2O$, est une poudre qui absorbe, à la température ordinaire, l'acide carbonique aussi facilement qu'elle absorbe l'eau.

Le bicarbonate de sodium est un sel peu stable. Non seulement il se décompose quand on le calcine, mais il suffit de porter à l'ébullition des solutions de ce sel pour lui faire perdre CO^2 et le transformer en sel neutre. Bien plus, même à la température ordinaire dans une atmosphère humide, le bicarbonate de sodium se transforme en carbonate neutre en dégageant de l'acide carbonique. Malgré cela, il est facile de préparer ce sel à l'état de cristaux très purs, en faisant passer un courant d'acide carbonique dans une solution saturée et refroidie de carbonate de sodium. Le bicarbonate sodique étant moins soluble dans l'eau que le sel neutre (**20**), ses cristaux se séparent de la solution de ce dernier quand on y dirige un courant d'acide carbonique. Le bicarbonate de sodium se forme encore facilement à l'aide des cristaux de carbonate de sodium efflorescents qui absorbent facilement l'acide carbonique (**21**).

(20) Cent parties d'eau dissolvent, à 0°, 7 p. de bicarbonate de Na, ce qui correspond à 4,3 p. de sel neutre anhydre dont la solubilité à 0° est de 7 0/0. La solubilité du bicarbonate varie assez régulièrement. Cent parties d'eau dissolvent à 15° — 9 parties de sel : à 30° — 11 p. Le bicarbonate d'ammonium et surtout celui de potassium sont bien plus solubles dans l'eau. C'est sur cette propriété qu'est basé le procédé de fabrication de la soude à l'ammoniaque. La solubilité du premier est de 12 0/0 à 0° et de 27 0/0 à 30°. Sa solubilité augmente rapidement, comme on le voit, avec la température; mais la décomposition de sa solution saturée se fait plus difficilement que celle de la solution du bicarbonate sodique. En effet, la tension du mélange de CO^2 et H^2O des solutions saturées de ces sels est égale, à 15° et à 50°, pour le sel sodique à 120 mm. et à 150 mm ; pour le sel d'ammonium à 120 et à 563 mm. Il est important de connaître ces données pour bien comprendre les réactions qui s'effectuent dans le procédé de fabrication de la soude à l'ammoniaque. Elles montrent que, si la pression augmente, la formation du sel sodique doit croître en présence d'un excès du sel d'ammonium.

(21) Les cristaux de carbonate de sodium pulvérisés absorbent CO^2 en dégageant l'eau qu'ils renfermaient :

$$Na^2CO^3 . 10H^2O + CO^2 - Na^2CO^3H^2CO^3 + 9H^2O$$

Cette eau dissout une partie du carbonate de sodium qui passe en solution avec les impuretés. Quand on veut éviter la formation de la solution, on emploie un mélange de carbonate de sodium calciné et cristallin.

Le bicarbonate de sodium s'emploie presque exclusivement pour la préparation des eaux minérales artificielles, des pastilles analogues à celles fabriquées à Vichy et, en nature, dans la thérapeutique médicale.

Le bicarbonate de sodium cristallise facilement ; ses cristaux ne sont cependant pas aussi gros que ceux du sel neutre ; sa saveur est légèrement salée et non alcaline comme celle de Na^2CO^3 ; il donne une réaction très légèrement alcaline, presque neutre, avec le papier de tournesol.

A la température de 70°, sa solution dégage déjà CO^2 ; ce dégagement est très abondant à la temperature de l'ébullition.

Tout ce qui précède, fait prévoir que, dans beaucoup de réactions, le bicarbonate de sodium se comportera comme le carbonate neutre ; il présente néanmoins des différences qui lui sont propres. Ainsi, par exemple, l'addition d'une solution de carbonate de sodium à un sel neutre de magnésium produit un trouble, dû à la formation du carbonate de magnésium $MgCO^3$. Ce précipité ne se forme pas avec le bicarbonate sodique, parce que le carbonate de magnésium est soluble en présence d'un excès d'acide carbonique.

Le carbonate de sodium sert à préparer la **soude caustique** ou **hydrate** d'oxyde de sodium NaOH. On emploie généralement dans ce but une solution à 10 0/0 de carbonate de sodium (22) que l'on fait bouillir dans une chaudière en fonte ou en fer et à laquelle on ajoute par petites quantités de la chaux qui est très peu soluble dans l'eau. La solution limpide de carbonate de sodium se trouble par l'addition de la chaux, par suite de la formation de carbonate de calcium presque insoluble dans l'eau. La solution renferme de la soude caustique :

$$Na^2CO^3 + Ca(OH)^2 = CaCO^3 + 2NaOH$$

(22) En présence d'une petite quantité d'eau, la réaction ne s'effectue pas ou bien se fait dans le sens opposé, c'est-à-dire que NaHO et KHO enlèvent CO^2 à $CaCO^3$ (Liebig, Watson, Mitcherlich). L'influence de la masse de l'eau est évidente. D'après Gerberts, les solutions concentrées de carbonate de sodium sont décomposées par la chaux quand on diminue la pression.

Après refroidissement, le carbonate de calcium se dépose et l'on décante la solution limpide ou lessive de soude (**23**). On évapore en général la lessive de soude dans des chaudières en fonte ou en fer ; mais, si l'on veut obtenir de la soude pure il faut employer des capsules en argent (**24**), car la porcelaine le verre, l'émail sont attaqués par la soude et ne peuvent être employés.

(**23**) Tant que la solution renferme du carbonate de sodium non décomposé, un acide ajouté en excès à la solution donne lieu à un dégagement de CO^2 et l'addition d'une solution d'un sel barytique y produit un précipité blanc de $BaCO^3$ qui fait effervescence au contact des acides.

Pour la décomposition du carbonate de Na, on emploie la chaux éteinte délayée dans de l'eau.

Autrefois on purifiait la soude caustique en la dissolvant dans l'alcool dans lequel Na^2CO^3 et Na^2SO^4 sont insolubles. Actuellement, comme le sodium métallique pur est très bon marché, on prépare la ***soude caustique pure*** en faisant réagir le sodium métallique sur une petite quantité d'eau.

En faisant cristalliser sous l'influence du froid les solutions concentrées de soude, on peut les débarrasser des substances étrangères qu'elles renferment.

Dans les fabriques de soude où l'on emploie le procédé Leblanc, on prépare la soude caustique directement à l'aide de la lessive qui reste après l'évaporation du carbonate de sodium. Cette lessive, colorée en rouge par une petite quantité d'oxydes de fer, renferme de la soude caustique mélangée à des sulfures et cyanures.

On évapore ce liquide en y faisant passer un courant d'air pour oxyder les matières étrangères ; on y ajoute quelquefois, dans le même but, du nitrite de sodium $NaAzO^2$, du chlorure de chaux, etc. Quand la soude est en fusion, on la laisse reposer pour permettre aux oxydes de fer de se déposer, puis on la verse dans des vases en tôle où elle se solidifie.

La soude caustique ainsi préparée renferme environ 10 0/0 d'eau en excès et quelques impuretés, notamment du carbonate de sodium et des oxydes de fer dont on peut éviter la présence quand l'opération est menée régulièrement.

La soude caustique est un produit commercial très important : elle est actuellement à peu près exclusivement préparée par ce procédé.

(**24**) Lövig a décrit un procédé de préparation de NaHO qui consiste à calciner le carbonate de sodium anhydre jusqu'à la température du rouge sombre en présence d'un excès d'oxyde de fer. L'acide carbonique s'élimine et la soude ainsi formée peut être extraite à l'aide de l'eau. Cette réaction s'effectue avec beaucoup de facilité et constitue un exemple d'une action de contact analogue à l'influence qu'exerce Fe^2O^3 sur la décomposition de $KClO^3$. On peut se représenter la marche de la réaction de la manière suivante : une petite quantité de carbonate de sodium entre en double décomposition avec l'oxyde ferrique : le carbonate ferrique qui en résulte se décompose en CO^2 et Fe^2O^3 qui est ainsi régénéré et sert pour transformer une nouvelle quantité de carbonate sodique. Les explications de ce genre, en exprimant le *motif* de la réaction, ajoutent en somme très peu de chose à la notion élémentaires des phénomènes de contact qui, à mon avis, sont uniquement dus à des modifications produites dans les mouvements des atomes du corps mis en expériences par le contact d'un autre corps.

On peut, par exemple, pour mieux saisir ces relations, imaginer que les éléments de CO^2 dans le carbonate de sodium sont animés d'un mouvement circulaire autour de Na^2O et que, aux points de contact avec Fe^2O^3, le mouvement devient elliptique à grand axe, de sorte que les éléments de CO^2 s'éloignent de Na^2O et s'en détachent, ne pouvant se fixer à Fe^2O^3.

La solution de soude caustique ne cristallise pas par évaporation, parce que la solubilité de NaOH à chaud est très grande ; on peut obtenir des cristaux renfermant de l'eau de cristallisation en refroidissant une solution de soude caustique de densité 1,38 ; leur formule est $2NaHO.7H^2O$; ils fondent à + 6° (25). Si l'on poursuit l'évaporation jusqu'à élimination complète de l'eau, l'hydrate NaHO se solidifie en une masse cristalline incolore demi transparente (26) qu'il faut conserver à l'abri de l'air, car elle est très avide d'eau et d'acide carbonique (27). Son poids spécifique est égal à 2,13 (28) et elle est soluble dans l'eau avec dégagement d'une grande quantité de chaleur (29).

(25) On peut débarrasser NaOH de ses impuretés (de Na^2SO^4 par exemple) en faisant cristalliser par le refroidissement ses solutions concentrées. L'hydrate cristallisable $2NaOH.7H^2O$ donne, lorsqu'il est fondu, un liquide dont le poids spécifique est 1,405 (Hermes). Les cristaux $2NaHO.7H^2O$ se dissolvent dans l'eau avec absorption de chaleur, tandis que NaHO se dissout avec dégagement de chaleur.

Pickering a obtenu en outre des hydrates avec 1, 2, 4, 5 et 7 moécules d'eau.

(26) La soude caustique solide renferme habituellement plus d'eau que n'exigerait la formule NaOH. La soude caustique employée dans les laboratoires est le plus souvent à l'état de tablettes fondues que l'on concasse. Il faut la conserver dans des bocaux bien fermés pour la soustraire à l'action de l'humidité et de l'acide carbonique.

(27) Il est facile de distinguer la soude caustique de la potasse caustique d'après les modifications que ces corps subissent lorsqu'ils sont exposés à l'air. Ces deux alcalis absorbent H^2O et CO^2 de l'air ; mais tandis que le premier se transforme en une poudre efflorescente de carbonate de sodium, le second se réduit en une masse déliquescente de carbonate potassique.

(28) Le poids moléculaire de NaOH étant égal à 40, le volume de la molécule $= \frac{40}{2,13} = 18,5$; c'est-à-dire qu'il se rapproche de celui de l'eau. Cette même considération s'applique en général aux combinaisons du sodium, ainsi, par exemple, les sels sodiques ont un volume moléculaire voisin de celui de l'acide.

(29) Une molécule de NaOH (40 gr.) en se dissolvant dans une grande masse d'eau (200 molécules) dégage, d'après Berthelot 9870 calories et, d'après Thomsen, 9940 calories et, à 100° environ, 1.300 cal. (Berthelot).

Les solutions de NaOH + nH^2O mélangées avec l'eau dégagent de la chaleur si n est moindre que 6 ; elles en absorbent si n est plus grand que 6.

La solution de NaOH saturée à la température ordinaire a une densité voisine de 1,5 ; elle renferme environ 45 0/0 de NaOH et bout à 130°, à 55° l'eau dissout un poids de NaOH égal au sien (30).

(30) Les poids spécifiques des solutions de NaHO à 15°/4° sont les suivants :

5	10	15	20	30	40 0/0 NaHO
1,057	1,113	1,169	1,224	1,331	1,436

1000 gr. de la solution à 5 0/0 occupent un volume de 946 cc., c'est-à-dire inférieur à celui de l'eau qui a servi à la préparation de la solution.

La soude caustique se dissout non seulement dans l'eau, mais aussi dans l'alcool et même dans l'éther. Les solutions diluées de NaOH produisent au toucher une sensation analogue à celle du savon dont le principe actif d'ailleurs est la soude caustique (**31**) ; en solution concentrée, la soude caustique détruit les tissus animaux.

(31) La soude caustique (et les autres alcalis) ont la propriété de *saponifier* les combinaisons des acides avec les alcools. Soit ROH ou $R(HO)^n$ la composition d'un alcool, c'est-à-dire d'un hydrate d'hydrocarbure et QHO celle d'un acide ; la combinaison de ce dernier avec l'alcool ou l'éther composé de l'acide donné aura la composition RQO ; l'éther composé serait donc analogue à un sel dans lequel l'alcool jouerait le rôle de base. La soude caustique agit sur les éthers composés de la même manière que sur la plupart des sels, c'est-à-dire qu'elle dégage l'alcool et donne un sel sodique correspondant à l'éther composé

$$RQO + NaHO = NaQO + RHO$$

Cette décomposition, qui porte le nom de **saponification**, est connue depuis fort longtemps pour les éthers composés de la glycérine $C^3H^5(OH)^3$ qui constituent, dans les règnes animal et végétal, ce que l'on nomme graisses et huiles. Traitées par la soude caustique, les graisses et les huiles produisent de la glycérine et des sels sodiques des acides dont elles dérivent, comme l'a montré Chevreul au commencement de ce siècle. Les sels sodiques des acides gras ne sont autre chose que des *savons* que l'on prépare en traitant les corps gras par la soude caustique. Dans les graisses, la glycérine se trouve ordinairement combinée avec plusieurs acides qui sont les acides palmitique $C^{16}H^{32}O^2$ et stéarique $C^{18}H^{36}O^2$ (solides) et l'acide oléique $C^{18}H^{34}O^2$ (liquide).

Les **réactions chimiques** de la **soude caustique** peuvent être prises comme types des réactions de toute la classe de composés nommés alcalis, c'est-à-dire des hydrates basiques solubles MOH. La solution de NaOH est un liquide très caustique qui détruit presque tous les tissus organiques et qui, pour cette raison, est un poison très violent. Un morceau d'os plongé dans une solution faible de soude caustique se réduit en une masse pulvérulente en dégageant des vapeurs d'ammoniaque ; la substance gélatineuse renfermée dans les os qui a la même composition élémentaire que les matières albuminoïdes, c'est-à-dire qui est formée par les mêmes éléments (C, Az, O, H, S) subit dans ces conditions une transformation ; elle se solubilise ; une partie est même complètement détruite.

De toutes les réactions de la soude caustique, la plus caractéristique est sa propriété de saturer tous les acides en donnant naissance à des sels qui sont tous solubles dans l'eau ; sous ce rapport, la soude caustique occupe parmi les bases le même rang que l'acide azotique dans le groupe des acides. En raison de la très grande solubilité des sels de sodium, il est impossible dans une analyse de déceler la soude par précipitation, comme cela se fait pour les autres métaux qui peuvent tous donner naissance à des composés au moins peu solubles.

Grâce à ses propriétés alcalines énergiques, la soude peut se combiner avec tous les acides, même avec les plus faibles et dégage l'ammoniaque de ses combinaisons.

C'est pour la même raison que la soude détermine un précipité dans les sels solubles dont les bases sont insolubles dans l'eau. En effet, quand on verse de la soude dans la plupart des solutions salines, il se forme un sel sodique soluble et il se précipite un hydrate insoluble du métal existant dans le sel ; ainsi, par exemple, avec l'azotate de cuivre il se précipite de l'hydrate de cuivre :

$$Cu(AzO^3)^2 + 2NaHO = Cu(HO)^2 + 2NaAzO^3$$

Un grand nombre d'oxydes basiques qui sont précipités par la soude caustique sont capables de se combiner avec cette dernière et de former ainsi des combinaisons solubles. C'est pour cette raison que le précipité produit par la soude dans les solutions de sels de ces métaux disparaît lorsqu'on ajoute un excès de réactif. C'est ce qui se produit quand, par exemple, on ajoute de la soude aux sels d'aluminium ; cette réaction montre que la soude peut se combiner non seulement avec les oxydes acides, mais aussi avec des bases très faibles. Elle explique également pourquoi **la soude réagit avec la majorité des corps simples**, capables de former des acides ou des oxydes ayant des propriétés analogues à celles des acides : si, en effet, l'aluminium métallique dégage de l'hydrogène au contact de la soude, c'est que la soude est capable de se combiner à l'alumine qui se forme dans ces conditions. Dans cette réaction, l'effet produit par la soude caustique est analogue à celui de l'acide sulfurique sur le zinc ou le fer.

Dans le cas où la soude caustique est mise en présence d'un métalloïde capable de former un composé hydrogéné, cette combinaison se produit en effet. C'est ainsi, par exemple, qu'agit le phosphore sur la soude caustique en dégageant de l'hydrogène phosphoré; si le composé hydrogéné qui se dégage est apte à se combiner avec un alcali, il se produit évidemment un sel de l'acide correspondant. C'est de cette manière qu'agissent le chlore et le soufre sur la soude caustique. Le chlore forme, avec l'hydrogène renfermé dans la soude, de l'acide chlorhydrique et ce dernier donne avec $NaOH$ du chlorure de sodium ; le second atome de la molécule Cl^2 prend la place de l'hydrogène et produit $NaClO$. D'une manière absolument analogue, le soufre traité par $NaHO$ donne du sulfure d'hydrogène, lequel en réagissant avec la soude, donne du sulfure et du sulfite de sodium (Voir chap. XX).

L'action de la soude caustique sur les métaux et les métalloïdes est souvent augmentée sous l'influence de la chaleur en présence de l'oxygène de l'air. C'est ainsi que beaucoup de métaux et leurs oxydes inférieurs absorbent, en présence d'alcalis, l'oxygène et donnent des acides.

Le bioxyde de manganèse lui-même est capable d'absorber l'oxygène de l'air et de se transformer en permanganate de sodium quand il est chauffé à l'air avec de la soude caustique.

Les acides organiques, calcinés avec la soude caustique, lui abandonnent les éléments de l'acide carbonique en produisant du carbonate de sodium et en dégageant le groupe hydrocarburé qui se trouve en combinaison avec l'anhydride carbonique dans l'acide organique.

La soude caustique, comme en général tous les alcalis solubles, est une substance très active au point de vue chimique. Un petit nombre de substances seulement peuvent résister à son action ; comme on le verra plus tard, les roches elles-mêmes, sont attaquées par ce composé et donnent, lorsqu'elles sont fondues avec la soude, des alliages vitreux.

La soude caustique, étant le type des hydrates basiques, (de même que l'ammoniaque et la potasse caustiques) donne facilement **des sels acides** en présence d'un grand nombre d'acides sans former de sels basiques : il en est autrement pour les bases moins énergiques telles que les oxydes de cuivre et de plomb qui donnent facilement des sels basiques et difficilement des sels acides. On peut expliquer ce phénomène en supposant qu'une base énergique peut retenir une plus grande quantité d'acide qu'une base faible. De plus, le sodium est un élément monoatomique remplaçant l'hydrogène atome pour atome. Or, la plupart des autres métaux, incapables de produire des sels acides, sont des éléments diatomiques comme l'oxygène ; il en résulte que, dans un acide bibasique, tel que par exemple H^2CO^3 et H^2SO^4 on peut remplacer chaque atome d'hydrogène par un atome de sodium et obtenir, suivant les cas, un sel acide ou un sel neutre : $NaHSO^4$ et Na^2SO^4 ; les métaux diatomiques tels que le calcium ou le baryum ne donnent pas de sels acides, parce qu'ils se substituent d'emblée aux deux atomes d'hydrogène en formant par exemple, $CaCO^3$, $CaSO^4$ (**32**).

(32) De ce qui précède, on peut prévoir que les métaux diatomiques formeront facilement des sels acides avec des acides renfermant plus de deux atomes d'hydrogène, par ex., avec des acides tribasiques comme l'acide phosphorique H^3PO^4. Il existe en effet des sels de ce genre, mais ces relations se compliquent, étant donné que l'augmentation de l'atomicité et la modification du poids moléculaire entraînent souvent la diminution ou la modification du caractère des bases ; d'autre part, les bases faibles (comme l'oxyde d'argent) bien que correspondant aux métaux monoatomiques, ne forment pas de sels acides ; les bases les plus faibles (CuO, PbO) forment facilement des sels basiques et, malgré leur atomicité, elles ne donnent pas des sels acides tant soit peu stables, indécomposables par l'eau.

Il faut plutôt considérer les sels basiques et les sels acides comme des combinaisons analogues aux hydrates cristallisables, parce que les acides tels que l'acide sulfurique forment avec le sodium non seulement un sel acide et un sel neutre, mais encore des sels renfermant une plus grande quantité d'acide. Nous voyons un exemple de ce genre de combinaisons dans le sesquicarbonate de sodium.

De ce qui précède, on peut conclure que la propriété de former plus ou moins facilement des sels acides serait plutôt déterminée par l'énergie de la base que par l'atomicité ; il est cependant plus sûr d'admettre *que la faculté de donner des sels acides et basiques constitue pour une base une propriété caractéristique*, au même titre que la propriété d'un élément de se combiner avec l'hydrogène.

Nous avons étudié successivement la transformation du chlorure de sodium en sulfate de sodium et celle de ce dernier en carbonate de sodium ; nous avons vu enfin par quels procédés ce dernier est transformé en soude caustique. Lavoisier considérait la soude comme un corps simple ; il ne savait pas, en effet, qu'elle fût décomposable avec formation de sodium métallique, qui possède la propriété de dégager l'hydrogène de l'eau en régénérant la soude caustique.

La découverte du **sodium métallique** est l'une des

plus importantes découvertes de la chimie ; non seulement parce qu'elle augmenta le nombre des éléments et affermit la notion des corps simples, mais aussi et surtout parce que le sodium possède des propriétés chimiques très énergiques qui ne sont que très faiblement dessinées dans les autres métaux précédemment connus. Cette découverte a été faite en 1807 par un chimiste anglais Humphry Davy à l'aide du courant galvanique. Il mit en communication avec le pôle positif d'une pile voltaïque très puissante un morceau humide de soude caustique, dans lequel était creusée une excavation remplie de mercure où plongeait le pôle négatif. Le circuit étant fermé, Davy remarqua que le mercure dissolvait un métal spécial, moins volatil que lui et possédant la propriété de décomposer l'eau en régénérant la soude caustique. C'est ainsi que Davy a démontré par l'analyse et la synthèse la composition des alcalis. Il se dégage au pôle positif de l'oxygène et au pôle négatif de l'hydrogène et du sodium métallique. Davy a montré que ce métal se volatilise à la température du rouge, propriété importante sur laquelle est basée la préparation du sodium. Ce savant a observé en outre la facilité avec laquelle le sodium s'oxyde à l'air et l'inflammabilité de ses vapeurs ; c'est cette dernière propriété qui s'est opposée pendant longtemps à l'extraction facile de ce métal.

Les propriétés du sodium ont été ensuite bien étudiées par Gay Lussac et Thénard ; ces savants ont remarqué que le fer métallique réduit la soude à des températures élevées (33) et met le sodium en liberté.

(33) Deville suppose que cette décomposition de la soude caustique par le fer métallique ne dépend que de la dissociation de l'alcali à la température du rouge blanc en sodium, hydrogène et oxygène, le fer servant uniquement à absorber l'oxygène et empêchant ainsi

la recombinaison des éléments dissociés sous l'influence du refroidissement. Si l'on admet que les oxydes de fer commencent à se dissocier à une température plus élevée que l'oxyde de sodium, l'hypothèse de Deville devient très plausible.

Pour démontrer son hypothèse, Deville effectua l'expérience suivante : une bouteille en fer, remplie de tournure de fer, fut chauffée de telle façon que la partie supérieure, dans laquelle on avait mis quelques morceaux de soude caustique, fut portée au rouge blanc, tandis que la partie inférieure était à une température plus basse. Dans ces conditions, la soude se décompose et le sodium est réduit en vapeurs. Après avoir maintenu l'appareil dans ces conditions pendant un certain temps, on ouvrit la bouteille et l'on observa que le fer ne s'était oxydé qu'à la partie inférieure, tandis qu'il était resté intact à la partie supérieure.

On peut expliquer cette différence d'action en supposant que la soude se décomposait en Na, H et O et que le fer placé à la partie inférieure s'emparait de l'oxygène. En soumettant toute la bouteille à la température que possédait sa partie inférieure dans l'expérience précédente, Deville n'obtint pas de vapeurs métalliques ; c'est que la température était trop basse pour que NaOH pût se dissocier.

Brunner a découvert plus tard que le charbon pouvait, comme le fer, réduire la soude caustique ; cependant la préparation du sodium métallique resta longtemps très pénible, ce qui explique le prix élevé auquel se maintenait ce métal ; on s'efforçait en effet de condenser les vapeurs de sodium à l'abri de l'air dans des appareils compliqués et très coûteux. C'est seulement après que Donny et Maresca eurent inventé leur réfrigérant très simple en fonte de fer, et quand Deville eut indiqué son procédé que la fabrication du sodium fit un très grand pas en avant.

Le procédé de Deville consiste à chauffer un mélange de carbonate de sodium anhydre, de charbon et de craie ; cette dernière est ajoutée uniquement comme corps infusible pour maintenir le carbonate et le charbon en contact plus intime. Sous l'influence de la chaleur, la craie perd l'acide carbonique et se transforme en chaux qui s'imbibe de carbonate de sodium et forme une masse épaisse dans laquelle le charbon se trouve en contact intime avec le carbonate (**34**).

La décomposition se fait d'après l'équation suivante :

$$Na^2CO^3 + 2C = Na^2 + 3CO$$

(34) Il y a dix ans à peine que l'extraction du sodium métallique a pris un très grand développement en Angleterre, où l'on se mit à ajouter au mélange de Deville du fer ou ses oxydes, qui forment, avec le charbon, du fer métallique et du carbure de fer et qui augmentent encore la facilité de la décomposition. Actuellement, un kilogramme de sodium vaut à peu près ce que valait, il y a trente ans, un gramme de ce métal.

Kasner, en Angleterre, a perfectionné le procédé de préparation du sodium en le rendant moins coûteux et en augmentant son rendement; c'est ce qui lui a permis d'utiliser ce métal pour l'extraction de l'aluminium métallique. Le procédé de cet auteur consiste à chauffer un mélange de soude NaOH (44 parties) avec du carbure de fer (7 p.) dans de grandes cornues de fer à la température de 1000° ; le rendement par ce procédé est de 6 1/2 parties de Na et la réaction s'effectue plus facilement qu'avec le charbon ou le fer seuls.

$$3NaOH + C = Na^2CO^3 + 3H + Na.$$

Depuis que l'on a commencé à fabriquer l'aluminium à l'aide de l'électrolyse (1891) le sodium métallique a trouvé deux nouvelles applications, dans la fabrication du bioxyde de sodium qui s'emploie comme décolorant et pour la préparation des cyanures de potassium et de sodium à l'aide du ferrocyanure de potassium.

Dans l'industrie, la préparation du sodium se fait dans des cylindres en fer forgé longs d'un mètre et de dix centimètres de diamètre. Ces cylindres, que l'on remplit du mélange mentionné plus haut, sont placés dans des foyers pouvant produire des températures très élevées. L'une des extrémités du tube cylindrique est obturée par une plaque de fonte lutée avec de l'argile, l'autre porte également une rondelle mais percée d'un trou destiné à recevoir le réfrigérant.

Le premier effet de la chaleur sur le mélange introduit dans le tube c'est de chasser l'eau renfermée dans les substances et d'éliminer l'acide carbonique de la craie et les produits de distillation sèche du charbon ; c'est seulement après que le charbon commence à agir sur le carbonate de sodium et que l'on voit s'échapper de l'appareil, en même temps que de l'oxyde de carbone, des vapeurs de sodium métallique qui s'enflamment spontanément à l'air et brulent en produisant une flamme jaune très vive. C'est à ce moment que l'on adapte le réfrigérant qui se compose de deux plateaux de fonte opposés par leur bords et maintenus en contact à l'aide de presses métalliques. Ces deux plateaux laissent entre eux un espace vide dans lequel se fait la condensation des vapeurs du sodium ; les parois de l'appareil étant constamment refroidies par la circulation de l'air ambiant. Les vapeurs de sodium condensées dans le réfrigérant s'écoulent à l'état de métal liquide dans un vase rempli de naphte qui le met à l'abri de l'air et l'empèche de s'oxyder.

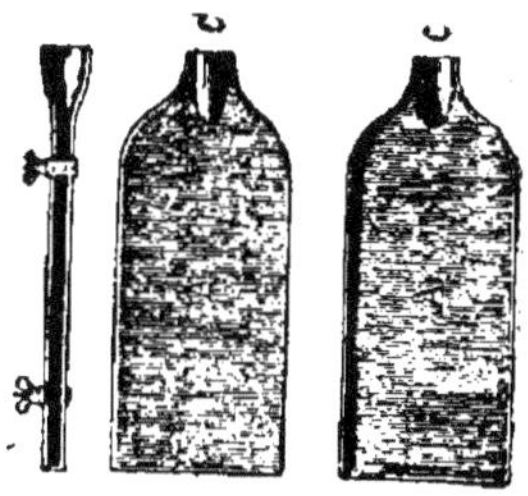

Fig. 12. — Appareil de Donny et Maresca pour condenser le sodium.

Pour obtenir du sodium métallique absolument pur, on le distille dans des cornues en porcelaine dans un courant d'un gaz inerte tel que l'azote par exemple. L'acide carbonique qui est en partie décomposé par le sodium ne peut être employé pour cette opération.

Si pratiques que soient les procédés chimiques de préparation du sodium, on a trouvé plus avantageux en Angleterre, depuis 1893, d'extraire le sodium au moyen du procédé classique de l'électrolyse, ce qui se conçoit aisément, attendu que le prix de revient de la force électrique à l'aide de moteurs et de dynamos a considérablement baissé dans ces dernières années.

Le sodium est un métal brillant, blanc comme l'argent, mou comme la cire, mais devenant très cassant sous l'influence du froid ; exposé à l'air, il se ternit rapidement en se recouvrant d'une couche de NaOH produite aux dépens de l'humidité de l'air. Dans l'air absolument sec le sodium conserve indéfiniment son éclat.

La densité du sodium à la température ordinaire est de 0.98 ; il est donc plus léger que l'eau. Il fond à 95° et distille à la température du rouge vif (742°, Perman 1889).

Scott a déterminé la densité de vapeur du sodium et l'a trouvée voisine de 12 (H = 1) ; ce qui démontre que la molécule de sodium renferme un atome Na comme le mercure et le cadmium (35).

(35) Highcock et Neuville (1889) sont arrivés à cette même conclusion, en étudiant l'abaissement de la température de la solidification de l'étain produit par l'addition de sodium.

Le sodium métallique s'allie avec la plupart des métaux ; cette combinaison s'accompagne parfois de production, parfois d'absorption de calorique. C'est ainsi qu'en jetant un morceau de sodium à surface bien nette sur du mercure préalablement chauffé, il se produit une déflagration et un dégagement de chaleur si considérable qu'une partie du mercure est réduite en vapeur (36).

(36) Berthelot, en dissolvant les amalgames de sodium dans l'eau et dans les acides et en soustrayant la chaleur de dissolution du sodium, a trouvé que, dans la formation de ces amalgames qui renferment plus de mercure que $NaHg^5$, il se dégage d'autant plus de chaleur qu'il entre plus de sodium dans leur composition, et qu'ensuite la chaleur de formation baisse.

La formation de $NaHg^5$ dégage environ 18500 calories ; tandis que celle de $NaHg^3$ ne produit que 17.000 et celle de NaHg 10.000 calories.

D'après Kraft, la composition de l'amalgame de sodium cristallisé serait $NaHg^6$; mais il faut plutôt lui attribuer avec Grimaldi la composition $NaHg^5$. Pour obtenir cet amalgame défini, on verse sur de l'amalgame à 3 0/0 de la solution de NaOH et on laisse le mélange en contact pendant plusieurs jours, jusqu'à ce qu'il se forme une masse cristalline que l'on débarrasse de l'excès de mercure en l'exprimant dans une peau de chamois. Mise en contact avec une solution de potasse KHO, cet amalgame donne de l'amalgame potassique KHg^{10}.

Remarquons ici que la chaleur latente de fusion de Hg = 360 cal. (Person); Na = 730 (Joannis) et K = 610 (le même).

Les combinaisons ou les solutions de sodium dans le mercure, appelées généralement **amalgames** de sodium, sont des corps solides, même avec une proportion de 2 parties de sodium pour 100 p. de mercure. Seuls les amalgames très pauvres en sodium sont liquides.

Les alliages de sodium et de mercure sont fréquemment employés à la place du sodium dans les recherches chimiques parce que, combiné au mercure, ce métal, tout en conservant ses propriétés, ne se modifie pas au contact de l'air, devient plus lourd que l'eau et partant plus maniable (**37**).

(37) Les alliages ont tant d'analogie avec les solutions qu'ils rentrent dans la même classe de combinaisons dites non-définies. Cependant, comme les alliages sont susceptibles de passer de l'état liquide à l'état solide, il a été plus facile d'y découvrir la présence de combinaisons chimiques définies.

En dehors des alliages de Na avec Hg, on connait bien ceux de Na avec l'étain (Bailey a découvert en 1892 Na^2Sn), avec le plomb (NaPb) le bismuth (Na^3Bi) et quelques autres.

Parmi les autres alliages du sodium, il y en a un qui est particulièrement intéressant ; c'est l'**hydrure de sodium** Na H ou l'alliage du sodium avec l'hydrogène ayant tout à fait l'aspect caractéristique des métaux.

Le sodium n'absorbe pas l'hydrogène à la température ordinaire ; de 300° jusqu'à 421° l'absorption a lieu à la pression ordinaire comme l'ont démontré en 1874 Troost et Hautefeuille ; un volume de Na absorbe jusqu'à 238 v. d'hydrogène. Le volume du métal augmente et l'alliage formé se conserve un certain temps sans subir de modification à la température ordinaire.

L'hydrure de sodium a le même aspect que le métal dont il dérive ; il est aussi mou que ce dernier, devient fragile lorsqu'on le chauffe et se décompose au dessus de 300° en dégageant l'hydrogène ; cette décomposition présente tous les caractères de la dissociation, c'est-à dire que, à chaque température déterminée, correspond une tension de dissociation définie de l'hydrogène qui se dégage ; ce fait confirme la théorie d'après laquelle les substances dissociables ne prennent naissance que dans les limites des conditions de la dissociation (38).

(38) Ci-dessous les valeurs des tensions de dissociation de l'hydrogène en millimètres de la colonne de mercure.

	$t =$	330°	350°	400°	430°
Na^2H	$p =$	28	57	447	910
K^2H	$p =$	45	72	548	1100

L'hydrure de sodium fond plus facilement que le sodium métallique et cela sans décomposition dans une atmosphère d'hydrogène. Exposé à l'air, il s'oxyde facilement, plus lentement cependant que l'hydrure de potassium.

Les réactions chimiques du sodium se sont conservées dans son composé hydrogéné et même, si l'on peut s'exprimer ainsi, s'y sont accrues grâce à la présence de l'hydrogène. Quoi qu'il en soit, les propriétés de l'hydrure de sodium diffèrent de celles des composés hydrogénés tels que HCl, H^2O, H^3Az, H^4C ou même tels que les combinaisons métalliques de l'hydrogène AsH^3, TeH^3 (39).

(39) D'une manière générale, la formation des alliages ne détermine qu'une modification insignifiante dans les volumes des composants ; aussi, d'après le volume de Na^2H, peut-on apprécier jusqu'à un certain point le volume de l'hydrogène à l'état liquide et solide ; c'est en somme le même principe qui permit à Archimède de déterminer la proportion de l'or dans un alliage avec du cuivre, en se basant sur le volume et la densité de cet alliage.

Étant donné que la densité de Na^2H égale 0,959, on peut conclure que le volume occupé par 47 gr. de ce composé = 49 c. c. Le volume des 46 gr. de sodium renfermés dans Na^2H égale 47,4 c. c. ; donc celui d'un gramme d'hydrogène renfermé dans Na^2H égale 1 c. c. 6 et la densité de l'hydrogène métallique ou le poids d'un centimètre cube est voisin de 0 gr. 6.

On retrouve cette même densité pour l'hydrogène dans son alliage avec le palladium et le potassium.

L'hydrogène liquéfié possède, vers la température d'ébullition absolue, une densité bien moindre, si l'on en juge d'après les données encore incomplètes que l'on possède sur ce sujet.

Le platine, le palladium, le nickel et le fer possèdent, comme le sodium, la propriété d'absorber l'hydrogène. Dans tous ces hydrures métalliques, l'hydrogène est condensé ou, comme l'on dit, à l'état d'occlusion (**40**).

(**40**) Remarquons ici que Na absorbe à basse température AzH^3 et forme $(AzH^3Na)^2$; cette substance se combine avec CO et donne $(NaCO)^n$ bien que le sodium ne se combine pas directement avec CO.

La propriété chimique la plus importante du sodium est certainement la faculté qu'il possède de décomposer l'eau et de **mettre en liberté l'hydrogène** d'un grand nombre de composés hydrogénés et surtout des composés acides et hydratés renfermant le groupement OH. Cela dépend de la propriété du sodium de se substituer à l'hydrogène, c'est-à-dire de s'unir aux éléments qui se combinent avec l'hydrogène.

Nous avons vu plus haut que le sodium dégage l'hydrogène non seulement de l'eau, de l'acide chlorhydrique (**41**) et de tous les autres acides, mais aussi celui de l'ammoniaque (**42**) avec formation de l'amidure de sodium $NaAzH^2$, bien qu'il ne puisse mettre en liberté l'hydrogène des hydrocarbures (**43**).

(**41**) Schmidt a remarqué que l'acide chlorhydrique absolument sec est très difficilement décomposé par le sodium, bien que cette décomposition se fasse facilement en présence du potassium et dans le gaz humide.

Vanklyn a observé que le sodium brûle très difficilement dans le chlore sec.

Il faut probablement rapprocher de ces faits l'observation de Dickson qui a trouvé que l'oxyde de carbone absolument sec ne fait pas explosion avec l'oxygène sous l'influence des étincelles électriques.

(42) **L'amidure de sodium** AzH^2Na découvert par Gay-Lussac et Thénard fut étudié par plusieurs savants et tout particulièrement par Arthur W. Titherley en 1894. Voici quel était l'état des connaissances à ce sujet avant les recherches de cet auteur.

En chauffant le sodium dans l'ammoniaque sec, Gay-Lussac et Thénard ont obtenu une masse fusible d'un jaune verdâtre ayant la composition AzH^2Na ; la réaction s'accompagnait de dégagement d'hydrogène.

Cette substance donne, en présence de l'eau, NaHO et AzH^3 et, en présence de CO, du cyanure de sodium NaCAz et de l'eau ; au contact de l'acide chlorhydrique, l'amidure de sodium donne NaCl et AzH^3 qui se transforme en chlorure d'ammonium.

Ces réactions de l'amidure de sodium ainsi que quelques autres montrent que, dans ce composé, le métal a conservé toutes ses propriétés énergiques et que cette combinaison de sodium est plus stable que l'amidure correspondant du chlore.

Soumis à l'action d'une température élevée, l'amidure de sodium ne se décompose que partiellement en dégageant de l'azote libre ; sa plus grande partie donne de l'ammoniaque et de l'azoture de sodium Na^3Az d'après l'équation :

$$3AzH^2Na = 2AzH^3 + Na^3Az$$

Cette dernière substance est une masse pulvérulente, presque noire, décomposable par l'eau en AzH^3 et NaOH.

Les dernières recherches de Titherley ont ajouté à ces connaissances les notions suivantes :

Pour la préparation de l'amidure de sodium, il faut se servir de vases en fer ou en argent, car le verre et la porcelaine sont attaqués à la température de 300° — 400° à laquelle l'ammoniaque sec réagit avec le sodium incandescent en formant l'amidure et en dégageant l'hydrogène.

La réaction s'accomplit lentement et complètement en présence d'un excès d'ammoniaque. L'amidure de sodium pur est incolore, demi-transparent et présente des traces de structure cristalline ; sa cassure est conchoïdale, il fond à 145°.

En se basant sur l'augmentation de poids du sodium et sur la quantité d'hydrogène mis en liberté, la composition de l'amidure de sodium répond exactement à la formule AzH^2Na.

A la température d'environ 200°, et dans le vide, l'amidure distille ; vers 500° il se décompose en

$$2Na + Az^2 + 2H^2$$

L'oxyde de sodium, porté à l'incandescence dans un courant d'ammoniaque, se transforme en amidure de sodium.

$$Na^2O + 2AzH^3 = 2(AzH^2Na) + H^2O$$

Le potassium et le lithium forment des amidures analogues à celui du sodium.

L'eau, l'alcool et les acides mis en présence de AzH^2Na donnent AzH^3 et NaOH qui continuent à réagir.

La chaux anhydre s'imbibe de AzH^2Na sous l'influence de la chaleur sans le décomposer.

Chauffé avec la silice SiO^2, l'amidure de Na dégage AzH^3 en formant de l'azoture de silicium. Une réaction analogue se fait en présence de l'anhydride borique :

$$2AzH^2Na + B^2O^3 = 2BAz + 2NaHO + H^2O$$

(43) Le sodium ne dégage pas l'hydrogène des hydrocarbures et peut être conservé dans ces derniers. On emploie généralement dans ce but **le naphte**, qui est un mélange de plusieurs hydrocarbures liquides. Cependant, même dans ce liquide, le sodium se recouvre d'une croûte résultant de l'action du métal sur les impuretés renfermées dans le naphte. Afin de conserver au sodium son éclat naturel dans le naphte, on y ajoute de la naphtaline. Le sodium se conserve bien dans un mélange de benzine et de paraffine.

Le sodium brûle dans le chlore et dans l'oxygène en dégageant beaucoup de chaleur. La faculté que possède le sodium d'enlever l'oxygène et le chlore à la plupart de leurs combinaisons est intimement liée à ces propriétés du sodium. Le sodium enlève l'oxygène des oxydes d'azote et de l'acide carbonique et décompose la plupart des autres oxydes à des températures déterminées. Ainsi, par exemple, le sodium déplace le magnésium du chlorure de magnésium et l'aluminium métallique du chlorure d'aluminium.

Le soufre, le phosphore, l'arsenic et toute une série d'autres éléments se combinent également avec le sodium (44).

(44) Bien que le sodium ne dégage pas directement l'hydrogène

des hydrocarbures, on peut obtenir indirectement des combinaisons renfermant du sodium et des radicaux d'hydrocarbures. Plusieurs composés de ce genre ont été obtenus bien qu'à l'état impur. Ainsi, par exemple, le zinc-étyle $Zn(C^2H^5)^2$, traité par le sodium, dégage Zn et donne le **sodium-éthyle** (ou éthylure de Na) C^2H^5Na. Les propriétés énergiques du sodium se manifestent nettement dans ce composé qui réagit avec les substances renfermant des halogènes, de l'oxygène, etc. ; il absorbe directement l'anhydride carbonique et forme avec lui un sel d'un acide carboxylique (acide propionique).

Le sodium forme avec l'oxygène trois sortes de combinaisons :

Na^4O (**45**) le sous-oxyde de sodium (dont l'existence est problématique ;

Na^2O (**46**) l'oxyde de sodium ;

NaO (**47**) le peroxyde de sodium.

L'oxyde de sodium est un oxyde basique stable qui, en présence de l'eau, donne de la soude caustique.

Le sous oxyde et le peroxyde ne forment pas d'hydrates salins et de sels correspondants.

Le sous-oxyde est une substance grise, inflammable, décomposant facilement l'eau avec dégagement d'hydrogène ; il se forme par l'oxydation lente du sodium dans l'air à la température ordinaire.

Le peroxyde de sodium est une substance d'un vert jaunâtre fondant au rouge vif ; c'est le produit de la combustion du sodium dans un excès d'oxygène ; en présence de l'eau, NaO dégage de l'oxygène.

$$Na^4O + 3H^2O = 4NaHO + H^2.$$
$$Na^2O + H^2O = 2NaHO$$
$$Na^2O^2 + H^2O = 2NaHO + O$$

(45) Le composé Na^2Cl, correspondant au sous-oxyde Na^4O, paraît se produire quand on fait agir le courant galvanique sur du chlorure de sodium fondu ; le sodium qui se dégage se dissout dans le sel et ne peut être éliminé ni par refroidissement ni à l'aide du mercure ; c'est pourquoi l'on suppose qu'il existe à l'état de Na^2Cl, d'autant plus que

la masse obtenue donne, au contact de l'eau, de l'hydrogène, de la soude caustique et du chlorure de sodium :

$$Na^2Cl + H^2O = H + NaHO + NaCl$$

D'après certains auteurs, le sous-oxyde se forme lorsque des feuilles minces ou des gouttelettes solidifiées de sodium s'oxydent lentement à l'air humide.

(46) Il est facile d'observer que le sodium s'oxyde sans brûler quand on le fond à l'air, et que la combustion ne commence que lorsque se forment des vapeurs, c'est-à-dire à une température très élevée.

Davy et Karsten ont préparé les oxydes Na^2O et K^2O en chauffant les métaux avec les alcalis caustiques

$$NaHO + Na = Na^2O + H.$$

Beketoff cependant n'a pas réussi à obtenir ces oxydes par ce procédé. Il les a préparés en comburant directement les métaux dans l'air desséché et en calcinant les produits de combustion en présence des métaux pour détruire le peroxyde.

L'oxyde de sodium Na^2O obtenu par ce procédé donnait, quand on le chauffait dans un courant d'hydrogène, un mélange de sodium et de soude caustique

$$Na^2O + H = NaOH + Na.$$

Si les deux observations citées plus haut sont exactes, la réaction doit être réversible.

L'oxyde de sodium doit se produire quand le carbonate de sodium Na^2CO^3 est décomposé par l'oxyde de fer et dans la décomposition de $NaAzO^3$.

D'après Karsten, le poids spécifique de Na^2O égale 2,8 ; d'après Beketoff = 2,3.

La difficulté de préparation de l'oxyde de sodium dépend de ce que l'excès de Na donne lieu à la formation du sous-oxyde tandis que, en présence d'un excès d'oxygène, il se produit du peroxyde.

La couleur grise, propre au sous oxyde et à l'oxyde de sodium, est peut-être due à la présence du sodium métallique.

(47) De tous les oxydes de sodium, celui que l'on obtient le plus facilement c'est le **peroxyde** NaO ou Na^2O^2, produit de la combustion du sodium dans un excès d'oxygène.

L'azotate de sodium fondu avec le sodium métallique donne également Na^2O^2.

Le peroxyde de sodium est rouge jaune quand il est en fusion et presque incolore à l'état ordinaire.

Calciné dans un courant de vapeurs d'iode, il absorbe ce dernier en dégageant l'oxygène :

$$Na^2O^2 + I^2 = Na^2OI^2 + O$$

Le composé Na^2OI^2 est analogue à Cu^2OCl^2 que l'on obtient en oxydant CuCl. La réaction indiquée est une des rares réactions dans lesquelles l'iode déplace directement l'oxygène. Le composé Na^2OI^2 se dissout dans l'eau et, au contact d'un acide, il laisse déposer de l'iode libre tandis qu'il se forme un sel de l'oxyde de sodium.

L'oxyde de carbone est absorbé par le peroxyde de sodium porté au rouge avec formation de Na^2CO^3

$$Na^2CO^3 = Na^2O^2 + CO.$$

L'acide carbonique dégage son oxygène. Avec le protoxyde d'azote, Na^2O^2 réagit de la manière suivante :

$$Na^2O^2 + 2Az^2O = 2NaAzO^2 + Az^2$$

Il se combine directement avec l'oxyde azotique en formant de nouveau de l'azotate de sodium.

$$Na^2O^2 + AzO = NaAzO^2$$

Traité par l'eau, le peroxyde de sodium donne du peroxyde d'hydrogène qui se décompose au contact de la soude formée, en eau et en oxygène :

$$Na^2O^2 + 2H^2O = 2NaHO + H^2O^2$$

En présence de l'acide sulfurique dilué, Na^2O^2 forme aussi de l'eau oxygénée :

$$Na^2O^2 + H^2SO^4 = Na^2SO^4 + H^2O^2$$

Le peroxyde de sodium est actuellement fabriqué industriellement et est employé pour le blanchiment de la laine, de la soie, etc., il agit par l'eau oxygénée qui se forme en présence de l'eau.

Na^2O^2 possède, à des températures élevées, des propriétés oxydantes comme le prouvent les réactions suivantes : chauffé avec de l'iode, il donne un sel de l'acide periodique ; avec PbO il forme Na^2PbO^3 ; il transforme les pyrites en sulfates, etc.

Lorsque le peroxyde de sodium arrive au contact de l'eau, il se dégage beaucoup de chaleur et le peroxyde d'hydrogène formé se décompose en dégageant l'oxygène ; il ne se produit pas d'explosion. Au contraire, quand Na^2O^2 se trouve mélangé avec des substances organiques telles que la sciure de bois, l'ouate, etc., il se produit une violente explosion ausssi bien par le fait de l'élévation de la température ou de l'allumage que par l'action de l'eau.

Le peroxyde de sodium est un agent oxydant très commode pour préparer les oxydes supérieurs de Mn, Cr, W, etc., ainsi que pour l'oxydation des sulfures métalliques ; aussi doit-il trouver beaucoup d'applications dans l'analyse chimique.

Le procédé de fabrication industrielle du peroxyde de sodium consiste à faire fondre Na dans un récipient en aluminium et à y faire passer à 300°, d'abord de l'air privé d'une partie de son oxygène, et ensuite de l'air sec ordinaire (procédé Kasner).

Comme le montrent les équations p. 314, les trois composés oxygénés du sodium donnent avec l'eau de la soude caustique ; seul, l'oxyde de sodium Na^2O se transforme directement en hydrate ; les autres oxydes dégagent H ou O. Cette même différence s'observe vis-à-vis de beaucoup d'autres agents. Ainsi, CO^2 se combine directement à Na^2O, porté à l'incandescence, qui brûle dans l'anhydride carbonique en formant le carbonate de sodium ; le peroxyde dégage dans ces conditions de l'oxygène.

Traités par les acides, le sodium aussi bien que ses différents oxydes, ne produisent que des sels correspondants à l'oxyde Na^2O, c'est-à-dire appartenant au type NaX. L'oxyde de sodium Na^2O est donc **le seul oxyde salifiable** de ce métal, comme l'eau est le seul oxyde salifiable de l'hydrogène. On ne connaît pas de sels correspondants à Na^2O^2 (ou à H^2O^2); si par hasard il s'en formait, ils doivent être aussi peu stables que le peroxyde d'hydrogène.

Bien que le carbone forme CO il ne possède qu'un oxyde salifiable — l'anhydride carbonique.

L'azote et le chlore, au contraire, ont plusieurs oxydes salifiables et partant plusieurs types de sels. Parmi les oxydes d'azotes AzO et AzO^2 ne sont pas salifiables, comme le sont Az^2O^3, Az^2O^4 et Az^2O^5 et encore, les sels formés par Az^2O^4 ne possèdent pas de type propre à ce composé.

De telles différences entre les éléments, se manifestant dans la faculté de former une ou plusieurs formes salifiables, constituent leurs propriétés fondamentables tout aussi importantes que les caractères basique ou acide des oxydes qui en dérivent.

Le sodium, qui est un métal typique, ne forme pas d'oxydes acides, tandis que le chlore, qui est un type de métalloïde, ne donne pas de bases avec l'oxygène. On peut donc caractériser le sodium comme élément de la manière suivante :

Le sodium forme un oxyde salifiable très stable Na^2O possédant les propriétés des bases énergiques ; ses sels sont du type NaX ; c'est donc un élément basique et monovalent comme l'hydrogène.

En comparant le sodium et ses analogues, dont la description va suivre, avec les autres éléments métalliques, il sera facile de voir que les propriétés qui viennent d'être mentionnées, en même temps que la légèreté relative du métal et de ses combinaisons, la grandeur atomique du sodium, constituent les signes distinctifs de cet élément qui le séparent des autres et qui permettent de reconnaître facilement ses analogues.

CHAPITRE XIII

Potassium, Rubidium, Césium, Lithium. Analyse spectroscopique.

Nous avons déjà vu que, au chlore, contenu dans le sel ordinaire, correspond une série d'éléments halogènes, ce sont : le fluor, le brome, l'iode. D'une manière absolument analogue, au sodium, autre élément également contenu dans le sel ordinaire, se rattache une série d'éléments qui lui sont semblables.

Lithium,	$Li = 7$	Rubidium,	$Rb = 85$
Potassium,	$K = 39$	Césium,	$Cs = 133$

Ces éléments ressemblent au sodium $Na = 23$ comme le fluor, $F = 19$, le brome, $Br = 80$ et l'iode, $I = 127$ ressemblent au chlore $Cl = 35,5$

A l'état libre, tous ces éléments sont des métaux mous, facilement oxydables dans l'air humide, décomposant l'eau à la température ordinaire avec formation d'hydrates solubles présentant les mêmes propriétés basiques énergiques et la même composition ROH que la soude caustique.

Dans leurs composés salins, ces métaux nous montreront parfois une analogie encore plus frappante (1). Les nitrates, les carbonates, les sulfates et les autres sels de ces métaux possèdent en effet beaucoup de propriétés communes. Le sodium et ses analogues ont reçu le nom de **métaux alcalins**.

(1) Les recherches de Tutton (1894) relatives à la ressemblance des propriétés des formes cristallines de K^2SO^4, Rb^2SO^4 et Cs^2SO^4 peuvent servir d'exemple pour la comparaison de composés analogues. Nous extrayons de ces excellentes recherches les quelques données suivantes :

Le poids spécifique (à 20°, 4°) de K^2SO^4 = 2,6633 ; celui de Rb^2SO^4 = 3,6113 et de Cs^2SO^4 = 4,2434.

Le coefficient de dilatation cubique moyen entre 20° et 60° pour le sel de K = 0,0053 ; pour celui de Rb = 0,0052 ; pour celui de Cs = 0,0051.

La dilatation linéaire suivant les axes des cristaux est la même chez tous ces sels, dans la limite de la précision des expériences.

Quand on substitue le rubidium au potassium, la distance des centres des molécules, suivant la direction des trois axes, s'accroît d'une manière égale, mais moins que quand on substitue le césium au rubidium.

L'indice de réfraction, pour tous les rayons et pour toutes les directions, d'un sel de Rb est plus grand que pour un sel de K et moins grand que pour celui de Cs ; cette différence est sensiblement dans le rapport de 2 : 5.

Les longueurs des axes rhombiques des cristaux de K^2SO^4 sont entre eux comme 0,5727 : 1 : 0,7418 pour Rb^2SO^4 ce rapport est 0,5723 : 1 : 0,7485 pour Cs^2SO^4 = 0,5712 : 1 : 0,7531.

Les propriétés optiques se modifient aussi progressivement, aussi bien à la température ordinaire qu'à des températures élevées.

Tutton arrive à la conclusion générale : que les propriétés cristallographiques des sels rhombiques isomorphes R^2SO^4 sont en fonction du poids atomique des métaux qui entrent dans leur composition.

Le métal le plus répandu de cette série, après le sodium, est le **potassium**. On le rencontre, de même que le sodium, non pas à l'état libre ou à l'état d'oxydes et d'alcalis, mais sous la forme de sels, répartis à peu près comme ceux de sodium. Dans l'écorce terrestre, les composés du potassium et du sodium se rencontrent à l'état de silicates. Le protoxyde de potassium, de même que celui de sodium, forme avec la silice SiO^2 des substances salines pierreuses analogues au verre. En se combinant avec d'autres oxydes, tels que la chaux CaO, l'alumine Al^2O^3, ces composés donnent naissance à du verre ou bien à des roches vitreuses douées d'une grande résistance. Ce sont d'ailleurs ces mêmes composés silicatés à base de protoxyde de potassium K^2O ou de sodium Na^2O, ou bien quelquefois leur mélange ainsi que la silice SiO^2, la chaux CaO, l'alumine Al^2O^3 et d'autres oxydes qui constituent la plus grande partie des roches ; et ces dernières, si l'on en juge d'après la disposition des couches terrestres, forment presque, à elles seules, toute l'épaisseur de l'écorce terrestre qui nous est accessible, ce sont encore ces mêmes composés cristallins qui forment les roches primitives telles que les granits, les porphyres, etc.

Les oxydes qui entrent dans la composition des roches ne forment pas un alliage amorphe homogène tel que le verre, mais ils se distribuent en une série de composés spéciaux, pour la plupart cristallins, qui peuvent servir à classer les différentes roches primitives. Ainsi, le granit contient, comme nous l'avons déjà vu, du feldspath, du quartz, du mica. Le feldspath du granit (orthoclase) renferme de 8 à 15 0/0 de protoxyde de potassium ; l'oligoclase, autre modification du feldspath, que l'on rencontre également dans le granit, ne contient que 1,2 et au plus 6 0/0 du même oxyde ; en revanche il contient 6 à 12 0/0 de protoxyde de sodium. Le mica contient 3 à 10 0/0 de K^2O.

C'est sous l'influence de l'action de l'air et de l'eau chargée d'acide carbonique sur ces roches primitives que se sont formées les couches poreuses, friables et stratifiées qui recouvrent actuellement la masse principale de la surface terrestre. Pour que ces derniers aient pu se former aux dépens des roches primitives sous l'influence de l'eau, il a fallu, évidemment, que les composés potassiques et sodiques solubles se dissolvent dans l'eau et s'accumulent ainsi dans l'eau de mer. Comme nous l'avons vu plus haut (chap. I et X), l'eau de mer contient en effet des composés de potassium, et est même une des sources d'où l'on extrait ces derniers.

Les eaux-mères obtenues par l'évaporation de l'eau de mer contiennent du chlorure de potassium et une grande quantité de chlorure de magnésium. A Stassfurt, se trouvent des mines d'un sel double $KMgCl^3$, $6H^2O$ appelé **carnallite** (2) qui sert de matière première pour la fabrication du chlorure de potassium et de tous les composés de cet élément (3). On trouve aussi à Stassfurt du chlorure de potassium à l'état naturel appelé *sylvin*. A l'aide de réactions de double décomposition, on transforme le chlorure de potassium en d'autres sels potassiques (4) dont quelques-uns trouvent une application pratique directe. Mais ce qui donne aux sels de potassium une importance toute particulière, c'est qu'ils constituent un des éléments indispensables à la nutrition des végétaux (5).

(2) La carnallite est un des sels doubles qui sont directement décomposables par l'eau ; elle ne cristallise dans ses solutions qu'en présence d'un excès $MgCl^2$ En mélangeant artificiellement des solutions concentrées de KCl et $MgCl^2$, on obtient des cristaux incolores ayant un poids spécifique de 1,60 ; ceux de Stassfurt sont généralement colorés en rouge par la présence d'une certaine quantité de fer.

Cent parties d'eau dissolvent, à la température ordinaire, 65 p. de carnallite en présence d'un excès de $MgCl^2$.

La carnallite se liquéfie à l'air en abandonnant KCl et en formant une solution de $MgCl^2$.

L'extraction de la carnallite à Stassfurt atteint annuellement 100.000 tonnes.

(3) La solubilité du **chlorure de potassium** dans 100 p. d'eau est à :

10°	20°	40°	60°	100°
32	35	40	46	37

Le poids spécifique de ce sel = 1,99 ; il est moindre que celui de NaCl. Tous les sels sodiques sont plus lourds que les sels potassiques correspondants ; il en est de même pour les solutions à concentration égale.

Le poids spécifique de l'eau à 4° étant pris égal à 10.000, celui des solutions de KCl à p 0/0 $= 9.992 + 63,29\,p + 0,296\,p^2$; de là, on peut prévoir que la densité d'une solution à 10 0/0 = 1,0647 ; à 20 0/0 = 1,1348.

Le chlorure de potassium se combine avec le trichlorure d'iode :

$$KCl + ICl^3 = KICl^4$$

Le produit de cette combinaison est un corps jaune fusible; chauffé au rouge, il dégage ICl^3 ; en présence de l'eau, il donne KIO^3 et HCl. On l'obtient, non seulement par combinaison directe, mais encore par beaucoup d'autres procédés, par exemple, en dirigeant un courant de chlore dans une solution de KI.

$$KI + 2Cl^2 = KCl.ICl^3$$

L'iodure de potassium, et même l'iode, mis en présence de chlorate de potassium et d'acide chlorhydrique concentré, donnent naissance à ce même composé :

$$KClO^3 + I + 6HCl = KCl.ICl^3 + 3Cl + 3H^2O$$

Le produit $KCl.ICl^3$ est une sorte de sel correspondant à KIO^2 (inconnu) dans lequel, l'oxygène est remplacé par le chlore.

Si l'on admet que l'atomicité est une propriété fondamentale des éléments chimiques, et si l'on considère ces derniers comme possédant une atomicité constante et par conséquent K,Cl,I comme étant tous les trois monovalents, il est impossible d'expliquer la formation d'une combinaison telle que $KICl^4$, parce que les éléments monoatomiques, d'après cette conception, ne peuvent former que des combinaisons binaires : par exemple, KCl, ICl, KI, etc.

Wels, Wiler et Penfeald (1892) ont obtenu un grand nombre de sels polyhalogénés de ce genre. On peut les diviser en deux grandes classes : ceux qui renferment 3 atomes de halogènes et ceux qui en renferment 5. Ils ont été préparés non seulement avec le potassium mais aussi avec Rb, Cs, Na et Li.

Le procédé général de préparation de ces composés consiste à dissoudre dans l'eau un sel halogéné et à le traiter par un autre halogène libre. Le composé polyhalogéné cristallise après évaporation. C'est ainsi que furent préparés : KI^3, KBr^2I, KCl^2I et des composés correspondants du rubidium et du césium : CsI^3, $CsBrI^2$, $CsBr^2I$, CsClBrI, $CsCl^2I$, $CsBr^3$, $CsClBr^2$, $CsCl^2Br$ ou en général MX^3 où X = halogène.

La couleur des cristaux de ces composés varie avec la nature de l'halogène qu'ils renferment, ainsi CsI^3 est noir; $CsBr^3$ rouge jaunâtre; $CsBrI^2$ rouge brun; $CsBr^2I$ rouge. $CsCl^2Br$ jaune.

Les sels de césium sont les plus stables, ceux de potassium sont les plus altérables ainsi que ceux qui renferment Br et I, soit à l'état de bromures et d'iodures, soit à l'état de bromo-iodure. On n'a pas jusqu'ici réussi à combiner Cs avec Cl et I.

Le nombre de composés pentahalogénés est moindre. On connait : KCl^4I, $RbCl^4I$, CsI^5, $CsBr^5$, $CsCl^4I$, $LiCl^4I$, $(4H^2O)$ et $NaCl^4I(2H^2O)$.

(4) Il est certainement possible d'extraire les composés potassiques

des roches primitives qui se trouvent en aussi grande abondance sur notre planète. Au point de vue chimique, ce problème ne présente aucune difficulté. Ainsi, par exemple, on peut fondre du feldspath pulvérisé avec de la chaux et du spath fluor (procédé de Vard) et en extraire l'alcali à l'aide de l'eau; la silice forme, dans ces conditions, une combinaison insoluble avec la chaux; on peut encore, en traitant le feldspath par de l'acide fluorhydrique, faire passer en solution aqueuse la base du feldspath et la séparer des autres oxydes insolubles

Jusqu'à présent cependant, on n'a trouvé aucun avantage à extraire les sels potassiques par les procédés qui viennent d'être décrits, la carnallite et les cendres des végétaux qui renferment beaucoup de combinaisons potassiques permettant de préparer les composés potassiques à bon marché. De plus, dans la plupart des réactions chimiques, on tend à substituer aux sels potassiques les sels sodiques, surtout depuis que la fabrication du carbonate de sodium est rendue facile grâce au procédé Leblanc.

La substitution des sels sodiques aux sels potassiques est avantageuse non seulement au point de vue économique, mais elle permet en outre, dans une réaction donnée, de diminuer la quantité des corps en présence, puisque le poids moléculaire du sodium = 23 tandis que celui du potassium = 39.

(5) L'expérience directe de l'élevage des plantes sur des sols artificiels et dans des solutions démontre que, toutes les autres conditions (physiques, chimiques et physiologiques) étant égales, les plantes peuvent croître et se développer en l'absence complète des sels sodiques mais que les sels potassiques leur sont indispensables.

Dans les roches primitives, on trouve des quantités presque égales de potassium et de sodium tandis que, dans l'eau de mer, ce sont les composés sodiques qui prédominent. On peut donc se demander ce que sont devenus les composés du potassium après la destruction des roches primitives. Lorsqu'en effet le granit ou des roches analogues se détruisent, il se forme, en plus des substances solubles dans l'eau, des corps insolubles tels que le sable, l'argile pulvérulente contenant de l'eau, de l'alumine et de la silice. Cette argile entraînée par l'eau se dépose en couches et possède, surtout lorsqu'elle est mélangée avec des résidus végétaux, la propriété de retenir les composés potassiques en plus grande quantité que ceux de sodium. Cette propriété, bien démontrée d'ailleurs, porte le nom de **propriétés absorbantes des terres arables.**

Lorsqu'on fait filtrer à travers un sol ordinaire servant à la culture et contenant de l'argile et de l'humus une solution diluée de composés potassiques, ce sol absorbe une proportion assez considérable de ces derniers. En prenant un sel de potassium, on voit s'éliminer une quantité équivalente de sel de chaux, lequel se trouve aussi dans les terres arables. Ce même phénomène de filtration à travers les substances terreuses pulvérulentes se passe dans la nature, et toujours, le sol poreux absorbe des quantités considérables de sels de potassium. C'est dans ces phénomènes qu'il faut chercher l'explication de ce fait que l'eau des rivières, ruisseaux, lacs et océans ne contient qu'une faible proportion de composés potassiques et par contre beaucoup de chaux et de soude.

Les composés du potassium retenus par le sol sont absorbés par les racines et entrent dans la constitution des végétaux qui, comme chacun le sait, laissent après combustion des cendres riches en sels de potassium. Beaucoup de plantes terrestres ne contiennent que très peu de sodium, tandis que le potassium et ses composés se trouvent dans toutes les variétés de cendres végétales. Ce sont surtout les plantes herbacées, qui donnent des cendres riches en potassium, aussi ces plantes et en particulier les tiges de pomme de terre, de sarrasin, du tournesol, servent-elles à l'extraction des composés potassiques.

Le potassium se trouve dans les plantes certainement à l'état de composés complexes et souvent à l'état de sels d'acides organiques Dans certains cas, on extrait ces sels de potassium du jus des plantes. Ainsi, par exemple, l'oseille contient de l'oxalate acide ou bioxalate de potassium C^2HKO^4, connu généralement sous le nom de sel d'oseille et employé pour enlever les taches d'encre.

Le jus de raisin contient un sel, appelé crème de tartre, qui n'est autre chose que du tartrate acide (ou bitartrate) de potassium $C^4H^5KO^6$ **(6)**. C'est ce composé qui forme le dépôt tapissant l'intérieur des fûts à vin.

(6) Les plantes renfermant toujours des matières minérales et, ne pouvant se développer dans un milieu privé des quatre oxydes basiques (K^2O, CaO, MgO, Fe^2O^3) et des quatre oxydes acides (CO^2, Az^2O^4, P^2O^5, SO^3), on peut se demander quel rôle jouent ces derniers dans le développement des plantes ?

L'état des connaissances actuelles ne permet de répondre à cette question que par une hypothèse. En partant de ce fait qu'une petite quantité d'aluminium favorise à la température ordinaire la réaction entre le brome et les hydrocarbures, le professeur Gustavson émit cette opinion très plausible et en accord avec beaucoup de données relatives aux réactions des hydrocarbures, qu'ajoutées à ces derniers les matières minérales abaissent la température de la réaction et facilitent les échanges chimiques dans l'intérieur des plantes ; elles contribueraient à la transformation des substances nutritives simples en parties composantes complexes de l'organisme végétal.

Remarquons ici que toutes les substances minérales nécessaires aux plantes et mentionnées plus haut y entrent à l'état de sels ; que les sels des acides peu oxygénés (acides sulfureux, phosphoreux, etc.), sont nuisibles aux plantes et que les solutions concentrées des sels qui leur sont nécessaires, loin d'être absorbées, constituent au contraire un poison pour elles.

On conçoit aisément que les sels potassiques puissent disparaître dans les terrains qui ont été cultivés pendant un temps fort prolongé ; et l'on comprend ainsi pourquoi, dans certains cas, le fumage direct par les sels de potassium devient avantageux.

Le fumier, les excréments des animaux, les cendres et en général toutes les matières susceptibles d'être utilisées comme engrais renferment beaucoup de sels potassiques.

Lorsqu'on brûle les plantes contenant des sels, les substances carbonées brûlent et on obtient dans les cendres du carbonate de potassium CO^3K^2 plus généralement connu dans le commerce sous le nom de **potasse.** La potasse existe ainsi toute faite dans les cendres des plantes terrestres et peut servir à la préparation de tous les autres composés potassiques. On extrait le carbonate de potassium des cendres à l'aide de la lixiviation (7).

(7) Les animaux renferment aussi des combinaisons du potassium, ce qui ce conçoit facilement car ils se nourrissent de plantes. Ainsi, par exemple, le lait, et surtout le lait de femme, renferme une assez grande quantité de composés du potassium.

Le lait de vache n'en renferme que très peu. Dans les organismes des animaux, ce sont cependant les sels de sodium qui prédominent. Au contraire les sécrétions des animaux, surtout celles des herbivores, contiennent souvent beaucoup de sels de potassium. Ainsi, par exemple, le suint des moutons en renferme une grande quantité.

La cendre du bois, c'est-à-dire de la partie mortifiée de la plante, ne contient que très peu de carbonate de potassium ; aussi emploie-t-on pour préparer ce sel les cendres des herbes et des parties herbacées des plantes : la solution obtenue après la lixiviation des cendres est évaporée, et le résidu calciné n'est autre chose que de la potasse brute. Pour la purifier, le carbonate de potassium étant plus soluble dans l'eau que les matières étrangères qui l'accompagnent, on la traite par une petite quantité d'eau. La solution ainsi obtenue est de nouveau évaporée puis calcinée : on obtient ainsi de la potasse raffinée.

Pour obtenir du carbonate de potassium chimiquement pur, on se sert d'un autre sel potassique quelconque que l'on purifie par la cristallisation. Le carbonate de potassium cristallise si difficilement qu'on peut le considérer comme incristallisable ; aussi est-il impossible de le purifier par ce procédé tandis que, par exemple, le tartrate ou le bicarbonate potassique ou encore le sulfate, l'azotate etc., peuvent être facilement purifiés par la cristallisation. Pour préparer le carbonate de potassium pur, on se sert le plus souvent du bitartrate de potassium : après calcination, ce sel laisse un résidu composé de charbon et de carbonate de potassium.

Pour brûler le premier on ajoute au bitartrate de potassium un peu de salpêtre. Pour purifier plus complètement le carbonate de potassium, on le transforme en bicarbonate en faisant passer un courant d'acide carbonique dans sa solution concentrée. Il se forme $KHCO^3$, moins soluble que K^2CO^3 ; les cristaux se séparent de la solution par refroidissement. Il suffit de calciner le bicarbonate potassique ainsi préparé pour chasser l'eau et l'acide carbonique et le transformer en carbonate neutre.

Les propriétés physiques du carbonate de potassium le distinguent assez nettement du carbonate sodique. Le premier se présente à l'état d'une masse blanche pulvérulente d'un goût et d'une réaction alcaline, n'ayant que des traces de structure cristalline et attirant l'humidité de l'air.

A la température du rouge, le carbonate de potassium entre en fusion (1045°) et, au-dessus de cette température, il passe à l'état de vapeur, c'est ce qu'on observe dans les verreries où l'on emploie ce composé.

A la température ordinaire, l'eau dissout un poids égal au sien de carbonate de potassium. Cette solution concentrée laisse déposer, quand on la refroidit, des cristaux renfermant deux molécules d'eau de cristallisation ; Morel a obtenu à 110° des cristaux bien formés de $K^2CO^3H^2O$.

Les réactions du carbonate de potassium sont identiques à celles du carbonate de sodium, aussi est-il inutile de s'y arrêter.

A l'époque où la soude artificielle n'était que peu employée, la consommation de la potasse était très grande ; actuellement encore, on emploie dans les ménages, pour le blanchissage du linge, la *lessive*, c'est-à-dire une infusion concentrée de cendres de bois qui renferment du carbonate de potassium.

Le mélange K^2CO^3 et Na^2CO^3 fond beaucoup plus facilement que chaque sel pris séparément ; le mélange de leurs solutions donne des sels doubles qui cristallisent très bien : $K^2CO^36H^2O2Na^2CO^3 6H^2O$ sel de Marguerittc. La cristallisation s'effectue même avec une autre proportion de K et Na ; on connait des sels renfermant ces éléments et dans la proportion de 1 : 1 et 1 : 3. Ce sont évidemment des combinaisons par *similitude*, comme les alliages, les solutions, etc.

On peut encore obtenir le carbonate de potassium K^2CO^3 par un procédé analogue à celui qui sert à la fabrication de la soude en partant du chlorure de sodium NaCl.

Par l'action directe des acides sur le carbonate potassique on peut obtenir tous les sels de potassium ; par exemple le sulfate de potassium (8), le bromure, et l'iodure (9) de potassium.

(8) Les **sulfate de potassium** K^2SO^4 cristallise à l'état anhydre, ce qui le distingue du sel correspondant de sodium ; cette différence s'observe aussi pour le carbonate de potassium et le carbonate de sodium. D'une manière générale, la plupart des sels de sodium se combinent plus facilement avec l'eau de cristallisation que les sels potassiques.

La solubilité de K^2SO^4 ne présente pas la même particularité que nous avons notée pour Na^2SO^4 et qui lui est spéciale : cent parties d'eau dissolvent à la température ordinaire environ 10 parties de sel ; à 0° — 8,3 p., à 100° environ 25 parties.

Dans la pratique chimique, on emploie souvent du **bisulfate de potassium** $KHSO^4$ que l'on obtient en chauffant les cristaux du sulfate neutre avec l'acide sulfurique. Quand tout dégagement des vapeurs d'acide sulfurique cesse, il reste du bisulfate de potassium. Si la température s'élève au-dessus de 600°, le sel acide dégage de l'acide sulfurique et se transforme en sel neutre.

La facilité avec laquelle se décompose le bisulfate de potassium, et la constance de sa composition, en font un réactif très précieux pour l'analyse chimique que l'on emploie souvent à la place de l'acide sulfurique, quand ce dernier doit réagir sur des substances à une température très élevée. Dans ces cas, le sel acide se comporte de la même manière que l'acide sulfurique, avec cette différence en faveur du premier, qu'à la température de 400° à laquelle l'acide sulfurique se volatilise, il se trouve en fusion et agit par les éléments de l'acide qu'il renferme.

C'est ainsi, par exemple, que l'on emploie le sulfate acide de potassium pour faire passer à l'état de sels certains oxydes nécessitant l'emploi d'une température élevée, tels que les oxydes de fer, d'aluminium et de chrome.

En chauffant K^2SO^4 avec un excès d'acide sulfurique jusqu'à 100°. Weber a remarqué la formation d'une couche inférieure, dans laquelle il découvrit une combinaison définie renfermant, pour une molécule de K^2O, huit molécules de SO^3. Les sels de Rb, Cs, Tl présentent le même phénomène que l'on n'observe pas avec ceux de Na et de Li.

(9) Le **bromure** et **l'iodure** de potassium s'emploient en médecine et en photographie au même titre que les sels sodiques correspondants. On peut obtenir de l'iodure de potassium pur en mélangeant des solutions d'acide iodhydrique et de potasse caustique jusqu'à saturation. Dans la pratique, cependant, on a rarement recours à ce procédé ; on en emploie d'autres qui ne fournissent pas de produit aussi pur. On prépare, par exemple, directement dans le liquide HI en présence de KHO ou K^2CO^3. Ainsi, dans une solution de K^2CO^3 pur, on jette de l'iode et on y dirige un courant de sulfure d'hydrogène qui transforme I en HI. Ou bien, on prépare à l'aide de P, I et H^2O une solution renfermant les acides iodhydrique et phosphorique et l'on y ajoute de la chaux pour obtenir CaI^2 en solution et un précipité de phosphate de calcium. Par voie de double décomposition CaI^2 est ensuite transformé en KI

$$CaI^2 + K^2CO^3 = CaCO^3 \text{ (insoluble)} + 2KI$$

Quand on ajoute de l'iode à une solution faiblement chauffée de potasse caustique (exempte de carbonate de potassium, c'est-à-dire fraîchement préparée), jusqu'à ce que la solution commence à se colorer par suite de la présence d'un excès d'iode, on obtient un mélange d'iodure et d'iodate de potassium. En évaporant la solution obtenue et en calcinant le résidu, on décompose l'iodate et il ne reste plus que de l'iodure de potassium. Le résidu de la calcination, dissous dans l'eau et évaporé, laisse déposer des cristaux cubiques de sel anhydre solubles dans l'eau et dans l'alcool, fusibles et possédant une réaction alcaline, due à ce qu'une partie de sel se décompose sous l'influence de la chaleur et forme de l'oxyde de potassium.

Pour obtenir à l'aide de ces cristaux alcalins de l'iodure de potassium neutre, il faut ajouter à la solution de l'acide iodhydrique jusqu'à ce que la réaction devienne neutre.

Il est bon d'ajouter au mélange de KI et de KIO^3, quand on le calcine, du charbon en poudre qui favorise le dégagement de l'oxygène de KIO^3.

On peut encore transformer KIO^3 en KI à l'aide de certaines substances réductrices, telles que l'amalgane de zinc qui, bouilli avec une solution de KIO^3, transforme ce dernier en KI.

On obtient encore KI en mélangeant des solutions de FeI^2 (que l'on obtient par l'action directe de l'iode sur le fer) et de K^2CO^3, il se forme un précipité de $FeCO^3$ et l'iodure de potassium reste en solution.

En se dissolvant dans l'eau, l'iodure de potassium abaisse considérablement la température (de 24°).

Cent parties de sel se dissolvent à 12,5°, dans 73,5 p. d'eau, à 18° dans 70 p.; sa solution saturée, bouillant à 120°, renferme 100 KI pour 45 p. d'eau.

La **potasse caustique** KHO, qui présente tant de ressemblance avec la soude caustique, s'obtient par un procédé analogue, c'est-à-dire par l'action de la chaux sur le carbonate de potassium (**10**).

(10) La potasse caustique ne se forme pas seulement par l'action de la chaux vive sur les solutions diluées de carbonate de potassium, on peut encore la préparer en calcinant $KAzO^3$ avec de la limaille de cuivre ou en mélangeant des solutions de K^2SO^4 (ou même d'alun $KAl.S^2O^8$) et de BaH^2O^2.

Pour purifier la potasse caustique, on la dissout dans de l'alcool : les substances étrangères (K^2SO^4, K^2CO^3) ne se dissolvent pas, et l'on obtient de la potasse pure après évaporation.

La potasse caustique a un poids spécifique égal à 2,4 ; celui de ses solutions à 15° $= 9.992 + 90,4\ p + 0,28\ p^2$.

Les solutions concentrées de potasse caustique laissent déposer, lorsqu'elles sont refroidies, un hydrate cristallisable $KHO.4H^2O$ qui se dissout dans l'eau avec absorption de chaleur (comme $2NaHO7H^2O$) tandis que KOH, en se dissolvant, dégage une grande quantité de chaleur.

Afin de compléter l'étude des métaux alcalins, nous décrirons encore deux sels de potassium qui ont de nombreuses applications dans la pratique et dont les analogues n'ont pas été décrits dans le chapitre précédent.

Le **cyanure de potassium** KCAz présente chimiquement quelque ressemblance avec les sels potassiques des acides halogènés. Il se forme non seulement d'après l'équation :

$$KHO + HCAz = H^2O + KCAz,$$

mais aussi toutes les fois qu'une substance carbazotée, par exemple des résidus animaux, est chauffée en présence du potassium métallique ou de composés potassiques. Un mélange de carbonate de potassium et de charbon, calciné dans un courant d'azote, donne lieu aussi à la formation du cyanure de potassium.

Pour préparer le cyanure de potassium on se sert du sel jaune (ferrocyanure de potassium) dont il a été question plus haut et dont la fabrication industrielle sera décrite dans le chapitre consacré au fer. Le ferrocyanure de potassium desséché et pulvérisé se décompose au rouge vif en carbure de fer et en azote et met en liberté le cyanure de potassium

$$FeK^4C^6Az^6 = 4KCAz + FeC^2 + Az^2$$

La décomposition est terminée lorsque le sel, de jaune qu'il était, se transforme en une masse blanche de cyanure de potassium. Le carbure de fer s'accumule au fond du vase dans lequel on produit la calcination. En traitant la masse ainsi obtenue avec de l'eau, une partie du cyanure de potassium se décompose; aussi doit-on, dans cette opération, employer l'alcool qui dissout le sel sans le décomposer. On obtient facilement le cyanure de potassium à l'état cristallin par refroidissement de la solution alcoolique (**11**)

(**11**) En calcinant le ferrocyanure de potassium, on décompose le cyanogène qui était combiné avec le fer, en azote qui se dégage à l'état libre et en carbone qui se combine avec le fer. Afin d'éviter cela on ajoute au ferrocyanure de potassium, du carbonate de potassium dont on prend 3 parties pour 8 p. de ferrocyanure anhydre. Il se produit dans ces conditions une décomposition dont le résultat est la formation de carbonate ferreux et du cyanure de potassium. Ce dernier procédé, pas plus que le précédent, ne permet pas d'obtenir du cyanure de potassium pur, parce qu'une partie de ce dernier s'oxyde et forme du cyanate de potassium

$$FeCO^3 + KCAz = CO^2 + Fe + KCAzO.$$

En ajoutant au mélange de 8 p. de ferrocyanure de potassium et de 3 p. de carbonate de potassium, une partie de charbon en poudre, on obtient une masse dans laquelle il ne se forme pas de cyanate de K, parce que le carbone s'empare de l'oxygène ; mais, par ce procédé, il est impossible d'obtenir du cyanure de potassium incolore par la calcination seule ; il faut donc traiter la masse par l'alcool pour en extraire le cyanure.

On peut préparer le cyanure de potassium à l'aide du sulfocyanure de potassium KCAzS obtenu lui-même en partant du sulfocyanure d'ammonium $AzH^4.CAzS$. Ce dernier s'obtient par l'action de l'ammoniaque sur le sulfure de carbone.

On obtient du cyanure de potassium chimiquement pur en faisant passer des vapeurs de CAzH dans une solution alcoolique de KHO.

Le cyanure de potassium employé pour l'extraction de l'or commence à être remplacé par le mélange de KCAz et NaCAz que l'on prépare par le procédé Rössler et Hasslacher (1892) en calcinant le ferrocyanure de K desséché et finement concassé avec du sodium métallique

$$K^4Fe(CAz)^6 + 2Na = 4KCAz + 2NaCAz + Fe.$$

Ce procédé présente les avantages suivants :

1° On obtient toute la quantité du cyanogène renfermé dans le produit initial.

2° Il n'y a pas de formation de cyanates comme cela a lieu quand on calcine le ferrocyanure de K avec le carbonate de potassium.

La solution de cyanure de potassium a une réaction fortement alcaline, elle possède l'odeur d'amandes amères propre à l'acide cyanhydrique et agit comme un poison violent. Très stable lorsqu'il est fondu, le cyanure de potassium se décompose facilement en solution. L'acide cyanhydrique est, en effet, si peu énergique, que l'eau décompose KCAz. La solution, même à l'abri de l'air, brunit et se décompose. Lorsqu'on la chauffe, elle dégage de l'ammoniaque et laisse du formiate de potassium, ce qu'on conçoit aisément, si l'on envisage les composés cyaniques comme nous l'avons développé dans le chapitre IX.

$$KCAz + 2H^2O = CHKO^2 + AzH^3$$

L'acide carbonique de l'air agit sur le cyanure de potassium en déplaçant l'acide cyanhydrique ; sous l'influence de l'air, il se forme du cyanate de potassium peu stable ; de là, l'instabilité des solutions de cyanure de potassium.

Le cyanure de potassium, surtout en fusion, est un agent réducteur énergique parce qu'il contient du carbone et du potassium. Dans l'industrie, on en utilise de grandes quantités pour préparer les bains d'argent et d'or servant à la dorure et à l'argenture galvanoplastique, ces solutions contiennent des cyanures doubles de potassium et d'or ou d'argent, elles ont une réaction alcaline et sont assez stables. Le cyanure de potassium, en effet, présente plus de stabilité quand il est combiné avec d'autres cyanures métalliques. Le ferrocyanure de potassium, combinaison de cyanure de potassium avec du cyanure de fer, peut en servir d'exemple.

La faculté que possède le cyanure de potassium de former des sels doubles avec d'autres cyanures métalliques se manifeste dans ce phénomène qu'un certain nombre de métaux se dissolvent dans une solution de cyanure de potassium avec absorption d'oxygène ou dégagement d'hydrogène. Le fer, le cuivre, le zinc par exemple, dégagent de l'hydrogène ;

$$4KCAz + 2H^2O + Zn = K^2ZnC^4Az^4 + 2KHO + H^2$$

L'or et l'argent se dissolvent dans le cyanure de potassium en présence de l'air en absorbant de l'oxygène (Elsner, Maclorain (1893). Ainsi :

$$2Au + 4CAz + O + H^2O = 2AuKC^2Az^2 + 2KHO$$

Cette réaction est utilisée pour le traitement des minerais d'or (**12**) (Voir chapitre XXIV).

Seuls, le platine, le mercure et l'étain ne se dissolvent pas dans une solution de cyanure de potassium, même en présence de l'air.

(**12**) On se sert pour l'extraction de l'or de solutions faibles de KCAz ne renfermant pas plus de 1 0/0 de sel ; Maclorain a montré pourquoi il fallait employer des solutions peu concentrées. Si les solutions concentrées dissolvent l'or avec plus de difficulté, c'est qu'elles absorbent moins d'air, dont l'oxygène est indispensable pour la réaction.

L'azotate de potassium (nitre, salpêtre) $KAzO^3$ est employé en grandes quantités pour la fabrication de la poudre où il ne peut être remplacé par le sel sodique qui est très hygroscopique. Le salpêtre employé dans la fabrication de la poudre doit être très pur et exempt de matières étrangères telles que les sels de sodium, de magnésium et de chaux et les chlorures métalliques ; c'est qu'en effet, l'addition d'une quantité même minime de ces sels donne au salpêtre la propriété d'absorber l'humidité et le rend impropre à cet usage. On peut obtenir le salpêtre à l'état pur par des cristallisations successives. Les variations de solubilité du salpêtre aux différentes températures facilitent cette cristallisation. La solution de salpêtre saturée à la température d'ébullition (116°) contient, pour 100 parties d'eau, 335 parties de sel, tandis qu'à la température ordinaire, à 20° par exemple, la solution ne peut contenir que 32 p. 0/0 de sel. Aussi, pour obtenir ce sel à l'état de cristaux et pur, faut-il préparer une solution saturée à la température d'ébullition et la laisser refroidir ensuite.

Lorsqu'on refroidit lentement de grandes quantités de solutions d'azotate de potassium, on obtient de gros cristaux. Pour en obtenir de petits, c'est-à-dire pour le faire cristalliser en neige, il faut que la solution soit agitée et refroidie rapidement. Les eaux-mères contiennent dans ce cas, sinon la totalité, au moins la majorité des matières étrangères que contenait le salpêtre.

Le nitre ordinaire se rencontre rarement à l'état naturel et toujours en petites quantités, mélangé à d'autres sels de l'acide azotique et surtout aux azotates de sodium, de magnésium et de calcium.

Un mélange de ces azotates se forme dans la nature dans une terre fertile et partout où des matières azotées organiques se décomposent en présence de bases alcalines au contact de l'air, comme cela a lieu dans le sol. Cette formation d'azotate qui exige non seulement la présence de l'air, mais aussi celle de l'humidité, ne s'effectue qu'à une température suffisamment élevée (**13**), l'hiver cette réaction ne s'effectue pas.

(13) Schlœsing et Muntz, en employant les méthodes pasteuriennes, ont montré que la formation du salpêtre dans la décomposition des substances azotées ne s'effectue qu'avec le concours d'organismes microscopiques spéciaux appelés ferments. En l'absence de ces derniers, toutes les autres conditions étant réalisées (présence d'alcalis, d'humidité, d'air, de subtances azotées, température de 37°). il n'y a pas production de salpêtre.

Le sol fertile des pays chauds et, en été, celui de nos contrées contient une assez grande quantité de salpêtre. Sous ce rapport, les Indes sont particulièrement connues; c'est encore ce pays qui fournit actuellement des quantités considérables de salpêtre que l'on y extrait du sol.

La terre imbibée de salpêtre, après des alternatives de pluies et de chaleurs, se recouvre parfois d'un dépôt de cristaux de salpêtre formé par suite de l'évaporation de l'eau qui le tenait en dissolution. Cette terre est soumise à la lixiviation méthodique et sert ainsi à l'extraction du salpêtre comme on le verra dans la suite.

Dans les pays tempérés, on extrait le nitre **des décombres des vieux bâtiments** et principalement des portions de ces décombres qui sont en contact avec le sol. Il y a dans ce cas des conditions favorables pour la formation du salpêtre, parce que la chaux employée comme mortier dans les bâtiments en pierre contient les bases nécessaires pour la formation du salpêtre ; le fumier, les urines et les autres résidus animaux fournissent de l'azote. En lessivant méthodiquement ces décombres on en extrait une solution de nitrates, tout comme de la terre arable.

On prépare encore le salpêtre dans des **nitrières artificielles** constituées par des couches de fumier séparées par des broussailles et recouvertes de cendres ou d'autres résidus alcalins et calciques. On construit ces nitrières dans les endroits où le fumier n'est pas utilisé pour la culture, par exemple dans le sud-est de la Russie où les terres sont encore très riches.

Dans les nitrières artificielles, il se produit le même processus d'oxydation des subtances azotées en présence de l'air, de l'humidité, et d'alcalis que dans la terre arable ou les murs.

On obtient de toutes ces sources une solution contenant

différents azotates mélangés avec des substances organiques solubles dans l'eau. Pour précipiter les matières étrangères de cette solution impure de nitre, on l'additionne d'une solution de carbonate de potassium ou simplement de cendres. Le carbonate de potassium entre en double décomposition avec les sels de calcium et de magnésium en formant un précipité de carbonates insolubles et en laissant le nitre en solution.

$$K^2CO^3 + Ca(AzO^3)^2 = 2KAzO^3 + CACO^3$$

Le carbonate de potassium ne précipite cependant que les sels de calcium et de magnésium. Les sels sodiques, potassiques, ainsi que les matières organiques restent en solution. Ces dernières s'éliminent en partie à l'état insoluble lorsqu'on chauffe la solution de nitre ; elles se décomposent entièrement lorsque ce dernier est faiblement calciné. Par des cristallisations répétées, il est facile de purifier le nitre ainsi obtenu.

La plus grande quantité du salpêtre employé pour la préparation de la poudre est fabriqué à l'aide du nitrate de sodium ou salpêtre du Pérou où on le rencontre à l'état naturel, comme nous l'avons vu plus haut. La transformation de ce dernier en nitre ordinaire se fait à l'aide de réactions de double décomposition. On prend à cet effet ou bien du carbonate de potassium ou bien du chlorure de potassium. Dans le premier cas il se forme un précipité de carbonate de sodium par le mélange des deux solutions concentrées et chaudes. Le mélange des solutions concentrées de chlorure de potassium et d'azotate de sodium soumis à l'évaporation laisse déposer d'abord du chlorure de sodium, car ce dernier sel est presque aussi soluble dans l'eau chaude que dans l'eau froide. Cette réaction se produit suivant l'équation :

$$KCl + NaAzO^3 = KAzO^3 + NaCl$$

Pendant le refroidissement de la solution concentrée, il se dépose beaucoup d'azotate de potassium et le chlorure de sodium reste dans les eaux-mères. On épure définitivement le nitre par une nouvelle cristallisation ; on le fait notamment cristalliser *en neige* et on le lave avec une solution saturée de nitre qui ne peut dissoudre le nitre mais entraîne facilement les matières étrangères.

L'azotate de potassium est un sel incolore laissant au palais un goût rafraîchissant spécial. Il cristallise, en longs prismes rhombiques à six faces, cannelés, terminés par des pyramides également rhombiques. Ses cristaux, dont le poids spécifique est de 1,93, sont anhydres. Cependant, dans les fentes des cristaux il y a toujours une certaine quantité de solution, retenue lors de la cristallisation. C'est pour éviter cet inconvénient que l'on tâche d'obtenir le nitre en petits cristaux lorsqu'on veut l'avoir pur. Chauffé à 339°, l'azotate de potassium fond en un liquide absolument incolore (**14**).

(**14**) Avant de fondre, les cristaux de $KAzO^3$ changent de forme et se présentent à l'état de rhomboèdres. En cristallisant dans les solutions chaudes ou, en général, à une température élevée, le salpêtre prend une forme cristalline différente de celle des cristaux obtenus à la température ordinaire ou à froid.

Le nitre fondu se solidifie en une masse cristalline radiée ; il cesse de présenter cette structure quand il renferme des chlorures métalliques.

Carnelley et Thomson ont déterminé le point de fusion des mélanges de $KAzO^3$ et $NaAzO^3$. Le premier fond à 339°, le second à 316°. En désignant par p la proportion centésimale de $KAzO^3$ contenu dans le mélange, ces auteurs ont obtenu les chiffres suivants :

$p =$	10	20	30	40	50	60	70	80	90
	298°	283°	268°	242°	231°	231°	242°	284°	306°

Leurs données confirment l'observation de Schafgotch (1857) qui avait déjà observé qu'en mélangeant $KAzO^3$ et $NaAzO^3$ en quantités correspondantes à leurs poids moléculaires ($p = 54,3$), c'est-à-dire qu'en fondant $KAzO^3 + NaAzO^3$ on atteint la température de fusion la plus basse (environ 231°).

Carnelley et Thomson sont arrivés à peu près aux mêmes résultats pour la solubilité des mélanges à 20° dans 100 parties d'eau. Dans le tableau ci-dessous *p* désigne le poids de $KAzO^3$ mélangé avec 100 p. $NaAzO^3$ et *c* la quantité du mélange qui s'est dissoute dans 100 parties d'eau ; la solubilité de $NaAzO^3 = 77$; celle de $KAzO^3 = 34$.

$p =$	10	20	30	40	50	60	70	80	90
$c =$	110	136	136	138	106	81	74	54	41

Le maximum de solubilité ne correspond cependant pas au mélange le plus fusible, mais à un autre bien plus riche en $NaAzO^3$.

Ces deux phénomènes montrent que, dans des mélanges liquides homogènes, les forces qui agissent sont les mêmes forces chimiques qui déterminent les poids moléculaires des substances, même quand il s'agit de substances très semblables entre elles, telles que $KAzO^3$ et $NaAzO^3$, entre lesquelles il n'existe pas d'échanges chimiques directs.

Il est instructif de remarquer que le maximum de solubilité ne correspond pas au point de fusion le plus bas, ce qui dépend certainement de ce fait que, dans le phénomène de la dissolution, un troisième corps, l'eau, entre en jeu.

A la température ordinaire, et à l'état solide, l'azotate de potassium est peu actif et inaltérable, mais à **des températures élevées**, il agit comme agent **oxydant** énergique, car il abandonne aux substances avec lesquelles il est mélangé une grande quantité d'oxygène. Projeté sur des charbons ardents il fond en activant leur combustion, tandis qu'un mélange intime de nitre et de charbon s'enflamme au contact d'un corps incandescent et continue de brûler spontanément. Dans ce cas il se dégage de l'azote, de l'acide carbonique et il se forme du carbonate de potassium :

$$4KAzO^3 + 5C = 2K^2CO^3 + 3CO^2 + 2Az^2$$

Ce phénomène tient à ce que l'oxygène, en se combinant avec le charbon, produit plus de chaleur qu'en se combinant avec l'azote. C'est pourquoi, une fois la combustion commencée aux dépens du salpêtre, elle peut se continuer sans le secours d'une source de chaleur extérieure.

On peut observer une oxydation ou une combustion analogue aux dépens du salpètre avec d'autres substances telles que le soufre et différents corps combustibles. Un mélange intime de soufre et de salpètre, projeté dans un creuset chauffé au rouge, brûle rapidement ; il se produit du sulfate de potassium, de l'acide sulfureux et de l'azote

$$2AzO^3K + 2S = SO^4K^2 + SO^2 + 2Az$$

Le nitre chauffé avec des métaux donne lieu au même phénomène et, sous ce rapport, l'oxydation des métaux, capables de former avec un excès d'oxygène des oxydes acides qui restent combinés avec le protoxyde de potassium sous forme de sels, est particulièrement remarquable. Tels sont, par exemple, le manganèse, l'antimoine, l'arsenic, le fer, le chrome et d'autres. Ces éléments, de même que le carbone et le soufre, mettent en liberté l'azote. Les oxydes inférieurs de ces métaux, fondus avec de l'azotate de potassium, se transforment en oxydes supérieurs.

Les substances organiques sont aussi oxydées, brûlées, lorsqu'on les chauffe avec du salpètre. En raison de ses propriétés, on conçoit que, dans les laboratoires et dans l'industrie, l'azotate de potassium soit fréquemment employé, comme oxydant agissant à une température élevée.

C'est encore, en qualité d'agent oxydant, que le salpètre entre dans la composition de la poudre, mélange mécanique et intime de soufre, de charbon et de nitre finement pulvérisés. La proportion relative de ces substances varie suivant la destination de la poudre et suivant la propriété du charbon employé pour sa fabrication. On emploie généralement du charbon poreux, incomplètement calciné, contenant par conséquent de l'hydrogène et de l'oxygène.

La combustion de la poudre donne lieu à une production considérable de gaz formés principalement par de l'azote et de l'acide carbonique qui exercent une pression que l'on utilise dans les armes à feu. La combustion de la poudre s'exprime par l'équation suivante :

$$2KAzO^3 + 3C + S = K^2S + 3CO^2 + Az^2$$

Cette équation indique que la poudre contient pour 202 parties de salpêtre (74,8 0/0) 36 parties de charbon (13,3 0/0) et 32 parties (11,9 0/0) de soufre, chiffres, en effet, voisins de sa composition réelle (**15**).

(**15**) En Chine où la fabrication de la poudre est connue depuis fort longtemps, on emploie 75,7 de salpêtre, 14,4 de charbon et 9,9 de soufre. La poudre de chasse russe est composée de 80 p. de salpêtre 12 p. de charbon et 8 de soufre, la poudre à canon renferme 75 parties d'azotate de potassium, 15 de charbon, 10 parties de soufre.

La poudre s'enflamme à la température de 300°, sous l'influence d'un choc ou d'une étincelle.

La poudre très fine homogène brûle lentement et produit un effet dynamique faible, parce que la combustion ne se fait pas instantanément. Pour obtenir le maximum d'effet dynamique, il faut que la poudre brûle avec une certaine vitesse, de façon à ce que la pression s'élève brusquement dans les bouches à feu. Pour obtenir ce résultat, on donne à la poudre la forme de petits grains arrondis ou même de grands prismes à 6 pans percés de trous (poudre prismatique).

Les produits de la combustion de la poudre sont de deux sortes :

1° Des gaz qui produisent la pression et qui constituent la cause de l'effet dynamique de la poudre ;

2° Un résidu solide, coloré en noir par des particules de charbon non consumé.

Ce résidu renferme généralement, outre le charbon et le sulfure de calcium K^2S, une série d'autres sels tels que K^2CO^3, K^2SO^4. Ceci montre que la combustion de la poudre n'est pas un phénomène aussi simple qu'on serait tenté de le croire et la formule que nous avons donnée plus haut est purement schématique. C'est pour cette raison que le poids du résidu, laissé par la poudre, est toujours supérieur au poids théorique. D'après la formule, 270 parties de poudre laissent 110 p. de résidu, c'est-à-dire que la combustion de 100 parties de poudre devrait former 37,4 de sulfure de potassium ; en réalité le poids du résidu de la poudre varie entre 40 et 70 0/0 (il est généralement de 52 0/0). Cette différence, qui dépend de la quantité d'oxygène renfermé dans le résidu, est en rapport avec la composition des gaz développés par la poudre et avec la marche de la combustion de cette dernière.

Les recherches de Gay-Lussac, de Schichkoff et de Bunsen, de Nobel et Abel, de Fedoroff, Debous et d'autres ont montré que les différences observées dans la composition des produits gazeux et des résidus solides dépendent de la composition de la poudre et des conditions de la combustion. Quand la poudre brûle à l'air librement, le mélange gazeux qui se forme ne reste pas en contact avec le résidu de la poudre et, dans ce cas, une grande partie du charbon qui entre dans la composition de la poudre n'est pas consumée, parce que le charbon brûle aux dépens de l'oxygène du salpêtre après le soufre. Dans le cas dont il s'agit, les phénomènes qui s'effectuent au *commencement* de la combustion de la poudre peuvent être exprimés par l'équation suivante :

$$2KAzO^3 + 3C + S = 2C + K^2SO^4 + CO^2 + Az^2$$

Dans les armes chargées à blanc, le résidu de la poudre est le plus souvent composé de C, K^2SO^4, K^2CO^3 et $K^2S^2O^3$.

Lorsque la combustion de la poudre se fait dans un espace clos (comme, par exemple, dans la culasse d'un canon chargé d'un projectile) la quantité de sulfate, d'hyposulfite de sodium diminue, tandis que celle de CO^2, dans le produit gazeux, et celle du sulfure de potassium dans le résidu s'accroissent.

La quantité de charbon qui entre en réaction augmente dans ce cas et, par conséquent, le résidu devient d'autant moins abondant et d'autant moins riche en composés carbonés parce que, par exemple :

$$K^2CO^3 + 4S = K^2SO^4 + 3K^2S + 4CO^2.$$

On a signalé dans les gaz de la poudre la présence de CO et de K^2S^2.

Dans ces derniers temps, on a découvert la *poudre sans fumée* qui brûle intégralement sans laisser de résidu et sans produire de nuages de fumée si gênants pour les opérations militaires. La poudre sans fumée, en développant une plus grande masse de gaz que la poudre ordinaire, imprime aux projectiles une plus grande vitesse initiale et par conséquent une plus grande portée.

La poudre sans fumée qui est constituée essentiellement par différentes variétés de nitro-cellulose ou par des mélanges de nitrocellulose avec de la nitroglycérine, donne en brûlant, en plus de la vapeur d'eau et de l'azote, beaucoup d'oxyde de carbone, et un peu d'acide carbonique, d'hydrogène, etc.

Le potassium métallique a été préparé, comme le

sodium, d'abord par l'électrolyse, ensuite par la réduction à l'aide du fer métallique et enfin par l'action du charbon à une température élevée sur le carbonate de potassium.

Dans la fabrication du potassium métallique, il faut cependant noter cette particularité que ce métal se combine à l'oxyde de carbone en formant une masse explosible et inflammable (Voir ch. IX, n. 31). Cependant le principe de la préparation du potassium reste le même, parce que ce dernier est aussi volatil, si ce n'est plus, que le sodium.

A la température ordinaire, le potassium est plus mou que le sodium ; quand on le coupe, la surface sectionnée est plus blanche que celle du sodium ; mais comme ce dernier et même encore plus facilement, il s'oxyde dans l'air humide.

A basse température, le potassium est cassant ; à 25° il est complètement mou et fond à 58°. Il distille à 667° sans éprouver de modifications, en formant des vapeurs vertes dont la densité (**16**), d'après Scott (1887), égale 19, celle de l'hydrogène étant égale à 1. Ceci démontre que la molécule de potassium (de même que celles du sodium, du mercure, du zinc), ne contient qu'un seul atome, propriété que possèdent d'autres métaux comme l'ont démontré des travaux récents (**17**).

(16) A. Scott (1887) a déterminé la densité de vapeur d'un grand nombre de composés des métaux alcalins, il les renfermait dans un vase en platine chauffé dans un four et rempli préalablement d'azote.

Voici les chiffres trouvés par Scott, la densité de l'hydrogène étant supposée égale à 1.

Na	12,75	(11,5)	KI	92	(84)
K	19	(19,5)	RbCl	70	(60)
CsCl	89,5	(84,2)	CsI	133	(130)
$FeCl^3$	68		MgCl	80	(71,7)

Les chiffres placés entre parenthèses sont les densités calculées d'après la loi d'Avogadro-Gerhardt. Ce chiffre manque en face $FeCl^3$ parce qu'il est probable que, dans les conditions de l'expérience, une partie $FeCl^3$ se décompose. S'il n'y avait pas de décomposition, la densité qui correspondrait à la formule $FeCl^3$ serait 81 ; si la décomposition était complète ($Fe^2Cl^6 = 2FeCl^2 + Cl^2$) la densité devrait être 54. Quant au chlorure d'argent, il faut croire que le platine décomposait ce sel.

La plupart des chiffres de Scott se rapprochent tellement des valeurs théoriques qu'on ne peut désirer une concordance plus grande dans les déterminations de ce genre.

(17) La molécule des métalloïdes est plus complexe : par exemple, H^2, O^3, Cl^2, etc. L'arsenic dont l'aspect extérieur rappelle les métaux mais qui, par ses propriétés chimiques, se rapproche des métalloïdes, a une molécule complexe : As^4.

A 15°, la densité du potassium est de 0,87, c'est-à-dire inférieure à celle du Na ; il en est de même de celle de tous ses composés (18).

(18) Le poids atomique de K étant plus grand que celui de Na, le volume de la molécule, ou le quotient du poids moléculaire sur le poids spécifique, est plus grand dans les composés potassiques que dans les composés sodiques. Citons à titre de comparaison les volumes des combinaisons correspondantes.

Na 24, NaOH 18 ; NaCl 28 : $NaAzO^3$ 37 ; Na^2SO^4 54.
K 45 ; KOH 27 ; KCl 39 : $KAzO^3$ 48 ; K^2SO^4 66.

Le potassium décompose l'eau à la température ordinaire et produit, pour une quantité équivalente à son poids atomique, 45 mille unités de chaleur. Celle-ci est suffisante pour enflammer l'hydrogène qui se dégage dans cette réaction (19). Les particules de potassium entraînées communiquent à la flamme une coloration violette.

(19) Pour reproduire l'expérience de la décomposition de l'eau à l'aide du potassium, on doit s'entourer de plus grandes précautions que dans la même expérience avec le sodium (chap. II, note 8).

Remarquons que le potassium, chauffé dans un courant de CO^2 ou CO, leur enlève l'oxygène et dégage le carbone ; d'un autre côté, le charbon enlève l'oxygène du carbonate de potassium, puisque c'est sur cette réaction qu'est basé le procédé de l'extraction du potassium à l'aide du charbon et du carbonate de potassium. La réaction :

$$K^2O + C = K^2 + CO.$$

est donc réversible.

Le potassium ressemble au sodium, dans ses rapports avec l'hydrogène et l'oxygène.

En effet, entre 200° et 411°, le potassium forme, avec l'hydrogène, l'hydrure de potassium K^2H ; avec l'oxygène il forme les trois composés suivants :

K^4O le sous-oxyde de potassium

K^2O le protoxyde de potassium.

KO^2 le peroxyde de potassium.

On voit que le peroxyde de potassium se distingue du peroxyde de sodium en ce qu'il renferme une quantité d'oxygène plus considérable, mais il est probable que, pendant la combustion du potassium, il se forme un peroxyde ayant pour formule KO.

Le potassium se dissout dans le mercure tout comme le sodium (20).

En résumé, ces deux métaux ont tout autant d'analogie que le chlore et le brome, ou mieux encore que le chlore et le fluor, car la différence qui existe entre le poids atomique du sodium (= 23) et celui du fluor (= 19) est la même que celle qui existe entre le potassium (= 39) et du chlore (= 35,5)

(20) Le potassium s'allie avec le sodium en toutes proportions. Les alliages renfermant, pour une molécule de Na, de 1 à 3 molécules de K, sont *liquides* à la température ordinaire comme le mercure.

Joannis, en déterminant la quantité de chaleur dégagée dans la décomposition de l'eau par ces alliages, a trouvé pour Na^2K ; NaK ; NaK^2 et NaK^3 respectivement 44,5 ; 44,1 ; 43,8 ; 44,4 milliers de calories (pour Na = 42,6 et K = 45,4). La formation de l'alliage NaK^2 est donc accompagnée de dégagement de chaleur ; les autres alliages peuvent être considérés comme des solutions de K et de Na dans cet alliage liquide.

L'alliage NaK^2 commence à être employé pour la confection des thermomètres destinés à indiquer des températures supérieures à 360°, à laquelle le mercure entre en ébullition.

L'analogie entre le potassium et le sodium est tellement grande, qu'il n'est possible de distinguer facilement les composés potassiques et sodiques que sous la forme de quelques sels seulement. Ainsi, le bitartrate de potassium, ou crème de tartre, est peu soluble dans l'eau et encore moins dans l'alcool ou dans une solution d'acide tartrique, tandis que le sel sodique correspondant s'y dissout facilement. Aussi, lorsqu'on ajoute à la solution de la plupart des sels de potassium, une solution saturée d'acide tartrique, il se forme un précipité de crème de tartre peu soluble ; ce phénomène ne se produit pas avec les sels de sodium.

Cette différence entre les deux métaux se manifeste d'une façon encore plus évidente dans la solubilité des chloro-platinates doubles de potassium et de sodium. Les chlorures métalliques KCl et NaCl en solution forment facilement avec le chlorure de platine $PtCl^4$ des sels doubles :

$$K^2PtCl^6 \text{ et } Na^2PtCl^6$$

qui ont un coefficient de solubilité très différent. Cette différence de solubilité se manifeste surtout dans un mélange d'alcool et d'éther. Le sel sodique se dissout facilement ; tandis que le sel potassique ne s'y dissout presque pas.

Aussi, la réaction avec le chlorure de platine est-elle très employée pour la séparation de ces deux métaux en chimie analytique.

Ce n'est encore que dans un très petit nombre d'autres

sels que l'on peut séparer et distinguer nettement le potassium et le sodium, tant est grande leur analogie.

Il existe cependant un moyen de déceler les moindres traces de ces métaux : il repose sur la propriété qu'ils possèdent de **colorer la flamme**. La présence de sels sodiques communique à la flamme une coloration jaune vif, tandis qu'un sel de potassium pur donne, à une flamme incolore, une couleur violette. Cependant, en présence d'un sel de sodium, la coloration violacée pâle due aux sels potassiques ne peut être perçue, et il semble impossible, à première vue, de distinguer ce dernier métal lorsqu'il est mélangé avec le sodium.

En décomposant à l'aide d'un prisme la lumière d'une flamme colorée par un de ces métaux, ou par leur mélange, il est cependant facile de les distinguer parce que la couleur jaune des sels sodiques est due à la présence d'un groupe de rayons lumineux ayant un indice de réfraction déterminé. Ce groupe de rayons correspond aux parties jaunes du spectre solaire ayant l'indice de réfraction de la raie D de Fraunhofer. Les sels potassiques, au contraire, donnent une lumière dans laquelle ces rayons n'existent pas ; on y trouve des rayons rouges et violets. Il en résulte que la lumière émise par une flamme colorée par des sels potassiques, décomposée par un prisme, donne lieu à deux raies, l'une rouge, l'autre violette très distantes entre elles ; le sodium, dans les mêmes conditions, produit une raie jaune. Le mélange des sels des deux métaux déterminera l'apparition simultanée des raies spectrales du potassium et du sodium.

Pour la commodité de ce genre d'analyse, on a construit **des appareils spectroscopiques** composés d'un prisme P (voir fig. 13) et de trois lunettes horizontales dont les axes convergent vers le centre du prisme. L'une des lunettes (B) appelée collimateur, porte à son extrémité H une plaque métallique partagée par une fente verticale qui laisse passer les rayons de la lumière examinée en leur donnant une direction parallèle. Les rayons solaires, ayant passé par la fente et devenus parallèles, subissent une réfraction et une dispersion dans le prisme P ; le spectre ainsi obtenu est vu par l'oculaire G de la lunette d'observation A. La troisième lunette C porte à son extrémité F une lame de verre sur laquelle est gravée une graduation

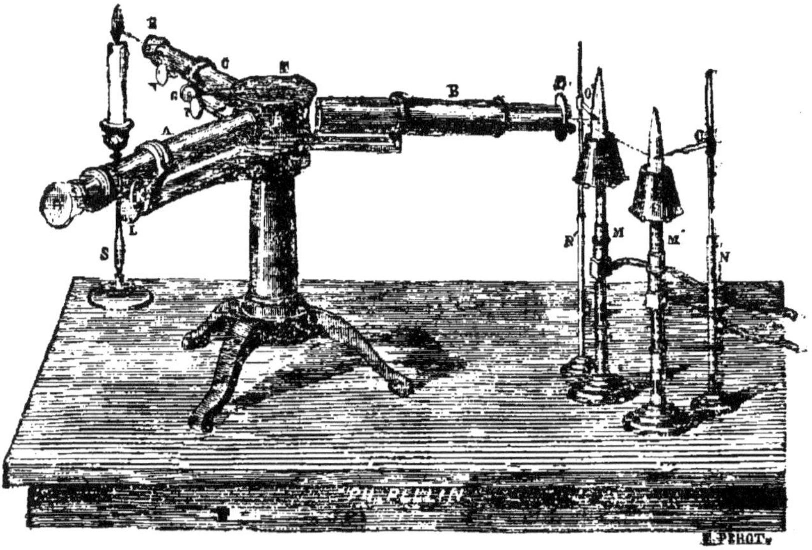

Fig. 13. — Spectroscope.

microscopique horizontale. Une source de lumière quelconque (bec de gaz ou bougie figurée sur la figure) placée devant F projette l'image de l'échelle graduée sur la face du prisme tournée vers la lunette d'observation, cette image s'y réfléchit suivant les lois ordinaires, de telle manière qu'en mettant l'œil à l'oculaire A on peut voir simultanément, dans le même champ, l'image de l'échelle graduée et le spectre produit par les rayons lumineux qui ont traversé la fente du collimateur.

En dirigeant dans la fente de la lunette B de la lumière solaire, l'observateur verra, par l'oculaire un spectre solaire avec les raies noires de Fraunhofer.

Les spectroscopes de petites dimensions sont disposés de telle manière qu'en mettant l'œil à l'oculaire on voit à droite la partie violette et à gauche la partie rouge du spectre ; la raie de Fraunhofer D située dans le jaune brillant correspond à la 50e division de l'échelle (**21**).

(21) Pour donner une idée des dimensions ordinaires de l'échelle, remarquons que le spectre solaire visible est compris entre la division 0 et la division 170 de l'échelle et que la raie A de Fraunhofer (dans la partie rouge du spectre) correspond à la division 17 : la ligne F (commencement du bleu près du vert) se trouve à la 90e division et la ligne G, encore visible dans le commencement du violet, correspond à la 127e division de l'échelle.

Lorsqu'on fait passer dans l'appareil la lumière provenant d'un corps solide incandescent, la lumière de Drummond par exemple, on observe toutes les couleurs du spectre solaire mais on ne voit pas les raies de Fraunhofer.

Etudions maintenant les spectres d'une flamme colorée par différents sels. On place dans ce but, devant la fente du spectroscope, une source de lumière telle qu'un bec de gaz ou la flamme d'hydrogène sortant d'un tube muni d'un ajutage en platine. Il est nécessaire que la flamme soit assez faible pour que son spectre ne soit pas visible. En introduisant dans la flamme du bec de gaz M un composé sodique quelconque, par exemple une petite perle de sel ordinaire fondu dans une anse de platine, la flamme se colore en jaune et l'observateur voit apparaître une raie jaune brillante coïncidant avec la 50e division de l'échelle, dont on aperçoit en même temps l'image dans la lunette d'observation. Les rayons jaunes qui possèdent des indices de réfraction différents, ou ceux qui émanent des autres couleurs ne seront pas visibles. Le spectre des composés du sodium est constitué par des rayons jaunes, ayant le même indice de réfraction que la ligne noire D de Fraunhofer. En introduisant dans la flamme un sel de potassium, on verra deux raies beaucoup moins brillantes que celle du sodium, l'une rouge voisine de la ligne A et l'autre violette. En outre, dans la partie moyenne de l'échelle, on distinguera un spectre pâle, presque continu. Le mélange d'un sel de K et de Na, donnera lieu à trois raies qui apparaîtront simultanément : une raie rouge et une violette, pâle, caractéristiques du potassium et la raie jaune du sodium

Le spectroscope permet donc de déterminer avec exactitude la coïncidence des spectres des métaux et de certaines parties du spectre solaire, caractérisées par des raies noires (c'est-à-dire par l'absence de certains rayons ayant un indice de réfraction déterminé) appelées raies de Fraünhofer. Les observations précises faites par Fraunhofer, Brewster, Foucault, Angström, Bunsen. Kirchhoff, Cornu, Lokyer, Dewar, etc. ont démontré qu'il existait une **coincidence parfaite entre les spectres de certains métaux** et quelques **raies de Fraunhofer**. Ainsi, la raie jaune brillante du sodium correspond exactement à la raie D du spectre solaire. On retrouve cette même coïncidence pour plusieurs autres métaux. Elle n'est ni approchée ni fortuite. En effet, si l'on emploie des spectroscopes à plusieurs prismes et à grossissement considérable, on voit que la raie D du spectre solaire est composée de tout un système de raies noires juxtaposées de largeurs variables. En examinant dans le même appareil la bande jaune du sodium, on observe une série correspondante de raies brillantes, de sorte que chaque raie brillante de sodium correspond exactement à une raie noire du spectre solaire. Les spectroscopes employés ordinairement dans les recherches chimiques ne laissent voir, dans le spectre du sodium, qu'une bande jaune au lieu d'un système de raies brillantes. Ceci tient à la faible dispersion que produisent les prismes de ces appareils et à la largeur trop grande de la fente de la lunette d'observation.

Comme nous l'avons déjà indiqué, on retrouve cette coïncidence entre les raies brillantes et les raies noires du spectre solaire pour beaucoup de métaux. Ainsi, par exemple, les étincelles éclatant entre les électrodes en fer d'une bobine de Rhumkorf donnent plus de 450 raies visibles qui caractérisent ce métal. Ces 450 raies brillantes, ou tout le spectre correspondant du fer, se répètent comme l'a démontré Kirchhoff dans le spectre solaire sous la forme de raies noires de Fraünhofer, occupant exactement la place des raies brillantes du spectre de fer.

Plusieurs observateurs ont étudié simultanément le spectre solaire et les spectres des différents métaux ; ils ont trouvé dans le premier des raies correspondant non seulement au sodium et au fer, mais aussi à beaucoup d'autres métaux.

Le spectre des éléments tels que l'hydrogène (**22**), l'oxygène, l'azote et les autres gaz peut être étudié dans les tubes de Geissler remplis de gaz raréfiés, à travers lesquels on fait passer des étincelles produites par une bobine de Rhumkorff. Le spectre de l'hydrogène est composé de trois bandes : une raie rouge correspondant à la raie C de Fraünhofer, une raie verte correspondant à la raie F et une violette correspondant à l'une des raies situées entre G et H. La bande rouge est la plus brillante, aussi, l'aspect général de l'hydrogène soumis à l'action d'une décharge électrique dans un tube de Geissler est rougeâtre.

Raie	A	B	C	D	E	b	F	G	H
Long. d'onde	761,0	687,5	656,6	589,5—588,9	527,3	518,7	486,5	431,0	397,2
Couleur	rouge			orangé	jaune	vert	bleu		violet

(22) Les recherches spectrocopiques relatives aux éléments ont été faites à l'aide du spectre obtenu par la diffraction parce que, dans ces conditions, la position des raies foncées et claires ne dépend ni de l'indice de réfraction de la substance dont est fait le prisme, ni de la dispersion de l'appareil.

Le meilleur procédé, c'est-à-dire le plus général et le plus exact pour enregistrer les résultats des déterminations spectrocopiques, consiste à indiquer les longueurs d'ondes correspondantes aux rayons d'un indice de réfraction déterminé. Quelquefois, on se sert du quotient de l'unité divisé par le carré de la longueur d'onde.

Dans le tableau ci-contre nous citons les longueurs d'ondes (*exprimées en millionièmes de millimètres*) des principales raies de Fraunhofer :

On peut admettre que les rayons rouges correspondent aux raies dont la longueur d'onde est comprise entre 780 et 650 ; au-dessus de 780 les rayons deviennent à peine visibles et constituent la partie ultra rouge du spectre ; les rayons *orangés* sont compris entre 650 et 590 ; les *jaunes* entre 590 et 520 ; les verts entre 520 et 490 ; les bleus entre 490 et 420 ; les violets entre 420 et 380. Les rayons dont la longueur d'onde est inférieure à 380 millionièmes de millimètre sont invisibles : ce sont les rayons ultra-violets.

Le tableau donné page 353 renferme les longueurs d'ondes des rayons lumineux de quelques corps simples ; les chiffres imprimés en caractères gras indiquent les traces les plus nettes que l'on obtient soit dans la flamme d'un bec de Bunsen, soit dans des tubes de Geissler, soit encore par des décharges électriques. Ces raies se rapportent aux corps simples à l'état incandescent et à l'état de vapeurs raréfiées, car les modifications de la température et de la pression font parfois varier considérablement les spectres.

Le signe ⁓⁓ réunissant deux raies signifie qu'entre ces dernières on en voit plusieurs autres, si la dispersion de l'appareil est suffisante pour permettre de distinguer les raies voisines.

Dans les spectroscopes de laboratoire à un prisme, les raies dont la longueur d'onde ne diffère que de 2 ou 3 millioniėmes de millimètres se confondent entre elles, même si l'on emploie une lumière très vive permettant d'observer avec une fente très étroite ; quand celle-ci est large, une série de raies différant entre elles de 20 millioniėmes de millimètre se présentent sous la forme d'une seule bande large. Quand la source lumineuse est faible, c'est-à-dire quand il entre peu de lumière dans l'appareil, on ne voit que les raies les plus *brillantes.*

La longueur des raies ne coïncide pas toujours avec leur clarté. Lockyer, en plaçant les électrodes de charbon (entre lesquelles le métal est porté à l'incandescence), non pas parallèlement à la fente, mais perpendiculairement, a observé que certaines de ces raies sont plus longues les unes que les autres. En général, les plus longues sont celles qui se prêtent le mieux au phénomène du *renversement* du spectre (Voir plus bas). Seules les raies longues et brillantes, c'est-à-dire les plus caractéristiques, sont indiquées dans le tableau ci-dessous, composé d'après l'ensemble des données relatives aux *spectres lumineux des vapeurs incandescentes et raréfiées des corps simples.*

Az^2	O^2	Cl^2	Br^2	I^2	Pb	Sn	Tl	Jn	Ga	Al	Ba	Sr	Ca
—	—	—	—	—	—	—	—	—	—	—	—	—	—
—	—	—	—	—	—	—	—	—	—	—	—	—	—
662	—	—	—	—	—	—	—	—	—	—	—	—	**646**
632	—	—	636	—	—	645	—	—	—	624	**649,7**	641	**644**
620	615	—	—	621	—	—	—	619	—	623	614	606	—
585	—	—	—	613	605,7	580	—	—	—	—	—	—	**612**
574	—	546	—	579	**560,7**	556	—	—	—	572	**553,5**	—	—
544	543	539	544	560	554,7	—	549	—	—	570	549	548	559
535	**533**	528	523	545	537	—	**535**	525	—	—	—	524	—
527	**516**	519	517	506	—	—	—	—	—	—	—	—	—
516	495	494	479	—	—	—	489	—	—	—	**493,3**	—	—
—	494	480	470	—	—	—	—	—	—	—	—	—	—
457	470	—	462	—	—	452	—	**451**	—	466	**455**	**460**	—
442	465	—	454	445	—	—	—	—	—	—	—	—	445
436	**447**	436	437	—	—	—	—	—	—	—	—	—	442
426	**432**	431	—	—	—	—	—	—	—	—	—	430	—
—	—	—	—	421	—	—	—	—	**417**	—	—	421	423
—	—	—	—	—	—	—	—	—	—	—	413	—	—
40	—	—	—	—	406	—	378	**410**	**403**	**396**	—	408	397
—	—	—	—	—	—	—	352	—	—	**394**	—	—	393

Mg	Zn	Cd	Hg	Mn	Fe	Cu	Ag	Cs	Rb	K	Na	Li	H^2
—	—	—	—	—	—	—	—	—	780	770	—	—	—
—	—	—	—	—	—	—	—	—	—	766	—	—	—
—	—	—	—	—	—	—	—	—	—	—	—	**670.6**	—
—	**636**	643,8	—	—	640	—	—	—	—	—	—	—	**656,2**
—	—	—	615	602	—	—	—	622	**629,6**	—	—	610	—
—	—	—	**579**	601	561	578	—	600	—	583	**589.5**	—	—
—	—	—	577	551	544	570	**546.4**	—	—	578	**588.9**	—	—
—	—	537,7	546	534	**537**	**522**	—	—	—	—	—	—	—
518	—	533,6	—	—	532	515	**520.8**	—	—	535	—	—	—
516	492	**508,5**	—	—	521	**511**	—	—	—	532	—	—	—
—	**481**	—	—	482	496	—	—	—	—	—	—	497	486,1
471	472	**479.9**	—	471	489	—	—	—	—	—	—	—	—
—	468	467,7	—	—	—	—	—	**459**	—	—	—	460,3	—
448	—	—	—	—	441	—	—	**456**	—	—	—	—	—
—	—	441,4	**436**	—	430	—	—	—	—	—	—	—	434,0
—	—	—	—	—	427	—	—	—	—	—	—	—	410,1
—	—	—	—	424	—	—	421	—	420	—	—	—	—
—	—	—	—	403	407	—	—	—	—	—	—	—	396,8
384	—	—	404	—	404	325	338	—	—	**404**	—	—	393,3
383	—	361	—	—	—	327	328	—	—	—	—	—	—

La concordance qui existe entre les raies de Fraunhofer et les spectres des métaux est due au phénomène du **renversement du spectre.** On peut, en effet, dans certaines conditions que nous étudierons plus loin, obtenir, au lieu des bandes brillantes caractéristiques des différents éléments, des bandes obscures : les raies de Fraunhofer.

Pour comprendre le phénomène du renversement du spectre, il faut savoir que certaines substances transparentes possèdent la propriété d'absorber des rayons d'un indice de réfraction déterminé. Les solutions colorées peuvent en donner la preuve. La lumière, en traversant une solution jaune d'un sel d'uranium, ne contient plus de rayons violets; une solution rouge d'acide permanganique absorbe un grand nombre de rayons des parties jaune, verte et bleue du spectre. Les solutions des sels de cuivre éteignent presque tous les rayons rouges.

Dans certains cas, les solutions incolores sont susceptibles d'absorber les rayons d'un indice de réfraction déterminé et possèdent leur **spectre d'absorption** (23). C'est ainsi que se comporte la solution des sels de didyme.

Les vapeurs de beaucoup de substances (I^2) et un grand nombre de gaz (AzO^2) produisent des effets semblables.

(23) La méthode d'observation des spectres d'absorption consiste à prendre une source de lumière blanche donnant un spectre continu, c'est-à-dire ne renfermant ni raies obscures, ni bandes par trop brillantes ; telle est par exemple la lumière d'une bougie, d'une lampe, etc. La fente du spectroscope étant placée en face de cette lumière, on ne voit dans l'appareil qu'un spectre coloré. Le tube contenant le milieu absorbant, solution ou gaz, étant placé entre la fente et la source lumineuse il se produit ou bien l'affaiblissement uniforme du spectre, ou bien on voit apparaître en certains points des bandes d'absorption dont la largeur, la situation, la netteté et l'intensité varient suivant les propriétés du milieu absorbant.

Si l'on fait traverser à la lumière solaire une couche épaisse de vapeur d'eau, d'oxygène ou d'azote, on observe des bandes d'absorption dans le spectre. C'est d'ailleurs ce qui explique pourquoi l'on constate un plus grand nombre de bandes d'absorption dans le spectre solaire le matin et le soir, parce qu'alors, les rayons solaires traversant l'atmosphère obliquement, la couche d'air interposée est plus épaisse qu'à midi. Ces rayons, appelés rayons terrestres, ont été découverts par Brewster.

Il est évident qu'on peut attribuer les raies de Fraunhofer à l'absorption de certains rayons de la lumière dans leur parcours de la masse lumineuse du soleil à la terre.

Les remarquables résultats qu'ont fournis les recherches spectrales sont surtout dus aux recherches de Kirchhof (1859) sur les relations entre les spectres d'absorption et les spectres des gaz rendus lumineux par incandescence. On savait depuis longtemps (Fraunhofer, Foucault, Angström) que les raies brillantes du spectre du sodium correspondaient exactement aux raies obscures du spectre solaire, désignées par D et que ces bandes noires étaient évidemment des bandes d'absorption. En dirigeant en même temps un faisceau de lumière solaire et la lumière émanant de la flamme du sodium, Kirchhof a observé que la bande brillante du sodium recouvrait exactement la raie D du spectre solaire.

La lumière de Drummond donne un spectre continu ; si l'on interpose entre la chaux incandescente et le spectroscope une flamme colorée par le sodium, on voit apparaître la raie D. Cette production artificielle de la raie de Fraunhofer démontre incontestablement que, puisque cette raie existe dans le spectre solaire, c'est que la lumière qui émane de cet astre traverse, dans son parcours jusqu'à la terre, une atmosphère renfermant des vapeurs de sodium incandescentes. C'est ainsi qu'a été établie une nouvelle notion : celle du **renversement du spectre**, (24) c'est-à-dire la notion des rapports existant entre les ondes lumineuses émises et absorbées par une même substance dans des conditions données de température.

(24) De nombreux procédés ont été imaginés pour observer le renversement des spectres ; nous nous contenterons de mentionner les deux plus faciles à reproduire.

Le procédé de Bunsen : dans un appareil producteur d'hydrogène, on met du chlorure de sodium qui, entraîné par le courant gazeux, communique à la flamme une coloration jaune ; on allume l'hydrogène dans deux brûleurs dont l'un donne une flamme large colorée en jaune par le sodium et l'autre à orifice très fin une flamme pâle ; cette dernière se dessinera sur la première sous la forme d'une tache noire.

Procédé de Sadovsky : on interpose entre le prisme et le collimateur d'un spectroscope dirigé sur une source lumineuse donnant un spectre continu et séparé de l'instrument à cet effet, la flamme d'une lampe à alcool colorée en jaune par NaCl ; en regardant dans la lunette d'observation, on aperçoit distinctement une raie noire correspondant à la raie de sodium. Il est nécessaire, pour que cette expérience réussisse, que la lumière émise par les deux lampes ait une intensité égale.

Kirchhoff, qui a étudié ces rapports, en a dégagé une loi que, sous une forme élémentaire, on peut exprimer ainsi : *A une température donnée, le rapport entre le pouvoir émissif et le pouvoir absorbant est une valeur constante* (25).

Il s'agit dans les deux cas de radiations lumineuses ayant mêmes longueurs d'onde, c'est-à-dire de la même couleur.

(25) On appelle *pouvoir absorbant* le rapport qui existe entre l'intensité de la lumière incidente et celle de la lumière absorbée (pour des rayons d'une longueur d'onde déterminée).

Les expériences directes de Bunsen et de Roscoe ont démontré que, pour chaque substance, ce rapport est une valeur constante. Désignons par A ce rapport pour un corps donné à une température donnée, par exemple, pour une flamme colorée par le sodium ; soit E l'intensité des rayons lumineux de la même longueur d'onde émis à la même température par le même corps. La loi de Kirchhoff dit que la fraction $\frac{A}{E}$ est une valeur constante, indépendante de la nature de la substance et qui est seulement fonction de la température et de la longueur d'onde.

De même qu'une surface dépolie noire émet une quantité considérable de rayons caloriques et en absorbe une quantité considérable, et qu'une surface métallique brillante en absorbe et en émet peu, de même la flamme colorée par le sodium engendre une quantité considérable de rayons jaunes ayant un indice de réfraction déterminé, tout en possédant la propriété de retenir une quantité considérable de ces mêmes rayons *de réfraction*. D'une manière générale, tout milieu capable d'engendrer certains rayons est susceptible de les absorber.

Les raies brillantes, caractéristiques d'un métal donné, peuvent donc être absorbées (c'est-à-dire transformées en raies noires), quand la lumière, engendrant un spectre continu, traverse un espace contenant ce même métal.

La lumière solaire est, bien entendu, sujette au même

phénomène, puisque l'on constate des raies noires caractéristiques de tous les métaux connus ; c'est-à-dire que les raies de Fraunhofer sont des spectres d'absorption, ce sont des raies dues au renversement du spectre. On suppose que la lumière émise par le soleil lui-même donne, comme celle de toutes les sources de lumière artificielle connues (26), un spectre continu sans bandes noires.

(26) Les métaux commencent à émettre de la lumière visible dans l'obscurité vers 420° environ. A mesure que la température augmente, les corps solides répandent une lumière rouge, puis jaune et enfin blanche.

Les gaz comprimés ou lourds émettent aussi une lumière blanche. Les liquides incandescents (par exemple l'acier ou le platine en fusion) donnent aussi une lumière composée blanche.

Il faut donc admettre que le soleil, par suite de la température fort élevée qui lui est propre, émet une lumière brillante engendrant un spectre continu et que cette lumière, avant d'arriver à notre œil, traverse un espace rempli de vapeurs de différents métaux ou de leurs composés. L'atmosphère terrestre (27) ne contenant que peu ou pas de vapeurs métalliques, pas plus d'ailleurs que l'espace céleste (28) ; il faut admettre que ces dernières existent dans l'atmosphère qui entoure le soleil. On conçoit aisément qu'à une température aussi élevée que celle du soleil, les combinaisons des métaux tels que le sodium et même le fer soient décomposées et que ces métaux soient mis en liberté et transformés en vapeurs. Il faut donc se représenter le soleil comme étant entouré d'une atmosphère de corps incandescents à l'état de vapeurs et de gaz (29) et, parmi ces derniers, il faut admettre l'existence de corps simples dont les spectres renversés coïncident avec les raies de Fraunhofer : notamment le sodium, le fer, l'hydrogène, le lithium, le calcium, le magnésium, etc.

(27) Brewster, comme on l'a déjà vu plus haut, est le premier qui ait distingué les raies atmosphériques terrestres des raies solaires. Janssen a montré que le spectre de l'atmosphère renferme des raies d'absorption dues à la vapeur d'eau. Egoroff, Olchevski, Jansen puis Liveing et Dewar ont démontré, par une série d'expériences, que l'oxygène de l'air détermine lui aussi certaines raies du spectre solaire, surtout la ligne A. Liveing et Dewar ayant pris de l'oxygène comprimé jusqu'à 86 atm. dans un tube long de 165 centimètres, ont déterminé le spectre d'absorption de ce gaz et y ont trouvé, en plus des raies A et B, les principaux groupes suivants : 630-622, 581-568,535, 480-475. On a observé la formation des mêmes raies avec l'oxygène liquéfié.

(28) Si le milieu absorbant était constitué par toute la matière de l'espace céleste, les spectres des étoiles seraient en tout semblables à celui du soleil. Or, Huygens, Lockyer et autres ont démontré que cette similitude n'existe que pour un petit nombre d'étoiles; la plupart donnent des spectres d'un autre caractère avec des raies et des bandes obscures et claires.

(29) Il se produit constamment sur le soleil des éruptions volcaniques mais infiniment plus considérables que celles que l'on observe sur la terre. Elles nous apparaissent sous la forme de protubérances, visibles au moment des éclipses complètes de soleil et se présentent à l'état de masses gazeuses émettant une faible lumière sur le pourtour du disque solaire. Actuellement on étudie les protubérances en tout temps à l'aide des appareils spectroscopiques (procédé de Lockyer) parce qu'elles renferment des vapeurs lumineuses d'hydrogène et d'autres corps simples donnant des raies très brillantes.

Les recherches spectrales permettent ainsi de déterminer la composition des astres célestes qui nous sont inaccessibles. En effet, d'après les spectres de ces derniers, on a pu découvrir les transformations (30) qui s'y produisent et y constater la présence de certains corps simples qui sont bien étudiés sur la terre (31). Il faut donc arriver à cette conclusion que, dans tout l'univers, les corps simples sont les mêmes que sur la terre et qu'à la température excessivement élevée qui existe à la surface du soleil ces corps, que nous considérons comme éléments chimiques n'ont subi aucune décomposition ou transformation. Or, parmi toutes les conditions qui permettent de dissocier les corps composés, la plus favorable est l'élévation de la température, aussi faut-il admettre que, si des substances, telles que le sodium, étaient des corps composés, ils se seraient divisés en leurs composants à la température très élevée qui existe sur le soleil.

(30) Les nombreuses applications et le grand intérêt des recherches spectroscopiques relatives au soleil, aux comètes, aux étoiles, aux nébuleuses, etc., ont donné à ce nouveau domaine des sciences naturelles une place très importante. Aussi, pour plus de détails, sommes-nous obligés de renvoyer le lecteur aux traités spéciaux traitant ce sujet.

Parmi les découvertes auxquelles a donné lieu l'application du spectroscope aux études astronomiques, la plus importante qui ait été faite depuis Zelner, c'est *l'évaluation du déplacement des astres*. On sait que la hauteur d'un son musical varie en raison inverse de la distance qui sépare l'oreille de l'objet qui émet le son. De même, si une source lumineuse (ou une atmosphère absorbante) se rapproche ou s'éloigne de la terre où se trouve placé l'observateur, la hauteur du son lumineux,ou la longueur de l'onde lumineuse, change, ce qui se traduit par un déplacement des raies spectrales.

Les protubérances solaires donnent même des raies spectrales brisées, parce que les masses de vapeurs et de gaz vomies ou bien se dirigent vers la direction de l'œil de l'observateur ou bien tombent de nouveau sur le soleil.

Comme la terre tourne avec le système solaire parmi les étoiles, il est possible, d'après le déplacement des raies spectrales de ces dernières, de déterminer la direction et la vitesse du mouvement du soleil dans l'espace.

C'est encore à l'aide de l'analyse spectrale que l'on étudie les modifications qui se produisent dans l'atmosphère solaire ou même dans la masse de cet astre qu'il faut considérer comme formé par des vapeurs incandescentes.

Remarquons que, si l'observateur ou l'objet lumineux se meut avec une vitesse $\pm v$, le rayon d'une longueur d'onde λ se présente comme ayant une longueur d'onde $\lambda \frac{n \pm v}{n}$ si l'on désigne par n la vitesse de la lumière.

C'est ainsi que Thollon, Huyghens et d'autres ont démontré que l'étoile Aldébaran s'approche du système solaire avec une vitesse de 30 kil. par seconde et que Arcturus s'en éloigne avec une vitesse de 45 kil.

La plupart des étoiles donnent le spectre de l'hydrogène presque pur ; dans les nébuleuses, on voit en outre le spectre de l'azote.

En se basant sur les données relatives aux spectres des étoiles, Lockyer a émis cette hypothèse que les unes se trouvent dans la période de l'accroissement de leur température (sont en voie de formation), tandis que les autres sont dans la période de refroidissement.

(31) Les recherches spectroscopiques démontrent la présence de la plupart des éléments chimiques connus sur le soleil et les étoiles. On y admet en outre l'existence d'un élément spécial, **l'hélium**, caractérisé par une raie très brillante, voisine de D et ayant pour longueur d'onde 587,5. Cette raie que l'on observe sur les protubérances et les taches du soleil, n'appartient à aucun des éléments connus sur la terre et n'a pu jusqu'ici être reproduite à l'état de raie noire renversée.

[Depuis la publication en russe de cette édition, M. Ramsay a découvert la présence de l'hélium dans la clévéite et dans la plupart des minerais à terres rares. Un certain nombre d'auteurs l'ont également rencontré dans quelques eaux minérales. (Note des traducteurs].

Il se peut que cette raie appartienne à un élément encore inconnu, mais il n'est pas non plus impossible qu'elle soit produite par des éléments connus, attendu que la disposition et l'aspect des raies spectrales changent sous l'influence des variations de la température et de la pression. Ainsi, par exemple, Lockyer, en observant une température relativement basse, n'a constaté que la production d'une raie unique : la raie 423, dans la partie extrême du spectre du calcium ; en élevant la température on voit apparaître 397 et 393 ; et, si la température augmente davantage, la raie 423 devient complètement invisible.

Les spectres visibles dans les expériences ordinaires appartiennent souvent aux métaux et non aux composés examinés, ce qui dépend de leur décomposition par la chaleur de la flamme. Un grain de sel ordinaire introduit dans la flamme d'un bec de gaz se décompose en partie en formant, probablement avec l'eau, HCl et $NaOH$; cette dernière, en présence des substances hydrocarbonées contenues dans la flamme, se dissocie et met en liberté le sodium métallique dont les vapeurs incandescentes engendrent une lumière ayant un indice de réfraction déterminé. Cette conclusion se vérifie par les expériences suivantes :

En introduisant dans une flamme colorée par le sodium de l'acide chlorhydrique gazeux, le spectre caractéristique du sodium disparaît, car, en présence d'un excès d'acide chlorhydrique, le sodium ne peut rester dans la flamme à l'état métallique. Le même phénomène se produit par l'addition de sel ammoniac qui, décomposé par la flamme, donne de l'acide chlorhydrique.

Dans un tube en porcelaine contenant du chlorure de sodium NaCl (ou bien NaHO, Na^2CO^3), fermé à ses extrémités par des plaques en verre et porté à une température suffisante pour réduire NaCl en vapeurs, on n'observe pas le spectre du sodium. Si au contraire, on remplace le chlorure de sodium par du sodium métallique, on observe un spectre lumineux ou un spectre d'absorption suivant que la lumière est produite par les vapeurs incandescentes elles-mêmes ou bien qu'elle ne fait que traverser le tube. Le spectre des sels sodiques est donc propre au sodium métallique et non au chlorure de sodium ou autre composé de ce métal. Cette même réserve se rapporte aux autres éléments analogues au sodium.

Les chlorures de baryum, de calcium, de cuivre, etc., ainsi que leurs combinaisons avec les autres halogènes possèdent leurs spectres indépendants, distincts de ceux des métaux. Ainsi, le chlorure de baryum introduit dans la flamme donne un spectre mélangé, appartenant au baryum métallique et au chlorure de baryum. Si, avec le $BaCl^2$, on introduit dans la flamme de l'acide chlorhydrique ou du chlorure d'ammonium AzH^4Cl, le spectre du métal disparaît ; il ne reste que celui du composé chloré distinct des spectres de $BaFl^2$, $BaBr^2$ et BaI^2.

Les spectres de divers composés différents d'un même métal obtenus par les procédés que l'on vient de voir, ainsi que celui du métal lui-même se ressemblent beaucoup ;

ils ont quelques raies communes, mais chacun d'eux possède ses particularités. Les spectres de beaucoup de composés cuivriques sont très faciles à observer, ce qui prouve que certains corps composés peuvent résister à des températures élevées et produire des spectres indépendants. Dans la majorité des cas, les spectres des corps composés présentent des raies brillantes peu nettes et des bandes claires, tandis que les corps simples métalliques produisent généralement un petit nombre de raies spectrales très accusées (32). Rien ne fait supposer que le spectre d'un corps composé est égal à la somme des spectres de ses éléments ; il faut donc admettre que **chaque corps composé**, indestructible par la chaleur, possède **son spectre** qui lui est **propre**. Les spectres d'absorption, qui ne sont en réalité que des spectres renversés observés à des températures suffisamment basses, en sont la meilleure preuve. Le fait que les sels de Na, Li, K donnent le même spectre que leurs métaux respectifs doit être attribué à la décomposition de ces sels dans la flamme et à la présence des métaux libres.

(32) Les analyses spectrales, comme nous venons de le voir, sont compliquées par ce fait que le spectre d'une même substance varie avec la température : ceci est surtout vrai pour les gaz que l'on est obligé d'enfermer dans des tubes en verre et à travers lesquels on fait passer une décharge électrique. Ces modifications spectrales sont vraisemblablement liées à des variations dans la disposition moléculaire des éléments sous l'influence de la chaleur (l'ozone par exemple se transforme en oxygène, Az^2 en Az) on pourrait encore admettre que, à basse température, certains rayons ont une intensité relative plus considérable qu'à une température plus élevée.

Si l'on se représente les molécules gazeuses comme animées d'un mouvement continuel dont la vitesse dépend de la température, il faut admettre qu'elles s'entrechoquent les unes les autres, rebondissent et communiquent ainsi à l'éther certains mouvements qui se traduisent par des phénomènes lumineux. L'élévation de la température d'un gaz ou au contraire sa condensation, doivent influencer les rencontres des molécules et les mouvements lumineux qui en résultent. Et ces modifications peuvent déterminer les différences que l'on observe dans les spectres dans ces conditions. Les observations directes ont démontré que les spectres des gaz condensés par compression sont plus complexes que ceux des gaz raréfiés et que l'on observe, même chez les premiers, des spectres continus.

Comme preuve de la variabilité des spectres suivant les conditions dans lesquelles ils se produisent, il suffit de dire que K^2SO^4 fondu dans une anse de platine donne un système de raies 583-578 sous l'influence des étincelles électriques. Si l'on fait au contraire passer des étincelles dans une solution de sulfate neutre de potassium, ces raies sont faibles et, quand Roscoe et Schuster ont déterminé le spectre d'absorption des vapeurs du potassium métallique, ils ont remarqué la présence, dans les parties rouge, orangée et jaune, d'un grand nombre de raies ayant la même intensité que le système mentionné.

Pour observer le spectre des solutions, on emploie généralement l'appareil imaginé par Lecoq de Boisbaudran.

Les phénomènes spectraux sont donc **déterminés par les molécules et non par les atomes** ; ce sont les molécules du sodium et non ses atomes qui engendrent le genre de vibrations qui est exprimé dans le spectre des sels de ce métal. Là où le sodium métallique fait défaut, son spectre n'existe pas.

Les recherches spectrales ont introduit dans la science non seulement les notions de la composition des astres célestes (soleil, étoiles, nébuleuses, comètes, etc.), mais elles donnèrent aussi une nouvelle méthode pour l'étude des corps répandus sur la surface terrestre. A l'aide de ce genre de recherches, Bunsen a découvert deux nouveaux métaux du groupe alcalin ; c'est par le même procédé que trois autres métaux : le thalium, l'indium, et le gallium, ont été découverts.

On utilise le spectroscope pour l'étude des métaux rares qui donnent souvent en solutions des spectres d'absorption ; pour celle des matières colorantes et en général de beaucoup de substances organiques, etc. **(33)**.

(33) Gladstow le premier, en 1856, montra toute l'importance du

pectroscope pour les recherches chimiques ; mais c'est seulement après les recherches de Kirchhoff et de Bunsen que le spectroscope devint un instrument de laboratoire chimique. On peut espérer qu'avec le temps les recherches spectroscopiques vont éclaircir certains côtés des problèmes théoriques (philosophiques) de la chimie ; jusqu'à présent il n'y a que peu de choses faites dans cette voie.

Ainsi, plusieurs savants en comparant les longueurs d'ondes d'un grand nombre de vibrations lumineuses produites par un élément donné s'efforcent de trouver une loi qui régit leurs rapports mutuels. D'autres (Hartley et Ciamician) en comparant les spectres des éléments semblables (Cl^2, Br^2, I^2), ont pu y remarquer une certaine homologie ; d'autres enfin (Grunwald) cherchent à établir un rapport entre les spectres des corps composés et ceux de leurs parties constituantes, etc.

Dans certains cas cependant, on a noté un rapport régulier entre les longueurs des ondes de toutes les raies spectrales d'un élément. Ainsi, par exemple, pour le spectre de l'hydrogène, les longueurs des ondes $= \dfrac{365{,}542\, m^2}{(m^2 - 4)}$, si m varie comme une série de nombres entiers de 3 à 15 (Balmer, Hagenbach et autres) ; ainsi m étant égal à 3 on obtient la longueur d'onde d'une des raies rouges les plus brillantes du spectre de l'hydrogène (656,2) ; $m = 7$ l'une des raies violettes (396,8) les plus visibles ; m étant plus grand que 9, on a les longueurs des raies ultraviolettes du spectre de l'hydrogène.

Les métaux du groupe du sodium donnent des sels tellement volatils et des spectres si caractéristiques que des quantités infinitésimales de ces métaux (34) peuvent être décelées par le spectroscope. Le lithium, par exemple, colore la flamme en rouge vif ; son spectre est caractérisé par une raie rouge (long. d'onde 670 millionièmes de millimètre) qui permet de reconnaître la présence de composés de ce métal dans un mélange de composés des autres métaux alcalins.

(34) Pour démontrer le degré de sensibilité des réactions spectroscopiques, il suffit de citer l'observation suivante du docteur Bence Jones. Si l'on injecte sous la peau d'un cobaye 3 grains (0 gr. 1944) d'un sel de lithium en solution, on peut découvrir le métal au bout de 4 minutes dans la bile et dans les milieux liquides de l'œil et, au bout de 10 minutes dans toutes les parties de l'organisme.

Le lithium Li dont le poids atomique égale 7 est, comme le potassium et le sodium, assez répandu dans les roches siliceuses, mais il s'y trouve en petite quantité et constitue, pour ainsi dire, une matière étrangère dans la masse considérable des deux métaux alcalins précédemment décrits. Peu de minéraux en contiennent des quantités appréciables (**35**). Les composés du lithium se rapprochent sous tous les rapports des composés correspondants du sodium et du potassium; seul, le carbonate de lithium est peu soluble dans l'eau froide; aussi utilise-t-on cette propriété pour séparer le Li du K et du Na; le carbonate de lithium, une fois obtenu, peut être facilement transformé en tous les autres composés de lithium. L'hydrate de lithium LiHO s'obtient absolument comme la soude caustique, c'est-à-dire par l'action de la chaux sur le carbonate; il est soluble dans l'eau et cristallise en solution alcoolique sous la forme de $LiHOH^2O$.

(35) Le *spodumène* ou *triphane* renferme jusqu'à 6 0/0 de Li^2O (lithine ou oxyde de lithium) et *la lépidolithe* environ 3 0/0 de cet oxyde. On rencontre cette dernière dans certains granits en assez grande quantité et c'est elle qu'on emploie le plus souvent pour l'extraction des composés du lithium, dont quelques-uns sont employés en médecine (traitement de la lithiase urinaire, de la goutte, etc.).

Le lépidolithe naturel que les acides n'attaquent pas est cependant décomposé par l'acide chlorhydrique concentré après fusion. Au bout de plusieurs heures de contact, les oxydes métalliques passent en solution à l'état de chlorures et la silice reste insoluble. On mélange la solution avec de l'acide azotique pour transformer l'oxyde ferreux en oxyde ferrique et on y ajoute ensuite du carbonate de sodium jusqu'à réaction alcaline; il se forme dans ces conditions un précipité de sels ferriques, d'aluminium, de magnésium, et d'autres sels insolubles dans l'eau. La solution ne renferme que des sels solubles KCl, NACl, LiCl qui ne donnent pas de précipités avec le carbonate de Na en solution diluée. On évapore la liqueur renfermant les chlorures alcalins et on y ajoute ensuite une solution concentrée de carbonate de Na. Cette fois il se forme un précipité de carbonate de lithium qui est beaucoup moins soluble que Na^2CO^3.

$$2LiCl + Na^2CO^3 = 2NaCl + Li^2CO^3$$

Le carbonate de lithium qui ressemble sous bien des rapports au carbonate sodique est très peu soluble dans l'eau froide et ne se dissout facilement que dans l'eau chaude. Cette propriété rapproche le lithium du groupe des métaux terreux (magnésium, baryum, calcium), dont les carbonates sont presque insolubles dans l'eau.

L'oxyde de lithium Li^2O peut être obtenu en calcinant Li^2CO^3 avec le charbon.

En se dissolvant, Li^2O produit 26,000 calories et la combinaison de Li^2 avec O développe 140,000 cal., c'est-à-dire plus que la formation de Na^2O (100,000 calories), de K^2O (97,000) (Békétoff).

Ouvrard, en calcinant Li dans l'azote, a observé la formation de Li^3Az analogue à Na^3Az.

LiCl, LiBr et LiI forment des hydrates cristallisables avec H^2O, $2H^2O$ et $3H^2O$. Bogorodsky a démontré (1894) qu'une solution renfermant $LiBr + 3,7H^2O$, refroidie jusqu'à — 62°, laisse déposer des cristaux $LiBr.3H^2O$ qui se décomposent à + 40 et perdent H^2O.

LiFl est peu soluble dans l'eau (1 partie de sel dans 800 parties d'eau).

Le lithium métallique a été obtenu par l'électrolyse du chlorure de lithium fondu. A cet effet, on remplit un creuset, muni de son couvercle, de chlorure de lithium, on fait fondre ce dernier et on fait passer à ce moment le courant d'une forte pile. L'électrode positive est un morceau de charbon compact entouré d'un tube en porcelaine muni d'une gaine en fer ; le pôle négatif est constitué par un fil de fer. C'est sur ce fil que vient se déposer le métal fondu pendant que le chlore se dégage au pôle positif.

Le lithium est le métal le plus léger que l'on connaisse ; sa densité est 0,59 ; il flotte sur l'huile de naphte. Il fond à 180°, mais ne se volatilise pas même au rouge vif. Comme aspect il rappelle beaucoup le sodium ; il possède le même reflet jaunâtre que ce dernier. A 200° il s'enflamme à l'air et brûle avec une flamme brillante en formant de l'oxyde de lithium. Le lithium décompose l'eau, mais n'enflamme pas l'hydrogène. Les composés du lithium colorent en rouge pourpre une flamme pâle telle que celle de l'alcool (**36**).

(36) Pour déceler la présence du lithium dans un de ses composés, il est préférable de traiter la substance par un acide (lorsqu'il s'agit de composés silicieux, il faut prendre l'acide fluorhydrique) ; on sépare le résidu que l'on met en contact avec de l'acide sulfurique ; après avoir évaporé la liqueur ainsi obtenue et desséché le résidu, on l'épuise par de l'alcool qui dissout une certaine quantité de sulfate de lithium Il est facile de découvrir le lithium dans cette solution alcoolique par la coloration rouge qu'elle communique à la flamme ou à l'aide de l'analyse spectrale ; le spectre du lithium renferme, en effet, des raies rouges caractéristiques.

Le lithium a été découvert en 1817, dans la pétalite, par Arfetson.

En employant l'analyse spectrale, Bunsen a essayé de déterminer si les différents produits naturels qui renferment du lithium, du potassium et du sodium ne contenaient pas en même temps d'autres métaux inconnus. Il trouva, en effet, deux nouveaux métaux alcalins possédant des spectres indépendants. Ces métaux reçurent leurs noms des raies spectrales qui les caractérisent et de la coloration qu'ils communiquent à la flamme. L'un, le **rubidium** (de *rubidus*, rouge) donne un spectre avec deux raies : une rouge et une violette, l'autre est le **cesium** (de *cæsius* bleu) ; dont le sceptre est caractérisé par deux raies bleues. Ces deux métaux accompagnent toujours Na, K et Li, mais on les rencontre en petite quantité ; cependant le rubidium existe en quantités plus considérables que le césium. La quantité des oxydes de césium et de rubidium que l'on trouve dans la lépidolithe ne dépasse généralement pas 1/2 0/0. Les cendres de plusieurs plantes contiennent du rubidium. La plupart des eaux minérales renferment également de petites quantités de ce métal. Le césium est toujours associé au rubidium et il n'y a que peu d'exceptions à cette règle. Ainsi, on a trouvé, dans un granit de l'ile d'Elbe, la présence du césium non accompagné de rubidium. Ce granit renferme un minéral très rare appelé *pollux* et contenant 34 0/0 d'oxyde de césium. Les sels doubles de chlorure de platine et de RbCl et CsCl étant moins solubles dans l'eau que le sel correspondant du potassium K^2PtCl^6, Bunsen a séparé les deux métaux l'un de l'autre et des sels de potassium (**37**) ; il a démontré en même temps leur grande ressemblance. Ces métaux ont été obtenus à l'état libre (**38**). La densité du rubidium est 1,52 ; il fond à 39° ; le césium fond à 27° ; sa densité = 2,366 d'après Beketoff (1894), qui a préparé le césium en calcinant $CsAlO^2$ avec Mg (**39**).

(37) Presque tous les sels métalliques, additionnés de carbonate d'ammonium, laissent déposer un précipité de carbonates : Tels sont, par exemple, ceux du calcium, du fer, etc. Les bases dont les carbonates sont solubles ne précipitent pas dans ces conditions. Si donc, dans une solution contenant un mélange de différents sels métalliques, on verse du carbonate d'ammonium, un certain nombre de bases seront précipitées et les bases alcalines seules resteront en dissolution. Il suffit d'évaporer la solution filtrée, de calciner le résidu pour chasser les sels d'ammonium qui se sont formés, pour obtenir les sels alcalins seuls. Pour les séparer les uns des autres, on redissout le résidu dans l'eau, on ajoute de l'acide chlorhydrique puis du chlorure de platine en dissolution.

Les chlorures de lithium et de sodium donnent avec le chlorure de platine des sels doubles facilement solubles dans l'eau tandis que les chlorures de potassium, de rubidium et de césium forment avec $PtCl^4$ des sels doubles difficilement solubles dans l'eau, en effet, cent parties d'eau à 0° ne dissolvent que 0,74 parties de chlorure double de platine et de potassium. Dans les mêmes conditions, il ne se dissout que 0,134 parties du sel de rubidium correspondant et 0,024 de celui de césium. A 100°, l'eau dissout 5,13 0/0 de chlorure double de platine et de potassium, 0,634 de sel de rubidium et 0,175 de celui de césium.

Ces chiffres montrent de quelle manière on peut obtenir les sels de rubidium et de césium séparément. Ce procédé de séparation des deux métaux est très lent ; il est plus facile pour arriver au même but de profiter de la différence de solubilité de leurs carbonates dans l'alcool ; CsC^2O^3 est soluble dans l'alcool tandis que les carbonates de rubidium et de potassium y sont presque insolubles.

Setterberg a séparé les deux métaux à l'état d'aluns ; mais le meilleur procédé a été indiqué par Scharples ; il est basé sur ce principe que, en présence d'HCl, le tétrachlorure d'étain précipite un sel double de Cs, très peu soluble dans l'eau, dans un mélange de KCl, NaCl, CsCl, RbCl.

(38) Bunsen a obtenu le rubidium en distillant le tartrate de rubidium avec de la suie et Békétoff (1888) en calcinant l'oxyde hydraté avec de l'aluminium.

$$3RbOH + Al = RbAlO^2 + H^2 + Rb$$

Mis en présence de l'eau, 85 gr. de Rb produisent 94.000 calories.

Le césium a été préparé par Setterberg (1832), par l'électrolyse de l'alliage d'un mélange de cyanure de césium et de baryum.

Winckler (1890) a démontré que le magnésium métallique réduit les hydrates et les carbonates de rubidium et de césium et met en liberté ces deux métaux, de même que les autres métaux alcalins.

(39) Békétoff (1888) a montré que l'aluminium métallique réduisait, à une température élevée, les hydrates des métaux alcalins (bien desséchés) en formant des aluminates,

$$2KHO + Al = KAlO^2 + K + H^2$$

La moitié seulement du métal alcalin est mise en liberté.

Winckler a prouvé (1889) que le magnésium en poudre est, lui aussi, capable de réduire les métaux alcalins de leurs hydrates et carbonates. En se basant sur cette observation, Békétoff et Chtcherbatcheff (1894) ont préparé le césium en calcinant son aluminate $CsAlO^2$ avec du magnésium pulvérisé ; il s'est formé de l'aluminate de magnésium et tout le césium s'est trouvé mis en liberté.

$$2CsAlO^2 + Mg = MgOAl^2C^3 + 2Cs.$$

Les auteurs de cette expérience ont pris un certain excès d'alumine (pour ne pas obtenir une masse hygroscopique d'aluminate) et de magnésium ; $CsAlO^2$ a été préparé en précipitant les aluns de césium par la baryte et en évaporant la liqueur obtenue.

Il est utile d'ajouter que Békétoff (1887) a préparé le protoxyde de potassium K^2O en calcinant le peroxyde KO dans des vapeurs de potassium dégagées par son alliage avec l'argent ; cet auteur a démontré qu'en se dissolvant dans un excès d'eau, chaque molécule (94 grammes) dégage 67.400 calories. Étant donné que la chaleur de dissolution de $2KHO = 24.920$ cal., nous avons $K^2O + H^2O = 42.480$ cal. d'où $K^2 + O = 97.100$ cal., (attendu que $K^2 + O + H^2O = 164.500$ cal.).

Cette valeur est inférieure à celle qui correspond au sodium (100.260 cal.) ; quant à l'action énergique du potassium sur l'eau, elle s'explique par ce fait que K^2O, en se combinant avec l'eau, dégage une quantité de chaleur plus considérable que Na^2O.

Le protoxyde de lithium Li^2O que l'on prépare facilement en calcinant Li^2CO^3 avec du charbon (il se dégage $Li^2O + 2CO$), produit avec un *excès* d'eau, 26.000 cal. ; la réaction $Li^2O + H^2O$ ne donne que 13.000 cal. ; l'oxyde de lithium n'est réduit ni par l'hydrogène ni par le charbon.

Dans la série des métaux Li, Na, K, pour la formation du composé R^2O, c'est le lithium qui dégage la plus grande quantité de chaleur tandis que le potassium en dégage le moins. C'est tout l'opposé pour la chaleur de formation de RCl (KCl = 105.000 ; LiCl = 93.500 cal.). Dans la formation de Rb^2O, il se produit 94.000 calories.

Le césium, en présence d'un excès d'eau, dégage 51.500 cal. ; la réaction $Cs^2 + O = 100.000$ cal., c'est-à-dire qu'il y a production d'une quantité de chaleur plus considérable que dans les réactions analogues de K et Rb et presque autant que pour Na. L'oxyde de césium réagit avec l'hydrogène d'après la formule :

$$Cs^2O + H = CsHO + Cs$$

Cette réaction se fait à la température ordinaire, comme l'a démontré Békétoff (1893). Ce même auteur a préparé un oxyde mixte de AgCsO qui a la propriété d'absorber l'hydrogène et de former CsHO.

Le lithium, le sodium, le potassium, le rubidium et le césium ont évidemment une grande ressemblance chimique : il suffit, pour s'en convaincre, de comparer les propriétés de ces métaux libres et de leurs composés correspondants respectifs, même les plus complexes: Ainsi, tous ces métaux décomposent facilement l'eau ; leurs oxydes hydratés RHO et les carbonates R^2CO^3 sont solubles dans l'eau, tandis que ceux de presque tous les autres métaux y sont insolubles.

Si l'on met en regard les propriétés chimiques des sels correspondants de chacun de ces métaux, l'analogie est encore plus frappante ; aussi, peut-on à juste titre réunir ces éléments en un groupe naturel et les désigner tous sous le nom de **métaux alcalins.**

Les halogènes et les métaux sont les éléments les plus opposés par leur caractère chimique ; tous les autres éléments sont, ou bien des métaux se rapprochant jusqu'à un certain point des métaux alcalins et par leur faculté de former des sels et par l'absence de composés acides ; mais ils sont bien loin d'être aussi énergiques que les métaux alcalins. Ces derniers les déplacent tous de la plupart de leurs combinaisons. En se combinant avec les halogènes ils dégagent moins de chaleur, et les bases qu'ils forment sont moins énergiques que celles des métaux alcalins. Tels sont les métaux les plus répandus : le fer, le cuivre, l'argent, etc.

Il existe d'autres éléments qui, par les caractères de leurs composés, se rapprochent des halogènes : comme ces derniers, ils se combinent avec l'hydrogène, mais leurs composés hydrogènes ne possèdent pas les propriétés énergiques des acides formés par les halogènes. Ils se combinent facilement avec les métaux en formant des composés moins salifiables que ceux des halogènes. Bref, les propriétés des halogènes y sont exprimées moins énergiquement. Le soufre, le phosphore, l'arsenic, etc., font partie de ce groupe d'éléments.

Il existe enfin une série d'éléments, tels que le carbone et l'azote, dans lesquels ni les propriétés des métaux, ni celles des halogènes ne se retrouvent avec netteté ; sous ce rapport, ils occupent une situation intermédiaire entre les deux groupes d'éléments mentionnés plus haut.

La différence très prononcée existant entre les halogènes et les métaux alcalins se manifeste en ce que les premiers forment des composés doués de propriétés acides, mais jamais de bases, tandis que les métaux, au contraire, ne donnent que des bases. Les premiers sont donc de véritables **éléments acides**, tandis que les seconds sont des **éléments basiques ou métalliques**. En se combinant les uns aux autres, les halogènes forment des composés chimiquement instables, les métaux alcalins produisent des alliages. Dans ces derniers, le caractère des métaux composants ne s'est pas modifié, de même que le caractère des halogènes s'est conservé dans le composé ICl. Les uns et les autres, en se combinant entre eux, forment, comme on le voit, des produits peu caractérisés, possédant les propriétés de leurs composants. La formation de ces composés est accompagnée du dégagement d'une grande quantité de chaleur et d'une modification complète des composants au point de vue physique aussi bien qu'au point de vue chimique. L'alliage de sodium et de potassium est liquide à la température ordinaire, mais il n'en n'a pas moins l'aspect métallique de ses deux composants. La combinaison du chlore et du sodium : le chlorure de sodium ne possède ni l'aspect, ni les propriétés des corps dont il est composé : NaCl a un point de fusion supérieur à celui de Na et de Cl ; il est moins volatil que ces derniers, etc.

Malgré cette différence qualitative, il existe cependant entre les halogènes et les métaux alcalins une **grande ressemblance quantitative**. Ces deux groupes d'éléments sont en effet *monovalents* ou *monoatomiques* par rapport à l'hydrogène, ce qui indique qu'ils peuvent se substituer facilement à l'hydrogène atome pour atome. Dans le phénomène de métalepsie, le chlore peut remplacer l'hydrogène, et les métaux alcalins peuvent se substituer à l'hydrogène de l'eau et des acides. De même que, dans un carbure d'hydrogène on peut remplacer successivement chaque atome d'hydrogène, par un atome de chlore, de même, dans les acides contenant plusieurs atomes d'hydrogène, on peut successivement remplacer chacun de ces atomes par un métal alcalin. L'atome de ces deux groupes d'éléments ressemble donc à celui de l'hydrogène ; ce dernier est pris sous tous les rapports pour unité dans la comparaison avec les autres éléments.

Dans l'ammoniaque et dans l'eau le *Cl* et le *Na* sont capables de produire une substitution directe. D'après la loi des substitutions, la formation de NaCl suffit à démontrer que les atomes des halogènes et des métaux alcalins sont équivalents.

Dans les combinaisons des halogènes, de l'hydrogène et des métaux alcalins avec des éléments tels que l'oxygène, on voit facilement qu'un atome de ce dernier se combine à deux atomes des premiers. Il suffit, pour s'en convaincre, de comparer à l'eau, H^2O, les composés suivants :

$$KOH, K^2O, HClO, Cl^2O.$$

Il ne faut cependant pas oublier que, en plus des composés du type R^2O, les halogènes forment avec l'oxygène des corps plus oxygénés que ni les métaux alcalins, ni l'hydrogène, ne sont capables de produire. Nous verrons bientôt que ces propriétés sont subordonnées à une loi spéciale exprimant la transition graduelle qui existe, dans les propriétés des éléments, en partant des métaux alcalins pour arriver aux halogènes (**40**).

En disposant les métaux alcalins en une série d'après la grandeur croissante de leurs poids atomiques

$$Li = 7 ; Na = 23 ; K = 30 ; Rb = 85 ; Cs = 133$$

on peut juger des propriétés relatives des composés correspondants des éléments de ce groupe. Ainsi, par exemple, les chloroplatinates de lithium et de sodium sont solubles dans l'eau ; ceux de potassium, de rubidium, et de césium le sont peu ; plus le poids atomique du métal est grand, moins est grande la solubilité de ce sel.

Dans d'autres cas, on observe un rapport inverse ; plus est grand le poids atomique, plus le sel correspondant est soluble. Les propriétés des métaux eux mêmes se modifient en raison de la différence des poids atomiques : ainsi, le lithium distille difficilement ; le sodium au contraire s'obtient par la distillation ; le potassium distille plus facilement que le sodium; quant au rubidium et au césium, ils sont encore plus volatils.

(40) Il faut mentionner ici que les halogènes peuvent jouer quelquefois le rôle des métaux; l'iode qui, par ses propriétés physiques, se rapproche le plus des métaux, se prête surtout à ces substitutions. Schutzenberger, en faisant agir l'anhydride hypochloreux Cl^2O sur l'anhydride acétique $(C^2H^3O)^2O$, a obtenu un composé qu'il a appelé acétate de chlore $CH^3 - CO.OCl$. Ce corps dégage son chlore en présence de l'iode et forme $C^2H^3O(IO) = CH^3 - COOI$ ou acétate d'iode que l'on obtient encore par l'action du chlorure d'iode sur l'acétate de sodium $C^2H^3O\ (ONa)$.

Ces substances ne sont évidemment autre chose que des anhydrides mixtes des acides hypochloreux et hypoiodeux ou bien des produits de substitution de l'hydrogène de KHO par un halogène (Voir chap. XI, notes 29 et 78 bis).

Les composés de ce genre sont très peu stables; ils font explosion sous l'influence d'une élévation de température; l'eau et beaucoup d'autres agents les détruisent, ceci s'explique par ce fait que ces composés renferment des éléments très semblables : aussi bien Cl^2O lui-même que ICl ou NaK.

En traitant par Cl^2O un mélange d'iode et d'anhydride acétique, Schutzenberger a obtenu aussi $I(C^2H^3O^2)^3$ analogue à ICl^3, parce que le groupe $C^2H^3O^2$, de même que Cl, est un halogène capable de former des sels avec les métaux.

CHAPITRE XIV.

Les équivalents et la capacité calorifique des métaux. Magnésium. Calcium. Strontium. Baryum et Glucinium.

En étudiant la composition des composés analogues que forment les différents métaux, il est facile d'établir les **équivalents** des métaux par rapport à l'hydrogène, c'est-à-dire les quantités de ces éléments capables de remplacer une partie en poids d'hydrogène. Si le métal décompose les acides avec dégagement d'hydrogène, on peut en trouver l'équivalent en dissolvant un poids déterminé dans un acide, et en mesurant le volume de l'hydrogène dégagé, car il est facile de calculer le poids de ce dernier (**1**).

(**1**) Ce procédé permet, si l'on prend toutes les précautions voulues, d'établir avec précision le poids de l'équivalent. C'est ainsi que Reinholds et Ramsay (1887) ont fixé, d'après les résultats de 29 expériences, l'équivalent du zinc à 32,7. D'autres auteurs, en employant des méthodes différentes, ont donné des nombres oscillant entre 32,55 et 32,95.

On peut encore déterminer l'équivalent d'un métal par l'analyse d'un sel neutre de ce métal ; si l'on connaît en effet le poids de métal qui se combine avec 35,5 de chlore ou avec 80 de brome, on en connaît l'équivalent.

En électrolysant simultanément, c'est-à-dire en disposant dans le même circuit, un acide et un sel fondu d'un métal donné, on peut déterminer l'équivalent de ce dernier d'après le rapport des quantités de métal et d'hydrogène mis en liberté. En effet, d'après la loi de Faraday, les électrolytes (conducteurs de deuxième classe) se décomposent toujours de telle manière que les masses des métaux ou de l'hydrogène, mis en liberté, sont en proportion équivalente avec les masses des radicaux acides mis en liberté (2).

On peut encore tout simplement chercher quelle est la quantité de métal contenu dans un poids donné d'un de ses oxydes salifiables : une proportion suffit, en effet, pour connaître quel est le poids de ce métal qui s'est combiné à 8 parties en poids d'oxygène : ce poids sera celui de l'équivalent, puisque 8 parties en poids d'oxygène se combinent avec 1 partie d'hydrogène.

(2) La quantité d'électricité égale à un *coulomb* dégage 0 gr. 00001036 d'hydrogène, 0 gr. 00112 d'argent, 0 gr. 0003263 de cuivre dans les sels cuivriques et 0 gr. 0006526 dans les sels cuivreux. Ces quantités sont entre elles comme les poids équivalents de ces métaux, c'est-à-dire comme les quantités qui remplacent 1 p. en poids d'hydrogène.

Le cadre de cet ouvrage ne permettant pas d'entrer dans l'étude complète et détaillée des phénomènes électriques, je me bornerai à mentionner le rapport direct qui existe entre les données thermochimiques et la force électro-motrice.

Les expériences nombreuses effectuées par Favre, Thomsen, Garny, Berthelot, Tcheltsoff et d'autres sur la quantité de chaleur qui se développe dans un circuit fermé ont démontré que la force électromotrice d'un courant E ou sa capacité à produire un certain travail est *proportionnelle* à la quantité totale du calorique Q développée par la réaction qui sert de source d'électricité. Si E est exprimé en *volts* et Q en milliers de calories nous avons $E = 0,0436$ Q. Par exemple, pour un élément de Daniell, l'expérience aussi bien que le calcul donnent $E = 1,09$. Il faut, en effet, admettre, dans ces éléments, la décomposition de $CuSO^4$ en $CuO + SO^3Aq$ et de CuO en $Cu + O$, en même temps que la formation de $Zn + O$ et $ZnO + SO^3Aq$. Or, la chaleur Q qui correspond à ces réactions $= 25,06$.

Pour les métaux monovalents ou monoatomiques analogues à K, Na, Li, etc., le poids de l'équivalent est égal au poids atomique. Ce dernier est égal au poids de deux équivalents pour les métaux bivalents et au poids de *n* équivalents pour les métaux *n* valents. Ainsi, par exemple, le poids atomique de l'aluminium Al = 27 et son équivalent 27/3 = 9, l'aluminium étant trivalent; Mg = 24 et son équivalent = 12. Il résulte de ce qui précède que, si un métal monoatomique M forme des composés :

$$MX = M^2O,\ MHO,\ MCl,\ MAzO^3,\ M^2SO^4..,$$

les composés correspondants d'un métal bivalent (calcium, magnésium, etc.) seront :

$$MX^2 = MO,\ M(OH)^2,\ MCl^2,\ M(AzO^3)^2,\ MSO^4.$$

On peut se demander à juste titre sur quelles bases repose la division des métaux d'après leur valence et pourquoi l'on ne pourrait pas attribuer une même valence à tous les métaux. Ainsi, par exemple, en admettant que Mg = 12 (au lieu de 24 comme on l'admet aujourd'hui) non seulement on simplifie l'expression de la composition de tous les composés du magnésium, mais de plus, on obtient encore cet avantage de rendre leur composition identique à celle des combinaisons correspondantes du sodium ou du potassium. C'est d'ailleurs de cette manière que l'on exprimait la composition des substances avant l'introduction de la notation atomique dans la science.

On ne peut répondre à toutes ces questions que depuis l'établissement de la notion des molécules et des poids moléculaires qui représentent les plus petites quantités des éléments qui entrent dans une combinaison : en un mot, depuis l'établissement de la loi d'Avogadro et de Gerhardt.

Si l'on prend, par exemple, un corps à aspect métallique tel que l'arsenic, on voit qu'il forme plusieurs composés volatils ; il est facile d'établir leur densité de vapeurs et, par conséquent, leur poids moléculaire et de trouver le poids atomique exact de l'arsenic. Il résulte de ces déterminations que As = 75 ; les combinaisons de l'arsenic se rapportent aux mêmes types que celles de l'azote, c'est-à-dire que cet élément possède deux valences et que tantôt il est trivalent et tantôt pentavalent.

$$AsX^3 = AsH^3,\ AsCl^3,\ \text{etc...}$$
$$AsX^5 = AsCl^5,\ As^2O^5,\ \text{etc.}$$

Comme d'autre part, l'antimoine et le bismuth présentent beaucoup d'analogie avec l'arsenic (tout comme K ressemble à Rb et à Cs), et, bien que l'on ne connaisse qu'un très petit nombre de composés volatils du bismuth, il est nécessaire d'attribuer à ses combinaisons les mêmes formes qu'à celles de l'arsenic.

Parmi les métaux bivalents, il en existe plusieurs qui présentent certains points de ressemblance et qui forment des composés volatils : Tel est par exemple le zinc qui est lui-même volatil et qui donne plusieurs combinaisons volatiles : par exemple ZnC^4H^{10} — le zinc-éthyle qui bout à 118° et dont la densité de vapeur = 61,3 ; la molécule de tous les composés du zinc ne renferme pas moins de 65 parties de ce métal qui sont équivalentes à H^2 ; le zinc appartient donc au groupe des métaux bivalents, et nous verrons plus loin qu'il ressemble beaucoup au magnésium, autre métal bivalent.

Les métaux tels que le mercure et le cuivre qui sont capables de former deux bases, au lieu d'une seule, ont une importance toute particulière pour la division des métaux en métaux mono et bivalents. Ainsi, par exemple, le cuivre forme l'oxydule Cu^2O et l'oxyde cuivrique CuO, c'est-à-dire des composés de deux types dont l'un CuX ressemble, au point de vue de la composition, à NaII ou AgX et l'autre CuX^2 à MgX^2, ZnX^2, etc. Les exemples qui précèdent montrent qu'il faut distinguer la notion du poids atomique de celle des poids équivalents.

Ainsi, à l'aide de quelques composés métalliques relativement peu nombreux et en recherchant la similitude entre les éléments, on peut établir l'atomicité des métaux, c'est-à-dire le nombre d'équivalents entrant dans chaque atome.

Depuis la découverte de la loi relative aux capacités calorifiques par Dulong et Petit, on s'en est servi bien des fois dans le même but (3), surtout depuis le développement qui fut apporté à cette loi par les recherches de Régnault et après que Canizzaro (1860) eut montré la concordance des conclusions de cette loi avec les conséquences tirées de la loi d'Avogadro et de Gérardt.

(3) Les principales méthodes dont on se sert pour établir l'atomicité des éléments ou le nombre d'équivalents renfermés dans un atome, sont :

A. La loi d'Avogadro et de Gerhardt. C'est le procédé le plus général et le plus sûr, qui a déjà été appliqué à un nombre considérable d'éléments.

B. La composition des différents degrés d'oxydation et leur isomorphisme, ou en général leur analogie. Par exemple, Fe = 56, parce que l'oxyde ferreux est isomorphe avec MgO etc., et que l'oxyde ferrique renferme 1 fois 1,2 plus d'oxygène que l'oxyde ferreux. C'est à l'aide de ce procédé que Berzelius, Marignac et d'autres ont établi la composition des combinaisons de plusieurs éléments.

C. La capacité calorifique, d'après la loi de Dulong et de Petit.

Regnault et Canizzaro ont établi, à l'aide de cette méthode, la distinction entre les métaux monatomiques et diatomiques.

D. La loi de périodicité des éléments qui a servi pour l'établissement des poids atomiques du cérium, de l'uranium, de l'yttrium, etc. et surtout pour ceux du gallium, du scandium et du germanium.

Je crois utile de mentionner ici qu'on peut déterminer le poids atomique des éléments à l'aide de beaucoup d'autres procédés basés sur certaines propriétés physiques qui sont nettement sous la dépendance de la grandeur, de l'atome ou de la molécule ; citons à titre d'exemple le poids spécifique des solutions des chlorures métalliques qui peut servir pour des déterminations de ce genre. Ainsi, en considérant Gl comme un élément trivalent, et son chlorure comme ayant la composition $GlCl^3$ (ou Gl^nCl^{3n}), le poids spécifique des solutions du chlorure de glucinium ne rentre pas dans la série des autres chlorures métalliques. Si, au contraire, on attribue à Gl le poids atomique $= 7$ (c'est-à-dire si l'on considère ce métal comme bivalent) et à son chlorure la formule $GlCl^2$, toute contradiction disparait ; Bourdakoff a déterminé que la densité de la solution $GlCl^2 + 200\ H^2O = 1{,}0138$, c'est-à-dire qu'elle est supérieure à celle de la solution de $KCl + 200\ H^2O$ ($= 1{,}0121$), et inférieure à celle de $MgCl^2 + 200\ H^2O$ ($= 1{,}0203$), ce qui est conforme à la grandeur du poids moléculaire de ces chlorures : $GCl^2 = 80$ par ce que $KCl = 74{,}5$ et $MgCl^2 = 95$.

Dulong et Petit, après avoir déterminé la capacité calorifique de plusieurs corps simples, remarquèrent que la capacité calorifique d'un élément est d'autant plus faible, que le poids atomique de cet élément est grand, de sorte que le *produit de la capacité calorifique Q par le poids atomique A est une valeur presque constante.* Cela signifie que, pour amener des quantités atomiques des différents corps simples à une même température, il faut employer le même travail ou en d'autres termes, que les quantités de chaleur dépensées pour l'échauffement égal de poids égaux des différents corps simples sont loin d'être égales ; ces quantités de chaleur sont proportionnelles aux poids atomiques. Au point de vue calorifique, l'atome constitue une unité, et tous les atomes, quels que soient leur poids et leur nature, sont semblables vis-à-vis de la chaleur. C'est l'expression la plus simple de la loi de Dulong et de Petit.

On appelle capacité calorifique la quantité de chaleur nécessaire pour élever d'un degré la température *d'une partie en poids d'un corps.* En multipliant la capacité calorifique des corps simples par leur poids atomique, on obtiendra **la chaleur atomique** ou quantité de chaleur nécessaire pour élever d'un degré le poids atomique d'un corps simple. Ce sont justement ces produits qui sont presque égaux pour la plupart des corps simples. Il ne peut y avoir desimilitude absolue, parce que la capacité calorifique d'un seul et même corps varie suivant une foule de conditions : la température, l'échantillon sur lequel on opère, l'état physique de ce corps (solide ou liquide), souvent même simplement sous l'influence d'une modification mécanique de sa densité (le forgeage par exemple), sans parler des modifications isomériques, etc.

Le tableau ci-contre (4) permet de s'assurer que la loi de Dulong et de Petit est vraie pour les corps simples solides.

	Li	Na	Mg	P	Fe	Cu	Zn	Br
A =	7	23	24	31	56	63	65	80
Q =	0,9408	0,2934	0,245	0,202	0,112	0,093	0,093	0,0843
AQ =	6,59	6,75	5,88	6,26	6,27	5,86	6,04	6,74
	Pd	Ag	Sn	I	Pt	Au	Hg	Pb
A =	106	108	118	127	196	198	200	206
Q =	0,0592	0,056	0,055	0,541	0,0325	0,0324	0,0333	0,0135
AQ =	6,28	6,05	6,49	6,87	6,37	6,41	6,66	6,49

(4) Les valeurs des capacités calorifiques citées dans le tableau ci-dessus se rapportent aux différentes limites de températures ; mais, dans la majorité des cas, elles sont comprises entre 0° et 100° ; le brome seul fait exception : la valeur de la chaleur spécifique du brome *solide* est donnée pour la température de — 7°, d'après Regnault.

La variation de la chaleur spécifique avec le changement de température est un phénomène très complexe dont il ne peut être question dans cet ouvrage. Je ne ferai que citer, à titre d'exemples, quelques chiffres. Bystrom a trouvé pour la chaleur spécifique du fer les chiffres suivants : à 0° = 0,1116 ; à 100° = 0,1114 ; à 200° = 0,1188 ; à 300° = 0,1267 ; à 1,400° = 0,4031. Vers la température de 600°, le fer subit, comme nous le verrons chap. XXII, une modification spéciale, la recalescence ou échauffement spontané.

Pionchon donne pour le quartz SiO^2 : $Q = 0,1737 + 394\,t\,10^{-6} - 27\,t^2\,10^{-9}$ jusqu'à 400°.

Richards, pour l'aluminium métallique, a trouvé à 0°, Q = 0,222 ; à 20° = 0,224 ; à 100° = 0,232, c'est-à-dire que la chaleur spécifique est presque constante, quelle que soit la température.

Il faut opposer à ces recherches, celles de G. Weber, qui a constaté des différences considérables dans la chaleur spécifique du charbon, du diamant et du bore, suivant la température à laquelle on opère.

température	0°	100°	200°	600°	900°
Charb. de bois	0,15	0,23	0,29	0,44	0,46
Diamant......	0,10	0,19	0,22	0,44	0,45
Bore.........	0,22	0,29	0,35	—	—

Les recherches de Weber, vérifiées par Dewar, Lechatelier, Moissan et Gautier sont très importantes et démontrent la généralité de la loi de Dulong et de Petit ; en effet, les éléments mentionnés dans ce tableau faisaient exception à la loi quand on prenait la chaleur spécifique moyenne entre 0° et 100°. Ainsi, par exemple, la chaleur atomique AQ du diamant à 0° = 1,2, celle du bore = 3,3. Si, au contraire, on prend les valeurs vers lesquelles tendent les chaleurs spécifiques à mesure que la température s'élève, on obtient des chaleurs atomiques se rapprochant de 6, comme celles de tous les autres corps simples. C'est ainsi que, pour le diamant et le charbon, la chaleur spécifique tend vers 0,47 ; en multipliant ce chiffre par 12, poids atomique de C, nous obtenons le produit 5,6 comme pour le magnésium et l'aluminium.

Je crois utile d'ajouter ici que la chaleur atomique des éléments solides, à faible poids atomique, se modifie si l'on prend les chiffres moyens pour les températures de 0° à 100°.

Li = 7	Gl = 9	B = 11	C = 12
Q =	0,94	0,42	0,30	0,20
AQ =	6,6	3,8	3,3	2,4

Il est évident que la chaleur spécifique du glucinium déterminée à basse température ne peut servir pour établir son atomicité. D'un autre côté, le faible poids atomique du charbon, du graphite, du bore, etc., tient probablement à ce que les molécules de ces corps simples ont une structure complexe. La nécessité d'admettre une structure plus complexe des molécules du carbone a été exposée dans le chapitre VIII.

Les molécules du soufre renferment au moins S^6 et leur chaleur atomique = 32 + 0,163 = 5,22, c'est-à-dire qu'elle est inférieure à la moyenne générale. Si la molécule du charbon est formée par l'agglomération de plusieurs atomes de carbones, on peut s'expliquer, jusqu'à un certain point, la faible chaleur atomique de cet élément.

Mentionnons encore la conclusion de Coppe relative à la chaleur spécifique des corps composés; d'après cet auteur, la chaleur moléculaire, c'est-à-dire le produit MQ, peut être considéré comme la somme des chaleurs atomiques des composants. Cette loi n'est pas générale et comporte beaucoup d'exceptions, aussi je crois inutile d'y insister en renvoyant le lecteur pour plus de détails aux Annales de Liebig, supplément de l'année 1864 où Coppe a publié ses recherches

Le tableau de la page 382 permet de s'assurer que la chaleur atomique (AQ) des éléments solides est une valeur presque constante voisine de 6. On peut donc, en admettant cette moyenne, fixer le poids atomique des éléments d'après leur chaleur spécifique. Ainsi, par exemple, les chaleurs spécifiques du lithium, du sodium et du potassium prouvent que les poids atomiques de ces métaux sont, en effet, respectivement 7, 23, 39 car, en multipliant ces chiffres par les chaleurs spécifiques trouvées expérimentalement on obtient les valeurs suivantes :

Li, 6,59 ; Na 6,75 et K 6,47.

Parmi les métaux terreux, on connaît la chaleur spécifique du magnésium = 0,245 (Regnault, Coppe) celle du calcium = 0,170 (Bunsen), celle du baryum = 0,05 (Mendéleiëff).

Si l'on attribue aux composés du magnésium la même composition qu'à ceux du potassium, l'équivalent du premier devrait être égal à 12. En multipliant ce poids atomique par la chaleur spécifique du magnésium, nous obtenons le nombre 2,94 qui est deux fois moindre que la chaleur atomique des autres corps simples ; c'est pour cette raison qu'il faut attribuer à l'atome du magnésium le poids 24 et non 12. Dans ce cas, la chaleur atomique de ce métal se trouve être égale à $5,9 = 24 \times 0,245$. De même pour le calcium, en admettant que ses combinaisons ont la composition CaX^2 (par exemple : $CaCl^2$, $CaSO^4$, CaO) et que son poids atomique égale 40, on trouve que la chaleur atomique = 6.8 = 40 × 0,17 ; pour le baryum AQ = 137 × 0,05 = 6,8, c'est-à-dire que ces trois métaux sont des éléments bivalents et que leur atome se substitue à H^2, Na^2, K^2, etc.

L'application de la loi des chaleurs spécifiques à la fixation des poids atomiques des métaux, pour lesquels il est impossible d'employer la loi d'Avogadro et de Gerhardt, fut faite vers 1860 par le professeur italien Canizzaro.

On obtient des conclusions analogues relativement à la valence du magnésium et de ses congénères, en comparant les chaleurs spécifiques de leurs combinaisons à celles des composés correspondants des métaux alcalins. Ainsi, par exemple, la chaleur spécifique de $MgCl^2$ et $CaCl^2$ = 0,194 et 0,164 ; celle de NaCl et KCl = 0,214 et 0,172, d'où leurs chaleurs moléculaires (QM) sont respectivement égales à 18,4 et 18,2 ; à 12,5 et 12,8 et les chaleurs atomiques, ou le quotient de M sur le nombre d'atomes, se trouvent pour tous ces composés, à peu près égales, à 6, comme pour les corps simples.

Si l'on avait pris, au lieu des poids atomiques réels Mg = 24 et Ca = 40, leurs équivalents 12 et 20, on obtiendrait pour les chlorures de calcium et de magnésium des chaleurs atomiques égales à 4,6, tandis qu'elles sont pour NaCl et KCl environ 6,3 (5).

(5) Il faut remarquer que le quotient $\frac{MQ}{n}$ où n est le nombre d'atomes renfermés dans la molécule, est toujours inférieur à 6 pour les composés oxygénés solides (de même que pour les composés hydrogénés et carbonés) ; on trouve, par exemple, pour MgO = 5,0 ; pour CaO = 5,1 ; pour MnO^2 = 4,6 ; pour H^2O (à l'état de glace) = 3,0 ; pour SiO^2 = 3,5 etc.. Il n'est pas possible de dire actuellement si ce phénomène est dû à ce que la chaleur spécifique des atomes de l'oxygène est moindre dans ses combinaisons solides, ou bien à quel-

ques autres causes ; cependant, en prenant en considération cette diminution de la chaleur spécifique liée à la présence de l'oxygène, il semble que l'atomicité des éléments exerce une certaine influence sur la chaleur spécifique des oxydes.

Ainsi, par exemple, pour l'alumine Al^2O^3 la chaleur spécifique $Q = 0{,}217$ et le produit $MQ = 22{,}3$; de là le quotient $\frac{MQ}{n} = 4{,}5$ c'est-à-dire qu'il se rapproche de celui de MgO. Si l'on attribuait à l'alumine la même composition qu'à la magnésie, c'est-à-dire si l'on considérait l'aluminium comme un élément bivalent, on obtiendrait un quotient bien inférieur 3,7.

D'une manière générale, les chaleurs moléculaires MQ des combinaisons ayant une même composition atomique et des propriétés semblables sont voisines les unes des autres ; par exemple $ZnS = 11{,}7$ et $HgS = 11{,}8$; $MgSO^4 = 27$ et $ZnSO^4 = 28$ etc...

Il faut cependant remarquer que la chaleur spécifique (6) est une valeur complexe dépendant tout à la fois de l'accroissement produit dans l'énergie de la substance par les variations de température, du travail externe de dilatation (7) et du travail interne qui s'accomplit dans les molécules et qui les entraîne vers la décomposition à mesure que la température s'élève (8). Tout cela montre qu'il ne peut y avoir, entre la chaleur spécifique d'un corps et sa composition, des relations aussi simples que celles qui existent, par exemple, entre la composition et la densité des corps gazeux. Il résulte de ce qui précède que la chaleur spécifique n'est qu'un moyen auxiliaire pour la fixation de la valence des éléments ; la loi d'Avogadro et de Gerhard seule constitue une méthode sûre que l'on doit utiliser chaque fois qu'elle est applicable.

(6) Soit *W* la quantité de chaleur renfermée dans la masse *m* d'une substance à $t°$, et *d W* la quantité de chaleur nécessaire pour élever la température de t à $t + dt$; la capacité calorifique Q sera égale à $\frac{d.\ W}{(m.\ dt)}$. La chaleur spécifique varie non seulement avec les modifications dans la composition, et dans la complexité des molécules de la substance, mais aussi avec le changement de la température, de

a pression et de l'état physique des substances. Cette variation de Q en raison de t s'observe même pour les gaz et les vapeurs. Ainsi, d'après Regnault et Widemann, la chaleur spécifique de CO^2 à 0^0 = 0,19 ; à 100^0 = 0,22 ; à 200^0 = 0,24. Pour les gaz dits permanents, la variation de la chaleur spécifique sous l'influence de la température est très insignifiante. Elle serait égale, d'après Mallard et Lechatelier, pour une élévation de température de 1^0 à $\frac{0,0006}{M}$ où M = poids moléculaire (par exemple, pour l'oxygène O^2, le poids M = 32). Aussi peut-on admettre, pour les gaz permanents tels que H^2, O^2, Az^2, CO, AzO renfermant deux atomes dans leur molécule, que la chaleur spécifique est indépendante de la température.

La constance de la chaleur spécifique des gaz parfaits constitue l'un des principes fondamentaux de toute la théorie de la chaleur et rend possible l'observation des températures élevées à l'aide de thermomètres à gaz renfermant de l'hydrogène, de l'azote ou de l'air.

Lechatelier admet (1887), en se basant sur les déterminations existantes, que la chaleur moléculaire MQ de tous les gaz varie proportionnellement à la température, et tend à devenir constante (= 6,8) à la température du zéro absolu, c'est-à-dire à — 273^0 ; aussi peut-on écrire

$$MQ = 6,8 + a(273 + t)$$

où a est une valeur constante croissant avec la complexité de la molécule gazeuze et Q la chaleur spécifique du gaz à pression constante. Pour les gaz permanents la valeur a est presque nulle = 0 et MQ = = 6,8 c'est-à-dire que la chaleur atomique = 3,4 (si la molécule renferme 2 atomes) c'est ce que l'on observe en réalité (Voyez Chap. IX, note 17 bis).

Quant aux liquides (et aux vapeurs qu'ils forment) leur chaleur spécifique croît en raison de la température. Ainsi, par exemple, la chaleur spécifique de la benzine = 0,38 + 0,0014 t.

Schiff a montré (1887) que la variation de la chaleur spécifique de beaucoup de liquides organiques est proportionnelle à celle de la température (comme pour les gaz, d'après Lechatelier) ; il a observé une relation entre les variations de la chaleur spécifique, la composition et la température d'ébullition absolue.

Il est très probable que la théorie des liquides utilisera ces relations simples rappelant la simplicité de la variation du poids spécifique et des autres propriétés des liquides en raison de la température. Toutes ces propriétés sont exprimées par des fonctions linéaires de la température

$$a + bt$$

avec le même degré d'approximation que la propriété des gaz est exprimée par l'équation

$$pv = RT$$

Quant à la relation qui existe entre la chaleur spécifique des liquides et celle de leurs vapeurs, on constate que la chaleur spécifique de la vapeur est toujours inférieure à celle du liquide, comme le montre le tableau suivant :

Benzine (à l'état de vapeur)	= 0,22	— Benzine liquide	= 0,38
Chloroforme — id. —	= 0,13	— Chloroforme id.	= 0,23
Eau — id. —	= 0,475	— Eau id.	= 1,00
Brome (à + 150°) id.	= 0,055	— Brome (à + 30° id.	= 0,107

La chaleur spécifique de la glace est moindre que celle de l'eau liquide = 0,502. Il en est de même pour le brome, dont la chaleur spécifique à l'état solide (à — 15°) = 0,084, de même, l'acide benzoïque solide a pour chaleur spécifique 0.31 ; tandis qu'à l'état liquide, elle est égale à 0,50.

(7) La quantité de chaleur Q, nécessaire pour élever d'un degré la température d'une partie en poids d'une substance, peut être exprimée par l'équation

$$Q = K + B + D$$

où K désigne la chaleur dépensée pour l'échauffement proprement dit, c'est la chaleur spécifique absolue ; B est la quantité de chaleur dépensée pour le travail intérieur qui s'effectue par suite de la modification de la température et D représente la quantité de chaleur utilisée pour le travail extérieur. Cette dernière valeur peut être facilement déterminée pour les gaz, si l'on connait leur coefficient de dilatation qui est à peu près égal à 0,00368. Un mètre cube de gaz, dont la température est élevée de 1°, produit un travail extérieur égal à $10,333 \times 0,00368 = 38,02$ kilogrammètres qui correspondent à $\frac{38,02}{425} = 0,0897$ unités de chaleur. Telle est la chaleur dépensée pour le travail extérieur produit par un mètre cube de gaz : rapportons-la à l'unité de poids. Un mètre cube d'hydrogène pèse, à 0° et 760 mm. de pression, 0 kil.0899 ; un gaz dont le poids moléculaire est M possède une densité $= \frac{M}{2}$; par conséquent un mètre cube de ce gaz pèse 0 kil. 0448 M (à 0° et 760 mm.) et un kilogramme occupe le volume de $\frac{1}{0,0448\ M}$ mètre cube. Il en résulte que le travail extérieur D produit par un kilogramme de ce gaz pour une élévation de température de un degré,

$$D = \frac{0,0899}{0,0448 \; M} = \frac{2}{M}$$

La valeur B, représentant le travail intérieur, est minime dans les gaz : en admettant qu'elle soit nulle, nous avons :

$$Q = K + \frac{2}{M}$$

et :

$$K = Q - \frac{2}{M}$$

La valeur Q peut être déterminée directement par l'expérience ; ainsi, d'après Regnault, elle est égale pour l'oxygène à 0,2175 ; pour l'hydrogène à 3,405, pour l'azote à 0,2438. Les poids moléculaires de ces gaz étant respectivement 32,2 et 28, nous avons pour l'oxygène :

$$K = 0,2175 - 0,0625 = 0,1550 \; ;$$

pour l'hydrogène :

$$K = 3,4050 - 1,0000 = 2,4050 \; ;$$

pour l'azote :

$$K = 0,2438 - 0,0714 = 0,1724.$$

Ces chaleurs spécifiques proprement dites des éléments se trouvent dans un rapport inverse avec les poids atomiques ; en d'autres termes, les produits de ces chaleurs par les poids atomiques sont des nombres constants. En effet, ce produit est pour l'oxygène :

$$0,155 \times 16 = 2,48$$

pour l'hydrogène :

$$2,40 \times 1 = 2,40$$

pour l'azote :

$$0,1724 \times 14 = 2,414$$

Si donc nous désignons par A le poids atomique d'un élément, nous avons :

$$KA = \text{constante} = \text{à peu près } 2,45$$

C'est ce qui constitue la véritable expression de la loi de Dulong et de Petit relativement aux gaz, car la valeur K est leur véritable chaleur spécifique.

Il faut remarquer cependant que le produit de la chaleur observée Q par A est aussi une valeur constante (égale à 3,48 pour l'oxygène et à 3,40 pour l'hydrogène) ; cela tient à ce que le travail extérieur D est lui aussi inversement proportionnel au poids atomique.

On distingue pour les gaz la chaleur spécifique à pression constante c') c'est elle que nous avons désignée plus haut par Q (et. la chaleur à volume constant c. Il est évident que **le rapport des deux chaleurs spécifiques** k est égal au rapport de Q à K ou de 2,45 $n + 2$ à 2,45 n. La valeur n étant égale à 1 le rapport $k = 1,8$; $n = 2$, $k = 1,4$, $n = 3$, $k = 1,3$; n étant infiniment grand, $k = 1$.

En d'autres termes, le rapport des deux chaleurs spécifiques diminue de 1,8 jusqu'à 1, à mesure que n, le nombre d'atomes, augmente.

Cette conséquence est justifiée jusqu'à un certain point par des observations directes. Pour les gaz tels que H^2, O^2, Az^2, CO, l'air, etc. pour lesquels $n = 2$, on peut déterminer la valeur k à l'aide de plusieurs procédés décrits dans les traités de physique, elle se trouve réellement voisine de 1,4 ; pour les gaz tels que CO^2, AzO^2, etc. k se rapproche de 1,3. Kundt et Warbourg (1875) ont déterminé à l'aide d'un procédé approché (voir tome I, page 555) la valeur k pour les vapeurs du mercure, ils ont trouvé le nombre 1,67, supérieur à la chaleur spécifique de l'air, comme d'ailleurs on pouvait le prévoir.

On peut admettre que la chaleur spécifique absolue des atomes des gaz = 2,43 à condition qu'ils soient éloignés de l'état liquide et qu'ils ne subissent pas de modification chimique par suite de l'élévation de la température, c'est-à-dire que leur travail intérieur soit nul (B = 0). On peut ainsi apprécier l'importance de ce travail d'après la chaleur spécifique observée. La chaleur atomique du chlore par exemple (3,2) est de beaucoup supérieure à celle des autres gaz renfermant 2 atomes dans leur molécule ; il faut admettre que le travail intérieur y est très grand.

Afin de généraliser les notions relatives à la chaleur spécifique des gaz et des corps solides on peut, il me semble, admettre l'hypothèse générale suivante : *la chaleur atomique* $\left(AQ \text{ ou } \frac{QM}{n}\right)$ *est d'autant moins grande que le nombre (n) d'atomes contenus dans la molécule est plus grand et, jusqu'à un certain point, que le poids moyen* $\frac{M}{n}$ *de l'atome est moindre.*

(8) Il suffit d'indiquer, à titre d'exemple, la chaleur spécifique de l'anhydride hypoazotique Az^2O^4 qui se transforme, sous l'influence de la chaleur, en AzO^2, c'est-à-dire qu'il se produit ici un travail chimique de décomposition qui dépense de la chaleur.

Si un corps se dissocie à t^{o_1}, il doit forcément éprouver une modification chimique quand on le chauffe de t^{o_0} à t^{o}, c'est-à-dire que l'état des atomes dans les molécules varie plus ou moins. Pour le plus simple des corps, pour celui dont la molécule ne renferme qu'un seul atome, il est encore possible d'admettre qu'il se produit une véritable modification chimique sous l'influence de la température. Dans les réactions chimiques, il se dégage toujours plus de chaleur qu'il ne s'en produit dans les modifications purement physiques. Un gramme d'hydrogène, en se refroidissant jusqu'à la température du zéro-absolu, dégagera environ 1000 unités de chaleur et 8 gr. d'oxygène, dans les mêmes conditions, en produiront à peu près la moitié ; tandis que, en se combinant entre eux pour former 9 gr. d'eau, ils produiront 30 fois plus de chaleur. La réserve d'énergie chimique, dans une molécule, est donc beaucoup plus grande que la réserve d'énergie physique ; or, c'est la modification de la réserve d'énergie chimique qui détermine toutes les transformations chimiques.

Il est évident que nous touchons ici aux extrêmes limites de nos connaissances actuelles, qu'il nous est impossible de franchir, sans sortir du domaine purement scientifique.

Les métaux bivalents les plus répandus dans la nature sont le **magnésium** et le **calcium** ; nous avons vu plus haut que, parmi les métaux monovalents, c'étaient le sodium et le potassium qui occupaient le premier rang au point de vue de la quantité. La relation qui existe entre les poids atomiques de ces métaux confirme ce rapprochement. En effet, le poids atomique du magnésium = 24 ; celui du calcium = 40, tandis que les poids atomiques du sodium et du potassium sont 23 et 39, c'est-à-dire inférieurs aux précédents d'une unité. Tous ces métaux appartiennent au nombre des *métaux légers*, car leur poids spécifique est très petit et c'est en cela qu'il se distinguent des métaux lourds communs tels que le fer, le cuivre, le plomb, l'argent dont le poids spécifique est bien plus grand.

Evidemment, la faible densité de ces métaux n'est pas seulement un simple caractère distinctif ; c'est une propriété importante qui détermine leurs qualités fondamentales. En effet, tous les métaux légers possèdent une série de propriétés semblables qui les rapprochent des métaux alcalins ; c'est ainsi que le magnésium et le calcium décomposent l'eau, moins énergiquement il est vrai que les métaux alcalins :

$$Ca + 2H^2O = CaH^2O^2 + H^2$$

Le résultat de cette réaction est le même : il se dégage de l'hydrogène et il se forme un oxyde hydraté ayant les propriétés des bases, et capable de saturer presque tous les acides.

Les hydrates RH^2O^2 de calcium et de magnésium sont loin d'être aussi énergiques que ceux des véritables métaux alcalins ; ils perdent leur eau sous l'influence de la chaleur ; peu solubles dans l'eau, ils dégagent moins de chaleur en se combinant aux acides et forment des sels moins stables, plus facilement décomposables par la chaleur que les sels correspondants de Na ou de K. Ainsi $CaCO^3$ et $MgCO^3$ perdent facilement leur acide carbonique quand on les calcine ; les nitrates terreux se décomposent aussi très facilement par la chaleur et laissent un résidu de CaO, MgO. Les chlorures de magnésium et de calcium en solution dégagent HCl quand on les chauffe et forment un oxyde hydraté ; calcinés, ils laissent comme résidu de l'oxyde anhydre. Tout ce qui précède démontre que les propriétés alcalines sont affaiblies dans le groupe des métaux terreux.

Les métaux Mg et Ca sont souvent désignés sous le nom de métaux **alcalino-terreux** parce que leurs composés se rencontrent dans la nature et contribuent à former la masse insoluble de la terre et aussi, parce que leurs oxydes RO ont un aspect terreux.

Parmi les sels que peuvent former ces éléments, un grand nombre sont insolubles dans l'eau (carbonates, phosphates, borates,etc.), c'est ce qui permet de les séparer des métaux alcalins. Il suffit, en effet, d'ajouter du carbonate d'ammoniaque à une solution renfermant des sels métalliques de ces deux groupes : les carbonates terreux formés par double décomposition sont précipités tandis que les sels alcalins restent en solution :

$$RX^2 + Na^2CO^3 = RCO^3 + 2NaX.$$

Dans les roches primitives, les oxydes de calcium et de magnésium (que l'on désigne aussi par les noms : chaux et magnésie) se trouvent combinés à la silice dans des proportions variables de sorte que, dans certains cas, la chaux prédomine tandis que, dans d'autres au contraire, la magnésie est un excès. Les différentes variétés d'*augites*, *d'amphiboles* et de minéraux analogues qui entrent dans la composition de presque toutes les roches renferment à la fois de la chaux, de la magnésie et de la silice. En subissant l'influence de l'acide carbonique renfermé dans l'eau et dans l'air, ces roches abandonnent à l'eau la chaux et la magnésie, ce qui explique la présence de ces bases dans toutes les eaux et principalement dans l'eau de mer.

Les carbonates de calcium $CaCO^3$ et de magnésium $MgCO^3$ qui se rencontrent souvent à l'état naturel **se dissolvent dans un excès d'eau chargée d'acide carbonique.** Un kilogramme d'eau saturée de CO^2 ne peut cependant dissoudre plus de 3 gr. de $CaCO^3$. En perdant leur acide carbonique les eaux calcaires laissent un résidu de $CaCO^3$.

On peut certifier que les couches de carbonate calcaire et magnésien, que l'on rencontre si communément, n'ont pas d'autre origine ; en effet, ces couches ont une structure stratifiée qui prouve bien qu'elles se sont formées par la superposition de sédiments.

Dans l'intérieur des strates calcaires on trouve souvent des restes d'animaux marins, de coquillages, et de plantes ; il est probable que la présence des organismes a joué un rôle important dans la précipitation des carbonates de l'eau de mer ; les plantes, en effet, absorbent CO^2 et beaucoup d'organismes se chargent de $CaCO^3$; leurs cadavres laissent après décomposition un dépôt de calcaires, telle est, par exemple, l'origine de la craie, formée par l'agglomération des résidus des carapaces d'animaux marins. Les roches sédimentaires dans lesquelles prédomine la chaux portent le nom de **calcaires** ; on appelle **dolomites (9)** celles qui renferment surtout de la magnésie.

(9) On peut s'expliquer la formation des dolomites si l'on se représente qu'une solution d'un sel magnésien réagit avec le carbonate de calcium et que cette réaction, qui s'accompagne de formation de carbonate de magnésium, s'arrête à un certain moment de manière à ce qu'il y ait un mélange des deux carbonates. Heidinger, en chauffant à 200° dans un tube scellé un mélange de carbonate calcaire $CaCO^3$ avec une solution renfermant une quantité équivalente de $MgSO^4$, a remarqué qu'une partie de la magnésie passait à l'état de carbonate $MgCO^3$ et qu'une partie de la chaux se transformait en sulfate de calcium $CaSO^4$.
Lioubavine (1892) a montré que $MgCO^3$ est plus soluble dans l'eau salée que $CaCO^3$, ce qui a son importance pour la compréhension de la composition de l'eau de mer.

Les dolomites, qui se distinguent des calcaires par leur dureté et par leur plus grande résistance à l'action des acides, renferment quelquefois un nombre égal de molécules de carbonate calcaire et magnésien. Ces deux carbonates se rencontrent aussi séparément à l'état cristallin et sont connus sous les noms de **calcite** et de **magnésite**.

L'eau de mer (Chap. X) renferme le magnésium et le calcium à l'état de sulfates en assez grande quantité ; c'est pourquoi on rencontre ces sels dans les couches sédimentaires. Il faut remarquer que l'eau de mer retient une quantité notable de magnésie à cause de la grande solubilité du sulfate et du chlorure de magnésium et qu'elle ne contient que très peu de chaux, parce que le sulfate de calcium est peu soluble et qu'il est consommé pour la formation des coquillages. C'est pourquoi les grands gisements de sulfates magnésiens sont aussi rares dans la nature que les gisements de sulfate de calcium ou de **gypse**, $CaSO^4 2H^2O$, y sont fréquents.

La chaux et la magnésie entrent dans la **composition** de tout **sol** fertile mais en proportion très minime ; privé de ces bases, le sol ne peut produire aucun végétal. C'est surtout la teneur en chaux qui est importante pour les terres arables, bien que les terrains exclusivement calcaires soient stériles. C'est pour cette raison que l'on amende la terre soit avec de la chaux soit avec de la *marne*, terre calcaire mêlée d'argile, que l'on rencontre presque partout.

La chaux et la magnésie du sol pénètrent dans les **végétaux** qui les transforment en sels dont quelques-uns se déposent dans l'intérieur des plantes à l'état de cristaux, comme, par exemple, l'oxalate de calcium. Par l'intermédiaire des plantes, la chaux pénètre dans les **organismes animaux** de toutes les classes et contribue à y former les différents dépôts calcaires. Les os des animaux supérieurs, les enveloppes des crustacés, les coquilles des mollusques, les sécrétions solides des animaux marins renferment des sels calcaires ; les coquilles notamment contiennent une grande quantité de carbonate et les os du phosphate de calcium.

La chaux et la magnésie sont des bases qui ont tant de caractères communs que, pendant très longtemps, on ne sut pas les distinguer l'une de l'autre. C'est en Italie que la magnésie fut utilisée pour la première fois comme médicament et ce n'est qu'au siècle dernier que Black, Bergmann et d'autres distinguèrent la magnésie de la chaux.

Le **magnésium métallique** (de même que le calcium)

ne peut être préparé par le procédé d'extraction utilisé pour les métaux alcalins(10), c'est-à-dire par la calcination de la magnésie ou du carbonate de magnésium avec du charbon ; on peut l'extraire par l'électrolyse du chlorure de magnésium fondu, surtout quand il est mélangé au chlorure de potassium.

(10) Le sodium et le potassium ne décomposent la magnésie qu'à la température du rouge blanc et encore difficilement. Cela tient probablement :

1° A ce que $Mg + O = 140.000$ cal., tandis que $K^2 + O$ ou $Na^2 + O = 100.000$ cal. environ ;

2° A ce que la magnésie est infusible à la chaleur des fours et ne peut réagir avec le charbon, le potassium ou le sodium, c'est-à-dire entrer dans l'état de mobilité indispensable pour la marche de la réaction.

La première cause à elle seule est insuffisante pour expliquer l'absence de réaction entre le charbon et la magnésie, parce que le fer et le charbon, en se combinant avec l'oxygène, produisent moins de chaleur que Na ou K, et cependant on a vu que Na ou K se dégageaient dans ces conditions.

Quant au chlorure de magnésium, il est décomposé par Na et K non seulement parce que la combinaison des métaux alcalins avec le chlore dégage plus de chaleur que la formation du chlorure de magnésium ($Mg + Cl^2 = 150.000$ cal. et $Na^2 + Cl^2 = 195.000$ cal.), mais encore par ce que $MgCl^2$, aussi bien que le sel double, entrent en fusion.

On pouvait prévoir la réaction inverse ; Winckler (1890) a, en effet, montré que Mg réduit les oxydes des métaux alcalins (Chap. XIII, note 40).

Davy et Bucci ont obtenu le magnésium en faisant agir les vapeurs de potassium sur le chlorure de magnésium. C'est encore ce procédé qui sert actuellement pour la préparation industrielle du magnésium, en remplaçant toutefois le potassium par le sodium.

On fait fondre, dans un creuset couvert, du chlorure de magnésium anhydre additionné de chlorure de sodium et de fluorure de calcium ; ces deux substances ne sont employées qu'à titre de fondants. On projette, dans la masse fondue et incandescente, une partie de sodium coupé en petits morceaux. pour cinq parties de $MgCl^2$ après quoi la réaction s'effectue très rapidement.

$$MgCl^2 + Na^2 = Mg + 2NaCl.$$

Le magnésium obtenu par ce procédé est à l'état de poudre ; en le distillant au rouge blanc, on obtient un métal homogène (11) qui brûle uniformément, condition importante, car c'est surtout en vue de l'éclairage que l'on prépare ce métal.

(11) Le magnésium du commerce renferme généralement de *l'azoture de magnésium* (Deville et Caron) Mg^3Az^2, c'est-à-dire le produit de substitution de l'ammoniaque qui se forme facilement quand on calcine le magnésium dans l'atmosphère de ce gaz. C'est une poudre d'un jaune vert, donnant avec l'eau (comme Na^3Az, etc), de l'ammoniaque et de la magnésie et avec l'acide carbonique du cyanogène.

Le magnésium est un métal blanc comme l'argent mais, contrairement aux métaux alcalins qui sont mous, il est dur comme la plupart des métaux ordinaires Il fond à environ 500° et bout vers 1000°. Le magnésium est forgeable et malléable et se prête bien à la fabrication de fil et de ruban ; c'est sous cette dernière forme qu'il est le plus souvent utilisé pour l'éclairage.

A l'encontre des métaux alcalins, le magnésium ne décompose pas l'eau à la température ordinaire ; aussi ne s'altère-t-il pas sensiblement dans l'air humide ; il peut même être lavé dans l'eau sans subir aucune modification ; à la température de l'ébullition de l'eau et surtout aux températures supérieures, le magnésium décompose l'eau : il se dégage de l'hydrogène et il se forme de l'hydrate de magnésie $Mg(HO)^2$; il dégage facilement l'hydrogène des acides en formant des sels de magnésium.

. Le magnésium **brûle** non seulement dans l'oxygène, mais aussi dans l'air et même dans l'acide carbonique en dégageant une lumière blanche très vive ; le produit de cette combustion est la magnésie. La lumière du magnésium doit son grand pouvoir éclairant à ce que Mg développe en brûlant 140.000 calories et que la magnésie, infusible par la chaleur, est portée à l'incandescence dans les vapeurs du magnésium brûlant.

La lumière du magnésium renferme beaucoup de rayons chimiques contenus dans la partie ultra violette du spectre ; aussi est-elle employée en photographie pour l'éclairage artificiel (12).

(12) Pour l'éclairage au magnésium, on emploie des lampes spéciales dans lesquelles un mouvement d'horlogerie fait avancer le ruban métallique au fur et à mesure de sa combustion.

Dans d'autres lampes, on arrive au même résultat, en insufflant dans une flamme pâle d'alcool ou de gaz du magnésium pulvérisé. Pour les instantanés photographiques on peut allumer à l'aide d'une étincelle produite par une bobine de Rhumkorf des cartouches chargées d'un mélange de magnésium pulvérisé et de chlorate de potassium.

Possédant une grande affinité pour l'oxygène, le magnésium réduit, à la température ordinaire, les solutions salines d'un grand nombre de métaux (Zn, Fe, Bi, Sb, Cd, Sn, Pb, Cu, Ag, etc.) ; calcinée avec NaOH, KOH, SiO^2, Al^2O^3, B^2O^3, etc., la poudre de magnésium s'empare de leur oxygène, aussi, en chauffant dans un tube en terre réfractaire un mélange de silice ou de l'un quelconque de ces oxydes et de magnésium pulvérisés, peut-on obtenir le silicium ou d'autres corps simples (13).

(13) Le magnésium doit probablement cette propriété, en partie à sa volatilite, et aussi à ce que, en se combinant avec une quantité donnée d'oxygène, il dégage plus de chaleur que Al, Si, K et d'autres corps simples.

L'affinité du magnésium pour les halogènes est plus faible que pour l'oxygène (14), comme le prouve ce fait que la solution d'iode réagit faiblement avec le magnésium ; cependant, ce dernier brûle dans les vapeurs de l'iode, du brome et du chlore.

(14) Davy, en calcinant MgO dans un courant de chlore, a observé une substitution complète, car il obtint un volume d'oxygène deux fois moindre que celui du chlore ; il est cependant probable que, par suite de la formation de l'oxychlorure, la décomposition n'est jamais complète, et qu'elle est limitée par une réaction inverse.

L'un des caractères distinctifs du magnésium, c'est que tous ses sels sont capables de se décomposer à une température relativement basse, surtout en présence de l'eau : ils perdent, dans ces conditions, les éléments des acides et laissent un résidu de magnésie inaltérable par la chaleur. Cela ne s'applique, bien entendu, qu'aux acides qui sont capables eux-mêmes de se volatiliser par la chaleur.

Le sulfate de magnésium lui-même se décompose complètement en laissant un résidu de magnésie à la température de la fusion du fer. Les sels calciques se décomposent beaucoup plus difficilement, tandis que $MgCO^3$ par exemple, se décompose complètement à 170°.

La **magnésie**, ou l'**oxyde de magnésium**, se rencontre dans la nature à l'état anhydre et hydraté ; dans le premier cas elle constitue le minerai appelé *périclase* MgO, dans le second *la brucite* MgH^2O^2.

La magnésie, connue en pharmacie sous le nom de *magnesia usta seu calcinata*, est une poudre blanche très fine : son poids spécifique égale 3,4. Elle ne fond pas dans la flamme du chalumeau oxhydrique et ne fait que s'agglomérer et devenir plus dense.

Mise en présence de l'eau, la magnésie anhydre s'y combine très lentement en formant l'hydrate $Mg(OH)^2$, lequel abandonne son eau bien avant la température du rouge et régénère la magnésie. On obtient cet hydrate à l'état de substance gélatineuse amorphe, en ajoutant un alcali soluble à la solution d'un sel quelconque de magnésium.

$$MgCl^2 + 2KHO = Mg(HO)^2 + 2KCl$$

Une partie de magnésie hydratée se dissout dans 55 000 p. d'eau : malgré cette extrême dilution, cette solution a une réaction alcaline et elle donne, avec un sel phosphorique par exemple, un précipité de phosphate magnésien encore moins soluble.

La magnésie se dissout non seulement dans les acides en formant des sels, mais elle déplace encore quelques autres bases, par exemple, l'ammoniaque des sels ammoniacaux à chaud ; l'hydrate de magnésium attire l'acide carbonique de l'air.

Tous les sels magnésiens sont incolores, tout comme ceux de Ca, Na, K, s'ils sont formés par un acide incolore. Ceux qui sont solubles ont un goût amer, comme par exemple, le sulfate de magnésium.

Comparée aux alcalis, la magnésie est une base faible, car elle forme des sels peu stables, donne facilement des sels basiques et difficilement des sels acides ; en outre, elle est capable de former des sels doubles avec les sels alcalins, ce qui, comme on le verra plus tard, caractérise surtout les bases faibles.

La propriété des sels magnésiens de former des sels doubles et des sels basiques se manifeste très souvent dans les réactions. C'est surtout avec les sels d'ammonium que les sels magnésiens se combinent facilement. Si l'on mélange des solutions saturées de $MgSO^4$ et $(AzH^4)^2SO^4$ il se précipite directement un sel cristallin $Mg(AzH^4)^2(SO^4)^2 6H^2O$ (15).

(15) Ce sel se forme aussi quand on mélange une solution de AzH^4Cl

avec $MgSO^4$. Son poids spécifique = 1,72. cent parties d'eau dissolvent à 0° 9 parties ; à 20°, 17,9 p. de sel anhydre ; il perd son eau à 130°.

Une solution concentrée de carbonate d'ammonium ordinaire dissout MgO et $MgCO^3$ et laisse déposer des cristaux de $Mg(AzH^4)^2(CO^3)^2 4H^2O$ qui, traités par l'eau, donnent une solution de carbonate d'ammonium. En présence d'un sel ammoniacal, ce sel double entre en solution ; aussi, quand, dans une solution renfermant un sel magnésien et un excès de sel d'ammonium, du chlorure d'ammonium par exemple, on verse du Na^2CO^3, il ne se forme aucun précipité de carbonate de magnésium.

En mêlant des solutions de $MgCl^2$ et de AzH^4Cl, et en évaporant le mélange, on obtient un sel double $Mg(AzH^4)Cl^3 6H^2O$ (16).

(16) Si l'on ajoute à une solution de $MgCl^2$, un excès d'ammoniaque caustique, la moitié seulement du magnésium se précipite

$$2MgCl^2 + 2AzH^4OH = Mg(OH)^2 + MgAzH^4Cl^3 + AzH^4Cl$$

La solution de AzH^4Cl dégage de l'ammoniaque au contact de MgO et laisse une solution de $MgAzH^4Cl^3$.

$$MgO + 3AzH^4Cl = MgAzH^4Cl^3 + H^2O + 2AzH^3$$

Parmi les sels doubles que forment l'ammoniaque et la magnésie, le phosphate ammoniaco-magnésien $MgAzH^4PO^4 6H^2O$ est presque insoluble dans l'eau, même en présence d'un excès d'ammoniaque. C'est sous cette forme que l'on précipite souvent la magnésie des solutions dans lesquelles elle est retenue par les sels ammoniacaux.

Étant donné que la chaux n'est pas retenue en solution par les sels ammoniacaux et qu'elle peut être précipitée par le carbonate de sodium Na^2CO^3, etc. on peut facilement séparer CaO de MgO.

Les sels potassiques, comme les sels ammonicaux, sont capables de se combiner avec les sels de magnésium (17). Tel est par exemple, le sel double $MgKCl^3,6H^2O$ appelé carnallite que l'on trouve dans les mines de sel de Stassfurt (18) et qui se forme quand on laisse refroidir une solution saturée de KCl en présence d'un excès de $MgCl^2$. La solution saturée de $MgSO^4$ dissout K^2SO^4 et la solution saturée de ce dernier dissout $MgSO^4$ solide. Ces solutions laissent cristalliser un sel double $K^2Mg(SO^4)^2 6H^2O$ absolument semblable au sel ammoniacal mentionné plus haut (**19**).

(17) Pour saisir la nature et la cause de la formation des sels doubles, il suffit d'y envisager le côté suivant : l'un des métaux qui entrent dans la constitution de ces sels (par exemple K) forme facilement des sels acides, tandis que l'autre (par ex. Mg) donne surtout des sels basiques ; les propriétés basiques sont très prononcées chez le premier et ne le sont que très faiblement chez le second, dont les sels ont souvent un caractère d'acides. La combinaison mutuelle de ces sels peut donc être expliquée jusqu'à un certain point par leurs caractères opposés.

(18) En même temps que la carnallite, on trouve encore à Stassfurt la *kainite* $KMgCl(SO^4)3H^2O$ dont le poids spécifique = 2,13 et dont 79,6 parties se dissolvent dans 100 p. d'eau à 18°. Ce sel renferme deux métaux et deux radicaux acides. Weit a obtenu (1889) le composé bromuré correspondant à la carnallite.

(19) Les parties composantes de certains sels doubles diffusent avec une vitesse inégale, de sorte que la solution qui a traversé la membrane du dialyseur renferme les mêmes éléments que la solution primitive, mais dans un rapport différent : Ce fait démontre que ces sels se décomposent au contact de l'eau.

Les sels doubles, tels que la carnallite, $MgK^2(SO^4)6H^2O$, les aluns, appartiennent à cette catégorie d'après Rudorf (1888).

Le tartre stibié, les oxalates et les cyanures doubles diffusent sans aucune modification, cela dépend probablement de la vitesse de diffusion des sels composants et aussi du degré de l'affinité qui les unit.

Les équilibres complexes qui existent entre l'eau, les sels séparés MX et NY et le sel double MXNY sont en partie étudiés pour les cas où le système est hétérogène, c'est-à-dire quand un des composants se sépare sous forme de précipité solide. Les cas d'équilibres dans les milieux liquides homogènes sont au contraire moins nets, parce qu'ils ont trait à la théorie des solutions elles-mêmes, que nous ne pouvons considérer encore comme définitivement établie.

Au sujet de la décomposition hétérogène des sels doubles, on sait depuis longtemps que des sels analogues à la carnallite ou à $K^2Mg(SO^4)^2$ abandonnent à l'eau le sel le plus soluble, si la quantité d'eau employée est insuffisante pour la dissolution complète du sel.

Pour saturer complètement 100 p. d'eau avec le sel double $K^2Mg(SO^4)^2$, il faut en prendre 14,1 parties à 0° ; 25 p. à 20° ; 50,2 p. à 60° ; tandis que la même quantité d'eau dissout 27 parties de $MgSO^4$ à 0° ; 36 p. à 20° ; 55 p. à 60°, si le sel est anhydre.

De tous les équilibres relatifs aux sels doubles, le mieux étudié est celui du système renfermant l'eau, Na^2SO^4, $MgSO^4$ et leur sel double $Na^2Mg(SO^4)^2$ qui cristallise avec 4 ou 6 H^2O. Le premier de ces hydrates cristallisables se rencontre à Stassfurt et aussi dans les dépôts existant au fond de plusieurs lacs d'Astrakan ; de là son nom : *astrakanite* (blödite). Le poids spécifique des cristaux monocliniques de cet hydrate = 2,22. Si l'on mélange ce sel réduit en poudre avec une quantité d'eau déterminée, (correspondante à l'équation), il se solidifie comme le plâtre en une masse homogène *au-dessous* de 22° (van't Hoff et van Deventer 1886, Bakhuis Rozeboom, 1887). *Au-dessus* de ce point, l'eau et le sel ne réagissent pas, c'est-à-dire qu'ils ne donnent pas de mélange de sulfates de sodium et de magnésium d'après l'équation :

$$MgNa^2(SO^4)^2.4H^2O + 13H^2O = Na^2SO^4 10H^2O + MgSO^4 7H^2O.$$

Si l'on évapore une solution renfermant une quantité de chacun des deux sulfates, correspondant à leurs poids moléculaires, et que, pour éviter la sursaturation, on jette dans le liquide concentré des cristaux d'astrakanite et des cristaux de sulfates séparés, il se forme uniquement de l'astrakanite au-dessus de 22°, tandis qu'au-dessous de cette température, on obtient un mélange de cristaux de sulfate de magnésium et de soude séparés.

Quand on mélange des poids moléculaires des sulfates de sodium et de magnésium solides, on n'observe aucun changement aux températures inférieures à 22° tandis que, au-dessus de ce point, il se forme de l'astrakanite et de l'eau.

Le volume de $Na^2SO^4.10H^2O$, correspondant au poids moléculaire exprimé en grammes, $= \frac{322}{1,46} = 220$ cc. 5 ; celui de $MgSO^4.7H^2O = \frac{246}{1,68} = 146$ cc. 4 ; par conséquent, le mélange de ces deux sels doit occuper un volume de 366 cc. 9. Le volume de l'astrakanite $= \frac{334}{2,22} = 150$ cc. 5 ; celui de 13 $H^2O = 234$ et la somme des deux volumes = 380 cc. 5. Il se produit donc une augmentation de volume, aussi peut-on observer facilement, dans un appareil approprié, — une espèce de thermomètre rempli d'un mélange de sulfates de Na et Mg pulvérisés surmonté d'une colonne d'huile — le moment de la formation de l'astrakanite ; on peut s'assurer ainsi que ce dernier ne se forme pas au-dessous de 22° et qu'au dessus, sa formation est d'autant plus rapide que la température est plus élevée.

A la température de transition, la solubilité de l'astrakanite et du mélange des sulfates qui lui donnent naissance est la même ; aux températures supérieures, la solution, saturée pour le mélange des sels séparés, sera sursaturée pour l'astrakanite ; aux températures inférieures, la solution de l'astrakanite sera sursaturée pour les sels composants comme cela a été bien démontré par Karsten, Diacon et par d'autres.

Rozeboom a fait voir qu'il existait deux compositions limites des solutions, pouvant exister en présence du sel double : on les obtient en dissolvant un mélange du sel double et de chacun de ses composants.

Van't Hoff a démontré en outre que la tendance à la formation des sels doubles exerce une influence très nette sur la marche des doubles décompositions parce que le mélange de

$$2MgSO^4 7H^2O + 2NaCl$$

se transforme, aux températures supérieures à 31°, en

$$MgNa^2(SO^4)^2 4H^2O + MgCl^2 6H^2O + 4H^2O\ ;$$

au-dessous de 31°, cette double décomposition ne se produit pas : la réaction marche au contraire dans le sens opposé, comme il est facile de s'en assurer par le procédé décrit plus haut.

Van der Heide a obtenu de l'astrakanite potassique $K^2SO^4.MgSO^4 4H^2O$ des solutions des composants à 100°.

Les exemples précédents, relatifs aux sels doubles, montrent que la température joue, dans la formation des substances, un rôle presqu'aussi important que dans le changement d'état. Ce sont, d'ailleurs les conceptions de Deville sur la dissociation, mais rendues plus compréhensives et s'appliquant au passage de l'état solide à l'état liquide et inversement. Ces exemples montrent aussi, à un autre point de vue, l'importance de l'eau dans la formation des combinaisons, et la similitude de l'affinité qui existe entre les sels et l'eau de cristallisation, entre les différents sels, et par conséquent entre les acides et les bases.

La formation des sels doubles ne diffère en somme en rien de la formation des sels ordinaires eux-mêmes. Quand NaHO donne avec $HAzO^3$ de l'eau et de l'azotate de sodium, il se produit un phénomène identique à celui qui donne naissance à l'astrakanite aux dépens de $Na^2SO^4.SOH^2O$ et $MgSO^4.7H^2O$. Dans les deux cas, il y a élimination d'eau et augmentation de volume.

Parmi les sels de magnésium les plus utilisés, il faut citer en première ligne le **sulfate de magnésium** (20) et son hydrate $MgSO^4 7H^2O$ connu dans le public sous le nom de sel de Sedlitz, sel d'Epsom, et employé depuis très longtemps comme purgatif. Il se trouve à Stassfurt à l'état de *kieserite* $MgSO^4H^2O$ et cristallise dans ses solutions ordinaires généralement avec $7H^2O$ et, dans ses solutions sursaturées, avec $6H^2O$; au-dessous de 0°, il se dégage $MgSO^4.12H^2O$; la solution qui répond à la composition de $MgSO^4.24H^2O$ se solidifie complètement à — 5° (21). Il existe donc entre l'eau et $MgSO^4$ plusieurs équilibres plus ou moins stables et le sel double $MgSO^4.K^2SO^4.6H^2O$ peut être considéré comme l'un de ces systèmes équilibrés, d'autant plus qu'il renferme $6H^2O$ tandis que $MgSO^4$ se combine en un système très stable avec $7H^2O$; ce sel double peut être considéré comme l'hydrate $MgSO^47H^2O$, dont une molécule d'eau est remplacée par K^2SO^4 (22).

(20) Le sulfate de magnésium peut être facilement préparé à l'aide de l'acide sulfurique et de la magnésie ; il se sépare de l'eau de mer et de beaucoup de sources salines minérales par l'évaporation. Quand on emploie pour la préparation de CO^2 la magnésite $MgCO^3$ et l'acide sulfurique, $MgSO^4$ reste en solution. En traitant la dolomite (mélange de $MgCO^3$ et $CaCO^3$) par une solution d'acide chlorhydrique jusqu'à ce qu'il ne reste plus que la moitié du sel, c'est principalement le carbonate calcique qui se trouve dissous et le carbonate magnésien reste ; ce dernier peut être transformé par l'acide sulfurique en sulfate de magnésium.

(21) Le sulfate de magnésium anhydre exposé à l'air humide attire $7H^2O$; chauffé fortement dans des vapeurs d'eau ou de HCl, il donne H^2SO^4 ; chauffé, avec du charbon, il se décompose de la manière suivante :

$$2MgSO^4 + C = 2SO^2 + CO^2 + 2MgO$$

Le sulfate de magnésie monohydraté (kieserite) est très peu soluble dans l'eau ; c'est lui qui reste quand on chauffe les autres hydrates cristallisables jusqu'à 135°.

Le sel à $6H^2O$ est dimorphe. Une solution de $MgSO^4$, saturée à la température d'ébullition et refroidie en l'absence de cristaux de sel à $7H^2O$, laisse déposer des cristaux de $MgSO^4$, $6H^2O$ aussi instable que ceux de $Na^2SO^4.7H^2O$ ayant la forme de prismes *monocliniques* (Lœwel, Marignac). Si l'on ajoute à la solution des cristaux du système quadratique d'un sel de cuivre et de nickel, ayant la composition

$MSO^4\ 6H^2O$ on voit se déposer sur ces cristaux des prismes de $MgSO^4 6H^2O$ appartenant également au système *quadratique* (Lecoq de Boisbaudran).

L'hydrate commun $MgSO^4,7H^2O$ s'obtient en cristaux du système *rhombique* au dessous de 30°; il perd, dans le vide ou à 100°, $5H^2O$; à 132°, $6\,H^2O$; à 210°, tous les $7H^2O$ (Graham).

Si l'on introduit dans une solution saturée de M^2SO^4 des cristaux de sulfate de cuivre ou de cobalt, ces derniers deviennent le point de départ de la formation des cristaux *hexagonaux* du sel heptahydraté (Lecoq de Boisbaudran), ces cristaux présentent un équilibre instable et se troublent rapidement en se transformant probablement en une forme commune plus stable.

Fritzsche, en refroidissant les solutions saturées de $MgSO^4$ au-dessous de 0°, a obtenu un mélange de glace et de cristaux du sel à $12H^2O$ qui se décomposent rapidement au-dessus de 0°. Guthrie a démontré que les solutions diluées de $MgSO^4$ laissent déposer de la glace en se refroidissant, tant que la composition $MgSO^4.\ 24\,H^2O$ n'est pas atteinte, car ce dernier hydrate se solidifie complètement à — 5°,3.

La température de la formation de la glace, d'après de Coppet et Rüdorff, s'abaisse de 0°,073 par chaque partie en poids de $MgSO^4 7H^2O$ en solution dans 100 parties d'eau. Ce chiffre donne la valeur $i = 1$ (voir t. I, p. 151), aussi bien pour $MgSO^4 7H^2O$ que pour le sel anhydre : cela prouve que la cryoscopie ne permet pas d'apprécier l'état de combinaison auquel se trouve la substance dissoute.

La solubilité des différents hydrates cristallisables que forme le sulfate magnésien varie, d'après Lœwel, comme pour Na^2SO^4 ou Na^2CO^3. 100 parties d'eau dissolvent : à 0°, en présence de $MgSO^4 6H^2O$, 40,75 parties de $MgSO^4$; en présence de $MgSO^4.7H^2O$ hexagonal 34,67 p. de $MgSO^4$; et, en présence des cristaux ordinaires de $MgSO^4.7H^2O$, seulement 26 p. de $MgSO^4$.

D'après Chtcherbakoff, $MgSO^4$ soigneusement purifié donne en solution aqueuse, une réaction alcaline avec le papier de tournesol et une réaction acide avec la phtaléine du phénol, ci-dessous les équations des poids spécifiques des solutions de quelques sels de Mg et Ca rapportés à 15°/4° le poids spécifique de l'eau à 4° étant supposé égal à 10.000.

$$MgSO^4 : s = 9{,}992 + 99{,}89\,p + 0{,}553\,p^2$$
$$MgCl^2 : s = 9{,}992 + 81{,}31\,p + 0{,}372\,p^2$$
$$CaCl^2 : s = 9{,}992 + 80{,}27\,p + 0{,}476\,p^2$$

(22) Graham avait déjà observé que la dernière molécule d'eau de cristallisation du sel heptahydraté pouvait être remplacé par d'autres sels, et avait insisté sur ce point que les sels doubles, analogues à $MgK^2(SO^4)^2.6H^2O$, perdent toute leur eau avant 135°, tandis que $MgSO^4.7H^2O$ ne perd que $6H^2O$.

Une des propriétés remarquables de la magnésie et aussi des autres bases faibles correspondant aux métaux multivalents, c'est la **faculté de former des sels basiques.** Les bases énergiques des métaux monovalents tels que le potassium et le sodium ne forment jamais de sels basiques, mais donnent des sels neutres et des sels acides.

En mélangeant à froid une solution de $MgSO^4$ avec une solution de Na^2CO^3, on obtient un précipité gélatineux du sel basique

$$Mg(OH)^2.4MgCO^3.9H^2O$$

Toute la magnésie n'est cependant pas précipitée dans ce cas ; une partie reste en solution à l'état de sel double acide

Si l'on ajoute, à une solution bouillante de $MgSO^4$, du carbonate de sodium, il se forme un précipité encore plus basique.

$$4MgSO^4 + 4Na^2Co^3 + 4H^2O = 4Na^2SO^4 + CO^2 + Mg(OH)^2.3MgCO^3.3H^2O$$

Ce sel basique est connu, en pharmacie, sous le nom de **magnésie blanche, magnésie carbonatée** ; on le trouve dans le commerce sous forme de petits blocs poreux très légers. En modifiant la température et les conditions de la décomposition, on obtient d'autres sels basiques, mais on ne peut préparer par ce procédé le sel **neutre $MgCO^3$** que l'on rencontre à l'état naturel sous le nom de *magnesite* et qui cristallise dans le système rhomboédrique. Les cristaux ont un poids spécifique égal à 3,056. La formation de différents sels basiques montre en somme que l'eau est capable de décomposer le sel neutre $MgCO^3$.

Il existe cependant un moyen d'obtenir ce dernier, aussi bien à l'état anhydre qu'à l'état hydraté : une solution aqueuse de carbonate de magnésium chargée d'acide carbonique peut servir dans ce but, car ce dernier gaz est l'un des produits de décompostion de $MgCO^3$ en présence de l'eau. Si on laisse cette solution s'évaporer spontanément, il se dégagera un sel neutre hydraté ; en évaporant à chaud la solution dans un courant d'acide carbonique, le sel anhydre prend naissance et ses cristaux sont inaltérables à l'air comme le sel naturel (**23**).

(23) La forme cristalline de $MgCO^3$ anhydre artificiel diffère de celle de la magnésite. Le premier cristallise en rhomboèdres semblables à ceux de la calcite (carbonate de calcium naturel), la seconde présente la forme de prismes rhombiques, pareils aux cristaux que forme quelquefois dans la nature le même sel calcaire connu sous le nom d'aragonite.

L'action décomposante qu'exerce l'eau sur les sels de magnésium, qui ne dépend que du faible caractère basique de la magnésie (**24**), est très manifeste dans le **chlorure de magnésium** $MgCl^2$. Ce dernier reste dans les dernières portions provenant de l'évaporation de l'eau de mer. Par refroidissement des solutions suffisamment concentrées, il se dégage l'hydrate $MgCl^26H^2O$; mais, si l'on continue à chauffer les solutions (au-dessus de 106°) pour éliminer l'eau, on chasse en même temps que cette dernière de l'acide chlorhydrique de sorte que, à la fin, il ne reste que de la magnésie avec une petite quantité de $MgCl^2$ (**25**).

Il résulte de ce qui précède que l'on ne peut obtenir du chlorure de magnésium anhydre par simple évaporation. Mais, si l'on ajoute à la solution de chlorure de magnésium, du chlorure d'ammonium ou de sodium, le dégagement d'acide chlorhydrique ne se produit pas, et l'on obtient après évaporation complète, une masse complètement soluble dans l'eau. Cela dépend évidemment de l'affinité qui existe entre le chlorure de magnésium et les chlorures métalliques ajoutés et qui permet d'obtenir du chlorure de magnésium anhydre de sa solution. En effet, le mélange de chlorure de magnésium anhydre et de sel ammoniac peut être desséché et le sel double ainsi obtenu $MgCl^2 2AzH^4Cl$ calciné à 460° ; le sel ammoniac se volatilise dans ces conditions et il ne reste que du chlorure de magnésium fondu et anhydre.

On obtient encore ce dernier par voie directe, c'est-à-dire en faisant réagir le chlore sur le magnésium ou, encore plus facilement, en calcinant la magnésie dans un courant de chlore en présence du charbon qui s'empare du l'oxygène de la magnésie. Ce dernier procédé est applicable à la préparation de tous les chlorures métalliques qui se forment encore plus difficilement que le chlorure de magnésium à l'état anhydre.

(24) Les sels formés par des bases aussi faibles que l'est MgO se comportent souvent comme des acides. Le sulfate de magnésium par exemple, se comporte dans certaines réactions comme l'acide sulfurique lui-même. Ainsi, en chauffant jusqu'au rouge vif un mélange de poids équivalents de sulfate de magnésium hydraté et de chlorure de sodium, on observe un dégagement d'acide chlorhydrique absolument comme par l'action de l'acide sulfurique sur NaCl :

$$MgSO^4 + 2NACl + H^2O = Na^2SO^4 + MgO + 2HCl.$$

Le sulfate de magnésium agit d'une manière analogue sur les azotates et met en liberté l'acide azotique. Mélangé avec du chlorure de sodium et du bioxyde de manganèse, il donne lieu à un dégagement de chlore. Dans la pile bien connue de Meidinger, l'acide sulfurique est remplacé par le sulfate de magnésium.

(25) Il est plus simple d'envisager la décomposition de $MgCl^2$ par l'eau comme le résultat de deux réactions inverses :

$$MgCl^2 + H^2O = MgO + 2HCl$$
$$\text{et } MgO + 2HCl = MgCl^2 + H^2O$$

ou bien comme la distribution entre O et Cl^2 d'un côté et H^2 et Mg de l'autre. Dans ces conditions, en effet, il est évident d'après la théorie de Berthollet, que la masse de HCl transformera MgO en $MgCl^2$ tandis que la masse d'eau transformera $MgCl^2$ en MgO. La limite de la reversibilité est l'hydrate $MgCl^2 6H^2O$. Il peut exis-

ter cependant des équilibres intermédiaires à l'état de sels basiques. En mélangeant la magnésie calcinée avec une solution de $MgCl^2$ (poids spécifique = 1,2), on obtient une masse solidifiable d'un sel basique indécomposable par l'eau à la température ordinaire. Cette réaction est utilisée dans la pratique pour préparer une espèce de ciment pour agglomérer la sciure de bois et la transformer en *xylolithe* employée pour remplacer les planchers dans les appartements.
Remarquons ici que $MgBr^2$ cristallise non seulement avec $6H^2O$ (point de fusion 152°) mais aussi avec $10H^2O$ (point de fusion + 12°, se forme à — 18°, d'après Panfilof, 1894).

Le chlorure de magnésium anhydre est une masse transparente, incolore, composée de lamelles cristallines flexibles, et ayant un éclat nacré. Il fond vers 108° en un liquide incolore. Conservé dans un endroit sec, ce sel est stable ; mais, sous l'influence de l'humidité, il se décompose, même à la température ordinaire, en dégageant de l'acide chlorhydrique. Calciné en présence d'oxygène, il dégage du chlore et laisse un sel basique qui se forme encore plus facilement quand on le chauffe dans un courant de vapeurs d'eau

$$2MgCl^2 + H^2O = MgOMgCl^2 + 2HCl.$$

Le **calcium** et ses combinaisons ont beaucoup de caractères identiques à ceux du magnésium et de ses composés, tout en possédant beaucoup de propriétés distinctives très tranchées (**26**). D'une manière générale, Ca est à Mg, ce que le potassium est au sodium.

(26) On peut séparer la chaux de la magnésie non seulement à l'aide du procédé décrit dans la note 16, mais encore par plusieurs autres moyens parmi lesquels il faut mentionner celui basé sur la façon dont se comportent ces deux bases vis-à-vis d'une solution de sucre : *La chaux hydratée se dissout en grande quantité dans une solution sucrée tandis que la magnésie ne s'y dissout pas.* Après avoir calciné la dolomite et avoir éteint par l'eau le résidu de la calcination, on peut en extraire la chaux à l'aide d'une solution de sucre à 10 0/0. L'acide carbonique précipite la chaux de ce genre de solutions.
L'addition de sucre à la chaux employée pour la confection des mortiers en augmente la force.

Le calcium métallique a été obtenu par Davy en solution mercurielle par l'électrolyse du chlorure de calcium fondu. Ni le charbon, ni le fer ne décomposent l'oxyde de calcium ; le sodium lui-même décompose difficilement $CaCl^2$ (**27**), tandis qu'il décompose assez facilement l'iodure de calcium. Il en est pour le calcium, comme pour l'hydrogène, le potassium et le magnésium : le lien qui les unit à l'iode est plus faible que celui qui les unit au chlore (et à l'oxygène), aussi n'y a-t-il rien d'étonnant à ce que l'iodure de calcium se prête à une décomposition que le chlorure de calcium et la chaux ne subissent que difficilement (**28**).

(**27**) En faisant fondre $CaCl^2$ avec Zn et Na, Caron a obtenu un alliage de Zn et de Ca qui, soumis à la température du rouge blanc, perd le zinc par vaporisation et laisse le calcium (note 40).

(**28**) L'iodure de calcium peut être préparé en saturant la chaux avec l'acide iodhydrique ; c'est un sel très soluble dans l'eau (1 partie dans 0,49 p. d'eau à 20° et dans 0,35 p. à 43°), déliquescent à l'air et ressemblant sous bien des rapports au chlorure de calcium. Si l'on fait fondre dans un creuset en fer, bien clos par un couvercle, de l'iodure de calcium anhydre avec son équivalent de sodium, il se forme de l'iodure de sodium et du calcium métallique (Liès-Bodart). Dumas conseille d'effectuer cette opération dans un vase clos, sous pression.

Le calcium métallique a une couleur jaune et un éclat très vif qu'il conserve dans l'air sec, il est très malléable. Son poids spécifique = 1,58.

Le calcium fond à la température du rouge et s'enflamme alors à l'air en dégageant une lumière très vive. Etant donné que le calcium donne en brûlant une flamme très grande on peut supposer que ce métal est volatil.

Il décompose l'eau à la température ordinaire et s'oxyde à l'air humide, moins vite cependant que le sodium.

Le produit de la combustion du calcium est le **protoxyde de calcium** CaO ou **la chaux** commune dont il a été déjà plus d'une fois question dans cet ouvrage. Cet oxyde ne se trouve pas dans la nature à l'état libre mais toujours combiné soit avec la silice, soit avec les acides carbonique ou sulfurique. Les carbonates et les azotates calcaires se décomposent par la calcination en formant la chaux. C'est généralement à l'aide du carbonate calcaire, très répandu dans la nature, que l'on obtient la chaux commune pour les besoins de la pratique et la chaux pure employée dans les laboratoires :

$$CaCO^3 = CaO + CO^2$$

La décomposition du carbonate calcaire se fait à la température du rouge vif en présence de la vapeur d'eau ou d'un courant d'un gaz inerte dans des fours spéciaux, dits fours à chaux (**29**).

(**29**) Les fours à chaux fonctionnent soit périodiquement soit d'une manière continue. Les fours du premier genre, généralement cylindriques, sont remplis alternativement de lits de pierre calcaire et de lits de combustible ; la chaleur produite par la combustion de ce dernier sert à décomposer la pierre calcaire.

Les fours à action continue ne sont remplis que de pierre calcaire, la chaleur est fournie par des foyers latéraux construits de manière à ce que la flamme et les gaz passent à travers le four et sortent par la gueule. Les fours de ce genre peuvent fonctionner continuellement car on peut ajouter par la partie supérieure la pierre calcaire fraîche et recueillir la chaux à l'extrémité inférieure du four.

Tous les calcaires ne peuvent servir à la fabrication de la chaux, parce que certains d'entre eux renferment des matières étrangères et surtout de l'argile, de la dolomite et du sable. Ces calcaires, lorsqu'ils sont calcinés, entrent en demi-fusion ou bien produisent une chaux impure appelée chaux *maigre* pour la distinguer de la chaux *grasse* pure fournie par des calcaires exempts de matières étrangères. Cette dernière se réduit en poudre très fine au contact de l'eau et c'est elle que l'on emploie le plus souvent dans la pratique. Certaines variétés de chaux maigre sont cependant utilisées pour la préparation de la chaux hydraulique qui durcit dans l'eau.

Dans les laboratoires, pour obtenir de la chaux pure, on calcine du marbre ou des coquilles d'abord dans un four et ensuite dans un creuset en les arrosant avec une petite quantité d'eau. On peut encore préparer rapidement de la chaux pure en calcinant l'azotate de calcium $CaAz^2O^6$ que l'on prépare en traitant la pierre calcaire par l'acide nitrique. On fait bouillir la solution obtenue avec une petite quantité de chaux pour précipiter les oxydes étrangers insolubles dans l'eau tels que les oxydes de fer, d'aluminium, etc. On fait cristalliser le sel par concentration : ces cristaux calcinés donnent de la chaux pure :

$$CaAz^2O^6 = CaO + 2AzO^2 + O.$$

La chaux, à la sortie du four, conserve absolument la forme des pierres calcaires qui ont été soumises à la calcination — c'est la chaux *vive*. Cette dernière attire l'humidité de l'air et se réduit en poudre, chaux *éteinte* ; exposée longtemps à l'air, elle attire en outre de l'acide carbonique, augmente de volume, mais ne se transforme pas complètement en carbonate calcaire.

Le protoxyde de calcium, c'est-à-dire la chaux vive (p. sp. = 3,15) est une substance inaltérable par la chaleur ; c'est elle que Deville employa pour la confection des creusets et des foyers réfractaires qui lui servirent à fondre du platine, à distiller de l'argent, etc., à l'aide de la flamme oxhydrique.

La chaux hydratée, ou l'hydrate de protoxyde de calcium, CaH^2O^2 (poids spécifique = 2,07) est la substance communément employée pour la préparation des mortiers (30).

(30) La chaux seule ne s'emploie pas pour l'assemblage des pierres ou des briques, car, après l'évaporation de l'eau, le mortier fait avec de la pâte de chaux occuperait un volume inférieur et les joints ne se trouveraient pas comblés. On la mélange avec de l'eau et du sable qui empêche la chaux de se rétracter.

Le phénomène du durcissement de la chaux, prise à l'état de mortier, consiste tout d'abord dans la simple évaporation de l'eau et dans la cristallisation de l'hydrate. Ce premier stade ne donnerait pas un assemblage solide, comme le montre l'expérience, si la chaux ne subissait pas de modifications ultérieures ayant pour résultat la formation de carbonate et de silicate calcaire qui se distinguent par une force de cohésion considérable. L'acide carbonique de l'air, en agissant sur la chaux, en transforme environ la moitié en carbonate calcaire, d'autre part la chaux réagit en partie avec la silice des briques et des pierres, aussi, avec le temps, il se forme des cristaux qui rendent le mortier de plus en plus dur. C'est pour cette unique raison que le mortier qui existe dans les bâtiments dont la construction date de plusieurs siècles est si dur et non pas parce que l'on construisait plus solidement autrefois, comme on serait tenté de le croire.

La chaux hydratée, de même que les autres alcalis, réagit avec beaucoup de substances animales et végétales; c'est pour cette raison qu'on l'emploie pour la saponification des graisses et, dans l'économie rurale, pour activer la décomposition des résidus animaux et végétaux destinés au fumage de la terre.

L'hydrate de protoxyde de calcium perd son eau à 530°. Etendu d'eau, il forme ce qu'on appelle le **lait de chaux** parce qu'il reste longtemps en suspension dans l'eau et lui communique un aspect laiteux.

La chaux est soluble dans l'eau, en très petite quantité il est vrai ; **l'eau de chaux** possède cependant des propriétés alcalines très nettes; elle précipite par l'acide carbonique. Une partie de chaux est soluble dans 800 parties d'eau à la température ordinaire et dans 1500 p. à 100°; c'est pour cette raison que l'eau de chaux se trouble par l'ébullition.

Si l'eau de chaux est évaporée dans le vide, l'hydrate de calcium se sépare à l'état de cristaux hexaédriques et, si l'on ajoute à l'eau de chaux du peroxyde d'hydrogène, il se dépose des petits cristaux de **bioxyde** ou **de peroxyde de calcium** $CaO^2 8H^2O$. Ce dernier composé est très instable et se décompose sous l'influence de la chaleur comme le peroxyde de baryum.

La chaux, qui est une base énergique, se combine avec tous les acides; mais sous ce rapport, elle occupe une situation intermédiaire, entre les véritables bases alcalines et la magnésie.

Beaucoup de sels calcaires (carbonate, phosphate, borate, oxalate) sont insolubles dans l'eau ; le sulfate de calcium est très peu soluble. Douées de propriétés basiques plus énergiques que la magnésie, la chaux donne des sels CaX^2 qui se distinguent par leur stabilité comparativement à MgX^2 ; la chaux ne forme pas aussi facilement que la magnésie des sels basiques et des sels doubles.

La chaux anhydre n'absorbe pas l'acide carbonique à la température ordinaire, comme le savait déjà Scheele. Le professeur Chouliatchenko a montré qu'il n'y avait pas d'absorption même à 360° ; cette absorption ne se produit qu'au rouge et a pour résultat la formation d'un mélange de CaO et de $CaCO^3$ (Rose). La chaux éteinte et l'eau de chaux se combinent rapidement et complètement avec CO^2 (**31**).

(31) La chaleur imprime à la substance un état de mouvement intérieur, nécessaire à la réaction ; non seulement la cohésion des molécules change, et le mouvement ou la réserve d'énergie des molécules augmente, mais il est probable que le mouvement des atomes eux-mêmes dans les molécules, subit aussi une modification. Des modifications semblables se passent dans le phénomène de dissolution et de combinaison, si l'on en juge d'après ce fait qu'une substance dissoute ou unie à l'eau réagit avec l'acide carbonique de la même manière que sous l'influence de la chaleur. Il est très utile de voir ce parallélisme pour comprendre les phénomènes chimiques. C'est à ce point de vue qu'il faut considérer l'observation de Rose sur la formation de l'aragonite dans les solutions diluées et de la calcite dans les solutions concentrées par la diffusion lente des solutions de $CaCl^2$ et Na^2CO^3. Puisque les solutions chaudes ne forment jamais que de l'aragonite, la dilution de la solution agit à la manière de la chaleur. L'expérience de Kullmann est très instructive à cet égard : l'oxyde de baryum sec et absolument anhydre ne réagit pas avec l'acide sulfurique monohydraté (exempt d'eau et d'anhydride SO^3), mais il suffit de toucher le mélange avec un corps incandescent ou humide pour qu'une réaction violente commence aussitôt.

L'expérience suivante démontre aussi l'influence de la dissolution sur la marche des transformations chimiques : on met dans une cornue tubulée de la chaux vive ou de la baryte ; le col de la cornue est relié avec un tube qui plonge dans du mercure et on adapte à la tubulure un entonnoir à robinet rempli d'eau. On introduit dans la cornue de l'acide carbonique sec et on remarque qu'il n'y a pas d'absorption. Il suffit alors, en ouvrant le robinet, d'humecter la chaux vive pour que l'acide carbonique soit entièrement absorbé et qu'il se produise un vide dans l'intérieur de la cornue. En présence de l'eau, l'absorption est complète, tandis que, pendant la calcination de la chaux sèche, intervient la tension de dissociation de CO^2.

Les phénomènes relatés plus haut (p. 415) sont liés à la **dissociation du carbonate de calcium**, étudiée par Debray (1867) sous l'influence des notions sur la dissociation introduites dans la science par Henri Sainte-Claire Deville.

De même que les corps non volatils n'ont pas de tension de vapeur, de même $CaCO^3$ ne possède pas, à la température ordinaire, de tension de dissociation de CO^2. De même qu'à chaque corps volatil correspond, pour chaque température, une tension maxima de vapeurs, de même $CaCO^3$ possède sa **tension de dissociation** qui est égale à environ 85 mm. à la température de l'ébullition du cadmium (environ 770°) et à environ 520 mm. à la température d'ébullition du zinc, c'est-à-dire vers 930°. Si la tension est supérieure il n'y aura ni évaporation ni décomposition.

Debray a pris des cristaux de calcite et n'a pas observé le moindre changement à la température de l'ébullition du zinc (930°) dans une atmosphère d'acide carbonique à la pression atmosphérique (760 mm.) ; cependant $CaCO^3$ peut être décomposé complètement à une température beaucoup plus basse, si la tension de CO^2 est inférieure à la tension de la dissociation ; on peut réaliser cette condition, soit en éliminant le gaz à l'aide d'une pompe pneumatique, soit en introduisant un autre gaz, c'est-à-dire en diminuant la pression partielle de CO^2 (**32**).

(32) L'expérience a démontré qu'en mouillant la chaux incomplètement calcinée et en la soumettant à une nouvelle calcination, on peut chasser facilement les dernières traces d'acide carbonique et qu'en augmentant le tirage de l'air, ou en faisant passer un courant de vapeur d'eau, on peut accélérer la décomposition de $CaCO^3$. La tension partielle de CO^2 diminue dans ces conditions.

C'est ainsi qu'à une certaine température, supérieure à celle où commence la dissociation, on peut obtenir $CaCO^3$ de $CaO + CO^2$ et inversement décomposer $CaCO^3$ en $CaO + CO^2$ (**33**). La première de ces réactions ne se produit pas à la température ordinaire, parce que la seconde ne s'y effectue pas; on voit ainsi que toutes les relations principales entre la chaux et l'acide carbonique s'expliquent en partant d'un seul et même principe général (**34**).

(33) Avant les notions de Deville sur la dissociation, on expliquait les décompositions analogues à celle de $CaCO^3$ de la manière suivante : on supposait que la décomposition commençait à une certaine température et qu'elle s'accélerait à mesure que la température s'élevait ; on ne savait pas que la substance pouvait se reproduire à la même température où elle se décompose.

Berthollet et Deville ont introduit dans la science la notion des équilibres et ont expliqué la nature des réactions reversibles. Il est certain que tous les points de cette question ne sont pas encore résolus, mais on ne peut nier qu'un grand pas est fait dans la mécanique chimique qui a été entraînée dans une nouvelle voie créée par les chimistes français : Deville, Debray, Troost, Lemoine, Hautefeuille, Lechatelier et d'autres. Entre autres faits, ces auteurs ont demontré l'analogie exacte qui existe entre les phénomènes de vaporisation et les phénomènes de dissociation en ce que la quantité de chaleur absorbée par la dissociation d'un corps peut être calculée d'après la loi de la variation de la tension de dissociation, absolument comme on calcule, d'après la seconde loi de la théorie mécanique de la chaleur, la chaleur latente de vaporisation de l'eau en connaissant la variation de la tension avec le changement de la température. En d'autres termes *les lois de la théorie mécanique de chaleur sont absolument applicables à la dissociation et à la vaporisation.*

(34) La question de la formation du carbonate de calcium basique à une température élevée reste jusqu'à présent inexpliquée. La présence de l'eau complique toutes les relations entre CaO et CO^2, car

il existe évidemment une affinité entre $CaCO^3$ et l'eau puisqu'il existe un *hydrate* $CaCO^3,5H^2O$ (Pelouze), qui cristallise en prismes rhombiques dont le poids spécifique = 1,77 et qui perd son eau à 20°. On obtient ces cristaux en laissant exposée à l'air pendant très longtemps une solution de chaux dans l'eau sucrée qui absorbe lentement l'acide carbonique atmosphérique, on peut encore les préparer en saturant cette même solution à la température d'environ 3° par CO^2. D'un autre côté, il est probable qu'il se forme en solution aqueuse un **sel acide** $CaH^2(CO^3)^2$, car l'eau chargée de CO^2 dissout $CaCO^3$, et d'ailleurs les recherches de Schlösing (1872) ont démontré qu'à 160° un litre d'eau dans une atmosphère de CO^2 (pression 0 atm., 984) dissout 1 gr., 086 de $CaCO^3$ et en outre 1 gr. 778 de CO^2 nombres qui correspondent à la formation de $CaCO^3$ et à la dissolution de CO^2 dans le reste de l'eau. Caro a montré qu'un litre d'eau peut dissoudre jusqu'à 3 gr. de $CaCO^3$, si la pression de CO^2 augmente jusqu'à 4 atmosphères et plus. A l'air libre, ou dans un courant d'un autre gaz, CO^2 se dégage et $CaCO^3$ se précipite, ce qui a lieu dans l'eau de beaucoup de sources. C'est ainsi que se forment les stalactites, les tufs et les autres sédiments auxquels donne naissance de l'eau tenant en dissolution CO^2 et $CaCO^3$.

La solubilité de $CaCO^3$ ne dépasse pas, à la température ordinaire, 13 miligr. par litre d'eau.

Le carbonate de calcium $CaCO^3$ se rencontre quelquefois dans la nature à l'état de cristaux de deux systèmes différents; c'est donc un sel dimorphe. Lorsqu'il présente une combinaison de formes du système hexagonal (prismes hexagonaux, rhomboèdres, etc.), il porte le nom de **calcite.** La densité de la calcite = 2,7 ; elle est caractérisée par le clivage parallèle aux faces du rhomboèdre principal ayant un angle de 105°. La calcite absolument transparente (spath d'Islande) est un des corps qui produisent le plus énergiquement la réfraction double, de là son emploi dans la construction d'un certain nombre d'appareils de physique.

Le carbonate de calcium naturel cristallisé dans le système rhombique porte le nom d'**aragonite** (poids spécifique = 2,95).

Les cristaux de carbonate de calcium obtenus à la température ordinaire par cristallisation lente, appartiennent au système hexagonal ; obtenus à l'aide des solutions chaudes ils revêtent la forme de l'aragonite (**35**).

(**35**) Les corps dimorphes ont les mêmes réactions chimiques, aussi est-on forcé d'admettre que les atomes sont groupés de la même façon dans les molécules de ces différents composés. On attribue le dimorphisme à une distribution différente des molécules dans les cristaux : Cette hypothèse est conforme à la théorie atomique, mais, comme il est impossible de se représenter que la disposition des molécules varie sans entraîner en même temps un déplacement des atomes à l'intérieur de ces molécules, comme d'autre part toute réaction est accompagnée d'un certain mouvement des atomes, je ne crois pas qu'il y ait actuelle- ment une base suffisante qui permette de séparer le dimorphisme de la notion générale d'isomérie à laquelle d'ailleurs, viennent d'être rattachés récemment certains composés organiques dextrogyres et lévogyres.

Quand $CaCO^3$ se sépare des solutions, il présente tout d'abord un aspect gélatineux, ce qui fait supposer que ce sel se trouve dans un état colloïdal. Il ne cristallise qu'au bout d'un certain laps de temps. L'état colloïdal de $CaCO^3$ a été surtout mis en évidence par les recherches de Famintsyne qui a démontré qu'en précipitant ce sel de ses dissolutions, on l'obtient, dans certaines conditions, à l'état de grains stratifiés semblables à ceux de l'amidon ; cette observation, en plus de son intérêt spécial, est importante en ce sens qu'elle a montré la possibilité de préparer une substance minérale sous une forme qui jusqu'ici n'était connue que dans les substances organiques élaborées par les plantes. L'expérience de Famintsyne tend encore à démontrer que les formes (cellules, vaisseaux, grains) que revêtent les substances animales et végétales dans les organismes ne présentent rien qui soit spécial aux organismes seuls, mais qu'elles sont le résultat des conditions particulières dans lesquelles elles prennent naissance.

Traube et après lui Monnier et Vogt (1882) ont obtenu sous le microscope des formations ayant l'aspect de cellules végétales en faisant réagir le silicate et le carbonate de sodium sur les sulfates de différents métaux.

Le sulfate de calcium, combiné avec deux molécules d'eau, $CaSO^4.2H^2O$, est très répandu dans la nature et porte dans ce cas le nom de **gypse** ou pierre à plâtre. Calciné faiblement, (36) il perd une molécule et demie ou deux molécules d'eau et se transforme en gypse anhydre connu sous le nom de plâtre ou d'albâtre et employé couramment pour la confection des mortiers et pour le moulage des ouvrages de sculpture. Le plâtre pulvérisé et tamisé produit, en effet, avec l'eau une pâte liquide qui prend facilement toutes les formes du moule et qui durcit rapidement, parce que $CaSO^4$ se combine à nouveau avec $2H^2O$ en dégageant une petite quantité de chaleur. $CaSO^4.2H^2O$ peut être considéré comme $S(OH)^6$ dont deux hydrogènes sont remplacés par Ca.

(36) D'après Lechatelier (1888) $CaSO^4.2H^2O$ perd à 125°, 1 molécule 1/2 de H^2O, c'est-à-dire qu'il se transforme en $2(CaSO^4)H^2O$; à 170° l'eau s'élimine complètement.

D'après Shenstone et Cundall (1882) le gypse commence à perdre son eau dans l'air sec à 70°.

Quand on chauffe à 150° le gypse avec l'eau dans des vases clos il se forme $H^2O2(CaSO^4)$ (Hoppe-Seyler).

(37) Pour la maçonnerie, on ajoute ordinairement au plâtre de la chaux et du sable afin d'obtenir un mortier plus dur et durcissant moins vite. Pour imiter le marbre, on additionne le plâtre fin de gélatine et on polit la masse durcie.

Le plâtre trop calciné est impropre à tout usage, car comme l'anhydrite naturelle, il ne fait plus du tout *prise avec l'eau*.

Le gypse naturel se présente parfois à l'état de masses absolument incolores ou veinées comme le marbre, parfois à l'état de cristaux tout à fait transparents ayant un poids spécifique de 2,33. Le gypse demi-transparent appelé *sélénite*, sert à fabriquer certains petits objets sculptés.

On trouve encore dans la nature du sulfate de calcium anhydre, appelé **anhydrite**, que l'on rencontre quelquefois à côté du sel hydraté; son poids spécifique = 2,97. L'anhydrite n'est pas capable de se combiner directement avec l'eau ; elle se distingue en cela du sulfate de calcium anhydre obtenu par une légère calcination. Une calcination énergique enlève au plâtre la propriété de durcir avec l'eau (38).

(38) D'après Mac Coleb, le gypse, deshydraté à 200°, a pour poids spécifique 2,577 tandis que celui qui a été chauffé jusqu'à la fusion a une densité égale à 2,654.

Potylitsine (1894) admet aussi ces deux variétés du gypse calciné anhydre lequel contient toujours l'hydrate $2CaSO^4.H^2O$.

Le sulfate de calcium se dissout, à 0°, dans 525 parties d'eau; à 38°, dans 446 p. et à 100°, dans 571 p. d'eau. Son maximum de solubilité est à 36° comme pour Na^2SO^4 (39).

(39) Le gypse, surtout celui qui a été deshydraté à 120°, donne facilement des solutions sursaturées qui peuvent parfois contenir 1 partie de $CaSO^4$ pour 110 p. d'eau (Marignac).

L'acide chlorhydrique dilué bouillant dissout le gypse en formant $CaCl^2$.

L'alcool précipite le sulfate de calcium de ses solutions aqueuses parce que tous les sulfates sont en général très peu solubles dans l'alcool.

Chauffé avec du charbon, le sulfate de calcium, comme tous les sulfates, lui abandonne tout son oxygène en formant un sulfure métallique. C'est ainsi que l'on obtient le sulfure de calcium CaS.

Le sulfate de calcium forme difficilement des sels doubles qui sont chimiquement peu stables; comme toujours, ils contiennent moins d'eau de cristallisation que les sels composants. Rose, Struvé, Ditte et d'autres ont préparé $CaK^2(SO^4)^2H^2O$; un mélange d'équivalents de sulfate de calcium, de K^2SO^4 et d'eau se prend en une masse solide.

Fritzsche a préparé le sel sodique correspondant à l'état hydraté ($2H^2O$) et à l'état anhydre, en chauffant un mélange de gypse avec une solution saturée de Na^2SO^4. Le sel double anhydre $CaNa^2(SO^4)^2$ se trouve à l'état naturel et porte le nom de *glaubérite*. Fritzsche a obtenu aussi la *gaylussite* $CaNa^2(CO^3)^2.5H^2O$ en arrosant $CaCO^3$ fraîchement précipité avec une solution concentrée de Na^2CO^3.

On connaît quelques sels basiques du calcium peu nombreux il est vrai. Ainsi Weeren (1892) a préparé

$$Ca(AzO^3)^2.Ca(OH)^2.\ 2\ 1/2\ H^2O$$

en laissant jusqu'à solidification de la poudre de chaux caustique dans une solution concentrée de $Ca(AzO^3)^2$. Ce sel est décomposé par l'eau.

La chaux, étant une base plus énergique que la magnésie, le **chlorure de calcium** $CaCl^2$ se décompose plus difficilement au contact de l'eau que $MgCl^2$ et ses solutions, soumises à l'évaporation, ne dégagent qu'une petite quantité d'acide chlorhydrique ; en évaporant dans un courant d'acide chlorhydrique on obtient facilement un sel anhydre fondant à 719°. Ses solutions aqueuses dégagent un hydrate $CaCl^2 6H^2O$ qui fond à 30° (40).

(40) Le poids spécifique du chlorure de calcium = 2,20 ; à l'état fondu son poids spécifique = 2,12 ; celui de ses cristaux = 1,69.

Si le volume des cristaux = 1 à 0°, il est 1,020 à 29° ; celui de la masse fondue à la même température = 1,118 (Coppe).

La solution renfermant 50 0/0 de $CaCl^2$ bout à 130°, celle qui en renferme 70 0/0 à 158°.

La vapeur d'eau surchauffée décompose $CaCl^2$ plus difficilement que $MgCl^2$ et plus facilement que $BaCl^2$ (Kuhnheim). Le sodium ne décompose pas le chorure de calcium fondu, même si l'on continue à élever la température (Liés-Bodart) ; par contre, l'alliage de Na avec Zn, Pb, Bi le décompose et donne des alliages de calcium et des métaux indiqués (Caron).

$CaCl^2$ est soluble dans l'alcool ; il absorbe AzH^3.

En se dissolvant dans un excès d'eau, un équivalent de $CaCl^2$ dégage 18723 calories et, en se dissolvant dans l'alcool, 17555 calories (Pickering).

Rozeboom a étudié en détail les hydrates cristallisables de $CaCl^2$ (1889) ; il a trouvé que $CaCl^2.6H^2O$ fond à 30°,2 et qu'il se forme, à des températures inférieures à 30°2, des solutions ne renfermant pour 100 parties d'eau que 103 parties $CaCl^2$. Si la proportion du sel atteint 120 0/0 il se forme des lamelles de $CaCl^2.4H^2O\beta$, qui se transforment, au-dessus de 38°,4, en $CaCl^2 2H^2O$; au-dessous de 18°, la variété β se transforme en une autre plus stable $CaCl^2.4H^2O\ \alpha$; le frottement mécanique aide à cette transformation. On voit donc qu'un seul et même hydrate cristallisable peut affecter deux formes différentes dont l'une (β) s'obtient facilement mais ne se conserve pas, tandis que l'autre (α) est stable.

La solubilité, c'est-à-dire la proportion de $CaCl^2$ pour 100 p. d'eau, pour les hydrates mentionnés est la suivante :

	0°	20°	30°	40°	60°
$CaCl^2 6H^2O$	60	75	100	(102,8)	
$CaCl^2 4H^2O\alpha$	—	90	101	117	(154,2)
$CaCl^2 4H^2O\beta$	—	104	114	—	
$CaCl^2 2H^2O$	—	—	(308,3)	128	137

Les nombres compris dans les parenthèses indiquent la proportion de $CaCl^2$ dans l'hydrate cristallisable pour 100 p. d'eau. Les points d'intersection des courbes de la solubilité se trouvent vers 30° pour les deux premiers sels et au voisinage de 45° pour le sel à $4H^2O\alpha$ et à $2H^2O$.

Les cristaux de $CaCl^2.2H^2O$ peuvent être obtenus à la température ordinaire dans les solutions qui renferment de l'HCl (Ditte). La tension de vapeur de cet hydrate est égale à la pression atmosphérique à 165°, aussi peut-on sécher ce sel dans une atmosphère de vapeur d'eau et l'obtenir sans eaux-mères dont la tension de vapeur est supérieure. Vers 175°, cet hydrate se décompose en formant $CaCl^2.H^2O$ et une solution, c'est ce que l'on observe facilement dans un vase scellé, quand la pression est supérieure à une atmosphère. Au-dessus de 260°, cet hydrate se détruit en formant $CaCl^2$ anhydre.

En éliminant $CaCl^2.4H^2O\beta$ qui est un état d'équilibre instable, nous citons ci-dessous d'après Rozeboom les températures t auxquelles se font les transformations d'un hydrate en un autre et auxquelles peuvent exister simultanément, en formant un équilibre stable, la solution $CaCl^2 + nH^2O$, deux substances solides A et B et la vapeur d'eau dont la tension est indiquée par p en millimètres

t	n	A	B	p
— 55°	14,5	glace	$CaCl^2.6H^2O$	0
+ 29°,8	6,1	$CaCl^2.6H^2O$	$CaCl^2.4H^2O$	6,8
45°,3	4,7	$CaCl^2.4H^2O$	$CaCl^2.2H^2O$	11,8
175°,5	2,1	$CaCl^2.2H^2O$	$CaCl^2.H^2O$	842
260°	1,8	$CaCl^2.H^2O$	$CaCl^2$	plus. atm.

Les solutions de $CaCl^2$ sont très commodes pour étudier le phénomène de la sursaturation. La sursaturation est, en effet, facilement atteinte avec ce sel, parce qu'il se forme différents hydrates. Ainsi, à 25°, les solutions renfermant plus de 83 parties de $CaCl^2$ pour 100 p. d'eau seront sursaturées pour $CaCl^2.6H^2O$.

D'un autre côté, Hammerl a démontré qu'en refroidissant les solutions de $CaCl^2$, il se dégage de la glace si la solution renferme moins de 43 parties de $CaCl^2$ pour 100 p. d'eau, tandis que, si elle en renferme davantage, c'est l'hydrate $CaCl^2.6H^2O$ qui se précipite ; la solution de $CaCl^2$ à 43 0/0 se solidifie à —55°.

De même que l'on connait pour le potassium K = 39 (et le sodium Na = 23) des analogues très proches Rb = 85 et Cs = 133 et en outre Li = 7, de même, à côté du calcium Ca = 40 (et du magnésium Mg=24), on peut ranger, en outre des analogues voisins : le strontium Sr = 87 et le baryum Ba = 137, un corps encore un peu plus léger : le glucinium Gl = 9. Le strontium et le baryum sont plus rares que le calcium, de même que le rubidium et le césium sont plus rares que le potassium. Etant donné l'extrême ressemblance qui existe entre les propriétés du baryum, du strontium, du glucinium et celles du calcium, il suffit pour caractériser ces métaux de connaître les principales de leurs combinaisons; cette facilité dans l'étude montre combien sont grands les avantages de la division des métaux en groupes naturels dont nous aborderons l'étude dans le chapitre suivant.

De tous les composés du baryum, le plus répandu dans la nature est le sulfate de baryum ($BaSO^4$) que l'on rencontre à l'état de cristaux anhydres du système rhombique, pareils à ceux de l'anhydrite et formant des masses transparentes et demi-opaques de lamelles ayant un poids spécifique très considérable 4,45, d'où le nom de *spath lourd* que l'on donne quelquefois à ce sel. Le composé du strontium correspondant au spath lourd est *la célestine* $SrSO^4$, plus rare que le sulfate de baryum, que l'on trouve dans la gangue que l'on sépare des minerais métalliques dans les mines.

On se sert du sulfate de baryum pour la préparation de tous les autres composés barytiques. Le carbonate de baryum $BaCO^3$, qui constitue le minerai appelé *witherite* et qui pourrait être facilement transformé en tous les autres sels, est un minerai assez rare, comme d'ailleurs la *strontianite* ou $SrCO^3$.

La transformation du sulfate de baryum est rendue difficile par l'insolubilité de ce sel dans l'eau, et dans les acides ; et c'est par voie de réduction qu'on procède à cette opération. Comme les sulfates de sodium et de calcium, le spath lourd calciné avec le charbon lui abandonne son oxygène et se réduit en sulfure de baryum BaS. Un mélange intime de spath lourd pulvérisé, de charbon et de résine, est soumis à l'action d'une température très élevée à laquelle

$$BaSO^4 + 4C = BaS + 4CO$$

Le résidu de la calcination est traité par l'eau dans laquelle le sulfure de baryum est soluble (**41**).

(41) Le sulfure de baryum est décomposable par l'eau.

$$BaS + 2H^2O = H^2S + Ba(OH)^2$$

Cette réaction est réversible. Les produits auxquels elle donne naissance sont solubles dans l'eau ; on sépare le sulfure d'hydrogène H^2S par l'ébullition avec les oxydes de cuivre ou de zinc.

Si l'on ajoute du sucre à une solution de BaS, on précipite le baryum à l'état de saccharate, décomposable par l'acide carbonique avec formation de $BaCO^3$.

Un mélange d'équivalents de Na^2SO^4 et de $BaSO^4$ ou $SrSO^4$, chauffé avec du charbon, donne un mélange de Na^2S et BaS ou SrS ; si l'on dissout ce mélange dans l'eau et que l'on évapore la solution, il se sépare après refroidissement des cristaux de BaH^2O^2 ou de SrH^2O^2, tandis qu'il reste dans la solution 2NaHS. On prépare BaH^2O^2 et SrH^2O^2 industriellement ; la strontiane caustique SrH^2O^2 est employée pour extraire le sucre des mélasses.

Boussingault, en calcinant $BaSO^4$ dans un courant de HCl gazeux, a obtenu une décomposition complète avec formation de $BaCl^2$. Il faut remarquer aussi que Grouvin a démontré que $SrSO^4$ et $MgSO^4$, calcinés avec K^2SO^4, se décomposent facilement par suite de la formation de sels doubles $SrS.K^2S$ très solubles dans l'eau et donnant avec CO^2 un précipité de $SrCO^3$.

Ces exemples montrent que la force qui unit les différents sels pour former les sels doubles peut jouer un rôle dans la marche des réactions et les nombreuses variétes de silicates doubles que l'on rencontre dans l'écorce terrestre indiquent que la nature utilise ces forces dans les réactions chimiques.

Il est utile de mentionner que Buchner (1893), en mélangeant une solution d'acétate de baryum à 40 0/0 avec une solution de sulfate d'aluminium à 60 0/0, a obtenu une masse épaisse gélatineuse qui n'a donné lieu à un précipité de $BaSO^4$ qu'après l'addition d'une certaine quantité d'eau.

En faisant bouillir BaS avec HCl, on obtient une solution de $BaCl^2$ et le soufre se dégage à l'état d'hydrogène sulfuré

$$BaS + 2HCl = BaCl^2 + H^2S$$

Le chlorure de baryum (**42**), mis en présence d'une solution d'acide azotique ou de nitre donne, par voie de double décomposition, de l'azotate de baryum $Ba(AzO^3)^2$ moins soluble (**43**) : en présence de Na^2CO^3 il donne $BaCO^3$.

(42) On peut encore transformer le sulfate de baryum en chlorure de la manière suivante : On calcine le sulfate de baryum pulvérisé avec du charbon de terre et du chlorure de manganèse qui constitue le résidu de la fabrication du chlore. La masse devient demi-liquide et, quand tout dégagement d'oxyde de carbone a cessé, on arrête la calcination. Dans cette réduction, le carbone s'empare d'abord de l'oxygène de $BaSO^4$ et le transforme en BaS qui, par double décomposition avec $MnCl^2$, donne $BaCl^2$ soluble et MnS insoluble dans l'eau.

La solution de $BaCl^2$, s'emploie le plus souvent pour la préparation du sulfate de baryum, il suffit d'y ajouter de l'acide sulfurique pour obtenir $BaSO^4$ à l'état de poudre inattaquable par la plupart des agents chimiques, insoluble dans l'eau et dans les acides. C'est à cause de ces propriétés que le sulfate de baryum artificiel est très employé comme couleur blanche à la place de la céruse ; on obtient une couleur inaltérable connue sous le nom de *blanc fixe* (permanent weiss).

Une partie de $CaCl^2$ se dissout à 20° dans 1,36 d'eau ; la même quantité de $SrCl^2$ nécessite 1,88 p. d'eau tandis que pour $BaCl^2$ il faut 2,88 parties d'eau. La solubilité des bromures et des iodures de ces métaux varie dans la même mesure.

Les chlorures de baryum et de strontium cristallisent facilement dans leurs solutions à l'état de $BaCl^2.2H^2O$ et $SrCl^2.6H^2O$. Ce dernier a la même composition que les sels correspondants de Ca et Mg et se sépare au-dessous de 40°. Etard a obtenu $SrCl^2.2H^2O$ entre 90° et 130°.

Remarquons encore qu'on connaît les hydrates $BaBr^2.H^2O$ et $BaI^2.7H^2O$.

(43) Les azotates de Sr et de Ba dont la composition est : $Sr(AzO^3)^2$ et $Ba(AzO^3)^2$ sont si peu solubles dans l'eau, que l'addition de $NaAzO^3$

à des solutions concentrées de $BaCl^2$ et de $SrCl^2$ suffit pour les précipiter.

On les obtient aussi en traitant les carbonates par l'acide azotique.

L'azotate de strontium cristallise à froid avec $4H^2O$.

Cent parties d'eau dissolvent, à 15°, 6,5 parties d'azotate de strontium et 8,2 d'azotate de baryum, tandis que, à cette température, il se dissout plus de 300 parties d'azotate de calcium.

L'azotate de strontium communique aux flammes une coloration rouge très brillante, de là son emploi pour la confection des feux de bengale, des signaux, etc. Les sels de lithium sont souvent employés dans le même but.

L'azotate de calcium est très hygroscopique ; l'azotate de baryum ne l'est pas et ressemble sous ce rapport à l'azotate de potassium ; on l'emploie pour la préparation d'une poudre à canon appelée *saxiphraguine* (76 parties $Ba(AzO^3)^2$, 2 p. $KAzO^3$, 22 p. charbon).

L'azotate et le carbonate de baryum peuvent être facilement transformés en **protoxyde de baryum** BaO et en **baryte caustique** $(BaOH)^2$, qui se distingue de la chaux par une plus grande solubilité dans l'eau (44) et par la facilité extrême avec laquelle elle forme un hydrate cristallisable $BaH^2O^2 8H^2O$

(44) La dissociation de l'hydrate cristallisable de baryte a été indiquée tome I, page 169.

Ci-dessous la solubilité de la baryte dans 100 p. d'eau.

	0°	20°	40°	600°	80°
BaO	1,5	3,5	7,4	18,8	90,8
SrO	0,3	0,7	1,4	3	9.

La baryte anhydre fond dans la flamme du chalumeau oxhydrique. Les vapeurs de potassium lui enlèvent l'oxygène à une température très élevée, le chlore dégage son oxygène.

La baryte caustique est très fréquemment employée dans l'industrie chimique, comme alcali, à cause de sa grande solubilité et aussi parce qu'elle peut être facilement éliminée d'une solution par l'addition d'acide sulfurique, car le sulfate de baryum est à peu près insoluble dans l'eau. On peut éliminer encore la baryte à l'aide de l'acide carbonique qui la transforme en carbonate de baryum également insoluble dans l'eau. Ces deux réactions du baryum le rendraient très précieux pour la pratique ; malheureusement ses composés sont relativement peu répandus dans la nature et ses sels solubles sont toxiques.

L'azotate de baryum se décompose directement par la calcination et laisse un résidu de BaO ; le carbonate de baryum, surtout quand il est fraîchement précipité, dégage, quand il est calciné soit avec du charbon soit en présence de la vapeur d'eau, son acide carbonique et laisse BaO.

L'eau éteint l'oxyde de baryum : cette réaction dégage une grande quantité de chaleur et l'hydrate qui en résulte est très stable ; il perd cependant son eau sous l'influence d'une température très élevée (45).

(45) Brugelmann (1890), en calcinant BaH^2O^2 dans un creuset en graphite, a obtenu BaO à l'état d'aiguilles ayant un poids spécifique de 5,32 et, en faisant cette même opération dans un creuset en platine, à l'état de cristaux du système régulier d'un poids spécifique de 5,74. C'est dans le même système que cristallise SrO (de l'azotate de Sr).

Ci-dessous les poids spécifiques de MgO, CaO, SrO suivant leur origine.

	MgO	CaO	SrO
De RAz^2O^6	3,38	3,25	4,75
— RCO^3	3,48	3,26	4,45
— RH^2O^2	3,41	3,25	4,57

Nous avons vu plus haut (tome, I page 260) que l'oxyde de baryum BaO se combine avec l'oxygène et donne le **bioxyde et le peroxyde** BaO^2 (46) ; ni le protoxyde de Ca, ni celui de Sr ne donnent directement le composé analogue qui peut être préparé à l'aide du peroxyde d'hydrogène.

(46) La propriété de BaO d'absorber l'oxygène à une température élevée et de former un peroxyde BaO caractérise cet oxyde; cette propriété n'appartient qu'à l'oxyde anhydre. Les peroxydes de Sr et de Ca peuvent être obtenus à l'aide de H^2O^2.

Le peroxyde de baryum est insoluble dans l'eau, mais il est capable de se combiner avec elle ainsi qu'avec H^2O^2 en formant un composé instable dont la composition est BaH^2O^4 (Voir tome I, page 353).

Davy encore a démontré que l'oxyde de baryum se décompose quand on le chauffe avec du potassium et que le chlorure de baryum fondu se décompose par l'électrolyse en donnant le **baryum métallique.**

Crookes, en chauffant de l'amalgame de sodium avec une solution saturée de $BaCl^2$, a préparé de l'amalgame de baryum dont il est facile d'éliminer le mercure par distillation. Les mêmes réactions se rapportent au strontium. Ces deux métaux sont solubles dans le mercure ; ils semblent ne pas être volatils ou, dans tous les cas, ils ne le sont que très peu. Tous deux sont plus lourds que l'eau : le poids spécifique de $Ba = 3,6$ celui de $Sr = 2,5$. Ils décomposent l'eau à la température ordinaire comme les métaux alcalins.

Le baryum et le strontium se caractérisent par des propriétés basiques énergiques ; ils forment difficilement des sels acides et ne donnent presque pas de sels basiques. En les comparant entre eux et avec Ca, il devient évident que les propriétés alcalines des métaux de ce groupe (de même que dans le groupe K, Rb, Cs) sont d'autant plus énergiques que les poids atomiques sont plus élevés ; cette gradation s'observe aussi pour les combinaisons correspondantes de ces métaux. Ainsi, par exemple, la solubilité des hydrates RH^2O^2 et leurs poids spécifiques (**47**) s'accroissent en passant de Ca à Sr et à Ba, tandis que la solubilité des sulfates diminue (**48**) ; d'où l'on peut conclure que les sulfates de magnésium et de glucinium seront plus solubles, puisque ces métaux sont plus légers : c'est ce que l'on observe en réalité !

(47) On observe cette progression dans les poids spécifiques, non seulement pour les solutions équivalentes (par exemple $RCl^2 + 200 H^2O$), mais même pour des solutions qui renferment des poids égaux de chaque sel dans un même volume d'eau, comme le prouvent les équations des poids spécifiques à 15° :

$GlCl^2$	$S = 9992 + 67,21\,p + 0,111\,p^2$
$CaCl^2$	$S = \;\;» \;\;+ 80,24\,p + 0,476\,p^2$
$SrCl^2$	$S = \;\;» \;\;+ 85,57\,p + 0,733\,p^2$
$BaCl^2$	$S = \;\;» \;\;+ 86,56\,p + 0,813\,p^2$

(48) Une partie de $CaSO^4$ se dissout à la température ordinaire dans environ 500 p. d'eau, $SrSO^4$ dans 1000 p., $BaSO^4$ dans 400.000 p.; $GlSO^4$ est assez soluble dans l'eau.

De même que le groupe des métaux alcalins renferme des métaux très voisins par leurs propriétés K, Rb, Cs et en outre deux métaux à poids atomique plus faible Na et le métal le plus léger connu Li, de même, dans le groupe des métaux alcalino-terreux, en plus de Ca, Sr et Ba nous trouvons Mg et Gl qui est le symbole du **glucinium** ou **berillium**. Par rapport à la grandeur de son poids atomique, ce métal occupe la même place, dans le rang de ses analogues, que le lithium dans celui des métaux alcalins, parce que le poids atomique de Gl = 9. Ce poids est supérieur à celui de lithium (= 7) comme le poids du magnésium (= 24) est plus grand que celui du sodium (= 23), celui du calcium (= 40) est supérieur au poids du potassium (= 39) et ainsi de suite (49).

(49) Nous classons le glucinium dans la série des métaux bivalents du groupe terreux, c'est-à-dire que nous attribuons à son oxyde la formule GlO, contrairement à l'opinion de quelques auteurs qui considèrent ce métal comme trivalent (Gl = 13,5. (Voir t. I, page 550).

La composition atomique exacte de l'oxyde de glucinium a été déterminée pour la première fois par un chimiste russe Avdéïeff (1819) qui a comparé les composés de glucinium avec ceux du magnésium et a détruit l'opinion généralement admise alors que l'oxyde de glucinium avait une composition identique à l'alumine. Cet auteur a prouvé que le sulfate de glucinium présente plus d'analogie avec le sulfate de magnésium qu'avec le sulfate d'aluminium. Une circonstance importante plaidait en faveur de l'opinion d'Avdéïeff, c'est que les analogues de l'aluminium forment des aluns, tandis que l'oxyde de glucinium, bien qu'il soit une base faible, donnant facilement des sels basiques et doubles, ne donnent pas de véritables aluns.

L'établissement du système périodique des éléments (1869) étudié dans le chapitre suivant a montré immédiatement que l'opinion d'Avdéïeff répond à la réalité, c'est-à-dire que le glucinium est bivalent.

Nilson et Petersen, après avoir déterminé la densité de vapeur de $GlCl^2 (=40)$, ont définitivement établi la valence du glucinium.

Le glucinium doit son nom à la saveur sucrée que possèdent ses sels (γλυκύς = sucré). Il se trouve dans le *berylle* (d'où son nom de bérillium), l'aquamarine, l'émeraude et dans d'autres minerais, colorés le plus souvent en vert, transparents, que l'on rencontre quelquefois en grandes masses mais qui sont en général très rares et qui, à l'état de cristaux transparents, constituent des pierres précieuses.

La composition du berylle et de l'émeraude est la suivante; $Al^2O^3.3GlO.6SiO^2$. Parmi les berylles, les plus connus sont ceux de Sibérie et du Brésil. Le poids spécifique du berylle est d'environ 2,7.

L'oxyde de glucinium, ou la glucine, qui est une base très faible, ressemble à ce point de vue à l'alumine, absolument comme l'oxyde de lithium ou la lithine ressemble à la magnésie (50).

(50) La glucine comme l'alumine est précipitée de la solution de ses sels par les alcalis à l'état d'hydrate gélatineux $Gl(OH)^2$ soluble dans un excès de potasse ou de soude. Cette réaction peut servir aussi bien pour distinguer la glucine de l'alumine que pour l'en séparer, parce que la solution alcaline de ces hydrates laisse déposer l'hydrate de glucinium quand on la soumet à l'ébullition, tandis que l'hydrate d'aluminium reste en solution.

La solubilité de la glucine dans les alcalis indique nettement ses faibles propriétés basiques et semble éliminer cet oxyde des groupes des métaux alcalins et terreux. Mais, en rangeant les oxydes des métaux terreux d'après les poids atomiques décroissants nous avons une série :

$$BaO, SrO, CaO, MgO, GlO$$

dans laquelle les propriétés basiques s'amoindrissent graduellement en même temps que la solubilité, de sorte que, même sans connaître les propriétés de la glucine, on peut préjuger que c'est une base peu énergique et peu soluble.

Une solution alcoolique de potasse, saturée par l'hydrate de GlO, et évaporée dans le vide, laisse déposer des cristaux soyeux de GlK^2O^2.

Un autre caractère distinctif des sels de Gl, c'est qu'ils donnent, avec l'ammoniaque caustique, un précipité gélatineux soluble dans un excès de carbonate d'ammonium comme le précipité de la magnésie ; c'est par ce caractère encore que la glucine se distingue de l'alumine.

L'oxyde de glucinium forme facilement un carbonate insoluble dans l'eau ressemblant par bien des rapports au carbonate de magnésium.

Le sulfate de glucinium est très soluble : il se dissout à la température ordinaire dans son poids d'eau et cristallise facilement avec $4H^2O$. Calciné, il laisse la glucine qui, même après une calcination prolongée, reste soluble dans l'acide sulfurique ; il n'en est pas de même pour l'alumine qui ne se redissout plus dans les acides après avoir subi l'action prolongée de la chaleur. A peu d'exception près, les sels du glucinium cristallisent difficilement et ressemblent beaucoup à ceux du magnésium.

Nous n'allons pas nous arrêter longuement sur les composés du glucinium. Leur rareté dans la nature, l'absence de propriétés individuelles très saillantes et la possibilité de prévoir ces propriétés jusqu'à un certain point d'après le système périodique, enfin le cadre de cet ouvrage nous dispensent d'entrer dans une description détaillée des composés de ce métal. Remarquons seulement que c'est Vauquelin (1798) qui a découvert les composés de glucinium et que c'est Wöhler et Bussy qui préparèrent le **glucinium métallique**.

Wöhler a isolé le glucinium en faisant agir le potassium sur $GlCl^2$. (Il est préférable de faire fondre K^2GlFl^4, avec Na). Le glucinium métallique a un poids spécifique de 1,64 (Nillson et Peterson). il est très difficilement fusible et fond à la même température que l'argent auquel il ressemble par sa couleur et son éclat.

Le glucinium s'oxyde très difficilement : dans la partie oxydante de la flamme du chalumeau il se recouvre d'une légère couche d'oxyde ; il ne brûle pas, même dans l'oxygène pur et ne décompose pas l'eau, ni à la température ordinaire, ni à la température du rouge. L'acide chlorhydrique gazeux est décomposé par le glucinium, même à une température peu élevée avec dégagement d'hydrogène et mise en liberté d'une grande quantité de chaleur. Il en est de même de l'acide chlorhydrique dilué à la température ordinaire.

Le glucinium réagit aussi très facilement avec l'acide sulfurique, mais, chose remarquable, l'acide azotique concentré ou dilué n'attaque pas ce métal qui paraît bien résister aux agents oxydants.

La potasse agit sur le glucinium comme sur l'aluminium, en dégageant l'hydrogène et en dissolvant le métal ; l'ammoniaque ne produit pas cet effet.

Les propriétés qui viennent d'être décrites paraissent séparer nettement le glucinium des métaux que nous avons étudiés jusqu'ici ; cependant, en comparant les propriétés de Ca, Mg et Gl, nous verrons que Mg occupe le milieu entre les deux autres métaux. Tandis que Ca décompose l'eau facilement, Mg n'agit sur elle que difficilement ; et cette propriété manque complètement à Gl.

Les propriétés de Gl parmi les métaux alcalins et alcalino-terreux rappellent un peu ce que nous avons vu pour le fluor, qui se distingue des autres halogènes par beaucoup de points et qui possède le poids atomique le plus faible de son groupe.

Pour compléter la description des composés des métaux

terreux ajoutons que ceux-ci se combinent, comme les métaux alcalins, avec l'azote et l'hydrogène et si les azotures de sodium (page 312) et de lithium (page 367) ont la composition de R^3Az, ceux de Mg, Ca, Sr et Ba présentent la composition R^3Az^2 par exemple, Ba^3Az^2. Les **azotures** de Ca, Sr et Ba s'obtiennent par calcination directe des métaux dans l'azote (Maquenne, 1892). Tous existent à l'état d'une poudre foncée amorphe et, calcinés avec CO ils produisent un cyanure métallique, par exemple :

$$Ba^3Az^2 + 2CO = Ba(CAz^2) + 2BaO \text{ (51)}.$$

(51) Les azotures métalliques sont donc des substances qui permettent de préparer facilement, à l'aide de l'azote atmosphérique, non seulement l'ammoniaque, mais encore d'obtenir en présence de CO toute une série de synthèses de composés carbonés et azotés complexes.

Tout comme Na et K, les métaux terreux absorbent, dans certaines conditions, l'hydrogène en formant des hydrures métalliques pulvérulents facilement oxydables ayant la composition MH ou M = Gl, Mg, Ca, Sr et Ba.

Les hydrures des métaux terreux ont été découverts par Winckler (1891) qui étudiait la réduction de ces métaux par le magnésium pulvérisé dans un courant d'hydrogène, Winckler a remarqué que l'hydrogène est absorbé très lentement, c'est-à-dire que tous les métaux, terreux, à l'état naissant, se combinent avec cet élément. Cette propriété augmente quand on passe de Gl à Mg, Ca, Sr et Ba ; les hydrures métalliques qui en dérivent retiennent leur hydrogène quand on les calcine (52) et sont indécomposables par la chaleur, mais ils s'oxydent facilement (53).

(53) Etant donné que les hydrures de Ca, Mg, etc., résistent aux plus hautes températures et que ces métaux et l'hydrogène se trouvent sur le soleil, il est très admissible que ce composé puisse y prendre naissance, comme le suppose Winckler (1894).

(53) On prend par ex., un mélange de 56 parties de CaO avec 24 p. de Mg pulvérisé, le mélange est calciné dans un tube en fer par une série de becs de Bunsen dans un courant d'hydrogène ; au bout d'une demi-heure on remarque qu'une partie de l'hydrogène est retenue par le mélange. Le produit, d'un gris clair, traité par l'eau, après refroidissement, dégage beaucoup d'hydrogène ; chauffé à l'air il brûle. La masse obtenue renferme environ 33 0/0 CaH ; environ 28 0/0 CaO et 38 0/0 MgO. Jusqu'à présent on n'a pas préparé CaH ni les autres composés MH à l'état de pureté.

Maquenne et Moissan ont obtenu des dérivés métalliques de l'acétylène ayant la composition C^2M ; par exemple C^2Ba. Il faut remarquer ici que les oxydes MO des métaux terreux, à la température produite par le four électrique, non seulement abandonnent leur oxygène au charbon mais se combinent encore avec ce dernier ; les carbures métalliques qui en résultent C^2M dégagent, en présence de HCl l'acétylène C^2H^2, absolument comme les combinaisons Az^2M^3 dégagent l'ammoniaque.

La découverte des hydrures, azotures et carbures métalliques est un progrès accompli dans ces dernières années.

Il résulte de ce qui précède que les métaux des groupes que nous venons d'étudier présentent entre eux une certaine analogie, non seulement au point de vue de leur rapport à l'oxygène, au chlore, aux acides, etc., mais encore à cause de la propriété qu'ils possèdent de se combiner avec l'azote et l'hydrogène.

CHAPITRE XV

Similitude des éléments et loi périodique.

Les exemples précédents nous montrent que la somme des notions, que nous possédons sur les transformations propres aux corps simples, est insuffisante pour permettre d'apprécier la similitude des éléments.

Les différents éléments peuvent, en effet, se ressembler par différents points. Ainsi Li et Ba ont plusieurs propriétés analogues à celles de Na ou de K ; sous d'autres rapports, ils se rapprochent de Mg ou de Ca. Il est donc évident que, pour trancher cette question, il faut se baser non seulement sur les propriétés qualitatives chimiques, mais aussi sur des signes quantitatifs, susceptibles d'être mesurés. Quand une propriété peut être mesurée, elle perd son caractère d'incertitude et devient un signe quantitatif.

Au nombre des propriétés mesurables des éléments, ou de leurs composés correspondants, appartiennent :

a) L'isomorphisme ou similitude des formes cristallines et la faculté qui en dépend de former des mélanges isomorphes.

b) Le rapport des volumes des composés semblables des éléments.

c) La composition de leurs combinaisons salifiables.

d) Le rapport des poids atomiques des éléments.

Dans ce chapitre, nous allons exposer rapidement ces quatre points très importants pour la classification naturelle des éléments, qui facilite l'étude de ces derniers et de leurs combinaisons et qui a déjà été et peut encore être fertile en découvertes.

Au point de vue historique, **l'isomorphime** fut la première méthode importante dont la démonstration ait amené la découverte de l'analogie entre les combinaisons de deux éléments différents. Cette notion a été introduite dans la science par **Mitscherlich** en 1820 ; il a établi que les sels correspondants des acides arsénique H^3AsO^4 et phosphorique H^3PO^4 cristallisent avec la même quantité d'eau ; qu'ils possèdent des formes cristallines très voisines présentant à peu près les mêmes angles cristallographiques et enfin qu'ils peuvent laisser déposer, quand on mêle leurs solutions, une seule espèce de cristaux contenant un mélange combinaisons isomorphes.

Les corps sont dits isomorphes lorsque, contenant le même nombre d'atomes dans leurs molécules, ils présentent des réactions chimiques analogues, des propriétés semblables et une forme cristalline identique ou très voisine. Ces corps renferment souvent quelques éléments communs, d'où l'on peut conclure que les autres éléments qui diffèrent présentent aussi une analogie.

Les formes cristallines pouvant être mesurées avec précision, on voit que la forme extérieure, ou le rapport moléculaire qui détermine leur structure cristalline, peut servir à apprécier les forces internes agissant entre les atomes, au même titre que la comparaison des réactions, des densités de vapeur, etc.

Nous en avons déjà vu des exemples plus haut. Il suffit de se rappeler que les combinaisons des métaux alcalins avec les halogènes RX ont pour formes cristallines des octaèdres ou des cubes et rentrent toutes, par conséquent, dans le système régulier. Tels sont, par exemple, NaCl, KCl, KI,

RbCl, etc. A l'état de cristaux anhydres, les azotates de Rb et de Cs ont la même forme cristalline que l'azotate de potassium. Les carbonates des métaux alcalino-terreux sont isomorphes avec le carbonate de calcium, c'est-à-dire qu'ils revêtent soit les formes du spath calcaire soit celles appartenant au système rhombique, propres à l'aragonite (1).

1. Les formes cristallines de l'aragonite, de la strontianite, de la vitérite appartiennent au système rhombique ; l'angle du prisme $CaCO^3 = 116^o10'$; $SrCO^3 = 117^o19'$ et $BaCO^3$ $118^o30'$. D'un autre côté les formes cristallines du spath calcaire, de la magnésite et de la smithsonite (carbonate de zinc) sont également voisines, mais se rapportent au système rhomboédrique $CaCO^3 = 105^o8'$, $MgCO^3 = 107^o10'$ et $ZnCO^3 = 107^o40'$. Cette comparaison seule suffit à montrer que le Zn se rapproche plus de Mg que Mg de Ca.

De plus, $NaAzO^3$ cristallise en rhomboèdres semblables à ceux de $CaCO^3$ et $KAzO^3$ prend la forme de l'aragonite $CaCO^3$. Dans ces deux genres de sels, le nombre des atomes est le même : ils renferment pour un atome de métal (K, Na, Ca), un atome de métalloïde (C, Az) et trois atomes d'oxygène. La ressemblance des formes coïncide ici avec l'analogie de la composition atomique, mais la description de ces sels nous montre combien peu leurs propriétés se ressemblent.

Il est évident que $CaCO^3$ se rapproche davantage de $MgCO^3$ que de $NaAzO^3$ malgré la similitude de leurs formes. La ressemblance des formes seule (homéomorphisme) ne suffit donc pas pour caractériser les corps isomorphes, elle doit être accompagnée de la propriété de produire des réactions semblables, c'est ce qui manque à $RAzO^3$ et à RCO^3.

Le critérium le plus important et le plus direct pour reconnaître l'isomorphisme complet, c'est-à-dire la ressemblance absolue de deux combinaisons, est la propriété dont jouissent les combinaisons analogues de se déposer dans les solutions en **cristaux homogènes contenant** ces combinaisons dans des rapports quantitatifs **les plus variables**. Ces quantités semblent ne pas dépendre des poids moléculaires ou atomiques ; elles paraissent être soumises à des lois analogues à celles qui régissent les combinaisons chimiques non définies (2).

2. L'exemple le plus ordinaire des combinaisons chimiques non définies nous est donné par les solutions. Les mélanges isomorphes, si nombreux parmi les composés cristallins de la silice formant l'écorce terrestre, constituent, de même que les alliages métalliques, des exemples de composés non définis. Dans le chapitre I et dans beaucoup d'autres endroits de notre ouvrage, nous prouvons la nécessité d'admettre l'existence dans les solutions, de combinaisons définies dissociées ; cette manière de voir se rapporte à plus forte raison aux mélanges et alliages isomorphes.

Expliquons ce qui précède par des exemples : le chlorure de potassium et l'azotate ou le sulfate de potassium, qui ne sont pas isomorphes, ont une composition atomique différente ; si, après avoir mélangé ces sels dans une solution on la fait évaporer, les cristaux particuliers à chacun de ces sels se déposent séparément et chacun avec sa forme propre ; on n'aura, dans les cristaux déposés, aucun mélange des deux sels. Mais, vient-on à mélanger deux solutions de sels isomorphes, en certaine proportion, on obtiendra des cristaux contenant en même temps les deux sels. Cette proposition n'est cependant pas absolue. Ainsi, en prenant un mélange de KCl et de NaCl, la solution saturée à haute température laissera déposer par évaporation seulement le chlorure de sodium et, par refroidissement, seulement le chlorure de potassium. Le premier ne contiendra que fort peu de chlorure de potassium, le second fort peu de chlorure de sodium (3).

3. La facilité plus ou moins grande avec laquelle des composés ayant même forme, donnent naissance à des mélanges isomorphes, ne serait pas en rapport, comme le croient de Coppe et d'autres, avec la composition volumétrique : les volumes des molécules (que l'on obtient en divisant le poids moléculaire par la densité) ne seraient pas plus voisins dans les corps isomorphes qui s'unissent, que dans les autres corps isomorphes qui ne forment pas de cristaux complexes.

Ainsi, par exemple : le poids moléculaire de $MgCO^3 = 84$, sa densité 3,06, son volume 27. Le volume de $CaCO^3$, sous la forme de spath, $= 37$; sous la forme d'aragonite $= 33$, celui de $SrCO^3 = 41$; celui de $BaCO^3 = 46$, c'est-à-dire que, pour ces isomorphes, le volume croît parallèlement à l'augmentation du poids moléculaire. On remarque les mêmes rapports en comparant NaCl (volume moléculaire $= 27$) avec KCl (volume $= 37$) ; ou Na^2SO^4 (volume $= 55$) avec K^2SO^4 (volume $= 66$) ; ou encore $NaAzO^3 = 38$ avec $KAzO^3 = 48$, bien que ces derniers forment plus difficilement des mélanges isomorphes que les premiers. Il est évident que la cause de l'isomorphisme ne réside pas dans le voisinage des volumes moléculaires. Il faut plutôt admettre que la faculté de former des mélanges isomorphes, se trouve sous la dépendance de la solubilité et de ses lois.

Lorsqu'on mélange, par exemple, des solutions de sulfates de zinc et de magnésium, on ne peut séparer les deux sels par évaporation, malgré la grande différence de leur solubilité. C'est ainsi que l'on rencontre dans la nature des cristaux contenant à la fois du carbonate de magnésium et du carbonate de calcium, sels isomorphes. L'angle du rhomboèdre formé par le mélange de ces spaths calciques et magnésiens présente une valeur intermédiaire entre ceux de chacun de ces spaths pris séparément. Cet angle $= 105°8'$. pour $CaCO^3$, $107°30'$ pour $MgCO^3$ et $106°10'$ pour $MgCa(CO^3)^2$ Certains de ces **cristaux mixtes** de calcite et de magnésite sont très beaux et, dans ce cas, il existe souvent entre les composants un rapport moléculaire simple comme dans les combinaisons chimiques définies telles que par exemple : $CaCO^3 MgCO^3$. Dans d'autres cas, lorsque la structure cristalline de la substance n'est pas bien nette (dans les dolomites, par ex.), il n'existe pas de rapport moléculaire simple ; ce dernier manque d'ailleurs dans beaucoup de cristaux mixtes.

Les recherches microscopiques et optiques relatives à la rotation du plan de polarisation, faites par le professeur Inostrantseff et d'autres, ont montré que, dans beaucoup de cas semblables, il y a en réalité juxtaposition mécanique de cristaux microscopiques hétérogènes de $CaCO^3$ et $CaMgC^2O^6$. En supposant que cette juxtaposition s'effectue entre des molécules (Mallard, Wyrouboff, etc.), on peut se faire une idée de la nature des mélanges isomorphes. On a l'habitude de représenter les mélanges isomorphes par une formule générale, qui est, pour les spaths par exemple, RCO^3 dans laquelle R = Mg, Ca ou Fe, Mn, etc. ; cela veut dire que Ca peut être remplacé par Mg ou Fe, etc. Les aluns nous fournissent un bon exemple de cristaux mixtes. Les aluns sont des sulfates ou des séléniates doubles d'alumine (ou des oxydes isomorphes) et des alcalis. Le sulfate d'aluminium mélangé au sulfate de potassium donne un alun ayant pour formule $KAl\,S^2O^8.12H^2O$. En employant les sulfates de sodium, d'ammonium, de rubidium ou de thalium, on obtient des aluns ayant pour formule générale $RAlS^2O^8.12H^2O$.

Tous ces aluns ont pour propriétés communes non, seulement de cristalliser dans les formes du système régulier, mais encore de contenir une même quantité d'eau de cristallisation ($12H^2O$).

En outre, si l'on vient à mélanger deux solutions, l'une d'alun de potasse, l'autre d'alun d'ammoniaque, $AzH^4Al\,S^2O^8.12H^2O$, on trouvera dans les cristaux déposés des rapports variables entre les quantités de bases employées ; on n'obtiendra pas des cristaux de l'un ou l'autre genre ; dans chaque cristal il existera à la fois du potassium et de l'ammonium. De plus, si l'on plonge un cristal d'alun de potassium dans une solution susceptibe de laisser déposer de l'alun d'ammoniaque, le cristal d'alun de potassium continuera à croître et à augmenter de volume dans tous les sens, c'est-à-dire que les couches d'alun d'ammoniaque ou d'autre base se déposeront sur les faces qui limitaient le cristal d'alun potassique.

On peut facilement observer ce phénomène en plongeant un cristal d'alun ordinaire, incolore, dans une solution concentrée, violette, d'alun de chrome $KCrS^2O^8.12H^2O$; on voit se déposer des couches colorées sur le cristal incolore d'alun d'aluminium. Ce fait était déjà connu avant Mitscherlich. On peut déposer sur cette couche d'alun de chrôme une nouvelle couche d'alun d'aluminium et augmenter ainsi artificiellement ces cristaux. Dans le cas où la cristallisation est simultanée, on peut obtenir un mélange de cristaux menus dont la nature sera compréhensible d'après les expériences précédentes. La force attractive des différents composés isomorphes est à ce point voisine, que l'attraction exercée par un isomorphe entraîne la cristallisation, tout comme celle des particules cristallines homogènes. On peut donc **provoquer la cristallisation** d'un isomorphe par un autre. Ce phénomène, tout en expliquant pourquoi il existe des cristaux mixtes, nous montre encore pourquoi les corps isomorphes ont une composition moléculaire analogue et quelles sont les forces propres aux éléments qui distinguent les isomorphes. Ainsi, par exemple, le sulfate ferreux ou vitriol vert cristallise dans le système monoclinique et contient 7 molécules d'eau : $FeSO^4.7H^2O$; les cristaux de sulfate de cuivre appartiennent au système triclinique et contiennent 5 molécules d'eau $CuSO^4.5H^2O$. Cependant il est facile de prouver que ces deux sels sont complètement isomorphes, c'est-à-dire que leurs cristaux peuvent revêtir des formes identiques et contenir la même proportion d'eau.

Ainsi, Marignac, par exemple, en évaporant un mélange de solutions d'acide sulfurique et de $FeSO^4$ sous la cloche d'une machine pneumatique, a obtenu d'abord des cristaux hepta-hydratés et ensuite des cristaux penta-hydratés ($5H^2O$) absolument semblables à ceux du sulfate de cuivre. Lecoq de Boisbaudran, en plongeant des cristaux $FeSO^4.7H^2O$ dans une solution sursaturée de sulfate de cuivre, a fait cristalliser ce dernier sel en cristaux du système monoclinique, analogues à ceux du sulfate de fer, $CuSO^4.7H^2O$.

Tout ce qui précède montre que l'isomorphisme, c'est-à-dire la ressemblance des formes et la propriété de provoquer la cristallisation, peut servir de moyen pour découvrir des analogies dans la composition moléculaire.

Expliquons cela à l'aide d'un exemple : si l'on ajoute au sulfate de potassium du sulfate de magnésium (au lieu de sulfate d'aluminium) on obtient également par évaporation un sel double ($K^2MgS^2O^8.6H^2O$) mais, ce sel double diffère complètement des aluns par le rapport des composants (dans les aluns, le groupe SO^4 existe deux fois pour un atome de K ; dans ce composé il y a deux atomes de K pour 2 molécules de SO^4), puis par la quantité d'eau de cristallisation (dans les aluns $12H^2O$, ici $6H^2O$ toujours pour 2 groupes SO^4). Ce sel double n'est pas isomorphe avec les aluns et ne peut donner avec eux des cristaux mixtes ni provoquer la cristallisation réciproque. Il en résulte que l'alumine et la magnésie, ou les métaux Al et Mg, ne sont pas isomorphes entre eux ; bien qu'ils aient beaucoup d'analogie, ils peuvent donner des sels doubles qui ne se ressemblent pas.

Cela ressort, d'ailleurs, de leurs formules chimiques qui contiennent un nombre d'atomes différent : la magnésie a pour formule MgO et l'alumine répond à la composition Al^2O^3. L'aluminium est trivalent et le magnésium bivalent. Ainsi, après avoir obtenu un sel double d'un métal donné on pourra juger, d'après la composition et la forme de ce sel, s'il y a ou non analogie entre ce métal et l'aluminium et le magnésium. L'analogie est ici reconnaissable à la composition, à la forme et à la propriété de donner des mélanges isomorphes. Supposons que notre métal nous ait paru semblable au Mg, voici comment nous pourrons nous en assurer : si, après avoir mélangé une solution de sulfate de ce métal avec une solution de sulfate de magnésium, on obtient, après évaporation, un mélange isomorphe contenant le sel du métal employé et celui du magnésium, on peut affirmer que le métal étudié présente une incontestable analogie avec le magnésium. Tel est le cas du zinc, par exemple, qui ne donne pas d'aluns mais qui forme avec le sulfate de potassium un sel double ayant une composition analogue à celle du sel de magnésium correspondant.

On peut de cette manière distinguer souvent les métaux diatomiques analogues au magnésium et au calcium des métaux triatomiques comme l'aluminium. Dans ces cas, on peut se guider encore sur la capacité calorifique et sur la densité de vapeur.

Il existe aussi des preuves indirectes. Ainsi, par exemple, le fer donne des composés de protoxyde FeX^2 isomorphes avec ceux de magnésium et des combinaisons de l'oxyde ferrique FeX^3 isomorphes avec celles de l'alumine ; la composition relative des deux genres de combinaisons est déterminée par l'analyse et montre que, dans $FeCl^2$, il n'y a, pour une même quantité de fer, que les 2/3 de la quantité du chlore contenu dans $FeCl^3$.

Le groupement des molécules homogènes en formes cristallines constitue donc un des procédés qui permettent de juger du monde intérieur des molécules et des atomes, l'une des armes nécessaires pour la conquête du monde invisible de la mécanique moléculaire, but scientifique principal des connaissances physico-chimiques. Ces armes, la chimie les a déjà utilisées nombre de fois pour découvrir la ressemblance des éléments et de leurs combinaisons (**4**).

4. La propriété que possèdent les corps solides d'engendrer des formes cristallines régulières, l'existence d'une foule de substances à l'état cristallin dans l'écorce terrestre et les lois géométriques qui régissent la cristallisation, tous ces faits ont depuis longtemps déjà attiré l'attention des naturalistes.

La forme cristalline est certainement l'expression de la disposition relative des atomes dans les molécules et de ces dernières dans la masse même de la substance. La cristallisation est déterminée par la distribution des molécules suivant la direction du maximum de leur cohésion ; aussi, la distribution cristalline de la matière se trouve-t-elle sous l'influence des mêmes forces qui agissent entre les molécules; or, comme ces dernières dépendent des forces qui réunissent les atomes entre eux, il doit exister une liaison intime entre la composition atomique et la distribution des atomes dans les molécules d'une part, et les formes cristallines des substances d'autre part. On peut donc juger de la composition d'après la forme. Telle est l'idée première qui constitue la base des recherches sur **le rapport existant entre la composition et les formes cristallines.**

Haüy en 1811 a posé une loi fondamentale, bien établie par des recherches ultérieures: la forme cristalline fondamentale d'un composé chimique donné est constante ; lorsque la composition varie, la structure cristalline varie également, sauf bien entendu le cas où il s'agit des formes limites telles que le cube, l'octaèdre régulier, etc., appartenant aux divers corps du système régulier.

La forme fondamentale est déterminée, ou bien par les angles de quelques formes fondamentales (prisme, pyramide, rhomboèdre) ou bien par le rapport des axes des cristaux, et se trouve en relation avec les propriétés optiques et autres de ces derniers. Depuis, l'étude des combinaisons définies solides comprend toujours la description (mensuration) de leurs cristaux qui constitue une propriété stable, mesurable et très frappante.

Les moments les plus importants de l'histoire de cette question ont été les découvertes suivantes. **Klaproth** et **Vauquelin** ont trouvé que le spath d'Islande et l'aragonite avaient des formes différentes quoiqu'ayant une même composition ; le premier cristallise, en effet, dans le système rhombique, le second dans le système rhomboédrique. Haüy a pensé d'abord que c'était leur composition et ensuite la disposition de leurs atomes dans les molécules qui différaient. Cependant, même à présent, on ne connaît pas de différence entre les réactions de ces deux variétés de $CaCO^3$; il faut cependant reconnaître que les recherches faites à ce sujet ne sont pas nombreuses. **Beudant, Frankenheim, Laurent** et autres ont trouvé que les formes des deux azotates $KAzO^3$ et $NaAzO^3$ correspondent exactement à celles de l'aragonite et du spath d'Islande, qu'ils peuvent cependant changer de formes et que la différence est accompagnée d'une modification peu sensible des angles ; ainsi le prisme de $KAzO^3$ et de l'aragonite a un angle de 119° et celui de $NaAzO^3$ et du spath égale 120°. Le phénomène du **dimorphisme**, ou la propriété que possède une substance de prendre des formes cristallines différentes, n'entraîne pas en réalité un grand changement dans la distribution des molécules, bien que ce changement ne puisse être nié.

Les recherches de **Mitscherlich** (1822) relatives au dimorphisme du soufre ont confirmé cette conclusion, bien que l'on ne puisse affirmer encore que, dans le phénomène du dimorphisme, les atomes soient distribués de la même manière et que seules les molécules sont disposées autrement.

Leblanc, Berthier, Wollaston et autres savaient déjà que beaucoup de corps de composition différente cristallisent dans les mêmes formes et peuvent former des cristaux mixtes. **Gay-Lussac** (1816) a montré que les cristaux d'alun potassique continuaient à croître dans une solution d'alun ammoniacal. Beudant (1817), pour expliquer les phénomènes de ce genre, admettait *l'entraînement* d'une substance étrangère possédant une plus grande force de cristallisation ; il a démontré cette hypothèse par des exemples naturels et artificiels. Mitscherlich et ensuite **Berzélius, H. Rose** et autres ont montré que cet entraînement n'existe que dans le cas où les formes des deux corps sont identiques ou tout au moins voisines et qu'il était nécessaire que le corps entraîné eût un certain degré de ressemblance chimique avec le corps en dissolution.

C'est ainsi qu'a été établie la notion de **l'isomosphisme** ou de la ressemblance des formes par suite de l'analogie de la composition atomique et c'est de cette manière que l'on expliquait la variabilité de la composition d'un grand nombre de minerais, en admettant l'existence de mélanges isomorphes. Ainsi tous les grenats sont exprimés par la formule générale

$$(RO^3)M^2O^3(SiO^2)^3$$

où $R = Ca, Mg, Fe, Mn$ et $M = Fe, Al$; R et M peuvent être remplacés par leurs combinaisons équivalentes ou par des mélanges en toutes proportions.

A côté des nombreux faits expliqués par la notion de l'isomorphisme et du dimorphisme, beaucoup d'autres vinrent s'accumuler qui contribuèrent à compliquer la question de la corrélation entre les formes cristallines et la composition.

Nous voulons parler tout d'abord de l'**homéomorphisme**, c'est-à-dire de la concordance des formes fondamentales ou seulement de certains angles pour les corps dont la composition est voisine ou identique.

Les cas d'homéomorphisme sont très nombreux. Pour un certain nombre d'entre eux, on peut trouver une ressemblance dans la composition atomique, bien qu'il n'y ait par d'isomorphisme des éléments composants : par exemple CdS (greenockite) et AgI ; $CaCO^3$ (aragonite) et $KAzO^3$; $CaCO^3$ et $NaAzO^3$; $BaSO^4$ (baryte), $KMnO^4$ (permanganate de K) et $KClO^4$ (perchlorate de K) ; Al^2O^3 (corindons et $FeTiO^3$ (fer titané) ; FeS^2 (marcassite du système rhombique) et Fe SAs (pyrite d'arsenic) ; NiS et NiAs, etc.

En dehors de ces cas, il existe un certain nombre de composés homéomorphes qui ont des formes cristallines voisines, bien que leur composition soit absolument différente ; **Dana** en a indiqué un grand nombre. Le cinabre HgS et la suzannite $PbSO^4 3PbCO^3$ se présentent sous des formes cristallines très semblables ; le bisulfate de potassium $KHSO^4$ cristallise dans le système monoclinique, comme le feldspath $KAlSi^3O^8$; la glaubérite $Na^2Ca(SO^4)^2$, l'augite $RSiO^3$ (R = Ca, Mg), le carbonate de sodium $Na^2CO^3.10H^2O$, le sel de glauber $Na^2SO^4 10.H^2O$, le borax $Na^2Bo^4O^7.10H^2O$ appartiennent non seulement au même système (monoclinique) mais leurs cristaux présentent encore des combinaisons analogues et leurs angles correspondants concordent.

Ces faits, ainsi que beaucoup d'autres, pourraient sembler tout à fait arbitraires (surtout parce que la concordance des angles et des formes fondamentales est une notion relative) si l'on ne connaissait pas d'autres cas, où la ressemblance des formes est accompagnée d'analogie dans les propriétés et de relations évidentes dans le changement de la composition. Ainsi, par exemple, dans beaucoup de pyroxènes et d'amphiboles composés de silice et d'oxydes métalliques (MgO, CaO, FeO, MnO), on trouve souvent Al^2O^3 et l'eau. On a tenté d'expliquer ces cas (Scherer, Hermann) par **l'isomorphisme polymérique** en admettant que MgO peut être remplacé par $3H^2O$ (par exemple : olivine, serpentine) et le SiO^2 par Al^2O^3 (amphiboles, talc), etc. Un certain nombre de ces cas sont encore douteux, parce que beaucoup de minerais naturels qui ont servi à établir la notion de l'isomorphisme polymérique ne présentent probablement plus leur composition primitive : ils ont dû subir des modifications plus ou moins profondes, sous l'influence des dissolutions qui ont été mises en contact avec eux pendant l'expérience, aussi faut-il les rapporter à la classe des **pseudomorphes**.

Néanmoins, il existe certainement toute une série d'homéomorphes naturels et artificiels qui se distinguent entre eux par la proportion moléculaire d'eau, de silice ou d'un autre composant. Ainsi

Thomsen, en 1874, a montré un cas de ce genre fort remarquable.

Les chlorures métalliques RCl^2 cristallisent souvent avec de l'eau et contiennent dans ce cas, pour un atome de chlore, au moins une molécule d'eau. Le représentant le plus connu de la série $RCl^2 2H^2O$ est $BaCl^2.2H^2O$ qui cristallise dans le système rhombique. Les formes du bromure de baryum $BaBr^2 2H^2O$ et du $CuCl^2 2H^2O$ sont voisines.

Les corps suivants possèdent une forme cristalline presque identique (système rhombique) : KIO^4, $KClO^4$, $KMnO^4$, $BaSO^4$, $CaSO^4$, Na^2SO^4, $BaC^2H^2O^4$ (formiate de baryum) et autres.

A côté de cette série il en existe encore d'autres :

1° Les chlorures métalliques cristallisant avec 4 molécules d'eau $RCl^2.4H^2O$.

2° Les sulfates, dont la formule est $RSO^4.2H^2O$.

3° Les formiates $RC^2H^2O^4.2H^2O$.

Tous ces corps, appartenant au système monoclinique, possèdent des formes voisines et se distinguent de la première série par $2H^2O$.

L'addition de 2 nouvelles molécules d'eau produit, dans toutes les séries, des formes voisines du système monoclinique, par exemple, $NiCl6H^2O$ et $MnSO^4 4H^2O$.

On voit donc que, non seulement les composés $RCl^2.2H^2O$ ressemblent par leurs formes cristallines à RSO^4 et $RC^2H^2O^4$, mais qu'aussi la combinaison de l'un quelconque de ces composés avec $2H^2O$ et $4H^2O$ détermine la production de formes voisines.

Ces exemples nous montrent que les conditions qui déterminent une forme donnée peuvent se repéter non seulement dans les cas où il y a remplacement isomorphe, c'est-à-dire quand le nombre des atomes dans les molécules ne varie pas, mais aussi dans ceux où ces nombres sont inégaux, lorsqu'il y a des relations spéciales non encore généralisées dans la composition.

Ainsi, par exemple, il y a voisinage de formes entre ZnO et l'alumine Al^2O^3. Les deux oxydes appartiennent au système rhomboédrique et l'angle entre la pyramide et le plan culminant du premier est 118°7′, celui du second 118°49′.

L'alumine Al^2O^3 ressemble aussi par sa forme à SiO^2 ; nous verrons plus tard que ces ressemblances dans les formes sont accompagnées de ressemblance dans certaines propriétés. Il n'y a donc rien d'étonnant à ce que, dans une molécule complexe d'un composé silicaté, on puisse remplacer parfois SiO^2 par Al^2O^3 comme le pense Scherer.

Les oxydes Cu^2O, MgO, NiO, Fe^3O^4, CeO^2 cristallisent dans le système régulier bien que leur composition atomique soit différente :

Marignac a démontré qu'il existait une analogie complète de formes entre K^2ZrF^3 et $CaCO^3$ et que le fluozirconate de potassium est dimorphe tout comme le carbonate de calcium.

Entre $CaCO^3$ et K^2ZrF^3 l'équivalence existe, car K^2 est équivalent à Ca, C à Zr, F^6 à O^3 ; d'où l'isomorphisme des deux. K^2ZrF^6 est encore isomorphe avec R^2NbOF^5 et $R^2TgO^2F^4$ où R = métal alcalin ; dans ce cas, en dehors de la proportion égale du métal alcalin, il y a même nombre d'atomes et ressemblance des propriétés avec K^2ZrF^6.

L'exemple le plus simple, prouvant que la ressemblance des formes peut avoir lieu dans le cas où les transformations chimiques sont semblables, même sans que la composition atomique soit égale, nous est fourni par l'isomorphisme des composés correspondants du potassium KX et de l'ammonium AzH^4X.

Les progrès ultérieurs de nos connaissances sur le rapport existant entre la composition et les formes cristallines ne pourront se manifester que lorsqu'un grand nombre de faits seront accumulés et classés conformément aux points saillants de la question. Il en existe déjà un commencement. Le travaux du savant genevois Marignac sur les formes cristallines et la composition d'un grand nombre de fluorures doubles, et ceux de **Wyrouboff** relatifs aux ferrocyanures et à d'autres composés sont particulièrement remarquables. On peut voir dès à présent qu'en produisant certaines modifications définies dans la composition, certains angles conservent leur valeur, bien que d'autres subissent une modification profonde. Un cas de ce genre a été indiqué par **Laurent** et appelé par lui **hémimorphisme**, c'est-à-dire ressemblance limitée à quelques angles seulement et **paramorphisme** lorsque les formes sont voisines, mais appartiennent à des systèmes différents. Ainsi, par exemple, le rhomboèdre peut avoir l'angle de ses faces supérieur ou inférieur à 90°, aussi certains rhomboèdres à angles aigus et obtus peuvent-ils se rapprocher des cubes.

L'hausmanite Mn^3O^4, appartenant au système quadratique, a les faces de sa pyramide inclinées sous un angle d'environ 118° et le fer magnétique Fe^3O^4, ressemblant sous beaucoup de rapports au premier, se présente sous la forme d'octaèdres réguliers, c'est-à-dire que l'angle formé par ses faces pyramidales = 109°28. Dans ce cas les systèmes ne sont pas les mêmes, la composition est semblable, il existe une certaine analogie de forme — c'est un exemple de paramorphisme.

L'hémimorphisme a été établi en s'appuyant sur un grand nombre d'exemples de substitutions tirées tant de la chimie minérale que de la chimie organique. Ainsi Laurent a démontré et **Hintze** l'a confirmé (1875) que les dérivés de la naphtaline ayant une composition identique sont hémimorphes. **Nicklès** (1849) a montré que le sulfate de glycocolle cristallise en prismes dont l'inclinaison des faces = 125°26', pour le nitrate de la même base l'inclinaison des faces = 126°95'. L'angle oxalate de méthylamine = 131°20', celui du fluorure de méthylamine composé qui diffère beaucoup du précédent = 132°. **Groth** (1870) a tenté d'indiquer le genre de modification qu'éprouvent les formes lorsqu'on substitue à l'hydrogène différents éléments ou groupes ; ce savant a remarqué qu'il existait une certaine régularité qu'il a appelée **morphotropie**. Ci-dessous des exemples montrant que la morphotropie rappelle l'hémimorphisme de Laurent. La benzine C^6H^6 cristallise dans le système rhombique ; le rapport des axes est 0,891 : 1 : 0,799. Le phénol $C^6H^5(OH)$ et la résorcine $C^6H^4(OH)^2$ appartiennent également au système rhombique mais le rapport des axes n'est pas le même. Ainsi celui de la résorcine est 0,910 : 1 : 0,540, c'est-à-dire que la structure cristalline est conservée dans une direction et modifiée dans une autre. Appartiennent aussi au système rhombique : le dinitrophénol $C^6H^3(AzO^2)^2(OH)$ = 0,833 : 1 : 0,753 le trinitrophénol (acide picrique) $C^6H^2(AzO^2)^3(OH)$ = 0,937 : 1 : 0,974 et le picrate de potassium = 0,942 : 1 : 1,354. Dans ces cas, le rapport des premiers axes est conservé, c'est-à-dire que quelques angles sont égaux. Quant à la parenté chimique des corps mentionnés elle ne fait l'objet d'aucun doute.

Laurent compare l'hémimorphisme au style en architecture. Ainsi les cathédrales gothiques diffèrent entre elles sous bien de rapports, mais elles présentent en même temps une ressemblance qui se traduit dans la forme des ouvertures, des ornementations et dans l'ensemble du monument.

La régularité et la simplicité qui sont exprimées par les lois exactes des formations cristallines se répètent quand les atomes s'organisent en molécules. Dans ces deux cas, il n'existe que peu de types distincts et toutes les variétés observées peuvent être facilement rattachées à plusieurs types fondamentaux. Là, les molécules se réunissent en formes cristallines, ici les atomes se combinent en formes moléculaires ou en **types de combinaisons**.

Dans l'un et l'autre cas, les modifications, les arrangements, les combinaisons dérivent de la forme fondamentale. cristalline ou moléculaire.

Ainsi, par exemple, étant donné que le potassium forme des combinaisons du type fondamental, KX où est un élément monovalent (c'est-à-dire qu'il se combine avec un atome d'hydrogène ou qu'il est susceptible de le remplacer d'après les principes de la loi des substitutions), une fois, disons-nous, ce principe établi, nous connaissons la composition de ces combinaisons : K^2O, KHO, KCl, AzH^2K, AzO^3K, K^2SO^4, $KHSO^4$, $K^2Mg(SO^4)^2 6H^2O$, etc. Cependant toutes les formes dérivées possibles n'existent pas en réalité, comme n'existent pas pour chaque élément toutes les combinaisons atomiques possibles. Pour le potassium, par exemple, les combinaisons, KCH^3, K^3P, K^2Pt sont inconnues ainsi que d'autres composés analogues propres à l'hydrogène ou au chlore.

Il n'existe qu'un petit nombre de formes fondamentales pour la composition des atomes en molécules. Nous en connaissons déjà la plus grande partie.

Si nous désignons par X un élément monovalent et par R l'élément avec lequel il se combine, nous pourrons observer huit types de combinaisons

$$RX, RX^2, RX^3, RX^4, RX^5, RX^6, RX^7, RX^8.$$

Soit X = chlore ou hydrogène, voici les exemples que nous donnera le premier type :

$$RX = H^2, Cl^2, HCl, KCl, NaCl, \text{etc.}$$

Pour le second type RX^2 les combinaisons de l'oxygène ou du calcium peuvent nous fournir des exemples :

$$RX^2 = OH^2, OCl^2, OHCl, Ca(OH)^2, CaCl^2, \text{etc.}$$

Le troisième type RX^3 est représenté par l'ammoniaque AzH^3 et par une foule d'autres composés

$$RX^3 = AzH^3, Az^2O^3, AzO(OH), AzO(OK), PCl^3, P^2O^3$$
$$PH^3, SbH^3, Sb^2O^3, B^2O^3, BCl^3, Al^2O^3, \text{etc.}$$

Le quatrième type RX^4 se rencontre aussi parmi les composés hydrogénés. Le gaz des marais et la série des hydrocarbures saturés C^nH^{2n+2} en sont les meilleurs exemples. De plus on connait encore :

$RX^4 = CH^3Cl, CCl^4, SiCl^4, SnCl^4, SnO^2, CO^2, SiO^2$ etc.

Le cinquième type RX^5 nous est aussi connu, mais il ne renferment pas de composés simplement hydrogénés. On peut citer comme exemples :

$RX^5 = AzH^4Cl, AzH^4OH, AzO^2(OH), ClO^2(OK), PCl^5, POCl^3$ etc.

Dans les types supérieurs, il n'existe pas non plus de combinaisons hydrogénées ; cependant on connaît un composé chloré du type RCl^6 c'est $TuCl^6$ ou hexachlorure de tungstène. En revanche un grand nombre de composés oxygénés se rattachent à ce type

$$RX^6 = SO^2(OH)^2, SO^2Cl^2, SO^2(OH)Cl, CrO^3, \text{etc.}$$

ils possèdent tous un caractère acide.

Nous retrouvons le type RX^7 dans l'acide perchlorique $ClO^3(OH)$, le permanganate de potassium $MnO^3(OK)$ etc.

Enfin, les composés du type RX^8 sont très rares : l'anhydride osmique OsO^4 en est le représentant le plus connu (5).

5. Les formes encore plus complexes, par exemple, celles auxquelles correspondent avec tant d'évidence les hydrates cristallisables, les sels doubles, etc., peuvent être considérées comme des types indépendants ; cependant, il est plus simple de les envisager comme étant le résultat de la réunion de molécules tout entières pour lesquelles il n'existe pas de combinaisons binaires correspondantes renfermant un atome d'élément R et beaucoup d'atomes des autres éléments : RX^n. Les huit types de combinaisons étudiés plus haut embrassent tous les cas des combinaisons directes des atomes et la forme $MgSO^47H^2O$ ne peut être dérivée de MgX^n ou de SX^n sans être en désaccord avec les faits connus ; $MgSO^4$ au contraire, répond à la fois au type des composés magnésiens MgX^2 et à celui des combinaisons du soufre SO^2X^2 ou, d'une manière plus générale, à SX^6, où X^2 est remplacé par $(OH)^2$ et H^2 par Mg. Il est cependant nécessaire de signaler que les hydrates sodiques cristallisables renferment souvent $10H^2O$, les magnésiens 6 et $7H^2O$ et que les sels doubles de platine appartiennent au type PtM^2X^6, etc. L'étude ultérieure des hydrates cristallisables, des sels doubles, des alliages, des solutions et d'autres combinaisons, instables dans le *sens chimique*, per-

mettra probablement une généralisation complète. Il n'y a pas longtemps encore, à l'époque de Gerhardt, on admettait trois types seulement :

$$RX, \; RX^2 \text{ et } RX^3.$$

Plus tard, sous l'influence des recherches de Kuper, Kekulé, Boutleroff et d'autres, on ajoute un quatrième type RX^4, principalement pour généraliser les composés du carbone. Beaucoup d'auteurs se contentent même, jusqu'à présent, de ces quatre types en en faisant dériver les types supérieurs, par ex. RX^5 de RX^3 comme par ex : $POCl^3$ de PCl^3 [l'oxygène serait dans ce cas lié avec le chlore — comme dans HOCl — et avec le phosphore].

Actuellement on voit nettement que les types RX, RX^2, RX^3 et RX^4 sont insuffisants pour comprendre toutes les variétés des phénomènes, surtout depuis que Wurtz a démontré que PCl^5 n'est pas une combinaison des molécules $PCl^3 + Cl^2$ (bien qu'il puisse leur donner naissance par décomposition), mais qu'il existe bien à l'état de molécule indépendante pouvant se transformer intégralement en vapeur au même titre que PFl^5 ou $SiFl^4$.

A mon avis, l'avenir montrera la nécessité d'admettre des types supérieurs à RX^8 ; ainsi, par ex., l'hydrate cristallisable de l'acide oxalique peut et doit être rapporté au type CH^4, ou, dans le cas particulier au type, de l'éthane C^2H^4 dans lequel tous les atomes de l'hydrogène sont remplacés par l'oxhydrile : $C^2H^4O^4 2H^2O = C^2(OH)^6$ (Voyez Chap XXII, note 35).

Les quatre types inférieurs RX, RX^2, RX^3, RX^4, se rencontrent aussi bien dans les combinaisons des éléments R avec le chlore et l'oxygène que dans celles avec l'hydrogène ; les quatre types supérieurs n'ont de représentants que parmi les composés acides formés par le chlore, l'oxygène et quelques autres éléments.

De tous les composés oxygénés, les plus intéressants sous tous les rapports sont les **oxydes salifiables** qui sont capables de former des sels soit en qualité de bases soit en qualité d'anhydrides acides. Certains éléments, par exemple le calcium et le magnésium, ne forment qu'un seul oxyde salifiable : MgO correspondant à MgX^2 ; mais la plupart des éléments en donnent plusieurs. Ainsi, le cuivre forme CuX et CuX^2 ou Cu^2O et CuO.

Quand un élément R forme un type supérieur RX^n, il arrive souvent qu'il existe, comme si c'était par raison de symétrie, des types inférieurs RX^{n-2}, RX^{n-4} et en général des formes qui diffèrent de la forme RX^n par un nombre pair de X. Ainsi, par exemple, on connait pour le soufre les formes SX^2, SX^4, $SX^6 = SH^2, SO^2, SO^3$. Les composés SX^5, SX^3, n'existent pas. Cependant, un seul et même élément possède quelquefois des combinaisons appartenant aux formes paires et impaires Ainsi, par exemple pour le cuivre et le mercure, on connaît RX et RX^2.

Pour les oxydes *salifiables*, on ne connaît jusqu'ici que les *huit types* mentionnés plus bas. Ils embrassent toutes les formes possibles des combinaisons des éléments, en prenant en considération qu'un élément donnant un certain type de combinaisons peut former des types inférieurs. C'est pour cette raison que la forme rare des **sous-oxydes** ou des oxydes quaternaires R^4O (par ex. : Ag^4O, Ag^2Cl) n'est pas une forme caractéristique et que les combinaisons qui s'y rattachent se distinguent par leur instabilité chimique et se décomposent en donnant l'élément et un type supérieur :

$$Ag^4O = 2Ag + Ag^2O.$$

Beaucoup d'éléments forment en outre des oxydes intermédiaires, capables comme Az^2O^4 de se décomposer en un oxyde inférieur. C'est ainsi que le fer donne de l'oxyde magnétique Fe^3O^4 qui se comporte dans les réactions comme une combinaison d'oxyde ferreux FeO et d'oxyde ferrique Fe^2O^3.

Les composés salifiables indépendants plus ou moins stables correspondent aux huit types suivants :

R^2O ; sels RX — hydrates ROH. Ce sont pour la plupart des bases comme K^2O, Na^2O, Hg^2O, Ag^2O, Cu^2O; le petit nombre d'oxydes acides se rapportant à ce type sont formés par des éléments à propriétés acides très prononcées ; ils possèdent des propriétés acides faibles comme par ex. : Cl^2O et Az^2O.

R^2O^2 ou RO, sels RX^2 — hydrates $R(OH)^2$. Les sels basiques les plus simples R^2OX^2 ; $R(OH)X$ (par exemple : l'oxychlorure de zinc Zn^2OCl^2).C'est aussi une forme presque exclusivement basique, aux propriétés moins prononcées que dans la forme précédente. Par ex. : CaO, MgO, BaO, PbO, FeO, MnO, etc.

R^2O^3 sels RX^3; —hydrates $R(OH)^3$, $RO(OH)$; les sels basiques les plus simples: ROX, $R(OH)X^2$. Ces bases sont peu énergiques par exemple : Al^2O^3, Fe^2O^3, Tl^2O^3, Sb^2O^3. Les propriétés acides sont peu prononcées comme dans B^2O^3 ; en revanche les composés des métalloïdes manifestent des propriétés acides très nettes par ex : P^2O^3, $P(OH)^3$.

R^2O^4 ou RO^2; sels RX^4 ou RX^2 hydrates $R(OH)^4$ $RO(OH)^2$. Ce sont rarement des bases (faibles) comme Zr^2O^2, PtO^2 mais le plus souvent des oxydes acides à faible acidité comme CO^2, SO^2, SnO^2. Cette forme, comme la précédente et la suivante, est remarquable par les oxydes intermédiaires qui s'y rattachent.

R^2O^5, Les sels ont pour types principaux : ROX^3, RO^2X, $RO(OH)^3$, $RO^2(OH)$, rarement RX^5. Le caractère acide l'emporte sur le basique qui est faible (X est un halogène ou un radical d'acide, par exemple : AzO^3, Cl etc.) Exemples : Az^2O^5, P^2O^5, Cl^2O^5, alors X = OH, OK, etc., par exemple : AzO^2 (KO).

R^2O^6 ou **RO^3**. Les principaux sels et les hydrates sont : RO^2X^2 et $RO^2(OH)^2$. Les oxydes ont des propriétés acides très prononcées : SO^3, CrO^3, MnO^3. Les propriétés basiques sont très rares et faibles comme dans UO^3.

R^2O^7, les sels sont : RO^3X, $RO^3(OH)$. Ce sont aussi des oxydes acides comme Cl^2O^7, Mn^2O^7 etc. Les propriétés basiques sont tout aussi peu développées que les propriétés acides dans R^2O.

R^2O^8 ou **RO^4**. C'est une forme très rare elle n'est connue que pour OsO^4 et RuO^4.

Le fait que les **hydrates acides** (par ex. : $HClO^4$. H^2SO^4, H^3PO^4) et les sels renfermant un atome d'élément, ne contiennent dans leurs termes supérieurs *jamais plus de quatre atomes d'oxygène* comme l'oxyde supérieur du type RO^4, ce fait, disons-nous, indique que la formation des oxydes salifiables est régie par un certain principe général qu'on doit rechercher le plus naturellement possible dans les propriétés fondamentales de l'oxygène.

L'hydrate de l'oxyde RO^2 est dans la forme supérieure :

$$RO^2 2H^2O = RH^4O^4 = R(OH)^4.$$

Tels sont par exemple, l'hydrate de silice, et les sels (monosilicates) correspondants : $Si(MO)^4$.

A l'oxyde R^2O^5 correspond à l'hydrate.

$$R^2O^5 3H^2O = 2RH^3O^4 = 2RO(OH)^3.$$

Tel est l'acide orthophosphorique PH^3O^4. L'ydrate de l'oxyde RO^3 est $RO^3H^2O = RH^2O^4 = RO^2(OH)^2$. Tel est l'acide sulfurique.

L'hydrate correspondant à l'oxyde R^2O^7 est évidemment $RHO^4 = RO^3(OH)$, l'acide perchlorique, par exemple. Il faut remarquer ici que *la quantité d'hydrogène dans l'hydrate est égale à la quantité d'hydrogène dans la combinaison hydrogénée.*

Ainsi, le silicium donne SiH^4 et SiH^4O^4, le phosphore donne PH^3 et PH^3O^4, le soufre SH^2 et SH^2O^4, le chlore ClH et $ClHO^4$. Ces exemples semblent indiquer que *les éléments se combinent avec une quantité d'oxygène d'autant plus grande que la quantité d'hydrogène qu'ils peuvent retenir est plus faible.*

C'est dans ce principe général qu'il faut chercher l'application des déductions ultérieures, aussi allons-nous les formuler d'une manière plus générale.

L'élément R forme une combinaison hydrogénée RH^n, l'hydrate de son oxyde supérieur est RH^nO^4, par conséquent l'oxyde lui-même contient $2RH^nO^4 - nH^2O = R^2O^{8-n}$, Ainsi, par exemple, le chlore donne ClH, son hydrate le plus élevé est $ClHO^4$, donc son oxyde supérieur doit être Cl^2O^7. Il en est de même pour le carbone qui forme CH^4 et CO^2 ; pour le silicium, SiH^4 et SiO^2 sont les combinaisons supérieures qu'il peut former avec l'oxygène et avec l'hydrogène. Ici les quantités d'oxygène et d'hydrogène sont équivalentes.

L'azote se combine avec une plus grande quantité d'oxygène : Az^2O^5, mais, en revanche, il ne fixe qu'une plus faible quantité d'hydrogène dans AzH^3. Comme toujours, *la somme des équivalents d'oxygène et d'hydrogène combinés à un atome d'élément est égale à huit.* Il en est de même pour les autres éléments placés dans les mêmes conditions. Ainsi, le soufre forme SO^3; il s'y trouve pour un atome de soufre 6 équivalents d'oxygène et dans SH^2 deux équivalents d'hydrogène, au total huit équivalents. Telle est encore la proportion dans Cl^2O^7 et ClH. Par leur généralité et leur simplicité, ces rapports montrent que la propriété qu'ont les éléments de se combiner à d'autres éléments aussi différents que l'oxygène et l'hydrogène, est soumise à une loi unique et générale que nous formulerons en étudiant le système des éléments (6).

6. Aux oxydes du type R^4O, correspond la combinaison hydrogénée R^2H. Le palladium, le sodium et le potassium donnent des composés de ce genre ; il faut remarquer que ces éléments sont très rapprochés dans le système périodique et que les groupes qui présentent des combinaisons hydrogénées R^2H possèdent aussi des oxydes quaternaires R^4O.

Attendu que, dans l'exposé du système périodique qui suit il ne s'agit que des oxydes salifiables, je crois utile de faire ici la mention suivante relative aux peroxydes.

Parmi les **peroxydes** correspondants au peroxyde d'hydrogène on connait jusqu'à présent : $\mathbf{H^2O^2}$, $\mathbf{Na^2O^2}$, S^2O^7 (à l'état de $H^2S^2O^8$) $\mathbf{K^2O^4}$, $\mathbf{K^2O^2}$, $\mathbf{CaO^2}$, $\mathbf{TiO^3}$, Cr^2O^7, CuO^2 (?), $\mathbf{ZnO^2}$, $\mathbf{Rb^2O^2}$, $\mathbf{SrO^2}$, $\mathbf{Ag^2O^2}$, CdO^2, $\mathbf{CsO^2}$, $\mathbf{Cs^2O^2}$, $\mathbf{BaO^2}$, Mo^2O^7, SnO^3, Tu^2O^7, UO^4.

Il est probable que le nombre des peroxydes s'enrichira dans l'avenir.

Dans ceux qui sont connus actuellement on observe une certaine périodicité : en effet, les éléments du groupe I, donnant R^2O, forment des peroxydes et ensuite ceux du groupe VI semblent être aussi propres à former des peroxydes R^2O^7. A mon avis, il serait prématuré de s'occuper actuellement de la généralisation de cette question, non seulement parce que c'est encore un sujet nouveau et peu étudié, mais aussi parce que, pour beaucoup de cas, on ne connaît que des hydrates, par exemple : $Mo^2H^2O^8$ qui peuvent n'être que des combinaisons du peroxyde d'hydrogène comme

$$Mo^2H^2O^4 = 2MoO^3 + H^2O^2$$

Le professeur Schöne a, en effet, montré que H^2O^2 et BaO^2 possèdent la propriété de se combiner entre eux et avec d'autres oxydes.

Malgré tout, j'ai essayé dans le tableau général (page 498) exprimant les propriétés périodiques des éléments, de réunir les données relatives à tous les peroxydes connus dont la propriété caractéristique est de former, dans plusieurs circonstances, du peroxyde d'hydrogène.

Les relations précédentes font ressortir non seulement la régularité et la simplicité qui régissent la formation et les propriétés des oxydes et de toutes les combinaisons des éléments, mais elles nous fournissent en même temps un nouveau moyen exact qui permet de reconnaître l'analogie des éléments. Les éléments semblables donnent des formes semblables de combinaisons supérieures et inférieures. Si CO^2 et SO^2 sont deux gaz dont les propriétés chimiques et physiques sont très voisines, la cause n'en est pas dans la ressemblance entre le soufre et le charbon ; il faut la chercher dans la similitude de la forme RX^4 des deux oxydes et dans l'influence qu'exerce la présence d'une grande masse d'oxygène sur les propriétés des combinaisons. Il y a, en effet, très peu de ressemblance entre le carbone et le soufre : il suffit pour le prouver de signaler notamment ce fait que CO^2 est le terme supérieur des oxydes du carbone, tandis que SO^2 peut s'oxyder en SO^3 : tous les autres composés du soufre et du carbone démontrent d'ailleurs la même chose ; ainsi, par exemple, SH^2 et CH^4 ne se ressemblent pas du tout, ni par la forme ni par les propriétés chimiques.

Dans le chapitre VIII de cet ouvrage, il a été question des hydrocarbures saturés, c'est-à-dire de la limite des combinaisons du carbone. Chaque élément atteint dans ces combinaisons une limite RX^n ; cette notion de la limite a été développée vers la moitié de notre siècle par Franckland qui étudiait les composés organométalliques dans lesquels les groupes X sont, en partie ou complètement, composés de radicaux d'hydrocarbures ($X = CH^3$, C^2H^5, etc). Ainsi par exemple, l'antimoine (Ch. XIX) forme avec le chlore $SbCl^3$ et $SbCl^5$ et avec l'oxygène Sb^2O^3 et Sb^2O^5 ; en traitant l'antimoine, ou son alliage avec le sodium, par CH^3I, C^2H^5I, ou en général par EI (ou E = un radical d'hydrocarbure saturé) on a obtenu SbE^3 (par exemple Sb $(CH^3)^3$ bouillant vers 81°).

Ces composés organométalliques, qui correspondent au type SbX^3, peuvent s'unir avec EI, ou Cl^2, ou O et donner des composés du type saturé SbX^5 ; par exemple : SbE^4Cl correspondant à AzH^4Cl dont l'azote est remplacé par Sb et l'hydrogène par un radical d'hydrocarbure. Les éléments les plus semblables au point de vue chimique se caractérisent par la propriété de donner des composés saturés d'une même forme RX^n.

Les halogènes qui se ressemblent donnent les mêmes formes de combinaisons inférieures et supérieures. Il en est de même pour les métaux alcalins et pour les métaux terreux. Nous avons déjà vu que cette ressemblance existait pour les azotures et les hydrures de ces métaux et surtout pour les sels.

Plusieurs groupes d'éléments semblables sont connus depuis longtemps. L'oxygène, l'azote, le carbone etc. possèdent des analogues qui seront étudiés plus bas. Leur étude nous conduit nécessairement à la question suivante : quelle est la cause de l'analogie et quel est le rapport des groupes d'éléments entre eux ?

Sans avoir de réponse à ces questions, il n'est guère possible de grouper les éléments analogues sans tomber dans des erreurs grossières, attendu que les notions du degré de l'analogie ne sautent pas toujours aux yeux et ne sont pas d'une précision rigoureuse. Ainsi, par exemple, le lithium ressemble sous certains rapports au potassium ; par d'autres points, il se rapproche du magnésium ; le glucinium ressemble à l'aluminium et au magnésium. Le thalium, comme nous le verrons plus tard, et comme on l'a observé dès sa découverte, ressemble au plomb et au mercure mais possède en même temps une partie des propriétés du lithium et du potassium. Il est certain que, là où nous ne pouvons pas mensurer, il faut bon gré mal gré se borner à faire un rapprochement ou une comparaison basée sur les propriétés les plus évidentes qui sont parfois loin de présenter une précision absolue.

Les éléments ont cependant une propriété exactement mensurable, c'est leur poids atomique. Le poids de l'atome exprime la masse relative de l'atome ou, en d'autres termes, abstraction faite de la notion de l'atome, cette grandeur montre le rapport qui existe entre les masses constituantes des unités chimiques indépendantes, c'est-à-dire des éléments Or, il résulte de toutes les notions précises que l'on possède sur les phénomènes de la nature que toutes les propriétés d'une substance dépendent justement de sa masse, parce que toutes, elles sont fonction des mêmes conditions ou des mêmes forces qui déterminent le poids du corps ; or ce dernier est directement proportionnel à la masse de la substance. Il est donc tout naturel de chercher une relation entre les propriétés analogues des éléments d'une part et leurs poids atomique d'autre part.

Telle est l'idée fondamentale qui oblige à **disposer tous les éléments d'après la grandeur de leur poids atomique**. Cela fait, on remarque immédiatement la répétition des propriétés dans les périodes des éléments. Nous en connaissons déjà des exemples :

Fl = 19 ;	Cl = 35,5 ;	Br = 80 ;	I = 127
Na = 23 ;	K = 39 ;	Rb = 85 ;	Cs = 133
Mg = 24 ;	Ca = 40 ;	Sr = 87 ;	Ba = 137

Les trois exemples ci-dessus permettent de saisir l'essence de la question. Les halogènes ont des poids atomiques plus petits que les métaux alcalins et ceux de ces derniers sont également inférieurs à ceux des métaux terreux. C'est pourquoi, **en disposant les éléments d'après la grandeur croissante de leur poids atomique, on obtient une répétition périodique des propriétés**. C'est ce qu'énonce **la loi périodique** : *les propriétés des corps simples, comme les formes et les propriétés des combinaisons, sont une fonction périodique de la grandeur du poids atomique* (**7**).

7. La loi périodique et le système périodique tels qu'ils sont exposés, ici ont été publiés dans la première édition de cet ouvrage commencé en 1868 et terminé en 1871. Au commencement de 1869 j'ai adressé à beaucoup de chimistes mon « *Essai d'un système de classification des éléments basé sur leur poids atomique et leur ressemblance chimique*, et, dans la séance du mois de mars 1869 de la

société chimique Russe j'ai parlé « *Du rapport entre les propriétés et le poids atomique des éléments.* Voici les conclusions de cet article :

« 1° Les éléments disposés d'après la grandeur de leur poids ato-
« mique présentent une *périodicité* des propriétés.

« 2° Les éléments qui se ressemblent par leurs fonctions chimi-
« ques présentent des poids atomiques voisins (Pt, Ir, Os) ou bien
« croissant uniformément (K, Rb, Cs).

« 3° La disposition des éléments ou de leurs groupes d'après la
« grandeur du poids atomique correspond à leur *valence*.

« 4° Les corps simples les plus répandus sur la terre ont un poids
« atomique *faible* et tous les éléments à poids atomiques faibles
« sont caractérisés par des propriétés bien tranchées. Ce sont des
« éléments typiques,

« 5° La *grandeur* du poids atomique détermine le caractère de l'élément.

« 6° Il faut attendre la découverte de plusieurs corps simples en-
« core *inconnus*, ressemblant, par exemple, à Al et Si et ayant un
« poids atomique 65-75.

« 7° La valeur du poids atomique d'un élément peut quelquefois
« être corrigée si l'on connait ses analogues. Ainsi le poids atomi-
« que de Te n'est pas 128 mais il doit être compris entre 123 et 126.

« 8° Certaines analogies des éléments peuvent être découvertes
« d'après la grandeur du poids de leurs atomes. »

Toute la loi périodique est renfermée dans ces lignes.

Dans une série d'articles ultérieurs parus en 1870 et 1872 (communications faites à la Société chimique russe, au Congrès des Naturalistes russes à Moscou, à l'Académie de Saint-Pétersbourg, dans les Annales de Liebig), tous relatifs à ce sujet, je n'ai traité que des applications des principes de la loi périodique confirmés dans la suite par les travaux de Roscoe, Carnelley, Thorpe, etc., en Angleterre de Rammelsberg, L. Meyer, Zimmermann et surtout de Winkler en Allemagne, de Lecoq de Boisbaudran en France, de Clève, Nilson et Petersen en Suède, de Brauner en Autriche, de Piccini, en Italie.

Les recherches de Rammelsberg portent sur les poids atomiques du cérium et de l'uranium, ceux de L. Meyer sont relatifs aux volumes spécifiques des éléments. Zimmermann s'est occupé de la fixation du poids atomique de l'uranium, Winkler a découvert le germanium et a montré qu'il était identique à l'éka-silicium. Lecoq de Boisbaudran a découvert le gallium qui est identique à l'éka-aluminium ; Clève détermina les poids atomiques des métaux du groupe du cérium. Nilson découvrit le scandium = éka-bore et détermina, avec Petersen, la densité de vapeurs de $GlCl^2$. Brauner a étudié Ce et a fixé le poids atomique du tellure.

Je crois indispensable d'ajouter que je me suis servi dans la construction du système périodique des travaux antérieurs de Dumas, Gladston, Pettenkofer, Kremers et Lenssens sur les poids atomiques des éléments semblables. Les travaux suivants, antérieurs aux miens, m'étaient inconnus : *Vis tellurique ou classement naturel des corps simples ou radicaux obtenu au moyen d'un système de classification hélicoïdal et numérique*, par Béguyer de Chaucourtois (1862) et *Law of octaves*, par I. Newlands (1864). Dans ces travaux, la loi périodique se trouve à l'état embryonnaire. Quant aux travaux de L. Meyer relatifs à la loi périodique, il est évident que cet auteur a formulé cette loi de la même manière que moi, comme cela résulte de son premier article (Lieb. Ann. Supp. VII. 1870 — 354) au commencement duquel il cite la communication que j'ai faite en 1869.

Il est utile de rappeller, à la fin de cet historique que jamais une loi générale ne s'établit d'emblée. Ce n'est qu'après avoir subi l'épreuve de l'expérience, cette juridiction suprême que doivent reconnaître tous ceux qui étudient la nature, qu'une loi reçoit sa sanction. C'est pour cette raison que je considère Roscoe, Lecoq de Boisbaudran, Nilson, Winckler, Brauner, Carnelley, Thorpe et tous les autres auteurs qui ont appliqué la loi périodique à la réalité chimique, comme les véritables promoteurs de la loi périodique qui pour atteindre son entier développement, a encore besoin de nouvelles recherches.

Le système périodique des éléments ci-dessous :

GROUPES	I.	II.	III.	IV.	V.	VI.	VII.	VIII.
Séries **1.**	**H**							
» **2.**	**Li**	**Gl.**	**B.**	**C.**	**Az**	**O**	**Fl**	
» **3.**	**Na**	Mg	Al	Si	P	S	Cl	
» **4.**	K	Ca	Sc	Ti	V	Cr	Mn	Fe. Co. Ni. Cu.
» **5.**	(Cu)	Zn	Ga	Ge	As	Se	Br	
» **6.**	Rb	Sr	Y	Zr	Nb	Mo	—	Ru. Rh. Pd. Ag.
» **7.**	(Ag)	Cd	In	Sn	Sb	Te	J	
» **8.**	Cs	Ba	La	Ce	Di?	—	—	— — — —
» **9.**	—	—	—	—	—	—	—	
» **10.**	—	–	Yb	—	Ta	W	—	Os. Is. Pt. Au.
» **11.**	(Au)	Hg	Tl	Pb	Bi	—	—	
» **12.**	—	—	—	Th	—	U	—	
	R^2O	R^2O^2 RO	R^2O^3	R^2O^4 RO^2	R^2O^5	R^2O^6 RO^3	R^2O^7	RO^4
	—	—	—	RH^4	RH^3	RH^2	RH	

est disposé conformément aux huit types d'oxydes mentionnés plus haut ; les éléments qui forment des oxydes supérieurs R^2O et des sels RX constituent le groupe I ; ceux dont le degré supérieur d'oxydation est R^2O^2 ou RO entrent dans le groupe II et ainsi de suite. Les éléments de tous les groupes dont les poids atomiques se rapprochent le plus forment les séries horizontales de 1 à 12. Les termes pairs et impairs d'un même groupe présentent les mêmes formes et les mêmes limites mais se distinguent par leurs propriétés ; c'est pourquoi deux séries voisines, l'une paire et l'autre impaire, (par exemple la 4e et la 5e) constituent une **période**.

En conséquence, les éléments de la 4e, 6e, 8e, 10e et 12e séries ou ceux de la 3e, 5e, 7e, 9e et 11e constituent des analogues comme les halogènes, les métaux alcalins, etc.

Les éléments des deux premiers rangs, ayant les poids atomiques les plus faibles, possèdent, par cela même, beaucoup de propriétés qui leurs sont spéciales tout en présentant les propriétés générales des groupes. C'est ainsi que le fluor se distingue par beaucoup de points des autres halogènes, le lithium des métaux alcalins, etc. Ces éléments les plus légers peuvent être appelés éléments **typiques** en voici la liste :

H
Li. Be. B. C. Az. O. Fl.
Na. Mg...

Dans le tableau ci-dessous, tous les autres éléments sont disposés non pas suivant les groupes et les séries mais suivant les périodes.

I	II	III	IV	V	VI	VII				I	II	III	IV	V	VI	VII
			Séries paires.								Mg.	Al.	Si.	P.	S.	Cl.
K.	Ca.	Sc.	Ti.	V.	Cr.	Mn.	Fe.	CO.	Ni.	Cu.	Zn.	Ga.	Be.	As.	Se.	Br.
Rb.	Sr.	Y.	Zr.	NB.	Mo.	—	Ru.	Rh.	Pd.	Ag.	Cd.	In.	Sn.	Sb.	Te.	I.
Cs.	Ba.	La.	Ce.	Di ?	—	—	—	—	—	—	—	—	—	—	—	—
—	—	YB.	—	Ta.	W.	—	Os.	Ir.	Pt.	Au.	Hg.	Tl.	Pb.	Bi.	—	—
—	—	—	Th.	—	U.							Séries impaires.				

Pour bien saisir ce tableau, il faut se rappeler que, dans chacune de ses lignes, le poids atomique va en croissant ; ainsi, par exemple K = 39 ; Br = 80 ; le poids atomique des éléments compris entre K et Br est intermédiaire à 39 et à 80, comme cela ressort bien dans le tableau placé à la fin de ce chapitre, où les éléments sont disposés d'après la grandeur croissante de leurs poids atomiques. Le même degré de ressemblance que nous connaissons pour K, Rb et Cs ou pour Cl, Br et I, ou encore pour Ca, Sr et Ba. existe pour les éléments des autres colonnes verticales. Ainsi par exemple, Zn, Cd et Hg, que nous étudierons dans le chapitre suivant, sont les analogues les plus proches du magnésium.

Il est bon de remarquer que, quelle que soit la façon (8) dont on dispose les éléments d'après la grandeur des poids atomiques, on exprime en somme une seule et même **fonction périodique** (9)

8. Dans cet ouvrage, on a adopté pour classer les éléments, les dispositions suivantes.

1° Les éléments sont rangés en colonne suivant la grandeur croissante de leurs poids atomiques avec indication de leurs analogies ; voir ce tableau à la fin du chapitre et page 493.

2° Les éléments sont disposés par groupes et par séries ; tableau page 467.

3° Les éléments sont groupés par périodes, p. 463.

En plus de ces trois systèmes, il en existe plusieurs autres qui permettent également d'exprimer la fonction périodique des éléments.

1° *En surface sur des ordonnées rectangulaires.* On note sur l'axe des abscisses les poids atomiques et on exprime par les ordonnées certaines propriétés, par exemple, les volumes spécifiques ou les températures de fusion, etc.

Ce procédé, tout en étant démonstratif, présente cet inconvénient théorique qu'il n'indique pas du tout l'existence dans chaque période d'un nombre limité et défini d'éléments. Dans cette manière d'exprimer la loi périodique, rien ne montre qu'il ne peut exister entre Mg et Al un autre élément ayant un poids atomique égal, par exemple, à 25 avec un volume spécifique de 13 et possédant des propriétés intermédiaires entre celles de Mg et de Al.

La loi périodique réelle ne correspond pas à la modification progressive des propriétés avec la variation progressive du poids atomique ; elle n'exprime pas en un mot une fonction continue. Étant une loi chimique, qui a pour point de départ la notion des atomes et des molécules se combinant en proportions multiples, c'est-à-dire d'une manière interrompue et non continuelle, elle s'appuie avant tout sur les formes des combinaisons ; or ces formes sont peu nombreuses, elles sont arithmétiquement simples et *se repètent* sans présenter des transitions ininterrompues ; c'est pourquoi chaque période ne renferme qu'un nombre défini de termes. Il est impossible qu'entre Mg qui forme $MgCl^2$ et Al qui donne AlX^3 il existe un élément intermédiaire ; il y a nécessairement une solution de continuité, d'après la loi des proportions multiples.

La loi périodique ne doit donc pas être exprimée à l'aide de figures géométriques, qui supposent toujours la continuité, mais par un procédé semblable à celui que l'on emploie dans la théorie des nombres.

2° *En surface à l'aide d'une spirale.* On trace en partant du centre des rayons proportionnels aux grandeurs des poids atomiques et on dispose les éléments analogues sur un même rayon ; on réunit ensuite les points d'intersection par une spirale

Ce procédé, tout en reconnaissant une limite au nombre d'éléments renfermés dans chaque période, présente la plupart des inconvénients de la méthode précédente.

Il faut considérer ce procédé employé par de Chacourtois, Baumgnauer, Huth, etc., comme une simple tentative pour ramener les re-

Système périodique et poids atomique des éléments.

	2e Série. Elém. typiques	3e Série.	4e Série.	5e Série.	6e Série.	7e Série.	8e Série.	9e Série.	10e Série.	11e Série.	12e Série.
I	Li 7	Na 23	K 39	Cu 64	Rb 86	Ag 108	Cs 133	—	—	Au 197	—
II	Gl 9	Mg 24	Ca 40	Zn 65	Sr 88	Cd 112	Ba 137	—	—	Hg 200	—
III	B 11	Al 27	Sc 44	Ga 70	Y 89	Jn 114	La 138	—	Yb 173	Tl 204	—
IV	C 12	Si 28	Ti 48	Ge 72	Zr 91	Sn 119	Ce 140	—	? 178	Pb 207	Th 232
V	Az 14	P 31	V 51	As 75	Nb 94	Sb 120	?Di 142	—	Ta 183	Bi 209	—
VI	O 16	S 32	Cr 52	Se 79	Mo 96	Te 125	—	—	W 184	—	U 239
VII	Fl 19	Cl 35,5	Mn 55	Br 80	? 99	J 127	—	—	—	—	—
VIII			Fe 56		Ru 102		—		Os 192		
			Co 59		Rh 103		—		Jr 193		
			Ni 59,5		Pd 106		—		Pt 198		

lations compliquées à une représentation figurative simple, parce que le nombre des rayons et la loi de la spirale sont absolument, arbitraires.

3° A droite et à gauche d'un axe qui porte les grandeurs des poids atomiques on trace des *lignes des valences* soit parallèles (Reynold's et Rew.S Haughton),soit obliques (Crookes) sur lesquelles on note les éléments : d'un côté les termes des séries paires (éléments paramagnétiques O, K, Fe, etc.), et de l'autre côté les termes impairs (diamagnétiques S, Cl, Zn, Hg.). La réunion de ces points donne une courbe périodique que Crookes identifie avec l'oscillation du balancier et qui serait, d'après Haughton, une courbe cubique.

Ce procédé serait très démonstratif s'il n'exigeait pas que le soufre, par ex., fût considéré comme diatomique et le manganèse comme monoatomique, bien que les deux éléments ne donnent dans ces formes que des dérivés peu stables et bien que pour l'un d'eux, on ait admis pour base le composé le plus inférieur possible SX^2 et pour l'autre, au contraire, le terme supérieur, parce que en effet : Mn peut être considéré comme monoatomique dans le permanganate $KMnO^4$ par analogie avec $KClO^4$.

En plus de cela, chez Reynolds et Crookes, H, Fe,Ni, Co et autres sont placés en dehors des lignes des valences et l'uranium est considéré, sans aucune raison, comme bivalent.

4° Rantseff dispose les éléments *sur les surfaces de rotation* dans les points d'intersection avec d'autres surfaces définies. Ce système, communiqué par son auteur à la Société chimique russe et paraissant être digne d'intérêt, n'a pas été jusqu'à présent publié.

5° Par des *fonctions* à exposants en nombres entiers (E. J. Mills, 1886).

Ainsi par exemple, par la fonction :

$$A = 15n - 15(0,9375)^t$$

E. J. Mills (1886) tâche d'exprimer toutes les valeurs des poids atomiques en faisant varier n et t comme des nombres entiers. Par ex. pour l'oxygène $n = 2$; $t = 1$, de là $A = 15,94$: pour l'antimoine $n = 9$, $t = 1$, de là $A = 120$ et ainsi de suite ; n varie de 1 à 16 et t de 0 à 59.

Ce procédé fait à peine ressortir les analogies; par ex., pour le chlore les valeurs n et t sont 3 et 7, pour Br, 6 et 6, pour I 9 et 9 pour K,3 et 14, pour Rb,3 et 18 pour Cs,9 et 20 ; néanmoins quelques régularités semblent être reproduites.

6° C'est par des *fonctions trigonométriques* qu'il est le plus rationnel de chercher à exprimer la dépendance entre les propriétés des corps simples et leurs poids atomiques, parce que cette dépendance est périodique comme les fonctions des lignes trigonométriques. Ridberg en Suède (Lund, 1885) et Flavitsky en Russie (1887) ont appliqué des expressions semblables ; ce procédé mérite d'être étudié, bien qu'il n'exprime pas l'absence d'éléments intermédiaires, par exemple, entre Mg et Al, ce qui constitue en somme le côté le plus important de la question.

7º Tchitchérine (1888) a trouvé la relation très simple suivante entre les volumes atomiques des métaux alcalins :

$$\text{Vol. atom.} = A(2 - 0{,}0428A.n).$$

où A est le poids atomique ; $n = 1$ pour Li et Na ; pour $K = 4/8$, $Rb = 3/8$, $Cs = 2/8$. Si n était toujours égal à 1 la valeur de A étant 46 2/3, la valeur atomique serait $= 0$ et A étant 23 1/3, le volume atteindrait son maximum ; la densité augmenterait avec A.

Pour expliquer la variation de n ainsi que le rapport des poids atomiques des métaux alcalins aux autres éléments et la valence elle-même, Tchitcherine recourt à la formation des atomes aux dépens d'une matière primitive ; il envisage le rapport de la masse centrale à la masse périphérique et, en se basant sur des principes de mécanique, il déduit beaucoup de propriétés de l'action mutuelle des parties internes et périphériques de chaque atome. Cette tentative présente beaucoup de rapprochements intéressants, mais elle admet l'hypothèse de la formation de tous les éléments aux dépens d'une seule et même substance, hypothèse qui n'a actuellement aucun appui réel ou théorique. De plus, toutes ces considérations reposent sur les poids spécifiques des métaux à une température définie ; on ne sait pas quelles seront ces relations aux autres températures ; d'autre part, les poids spécifiques changent, même sous l'influence des causes mécaniques.

L. Hugo (1884) a cherché à faire concorder les poids atomiques de Li, Na, K, Rb, Cs avec des figures géométriques ; ainsi par ex., $Li = 7$ présente un atome central $= 1$ et 6 atomes sur les six sommets d'un octaèdre ; on obtient Na en apposant sur chaque pan de l'octaèdre deux atomes et ainsi de suite.

Il est évident que ces procédés n'enrichissent aucunement les notions des poids atomiques des éléments analogues.

9. Plusieurs phénomènes de la nature présentent une dépendance ayant un caractère périodique ; ainsi, la succession des phénomènes et les oscillations de toutes sortes présentent des variations périodiques dépendant du temps et de l'espace.

Dans les fonctions périodiques ordinaires, une variable varie d'une manière ininterrompue, tandis que l'autre, après une phase d'accroissement, passe ensuite par une période de diminution et, après en avoir atteint la limite, se met à augmenter de nouveau.

Il en est tout autrement dans la fonction périodique des éléments ;

ici la masse des éléments ne croît pas d'une manière continuelle; toutes les transitions se font par sauts comme de Mg à Al. Ainsi la valence saute directement de 1 à 2, 3, etc., sans intermédiaires. A mon avis se sont là les propriétés les plus importantes et leur périodicité constitue le fond de la loi périodique qui *exprime les propriétés des éléments* et non celles des corps simples.

Les propriétés des corps simples et composés dépendent d'une façon périodique du poids atomique des éléments pour la seule raison que ces propriétés sont elles-mêmes le résultat des propriétés des éléments dont les corps dérivent. Expliquer et exprimer la loi périodique, c'est expliquer et exprimer la cause de la loi des proportions multiples, de la différence des éléments et de la variation de leur valence, c'est saisir ce qu'est la masse et la gravitation. Je crois que cela est encore prématuré. Cependant, de même que, sans connaître la cause de la gravitation, on peut utiliser la loi qui la régit, de même on peut se servir en chimie de lois découvertes par la chimie sans avoir l'explication de leur cause. La particularité, mentionnée, plus haut des lois chimiques relatives aux combinaisons définies et aux poids atomiques fait croire qu'il n'est pas temps encore de les interpréter d'une manière circonstanciée ; à mon avis, cette interprétation ne sera possible que lorsque les lois fondamentales des sciences naturelles seront complètement expliquées.

Il faut remarquer ici la corrélation manifeste qui existe sous plusieurs rapports entre les **éléments** et les **radicaux composés des hydrocarbures**, corrélation qui a été mise en évidence depuis longtemps (Pettenkofer, Dumas, etc.) étudiée récemment pour Carnelley (1886) et soumise aux principes de loi périodique par le docteur Pelopidas (1883).

Cet auteur compare une série de 8 radicaux d'hydrocarbures C^nH^{2n+1}, C^nH^{2n}..., par ex. C^6H^{13}, C^6H^{12}, C^6H^{11}, C^6H^{10}, C^6H^9, C^6H^8, C^6H^7 et C^6H^6 avec une série d'éléments disposés dans les 8 groupes. L'analogie se manifeste dans la faculté que possède C^nH^{2n+1} d'atteindre la limite en se combinant avec X et les termes suivants avec X^2, X^3... X^8 mais surtout parce que le radical faisant suite au dernier terme est un radical aromatique, par ex. C^6H^5, qui possède comme on le sait beaucoup de propriétés appartenant au radical saturé C^6H^{13} et notamment celle de former des combinaisons C^6H^5X. Pelopidas voit la confirmation du parallélisme dans la propriété que possèdent les radicaux mentionnés de former des composés oxygénés correspondant aux groupes et se rapprochant des acides. Ainsi, par exemple, les radicaux du 1er groupe, par ex., C^6H^{13} ou C^6H^5 donnent des oxydes du type R^2O et des hydrates ROH comme les métaux alcalins ; ceux du 3e groupe forment des oxydes R^2O^3 et des hydrates ROOH ; ainsi par ex. les composés du groupe III correspondant à CH^3 seront : l'oxyde $(CH^2)O^3$ ou $C^2H^2O^3$ anhydride formique et l'hydrate CHO^2H acide formique.

Le groupe VI, le radical renfermant C^2, contiendra l'oxyde C^2O^3 (= RO^3) et l'hydrate $C^2H^2O^4$ ou acide oxalique qui est un acide bibasique comme l'acide sulfurique parmi les acides minéraux.

En appliquant ces considérations à une masse de composés organiques, Pelopidas s'arrête principalement sur les radicaux correspondant à l'ammonium.

Il faut signaler, à propos de ce remarquable parallélisme, que dans ces éléments, en passant d'un terme à un autre ayant une valence supérieure, le poids atomique augmente, tandis qu'ici il diminue. Tout cela montre que la variation périodique des corps simples et composés est subordonnée à une loi dont la nature, et encore moins la cause, ne peuvent être actuellement saisies. Il est probable qu'elle réside dans les principes fondamentaux de la mécanique interne des atomes et des molécules.

A propros du système périodique des éléments, les points suivants sont importants à connaître.

1° La composition des **combinaisons oxygénées** supérieures est déterminée par le groupe: le premier groupe forme R^2O ; le 2e R^2O^2 ou RO ; le 3e R^2O^3, etc.

Il y a huit formes d'oxydes ; c'est pourquoi il y a huit groupes.

Deux groupes constituent une grande période ; les mêmes formes d'oxydes se rencontrent deux fois dans une grande période. Ainsi, par exemple, dans la période qui commence par K les oxydes du type RO sont formés par Ca et Zn ; ceux du type RO^3 par Mo et Te et ainsi de suite.

Les oxydes des séries paires, appartenant bien entendu au même type, possèdent des propriétés basiques plus énergiques que ceux des séries impaires qui se distinguent surtout par leur caractère acide. C'est pourquoi les éléments qui donnent exclusivement des bases, comme les métaux alcalins, se trouveront au commencement des périodes et ceux qui sont purement acides, comme les halogènes, trouveront leur place à la fin des périodes. Le milieu entre ces éléments est occupé par des éléments intermédiaires dont le caractère et les propriétés seront décrits plus bas.

Il faut remarquer que le caractère acide le plus prononcé appartient aux éléments à poids atomique faible des séries impaires et que les éléments les plus lourds des séries impaires sont basiques. C'est pour cette raison que, parmi les éléments les plus légers (éléments typiques), prédominent ceux qui forment des acides surtout dans les derniers groupes et que les éléments les plus lourds même dans les derniers groupes (par exemple Th, U) ont un caractère basique.

En résumé, le caractère basique et acide des oxydes supérieurs est déterminé :

a) Par la forme de l'oxyde ; *b*) par la série paire ou impaire où se trouve placé l'élément et *c*) par le poids de son atome (**10**).

Les groupes sont numérotés en chiffres romains de I à VIII.

10. Les véritables peroxydes tels que H^2O^2, BaO^2, S^2O^7 (Chap. XX) ne peuvent être confondus avec les oxydes salifiables même avec ceux qui renferment beaucoup d'oxygène (comme par ex. Az^2O^5, CrO^3, etc.) bien que les uns et les autres soient des oxydants. La différence se manifeste dans les propriétés fondamentales : les oxydes salifiables répondent à l'eau, tandis que les peroxydes, d'après leurs réactions et leur origine, correspondent au peroxyde d'hydrogène. Cela ressort déjà de la différence qui existe entre Na^2O et Na^2O^2 (Chap. XII). C'est pourquoi on est en droit de chercher la périodicité dans les peroxydes. L'élément R, qui donne le degré supérieur d'oxydation R^2O^4, peut former les termes inférieurs R^2O^{n-m} (où m est évidemment inférieure à n) ainsi que les peroxydes R^2O^{n+1}, R^2O^{n+2} ou d'autres renfermant encore plus d'oxygène. L'étude de ces oxydes est toute récente (Berthelot, Piccini, et d'autres), mais les recherches ultérieures montreront sans doute que presque tous les éléments sont capables de former des types supérieurs, instables, de combinaisons telles que, par exemple, des sels doubles. Tout fait prévoir que ce nouveau genre de recherches conduira à des découvertes très importantes.

Or, dans la chimie moderne, l'étude des sels, des oxydes salifiables, des composés hydrogénés et des formes qui leur correspondent est jusqu'à présent le problème général le plus important et le plus compliqué auquel satisfait la loi périodique dans sa forme actuelle qui a permis de prévoir l'existence d'éléments jusqu'alors inconnus (Ga, Sc. et Ge) et de décrire leurs propriétés et plusieurs points relatifs à leurs combinaisons.

Tant que les perfectionnements proposés au système périodique par le professeur Flavitsky (de Kazan), le professeur Harperath (de Cordoba, République Argentine), Hugo Alvisi (Italie), etc., ne seront pas appuyés sur des faits, réels je crois pouvoir les passer sous silence.

2° **Les combinaisons hydrogenées**, qui sont des substances volatiles ou gazeuses présentant des réactions analogues à celles de HCl, H^2O, H^3Az et H^4C (**11**), sont formées uniquement par des éléments des séries impaires et des groupes supérieurs formant des oxydes R^2O^n, RO^3, R^2O^5 et RO^4.

11. Les combinaisons hydrogénées des éléments, comprises dans la loi périodique, sont celles auxquelles correspondent les combinaisons organométalliques.

Les hydrures métalliques, tels que Na^2H, BaH, etc. se distinguent par d'autres propriétés ; ce sont des sortes d'alliages. On y remarque une certaine régularité systématique, mais il est évident qu'ils ne doivent pas être confondus avec les véritables combinaisons hydrogénées comme les peroxydes avec les oxydes salifiables.

Dans la colonne 16 du tableau placé à la fin du chapitre, le lecteur trouvera les plus connues de ces combinaisons et pourra remarquer une répétition périodique des propriétés et de la composition.

3° Un élément qui forme une combinaison hydrogénée du type RX^n donne une **combinaison organometallique** ayant la même composition, dans laquelle $X=C^nH^{2n+1}$, c'est-à dire un radical d'hydrocarbure saturé.

Les éléments des séries impaires ne forment pas de composés hydrogénés mais donnent des oxydes RX, RX^2, RX^3, capables de former aussi des combinaisons organométalliques répondant à cette composition. Ainsi, par exemple, le zinc forme l'oxyde ZnO, les sels Zn X^2 et le zinc éthyle $Zn(C^2H^5)^2$.

Les éléments des séries paires semblent ne donner aucune combinaison organométallique ; du moins tous les efforts que l'on a tentés pour les obtenir sont restés infructueux jusqu'à présent (par exemple le titane, le zirconium, le fer).

4° Les poids atomiques des éléments appartenant à de grandes périodes voisines diffèrent à peu près de 45, il en est ainsi, par exemple, pour K—Rb, Cr—Mo, Br—I. Les éléments typiques ont un poids atomique inférieur à cette différence.

La différence entre les poids atomiques de Li et de Na, de Na et de K = 16 ; même différence entre Cu et Mg, entre ce dernier et Gl, ou encore entre Si et C, S et O, Cl et Fl.

A mesure que les poids atomiques augmentent, la différence entre les éléments d'un groupe appartenant à deux séries voisines est généralement plus grande.

(20 = Ti — Si = V — P = Cr — S = Mn — Cl = Nb — As, etc.)

Cette différence atteint son maximum pour les éléments les plus lourds, par exemple

26 = Th — Pb = Bi — Ta ;
25 = Ba — Cd, etc.

Mais, en même temps, la différence entre les propriétés des éléments des séries paires et impaires s'accroît aussi. En effet, la différence entre Na et K, Mg et Ca, Si et Ti est moins prononcée qu'entre Pb et Th, Ta et Bi, Cd et Ba, etc.

Il semble donc que la différence entre les poids atomiques des éléments analogues est, jusqu'à un certain point, en relation avec la variation des propriétés (12).

12. La relation entre les grandeurs des poids atomiques et surtout la différence = 16 a été signalée par Dumas, Pettenkofer, L. Meyer et par quelques autres. Ainsi par exemple, L. Meyer en 1854, après Dumas, réunit les éléments tétravalents C, Si, trivalents Az, P,

As, Sb, Bi, bivalents O, S, Se, Te, monovalents Fl, Cl, Br, I et les métaux monovalents Li, Na, K, Rb, Cs, Tl et bivalents Mg, Ca, Sr, Ba et remarque que la différence entre les poids atomiques des premiers = 16, entre les suivants environ 46, et entre les derniers oscille entre 87 et 90.

Après l'établissement de la loi périodique, Ridberg a remarqué la variation périodique des différences entre les poids atomiques de deux éléments voisins et sa relation avec l'atomicité.

A. Bazaroff (1887) a étudié cette même question, en prenant non pas les différences arithmétiques des éléments voisins et analogues, mais le rapport de leurs poids atomiques; cet auteur a remarqué qu'à mesure que les poids atomiques s'accroissent, ce rapport augmentait et diminuait alternativement.

Je ferai remarquer ici que la relation du groupe VIII avec les autres sera étudiée à la fin de l'ouvrage (Chap. XXII).

5° Chaque élément occupe dans le système périodique une place déterminée par le groupe (chiffre romain) et par la série (chiffre arabe) auxquels il appartient et qui indiquent la grandeur de son poids atomique, les analogies, les propriétés et la forme de l'oxyde supérieur, du composé hydrogéné et des autres combinaisons ; en un mot les principaux signes qualificatifs et quantitatifs de l'élément. Il reste encore toute une série de détails ou de particularités individuelles dont la cause doit, peut-être, être recherchée dans les petites différences qui existent entre les poids atomiques.

Si un groupe quelconque renferme des éléments R_1, R_2, R_3 et si l'un de ces éléments, par exemple R_2, se trouve placé dans la série entre les éléments Q_2 et T_2, les propriétés de R_2 pourront être déterminées d'après celle de R_1, de R_3, de Q_2, de T_2.

Ainsi, par exemple, le poids atomique de

$$R_2 = 1/4\,(R_1 + R_3 + Q_2 + T_2)$$

Le sélénium, par exemple, se trouve dans le groupe du soufre = 32 et du tellure = 125. Avant lui se trouve dans la 5e série As = 75, et après Br = 80. Par conséquent. le poids atomique du sélénium

$$Se = 1/4\ (32 + 125 + 75 + 80) = 78,$$

nombre très voisin de la réalité :

On pourrait déterminer de cette manière les autres propriétés du sélénium si elles n'étaient pas connues. Ainsi, par exemple, As forme H^3As ; Br donne HBr ; il est évident que le sélénium qui se trouve entre ces deux éléments doit former H^2Se avec des propriétés intermédiaires à H^3As et HBr.

Les propriétés physiques du sélénium elles-mêmes et celles de ses combinaisons. sans parler de leur composition qui est définie par le groupe, peuvent être déterminées avec une très grande exactitude d'après les propriétés de S, Te, As et Br.

Il devient donc possible de prévoir les propriétés des éléments encore inconnus.

Ainsi, il n'y a pas longtemps encore, la place IV-5 (quatrième groupe, cinquième série) était vide.

On peut désigner ces éléments inconnus par le nom de l'élément précédent appartenant au même groupe auquel on ajoute le préfixe **éka** qui signifie *un* en langue sanscrite.

L'élément occupant IV-5 vient après IV-3 occupé par le silicium, nous appellerons donc ékasilicium Es l'élément inconnu.

Indiquons les propriétés que doit posséder ce nouvel élément, en prenant pour point de départ les propriétés connues de Si, Sn, Zn et As. Son poids atomique se rapproche de 72 ; son oxyde supérieur a la composition EsO^2 et l'oxyde inférieur EsO, la forme la plus ordinaire de ses combinaisons sera EsX^4, les composés inférieurs, chimiquement stables auront la composition EsX^2. L'ékasilicium forme des composés organométalliques volatils, par exemple, $Es(CH^3)^4$, $Es(CH^3)Cl$, $Es(C^2H^5)^4$ qui bout vers 160°, etc. Il forme en outre une combinaison chlorée liquide et volatile $EsCl^4$, bouillant vers 90°, ayant comme poids spécifique 1,9 ; EsO^2 sera l'anhydride d'un acide faible, colloïde ; Es métallique s'obtiendra facilement de son oxyde et de K^2EsFl^6 par réduction ; EsS^2 ressemblera à SnS^2 et à SiS^2 et sera probablement soluble dans le sulfure d'ammonium. Le poids spécifique de Es sera voisin de 5,5 ; EsO^2 aura pour densité environ 4,7, etc.

Cette détermination des propriétés de l'ékasilicium, je l'ai donnée en 1871 d'après les propriétés des éléments qui sont ses analogues IV-3 = Si, IV-7 = Sn, II-5 = Zn, V-5 = As.

Aujourd'hui que cet élément est connu, grâce à la découverte de Winkler de Fribourg, il est prouvé que ses propriétés réelles correspondent absolument à celles qui avaient été prévues (13). Ce sont les faits de ce genre qui démontrent le mieux l'exactitude de la loi périodique.

13. Les lois naturelles ne souffrent pas d'exceptions et c'est en cela qu'elles se distinguent des règles semblables à celles de la grammaire, par exemple. Une loi peut être confirmée seulement lorsque toutes les conséquences que l'on peut en tirer ont subi la sanction de la vérification expérimentale. C'est pourquoi après avoir découvert la loi périodique, j'en ai déduit (1869-1871) des conséquences logiques propres à démontrer si cette loi était exacte ou non. Au nombre de ces dernières, appartient la prévision des propriétés des éléments non encore découverts et la correction des poids atomiques de plusieurs éléments encore peu étudiés. Ainsi, par exemple, on considérait l'uranium comme triatomique, et on lui attribuait le poids atomique U = 120. A cet état, ce métal ne se classait pas dans le système périodique ; j'ai proposé de doubler son poids atomique U = 240 ; cette modification a été justifiée par les recherches de Roscoe, Zimmermann et par d'autres (chap. XXI). Il en fut de même pour le cérium (Chap. XVIII) dont le poids atomique a dû

être modifié conformément au système périodique ; j'ai déterminé la chaleur spécifique de cet élément et corrigé quelques formules de ses composés ; les recherches de Hilldebrandt, de Rammel-sberg, de Brauner, de Clève, ont confirmé les modifications proposées. De deux choses l'une, ou bien il faut considérer la loi périodique comme exacte dans tous ses points, et comme constituant une nouvelle arme des sciences chimiques, ou bien il faut la rejeter.

Considérant que la voie expérimentale est la seule qui soit vraie, j'ai vérifié moi-même tout ce que j'ai pu et j'ai mis entre les mains de tous la possibilité de vérifier ou de rejeter la loi ; je n'ai pas été du tout de l'avis de L. Meyer qui s'exprime ainsi (Liebig Annalen, 1870. Edg. B. VII, p. 364) en parlant de la loi périodique : « es würde voreilig sein, auf so unsichere Anhaltspunkte in eine Aenderung der bisher angenommenen Atomgevichte vorzunhemen » (*il serait prématuré de modifier les poids atomiques adoptés jusqu'à ce jour en se basant sur un point de départ aussi peu sûr*).

A mon avis, le nouveau *point d'appui* offert par la loi périodique devait être ou accepté ou rejeté ; or l'expérience l'a justifié partout où l'on a essayé de le vérifier. Aucune loi de la nature ne peut être établie sans cette vérification.

Ni de Chancourtois, auquel les Français attribuent la priorité de la découverte de la loi périodique, ni Newlands que citent les Anglais, ni L. Meyer, considéré par les Allemands comme fondateur de la loi périodique, ne se sont hasardés à prédire les *propriétés des éléments* non encore découverts, n'ont cherché à modifier les « poids atomiques adoptés » et en général à considérer la loi périodique comme une nouvelle loi de la nature reposant sur des bases solides et pouvant embrasser des faits non encore généralisés, comme je l'ai fait dès le début (1869).

L'élément qui occupe la place de l'ékasilium a été appelé par son inventeur Germanium Ge (Voir chapitre XVIII) Ce n'est pas le seul dont l'existence fût annoncée à l'aide du système périodique (14). Nous verrons, en effet, plus tard, dans la description des éléments du groupe III, que les propriétés décrites par un procédé analogues pour l'ékaaluminium $El = III - 5 = 68$ furent celles du Gallium, découvert par Lecoq de Boisbaudran. De même la description de l'ékabore correspondit à celle du scandium découvert par Nilson.

14. Quand, en 1871, j'écrivais l'article sur l'application de la loi périodique à la détermination des propriétés des métaux encore inconnus, je ne pensais pas être un jour témoin de la justification de cette conséquence de la loi ; la réalité en a décidé autrement. A peine vingt ans après que j'eus décrit les trois éléments : l'ékabore, l'ékaaluminium, et l'ékasilicium, j'ai eu l'extrême joie de les voir découverts et baptisés des noms du pays où a été faite la découverte des minerais très rares qui les renferment : le gallium, le scandium, le germanium. Ce sont les auteurs de cette découverte qui ont contribué à entraîner la conviction générale.

6° Attendu qu'une véritable loi de la nature ne souffre pas d'exceptions, la relation périodique entre les propriétés et les poids atomiques des éléments fournit un **nouveau moyen de déterminer, d'après l'équivalent, le poids atomique** ou la valence de certains éléments déjà connus mais peu étudiés, pour lesquels les autres méthodes de détermination du poids atomique n'ont pu être appliquées. A l'époque où le système périodique fut proposé (1869), il y avait beaucoup d'éléments mal définis. La loi périodique permit de fixer leurs véritables poids atomiques qui furent confirmés dans la suite par des recherches expérimentales. A ce nombre appartiennent : l'indium, l'uranium, le cérium, l'yttrium, etc (**15**).

15. A propos de l'indium, nous allons indiquer le principe du procédé dont il s'agit. L'équivalent de l'indium est égal à 37,7 dans son oxyde ; c'est-à-dire que, si on lui attribue la composition de l'eau, In = 37,7 et son oxyde = In^2O. L'indium, qui accompagne le zinc dans la nature, était considéré comme bivalent et son poids atomique était fixé à 75,4 = 2×37,7 (le double de son équivalent). Si l'indium ne formait que l'oxyde RO, il devait être placé dans le groupe II et en cette occurence, il ne trouvait pas place dans le système périodique des éléments parce que les places II — 5 = Zn = 65 et II —6 = Sr = 87 étaient occupées par des éléments déjà connus ; bref un élément à poids atomique égal à 75 ne pouvait être bivalent d'après le système périodique.

Etant donné que la densité de vapeurs, la chaleur spécifique du métal et même l'isomorphisme des composés de l'indium étaient inconnus, il n'y avait pas de raison pour considérer l'indium comme bivalent; il pouvait être rangé parmi les éléments trivalents, tetravalents, etc. En le considérant comme trivalent, il fallait admettre In $= 3 \times 37,7 = 113$ et attribuer à son oxyde la formule In^2O^3 et à ses sels InX^3. En adoptant cette manière de voir, on découvre immédiatement une place dans le système périodique, notamment dans le groupe III, série 7, entre Cd $= 112$ et Sn $= 118$. Toutes les propriétés observées pour l'indium correspondent à cette position : par exemple la densité :

$$Cd = 8,6 \ ; \ In = 7,4 \ ; \ Sn = 7,2$$

Les propriétés fondamentales des oxydes CdO ; In^2O^3 ; SnO^2 varient graduellement, de sorte que celles de In^2O^3 occupent la place intermédiaire entre les propriétés de CdO et SnO^2 ou Cd^2O^2 et Sn^2O^4. La détermination de la chaleur spécifique de l'indium faite indépendamment par Bunsen (0,057) et par moi (0,055), ainsi que ce fait que l'indium forme des aluns, tout comme l'aluminium, appartenant au même groupe, confirment que la place de l'indium est bien dans le groupe III.

Des considérations du même genre faisaient considérer le poids atomique de Ti comme voisin de 48 et non de 52, nombre que donnaient les anciennes analyses. Cette correction, faite d'après la loi périodique, a été vérifiée par les recherches minutieuses de Thorpe qui attribue à Ti le poids atomique de 48

Il en fut de même pour les analogues du platine. Malgré les anciennes analyses qui donnaient Os $= 199,7$; Ir $= 198$ et Pt $= 197$, il fallait, en se basant sur le système périodique, admettre que le poids atomique allait en croissant de Os vers Pt et Au, contrairement à ce qu'apprenait l'analyse. Des recherches récentes, et principalement celles de Zeibert, ont complètement justifié cette manière de voir basée sur la loi.

C'est ainsi qu'une véritable loi naturelle prévoit un fait, devine le nombre, permet de posséder la nature, oblige à perfectionner les méthodes d'observation etc.

7° La variation périodique des propriétés des éléments sous la dépendance de la masse présente cette différence avec les autres fonctions périodiques (par exemple, la variation périodique des sinus avec l'augmentation des angles) que les poids des atomes ne croissent pas d'une manière continue mais par sauts, c'est-à-dire qu'entre deux éléments voisins (par exemple K $= 39$ et Ca $= 40$ ou Al $= 27$ et Si $= 28$, C $= 12$ et Az $= 14$, etc.) non seulement on ne connaît, mais il ne peut y avoir aucun autre élément intermédiaire conformément à la loi des proportions multiples.

Ainsi, *la molécule* d'un composé hydrogéné peut renfermer un atome d'hydrogène comme dans HFl, deux comme dans H^2O ou trois comme dans AzH^3 et ainsi de suite ; mais, de même qu'il ne peut y avoir de *molécule* renfermant pour un atome d'élément 2 atomes et demi d'hydrogène, de même il ne peut pas exister d'élément intermédiaire à Az et O avec un poids atomique supérieur à 14 et inférieur à 16 ou bien d'élément pouvant trouver place entre K et Ca.

Il est donc impossible d'exprimer les rapports périodiques des éléments par une fonction algébrique continue quelconque dans le genre de celle, par exemple, qui peut servir à exprimer la variation périodique de la température dans le courant d'un jour ou d'une année.

8° La cause des phénomènes qui obéissent à la loi périodique rentre dans le principe général physico-mécanique de la corrélation, de la transformation et de l'équivalence des forces de la nature. Un grand nombre de phénomènes, et parmi eux la gravitation et l'attraction qui s'exerce à de petites distances, sont en raison directe de la masse de la substance ; pourquoi en serait-il autrement pour les forces chimiques ?

Cette dépendance existe forcément, puisque les propriétés des corps simples et composés sont déterminées par les masses des atomes qui les forment. Le poids de la molécule ou sa masse détermine, comme nous l'avons vu (Chap. VII et autres), beaucoup de propriétés des molécules, indépendamment de leur composition. Ainsi CO et Az^2 sont des gaz ayant le même poids moléculaire et beaucoup de propriétés analogues ou presque analogues (densité, point de liquéfaction, chaleur spécifique, etc.)

Les différences qui tiennent à la nature même de la substance jouent un autre rôle et sont des valeurs d'un autre ordre.

Les propriétés des atomes sont déterminées principalement par leur masse, leur poids, et se trouvent dans une dépendance périodique de ce facteur. A mesure que la masse croît, les propriétés varient graduellement et régulièrement pour revenir ensuite aux propriétés primitives et commencer une nouvelle période semblable à la précédente. Dans ce cas, comme dans beaucoup d'autres, une faible augmentation de la masse entraîne généralement une légère modification dans les propriétés et détermine des différences de second ordre. Les poids atomiques du cobalt et du nickel, de Rh, Ru et de Pd, de Os, Ir et Pt sont très voisins ; il en est de même pour leurs propriétés et les différences sont à peine perceptibles.

Si les propriétés des atomes sont fonction de leur poids, une multitude de notions plus ou moins enracinées en chimie doivent subir une modification, une transformation dans le sens de cette conclusion. Bien qu'il semble, au premier abord, que les éléments chimiques soient des individualités absolument indépendantes, il faut substituer actuellement à cette notion sur la nature des éléments, celle de la dépendance des propriétés des éléments vis-à-vis de *leur masse*, c'est-à-dire voir la subordination de l'individualité des éléments au principe général supérieur qui se manifeste dans la gravitation et dans tous les phénomènes physico-mécaniques. Dans ces conditions, plusieurs conclusions chimiques acquièrent un nouveau sens et une nouvelle signification ; des régularités apparaissent là où elles seraient passées inaperçues. Cela est vrai surtout à l'égard des propriétés physiques que nous allons étudier en partie dans la suite.

Mentionnons ici que Gustavson, le premier (Chap. X, note 28) et ensuite Potylitsine (Chap. XI, note 64) ont mis en évidence la relation directe qui existe entre la facilité avec laquelle un élément entre en réaction et la grandeur de son poids atomique; dans beaucoup d'autres cas, il s'est trouvé que les relations purement chimiques des éléments étaient en rapport avec leurs propriétés périodiques. Je citerai, à titre d'exemple, que Carnelley a signalé la relation existant entre la décomposition des hydrates et la place qu'occupent les éléments dans le système périodique.

L. Meyer, Willgrodt et d'autres auteurs ont fait ressortir le rapport entre le poids atomique des corps simples et leur propriété de servir d'intermédiaires pour la transmission des halogènes aux hydrocarbures (16).

16. Meyer, Willgrodt etc. en se basant sur les recherches de Gustavson et de Friedel, relatives à la metalepsie rapide en présence de l'aluminium, ont étudié à ce point de vue presque tous les corps simples les plus ordinaires Ils prenaient, par exemple, la benzine, y ajoutaient le métal étudié et faisaient passer un courant de chlore en maintenant l'appareil à la lumière diffuse. Si l'on prend par ex. Na,K,Ba, etc., il ne se produit aucune action sur la benzine, c'est-à-dire que HCl ne se dégage pas; au contraire, en se servant de Al, Au et en général des métaux *transmetteurs des halogènes*, la réaction est des plus nettes et la masse d'acide chlorydrique formé est considérable, surtout si le chlorure métallique est soluble dans la benzine.

Ainsi le groupe I et en général les éléments pairs et légers ne peuvent servir d'intermédiaires pour la métalepsie, tandis que Al, Ga, In, Sb, Te, I qui se trouvent placés à côté les uns des autres dans le système périodique sont excellents véhicules des halogènes.

Bailey a signalé l'existence d'une périodicité dans le degré de stabilité des oxydes à l'égard de la chaleur et notamment :

1° Dans les séries paires (par exemple CrO^3, MoO^3, TuO^3, et UO^3) les oxydes supérieurs d'un groupe donné se décomposent à une température d'autant plus basse que le poids de l'atome est plus petit ; c'est le contraire pour les séries impaires (par ex., CO^2, GeO^2, SnO^2, et PbO^2).

2° La stabilité des oxydes supérieurs salifiables dans les séries paires (par exemple, dans la 4ᵉ série, à partir de K^2O jusqu'à Mn^2O^7), diminue en passant des groupes inférieurs aux groupes supérieurs et dans les séries impaires augmente du groupe I au groupe IV et décroit ensuite de IV à VII par exemple : Ag^2O, CdO, In^2O^3, SnO^2 et ensuite SnO^2, Sb^2O^5, TeO^3, I^2O^7.

Ch. Winkler (1890) a cherché et trouvé, en effet, une relation entre la réductibilité des métaux par le magnésium et la place qu'ils occupent dans le système périodique.

Depuis que ce dernier est devenu l'objet d'études approfondies, les relations qui existent, d'une part, entre les variations des propriétés purement chimiques des substances semblables et, d'autre part, entre la valeur des poids atomiques des éléments qui entrent dans leur composition et leur position dans le système périodique, se multiplient de plus en plus.

C'est encore grâce à cette loi que l'on a trouvé entre Sn et Pb, B et Al, Cd et Hg etc., beaucoup de points de ressemblance prévus par le système périodique.

Il faut mentionner encore que les éléments les plus répandus sur la terre ont un poids atomique petit et que ce sont surtout les éléments les plus légers (H, C, Az, O) qui entrent dans la composition des êtres organisés. La faiblesse de leur poids atomique facilite, en effet, les transformations qui sont propres aux organismes.

Poliouta, S. Botkine, Black, L. Brenton etc., ont même trouvé une relation entre l'action physiologique des sels et des autres composés et la place qu'occupent dans le système périodique (17) les éléments qu'ils renferment.

17. Les relations périodiques que nous avons énumérées plus haut appartiennent aux éléments et non aux corps simples; cela est important à connaître, car les poids atomiques sont propres aux éléments, les corps simples et les corps composés ont leurs poids moléculaires. Les propriétés physiques sont principalement déterminées par les propriétés des molécules et ne dépendent qu'indirectement de celles des atomes formant les molécules. C'est pour cette raison que les périodes nettement exprimées dans les formes des combinaisons, par exemple, se compliquent jusqu'à un certain point quant aux propriétés physiques. C'est ainsi, qu'en outre des *maxima* et des *minima* correspondants aux périodes et aux groupes, apparaissent de nouveaux maxima et minima particuliers; ainsi la température de fusion du germanium constitue un *maximum* local qui avait été prévu par le système périodique dans la description des propriétés de l'ékasilicium.

Attendu que les propriétés physiques d'une substance doivent dépendre de sa composition, c'est-à-dire de la qualité et de la quantité des éléments qui la constituent, il faut s'attendre à trouver aussi une relation entre ces propriétés et le poids des atomes des éléments composants et par conséquent, leur distribution périodique. Nous allons plus d'une fois en trouver des preuves dans le cours de cet ouvrage ; mentionnons ici que Carnelley, en 1879 a trouvé une relation entre les propriétés magnétiques des corps simples et la place qu'ils occupent dans le système périodique. Cet auteur a montré que tous les corps simples des *séries paires* (commençant par Li, K, Rb, Cs) sont des corps *paramagnétiques* (C, Az, O, K, Ti, Cr, Mn, Fe, Co, Ni, Ce d'après Faraday et d'autres) tandis que les corps simples des *séries impaires* sont *diamagnétiques* : H, Na, Si, P, S, Cl, Cu, Zn, As, Se, Br, Ag, Cd, Sn, Sb, I, Au, Hg, Tl, Pb, Bi.

Carnelley a montré en outre que la **température de fusion** des corps simples varie périodiquement. Il suffit pour s'en assurer de regarder les nombres (18) cités dans le tableau placé à la fin de ce chapitre, où le lecteur trouvera les données relatives aux corps simples choisies parmi celles qui sont les plus exactes et qui sont les moyennes des valeurs maxima et minima (19).

18. Il est évident que les points de fusion supérieurs à 1000° sont déterminés avec peu d'exactitude et que certains de ces nombres (suivis du signe ?) ne sont cités que d'après des déterminations comparatives grossières dont le point de départ était les températures de fusion de Ag et de Pt établies par de nombreuses observations. A en juger par ce tableau, il existe dans les températures de fusion, en plus des grandes périodes pour lesquelles les maxima correspondent à C, Si, Ti, Ru(?) et Os(?), d'autres petites périodes dont les maxima correspondent à S, Ge, Sb, les minima répondant aux halogènes et aux métaux alcalins.

Si l'on prend les coefficients de dilatation linéaire (surtout d'après Fizeau), on remarque aussi une périodicité. Ainsi par exemple, pour les éléments placés à côté les uns des autres d'après la grandeur de leurs poids atomiques Fe, Co, Ni, Cu, la dilatation linéaire exprimée en millionièmes = 12, 13, 17 et 29 ; pour Rh, Pd, Ag, Cd, In, Sn et Sb ces coefficients sont : 8, 12, 19, 31, 46, 26 et 12, c'est à dire que le maximum correspond à In ; dans la série Ir (7), Pt (5), Au (14), Hg (60), Tl (31), Pb (29) et Bi (14) le maximum est à Hg et le minimum à Pt.

Afin de saisir la relation de ces valeurs avec les températures de fusion, indiquons que Raoul Pictet a trouvé le produit :

$$\alpha (t + 273) \sqrt[3]{\frac{A}{s}}$$

presque constant pour tous les corps simples et voisin de 0,045. Dans ce produit α est le coefficient de dilatation linéaire, $t + 273$ est la température de fusion comptée à partir du zéro absolu (—273°);

$$\sqrt[3]{\frac{A}{s}}$$

est la distance moyenne des centres des atomes, si A est le poids atomique et s le poids spécifique du corps simple.

Bien que le produit mentionné plus haut soit en réalité soumis à des variations, la règle de Pictet donne une idée de la relation entre des valeurs qui doivent être entre elles dans une certaine dépendance. De Haen, Nadejdine et d'autres ont étudié cette même question, mais leurs conclusions ne leur ont pas permis jusqu'à présent de formuler une loi générale et exacte.

19. Carnelley a observé une certaine régularité en comparant les températures de fusion des chlorures métalliques dont il a étudié un grand nombre à ce point de vue.

LiCl	598°	$GlCl^2$	600°	BCl^3	—20°
NaCl	772°	$MgCl^2$	708°	$AlCl^3$	187°
KCl	734°	$CaCl^2$	719°	$ScCl^3$	?
CuCl	434°	$ZnCl^2$	262°	$GaCl^3$	76°
	(993°)		(680°)		(217°)
AgCl	451°	$CdCl^2$	541°	$InCl^3$	?
TlCl	427°	$PbCl^2$	498°	$BiCl^3$	227°
	(713°)		(908°)		

Les chiffres placés entre parenthèses indiquent les points d'ébullition.

Le nombre des données et le degré de précision pour quelques-unes ne sont pas suffisants pour que l'on puisse encore généraliser.

Ajoutons encore les données suivantes, d'après Carnelley, assez intéressantes pour les comparaisons :

HCl	—112°	ICl	27°
	(—102°)		
RbCl	710°	CsCl	631°
$SrCl^2$	825°	$BaCl^2$	860°
$SbCl^3$	73°		
	(223°)		
$TeCl^2$	209°		
	(327°)		
$HgCl^2$	276°		
	(303°)		
$FeCl^3$	306°		
$NbCl^5$	194°	$TaCl^5$	211°
	(240°)		(242°)
$TuCl^6$	190°		

Les points de fusion des bromures et des iodures métalliques sont tantôt inférieurs, tantôt supérieurs à ceux des chlorures correspondants, suivant le poids atomique de l'élément et le nombre des atomes de l'halogène contenus dans le sel comme cela ressort des exemples suivants :

KCl	734°	KBr	699°	KI	634°
AgCl	454°	AgBr	427°	AgI	527°
$PbCl^2$	498°	$PbBr^2$	499°	PbI^2	383°
	(900)°		(861°)		(906°)
$SnCl^4$ au-dessous de	—20°	$SnBr^4$	30°	SnI^4	146°
	(114°)		(201°)		(295°)

Laurie (1882) a signalé une périodicité dans les **chaleurs de formation** des composés chlorurés, bromurés et iodurés, si l'on exprime les quantités en milliers de calories, et si on les rapporte à la molécule du chlore Cl^2 ; la chaleur de formation de KCl est ainsi doublée, celle de $SnCl^4$ divisée par moitié, etc.

Na 195 (Ag 59, Au 12).
Mg 151 (Zn 97, Cd 93, Hg 63), Al 117, Si 79 (Sn 64).
K 211 (Li 187), Ca 170 (Sr 185, Ba 194).

Ces chiffres montrent que le maximum de chaleur est dégagé par les métaux alcalins et que, dans chaque période, la chaleur décroit à partir de ces métaux jusqu'aux halogènes dont la combinaison mutuelle ne dégage que très peu de calorique.

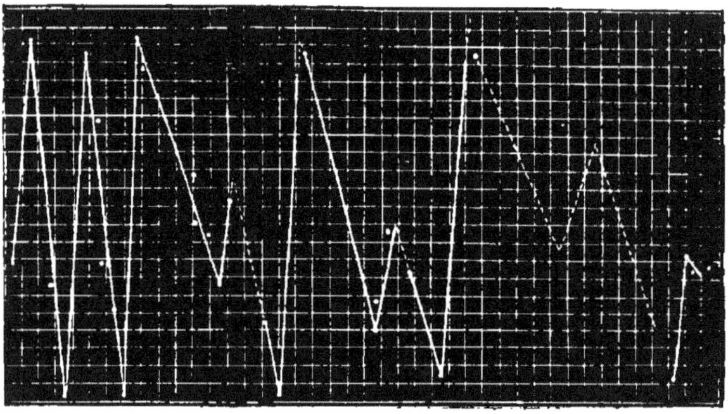

Fig. 15. — Diagramme de Laurie représentant la variation périodique de la chaleur de formation des composés chlorurés des corps simples. Les poids atomiques de 0° à 210° sont portés en abscisses. Les ordonnées expriment les quantités de chaleur de 0 à 220.000 calories dégagées par la combinaison avec Cl^2 (c'est-à-dire avec 71 p. de chlore). Les sommets de la ligne brisée sont occupés par Li, Na, K, Rb, Cs, les points le plus bas par Fl, Cl, Br, J.

Richards (1892), en comparant les chaleurs de formation des composés fluorés, est arrivé à conclure qu'il existe également une dépendance périodique entre les poids atomiques des éléments qui se combinent.

Relativement à cette question, je crois utile de faire ici une remarque :

1° Thomsen, dont les chiffres sont souvent cités dans cet ouvrage, bien qu'il n'ait pas entrevu la variation périodique des équivalents calorifiques, a remarqué cependant l'existence d'une relation entre les valeurs correspondantes aux éléments semblables.

2° Que la généralisation d'un grand nombre des conclusions de la thermochimie devra considérablement gagner à l'application de la loi périodique qui évidemment se répète dans les données calorimétriques ; d'ailleurs, si ces dernières amènent à des prévisions exactes, cela tient à la périodicité des propriétés thermiques, comme l'a montré Laurie.

3° Que la chaleur de formation des oxydes qui présente aussi une régularité périodique se distingue de la chaleur de formation des chlorures métalliques en ce que les valeurs maxima correspondent au métaux bivalents alcalino-terreux (Mg, Ca, Sr, Ba) et non aux métaux alcalins monoatomiques comme c'est le cas pour Cl, Br, I.

Cette particularité tient probablement à ce fait que Cl, Br, I sont des éléments monoatomiques, tandis que l'oxygène est diatomique, Comparez, par exemple, Chap. XI, note 13, etc. Chap. XXII, note 40, Chap. XXIV, note 28 *bis*, etc.).

Kaiser (1892), en étudiant les spectres des métaux alcalins et alcalino-terreux, a conclu que l'on y trouve des régularités de nature périodique se trouvant en relations avec les poids atomiques. Il faut espérer que l'étude approfondie et systématique d'une foule de propriétés des éléments et des corps simples et composés, par eux formés, amènera de plus en plus souvent à des conclusions de ce genre et à l'élargissement du domaine de l'application de la loi périodique.

Il est probable qu'en plus des données thermochimiques, celles de l'indice de réfraction, de la cohésion, de la tenacité et d'autres propriétés des combinaisons correspondantes ou des éléments eux-mêmes se trouveront dépendre de la grandeur du poids atomique.

Parmi les propriétés physiques assez bien étudiées actuellement au point de vue de la périodicité, il faut citer en premier lieu **le poids spécifique** à l'état solide et liquide dont la relation avec les propriétés chimiques ressort à chaque pas. Ainsi par exemple, de tous les métaux ce sont les alcalins et, de tous les métalloïdes à poids atomiques voisins, ce sont les halogènes qui sont les plus énergiques au point de vue chimique et qui possèdent, parmi les corps simples voisins, le poids spécifique le plus petit, comme cela ressort du tableau qui termine ce chapitre. Tels sont

Na, K, Rb, Cs parmi les métaux et Cl, Br, I parmi les métalloïdes. Etant donné que les métaux peu énergiques, tels que Ir, Pt, Au et le charbon ou le diamant possèdent une densité maxima, il est évident que le degré de condensation de la matière influe sur la marche des transformations propres à la substance ; cette dépendance du poids atomique, bien que très complexe, est nettement périodique. Pour se rendre compte jusqu'à un certain point de ces relations, on peut représenter les corps simples les plus légers comme étant poreux et se laissant pénétrer par les autres, pendant que les plus lourds sont plus serrés et ne se laissent distendre que difficilement pour l'introduction des autres éléments.

Ces relations se comprennent plus aisément quand on prend, au lieu des poids spécifiques (20) qui se rapportent à l'unité de volume, **les volumes spécifiques**, c'est-à-dire les quotients $\frac{A}{s}$ où A est le poids atomique et s le poids spécifique.

20. Je crois que l'étude directe des poids spécifiques donne, en somme les mêmes résultats que celle des volumes spécifiques, avec cette différence que le dernier procédé est plus démonstratif. Ainsi parmi les éléments voisins dans la classification périodique, ceux dont le volume spécifique est le plus grand ont le poids spécifique le plus petit, c'est-à-dire que la variation périodique des deux propriétés ressort très bien. En passant de Ag à I, nous avons une décroissance successive du poids et une augmentation graduelle du volume spécifique. La succession périodique de l'accroissement et de la diminution du poids et du volume spécifique a été l'objet d'une communication que j'ai faite en 1869 au congrès des naturalistes Russes à Moscou. L'année suivante (1870) parut l'article de L. Meyer relatif aux volumes spécifiques des corps simples.

Etant donné que la partie pondérable de la substance est entourée d'un milieu composé d'éther avec plus ou moins d'intervalles, le quotient $\frac{A}{s}$ n'exprime que le *volume moyen* correspondant à la sphère des atomes et la valeur $\sqrt[3]{\frac{A}{s}}$ est la **distance moyenne des centres des atomes**. Pour les corps composés dont la molécule est M, la valeur moyenne du volume atomique s'obtient en divisant le volume moyen des molécules $\frac{M}{s}$ par le nombre des atomes *n* renfermés dans la molécule (21).

Les corps simples relativement légers qui réagissent facilement et dans les circonstances les plus diverses, ont un volume atomique très grand : Na=23, K=45, Rb=57, Cs=56 ; le volume atomique des halogènes = 27 ; les corps simples peu énergiques ont un volume atomique faible : C à l'état du diamant = 4, à l'état de charbon = 6 ; Ni et Co = 9 ; Ir et Pt environ 7. Les autres corps simples dont les propriétés et les poids atomiques sont intermédiaires à ceux des éléments mentionnés plus haut présentent aussi des volumes atomiques intermédiaires.

C'est pourquoi *les poids spécifiques et les volumes spécifiques des corps solides (et liquides) sont une fonction périodique des poids atomiques* comme cela ressort du tableau page 498, où sont cités les poids atomiques, les poids et les volumes spécifiques des atomes.

Dans les grandes périodes commençant par Li, Na, K, Rb, Cs et finissant par Fl, Cl, Br, I, les termes extrêmes ont une faible densité et un grand volume ; les termes intermédiaires ont une plus grande densité et un moins grand volume variant de telle sorte qu'avec l'accroissement du poids atomique, la densité croît et décroît pour augmenter et tomber une seconde fois et ainsi de suite. En outre, quand la densité augmente l'énergie diminue, de sorte que la densité la plus grande est propre aux éléments à poids atomiques les plus élevés et à propriétés les moins énergiques : As, Ir, Pt, Au, U.

21. — Le volume moyen des atomes des corps composés mérite à mon avis une plus grande attention que celle qu'on lui accorde jusqu'ici.

Je citerai, à titre d'exemple, que, pour les oxydes peu énergiques, le volume atomique moyen se rapproche de 7 ; par ex. ; SiO^2, Sc^2O^3 TiO^2, V^2O^5 ; il en est de même pour ZnO, Ga^2O^3, GeO^2 ZrO^2, In^2O^3, SnO^2, Sb^2O^5, etc.

Pour les oxydes alcalins et les oxydes acides, ce volume est supérieur à 7.

Il existe donc pour les volumes atomiques moyens des oxydes et des sels, en même temps qu'une variation périodique une relation avec leur énergie tout comme pour les corps simples.

Pour mettre en évidence la relation qui existe entre les volumes des corps simples et de leurs combinaisons, nous donnons page 493 les densités (s) et les volumes $\frac{M}{s}$ de quelques-uns des oxydes supérieurs salifiables les plus connus, en les disposant dans le même ordre que les corps simples, c'est-à-dire d'après la grandeur croissante des poids atomiques. Pour faciliter la comparaison, dans tous les oxydes l'oxygène est combiné avec 2 atomes de l'élément. Ainsi, par exemple, la densité de $Al^2O^3 = 4$; le poids moléculaire de $Al^2O^3 = 102$; le volume spécifique $= 25,5$. On voit donc que 22 volumes d'aluminium donnent en formant l'oxyde 25,5 volumes (le vol. de Al = 11).

	S	M/S	Vol. de l'oxygène
H^2O	1,0	18	? — 22
Li^2O	2,0	15	— 9
Gl^2O^2	3,06	16	+ 2,6
B^2O^3	1,8	39	+ 10,0
C^2O^4	1,6	55	+ 10,6
Az^2O^5	1,64	66	? + 4
Na^2O	2,6	24	— 22
Mg^2O^2	3,5	23	— 4,5
Al^2O^3	4,0	26	+ 1,3
Si^2O^4	2,65	45	+ 5,2
P^2O^5	2,39	59	+ 6,2
S^2O^6	1,96	82	+ 8,7
Cl^2O^7	? 1,92	95	+ 6
K^2O	2,7	35	— 3,5
Ca^2O^2	3,25	34	— 8
Sc^2O^2	3,86	35	? 0
Ti^2O^4	4,2	38	+ 3
V^2O^5	3,49	52	+ 6,7
Cr^2O^6	2,74	73	+ 9,5
Cu^2O	5,9	24	+ 9,6
Zn^2O^2	5,7	23	+ 4,8
Ga^2O^3	? 5,1	36	+ 4
Ge^2O^4	4,7	44	+ 4,5
As^2O^5	4,1	56	+ 6,0
Sr^2O^2	4,7	44	— 1,3
Y^2O^3	5,0	45	? — 2
Zr^2O^4	5,5	44	0
Nb^2O^5	4,7	57	+ 6
Mo^2O^6	4,4	65	+ 6,8
Ag^2O	7,5	31	+ 11
Cd^2O^2	8,0	32	+ 3
In^2O^3	7,18	38	+ 2,7
Sn^2O^4	7,0	43	+ 2,7
Sb^2O^5	6,5	49	+ 2,6
Te^2O^6	5,1	68	+ 4,7
Ba^2O^2	5,7	52	— 10
La^2O^3	6,5	50	+ 1
Ce^2O^4	6,74	50	+ 2
Ta^2O^5	7,5	59	+ 4,6
Tu^2O^6	6,8	68	+ 8,2
Hg^2O^2	11,1	39	+ 4,5
Pb^2O^4	8,9	53	+ 4,2
Th^2O^4	9,86	54	+ 2

En consultant le tableau, ci-dessus, on remarque une périodicité très nette dans les poids et les volumes spécifiques des oxydes supérieurs salifiables. Ainsi, dans chaque période commençant par les métaux alcalins, le poids spécifique des oxydes croît au début, atteint sa valeur maxima à partir de laquelle il commence à décroître en arrivant aux oxydes acides pour atteindre son minima aux halogènes. Il est surtout important de remarquer que le volume des oxydes alcalins est inférieur à celui du métal qu'ils renferment, c'est ce qui est exprimé dans la dernière colonne où sont données ces différences (22). Ainsi deux atomes de Na ou 46 volumes donnent 24 volumes de Na^2O et environ 37 volumes de 2NaHO ; c'est-à-dire que l'oxygène et l'hydrogène, après s'être distribués au milieu du sodium, non seulement n'ont pas augmenté la distance entre les atomes mais les ont, au contraire, rapprochés, resserrés, grâce à leur grande affinité. On peut supposer que cette contraction se produit en vertu de l'existence d'une faible attraction entre les atomes du sodium.

Les métaux tels que Al et Zr, en formant leurs oxydes difficilement salifiables, ne modifient presque pas leur volume, tandis que les métaux et les métalloïdes communs présentent toujours, en s'oxydant, un accroissement du volume surtout dans la formation des oxydes acides ; cela signifie que les atomes s'écartent pour inclure l'oxygène. Ce dernier n'y est pas condensé comme dans les bases, c'est pourquoi il se dégage relativement avec assez de facilité et manifeste son énergie.

22. Le volume de l'oxygène (V. le tableau page 493) est une valeur évidemment variable qui constitue une fonction périodique de la grandeur du poids atomique et de la forme de l'oxyde ; aussi les nombreuses tentatives, qui furent faites autrefois pour trouver le volume atomique de l'oxygène d'après les volumes de ses combi-

naisons, doivent-elles être considérées au moins comme vaines. Etant donné que la formation des oxydes s'accompagne de contraction et que le volume de l'oxyde est souvent inférieur à celui du corps simple qu'il renferme, on peut admettre que le volume de l'oxygène, à l'état libre, est voisin de 15, le poids spécifique de l'oxygène solide libre serait d'environ 0,9.

On observe des variations régulières se reproduisant dans les volumes des combinaisons correspondantes chlorées, organo métalliques et dans beaucoup d'autres ; cette régularité permet d'indiquer les propriétés de corps non encore étudiés expérimentalement et même celles des éléments encore inconnus. C'est cette remarque qui rendit possible, en se basant sur la loi périodique, la prédiction de plusieurs propriétés de Sc, Ga et Ge, prédictions qui furent entièrement confirmées après la découverte de ces éléments (23).

23. Prenons à titre d'exemple In^2O^3. Son poids et son volume spécifique doivent être intermédiaires entre ceux de Cd^2O^2 et Sn^2O^4, parce que In est placé entre Cd et Sn. On pouvait donc, dès 1870, présager que le volume de In^2O^3 devait se rapprocher de 38 et son poids spécifique être sensiblement égal à 7,2, c'est ce que confirmèrent en 1880 les déterminations de Nilson et Pétersson : le poids spécifique de In^2O^3, déterminé expérimentalement, fut trouvé égal à 7,179.

Ce qui précède montre que la loi périodique ne s'applique pas seulement aux relations mutuelles des éléments et qu'elle n'exprime pas seulement leur ressemblance, mais qu'elle a encore donné une certaine cohésion à la théorie des types des combinaisons formées par les éléments, qu'elle a permis de voir une régularité dans la variation de toutes les propriétés chimiques et physiques des corps simples et composés et de prévoir les propriétés non encore étudiées expérimentalement des corps simples et des corps composés. La loi périodique prépare, en un mot, le terrain pour l'édification de la mécanique atomique et moléculaire (24).

24. L'étude des questions relatives aux poids spécifiques des corps solides et surtout des liquides a fait l'objet d'un nombre extrêmement considérable de travaux. C'est qu'en effet, la connaissance de la distance qui sépare les atomes et celle de leurs volumes sont des données importantes pour la mécanique moléculaire qui n'est bien étudiée actuellement que pour l'état gazeux des substances.

Par rapport aux corps solides, il existe une grande difficulté, c'est que leurs poids spécifiques varient non seulement avec l'état isomérique (par exemple SiO^2 à l'état de quartz = 2,65, à l'état de tridymite = 2,2) mais aussi sous l'influence de la compression mécanique (par exemple, pour les métaux, la densité est variable suivant qu'ils sont à l'état de cristaux, ou fondus ou forgés) mais qu'il dépend même de leur degré de division et d'une foule d'autres causes qui ne modifient pas le poids spécifique des liquides.

Sans pouvoir entrer dans de plus amples détails, nous ajouterons seulement que la notion des volumes spécifiques et des distances atomiques a fait l'objet d'un assez grand nombre de recherches; malgré cela, les généralisations sont jusqu'à présent très peu nombreuses; elles ont été formulées par Dumas, Kopp, et par d'autres et réunies et complétées dans mon ouvrage : « Les volumes spécifiques » (en russe) et dans quelques articles.

1° Les composés semblables, et, parmi ces derniers, les isomorphes ont souvent des volumes moléculaires voisins.

2° D'autres combinaisons ayant des propriétés semblables présentent des volumes moléculaires croissant avec le poids de la molécule.

3° Lorsque la combinaison de deux corps à l'état de vapeurs s'accompagne de contraction, on observe dans la majorité des cas une contraction à l'état solide ou liquide, c'est-à-dire que la somme des volumes des corps réagissants est supérieure au volume du ou des corps résultants.

4° Il se passe, dans les décompositions, l'inverse de ce qu'on observe dans les combinaisons.

5° Dans les substitutions (quand les volumes ne varient pas à l'état de vapeur) il se produit ordinairement une modification insignifiante des volumes, c'est-à-dire que la somme des volumes des corps réagissants est presque égale à la somme des volumes des corps résultants.

6° On ne peut pas, pour cette raison, juger du volume des composants d'après celui de la combinaison; mais il est possible de le faire d'après les produits de la substitution.

7° La substitution à l'hydrogène H^2 du sodium Na^2 ou du baryum Ba^2, ainsi que le remplacement de SO^4 par Cl^2, ne déterminent ordinairement qu'une modification de volume extrêmement faible ; la substitution du potassium au sodium fait augmenter le volume et celle de Li^2. Cu, Mg à H^2 le fait diminuer.

8° Il est inutile de comparer les volumes à l'état liquide à des températures correspondantes ; c'est-à-dire à un état auquel la pression des vapeurs est égale. La comparaison des volumes aux températures ordinaires est suffisante pour trouver une loi dans les relations des volumes.

9° Beaucoup d'auteurs (Persot, Schröder, Löwig, Pleif et Joule, Baudrimont, Eimbrodt) ont vainement cherché une proportion multiple dans les volumes spécifiques des corps solides et liquides.

10° La comparaison des volumes des différents polymères montre que toutes leurs molécules ont, à l'état de vapeur, un volume égal tandis que, à l'état solide et liquide, leurs volumes moléculaires sont différents ; c'est ce qui ressort du voisinage des poids spécifiques des polymères. Généralement, le polymère le plus compliqué est plus dense que le plus simple.

11° Nous savons déjà que les oxydes des métaux légers ont un volume moindre que celui des métaux ; l'hydrate de l'oxyde de Mg a, au contraire, un volume beaucoup plus grand, c'est ce qui explique la stabilité des premiers et l'instabilité du second. On peut mentionner, à titre d'exemple, que le baryum a un volume moléculaire (36) supérieur à celui de l'hydrate de son oxyde très stable (p. sp. $= 45$; vol. $= 30$), c'est-à-dire qu'il se comporte comme les métaux alcalins. Les volumes des sels de Mg et de Ca sont supérieurs à celui du métal, le fluorure de calcium excepté.

Quant aux métaux lourds, le volume de la combinaison est toujours supérieur à celui du métal ; pour les combinaisons telles que AgI (densité $= 5,7$) et HgI^2 ($d = 6,2$) le volume du composé est plus grand que la somme des volumes des composants. Ainsi, la somme des volumes $Ag + I = 36$ et le volume de $AgI = 41$. Cela ressort très nettement de la comparaison de la somme des volumes $K + I = 71$ avec le volume KI qui est égal à 54 (poids spécifique $= 3.06$.

12° Dans les solutions, les alliages, les mélanges isomorphes et les autres combinaisons chimiques peu stables, la somme des volumes des corps réagissants est toujours voisine du volume du corps résultant ; ce volume est tantôt un peu supérieur tantôt un peu inférieur au volume primitif ; on peut dire, d'une manière générale, que le degré de contraction dépend de la grandeur de l'affinité qui agit entre les substances réagissantes.

Je crois utile d'ajouter que l'ensemble des données actuelles relatives aux volumes spécifiques des corps solides et liquides mérite une étude nouvelle et plus complète, qui permettra d'expliquer beaucoup de contradictions existant à ce sujet.

TABLE DES MATIÈRES

DU SECOND VOLUME

Laval. — Imprimerie E. JAMIN, 8, rue Ricordaine.

ENT

BLEAU

[1] RbO drogénés et organo-métalliques qui constituent les types les SrO combinaisons répondant à RX^4 ; la seconde à RX^3, la
—ent (colonne 16).
—onnus, disposés d'après la grandeur croissante de leurs poids

Mo naisons des éléments, disposées suivant les types RX, RX^2...
—Cl, AzO^3, $1/2SO^4$ etc., ou bien (OH), s'il forme une base hydra-
—llique etc. Ainsi, par ex. NaCl, Mg $(AzO^3)^2$, $Al^2(SO)^3$ corres-
—Al^2O^3, etc. Si l'élément possède, comme C et Az, un caractère
AgO a formation des hydrates ; OM — dans la formation des sels
CdO dans celle d'un anhydride chloré ; pour les composés acides, X
SnO $^2Z^2$ et IZ^3 correspondent à CO $(NaO)^2$ = Na^2CO^3, $COCl^2$, CO^2,

—dre ; la composition de ceux qui sont suivis d'un astérisque
—de peroxyde pour l'élément. Les peroxydes renferment plus
—es oxydants énergiques qui donnent facilement le peroxyde
BaO ydrogène, si les bases et les acides se rapportent au type de

—e 16. On peut les considérer comme des alliages d'hydrogène,
r leur nature, ces composés se distinguent profondément des

W liquide ; l'astérisque est placé devant ceux qui ne peuvent être
i ne sont pas obtenus à l'état liquide) ainsi que devant les poids
—sion et de l'état (par ex. le carbone à l'état de charbon, de gra-
—pas être considérés comme absolument vraies, mais seulement
—e, l'état de malléabilité, etc. Les chiffres de cette colonne mon-
—eux sens à partir de Al, de Cu, de Ru et de Os.
—me les volumes atomiques des corps simples. Ceux de Na, K,
—ont les plus petits.
— encore on remarque une certaine périodicité, c'est-àdire des
—s, comme cela se voit dans la série, Cl, K, Ca, Se et Ti ou bien

UO ium est, en réalité, inférieur à 79,0.

RELATION PÉRIODIQUE ENTRE LA COMPOSITION DES COMBINAISONS, LES PROPRIÉTÉS DES CORPS SIMPLES ET LE POIDS ATOMIQUE DES ÉLÉMENTS

(Suite du Tableau précédent)

[illegible]

EXPLICATION DU TABLEAU

Les colonnes 1, 2, 3 et 4 donnent la composition [illegible]

[illegible]

www.ingramcontent.com/pod-product-compliance
Lightning Source LLC
LaVergne TN
LVHW011214170726
843501LV00002B/233
* 9 7 8 2 3 2 9 4 4 9 5 9 3 *